TUFAXING HUANJING WURAN SHIGU
YINGJI JISHU YU GUANLI

突发性环境污染事故
应急技术与管理

陈志莉　等编著

化学工业出版社
·北京·

本书共分11章，系统地介绍了突发性环境污染事故应急体系构建、应急监测评价方法、应急处理处置技术，并通过典型案例剖析，深入分析了突发性环境污染事故应急处理处置技术与管理方法的实际应用情况。

本书理论介绍深入浅出、系统全面，案例分析覆盖面广、参考性强，可供环境科学与工程、安全工程、市政工程和水利工程等领域相关专业科研人员、工程技术人员及政府相关部门管理人员使用，也可供高等学校相关专业师生参考。

图书在版编目（CIP）数据

突发性环境污染事故应急技术与管理/陈志莉等编著. 北京：化学工业出版社，2017.1（2019.11重印）
ISBN 978-7-122-28595-9

Ⅰ.①突… Ⅱ.①陈… Ⅲ.①环境污染事故-应急对策 Ⅳ.①X507

中国版本图书馆CIP数据核字（2016）第290388号

责任编辑：刘 婧 陈 丽　　装帧设计：韩 飞
责任校对：边 涛

出版发行：化学工业出版社（北京市东城区青年湖南街13号 邮政编码100011）
印 装：北京虎彩文化传播有限公司
787mm×1092mm 1/16 印张18¼ 字数446千字 2019年11月北京第1版第4次印刷

购书咨询：010-64518888　　售后服务：010-64518899
网 址：http://www.cip.com.cn
凡购买本书，如有缺损质量问题，本社销售中心负责调换。

定 价：85.00元　

《突发性环境污染事故应急技术与管理》
编著者名单

成员：陈志莉　刘婧婷　杨　毅
张　楠　段中山　冯孝杰
熊开生　陈如海　曾晨浩
肖　晓　袁　馨　彭小红
李永青　敖　漉　彭靖棠
唐　瑾　尹文琦　夏亚浩
刘洪涛　刘　强　于　涛

前言

21世纪初，全世界正处于现代化后期的“风险社会”时期。国际经验表明，人均GDP达到1000～3000美元，社会就面临着“高度风险”，即进入安全事故和突发事件易发期、频发期。目前我国正处于这样的“高度风险”时期。对当今社会而言，突发性环境污染事件是不可避免的，是社会“非常态”中的“常态”。因此，无论是环境应急管理机制、应急技术、应急监测，还是应急事件的处理处置都在实践中得到了快速的发展。但是，环境紧急事件管理机制的不完善、环境紧急事件管理能力的不足、应急监测与处理处置技术的落后等问题，仍然制约着突发性事故应急处理处置的能力。

结合遥感技术监测突发环境污染课题研究小组承担的关于突发性环境污染应急处理方面的国家“863”计划课题、国家自然科学基金项目所取得的部分研究成果，以及在后勤工程学院开展《军事突发环境污染应急处理》课程教学的成果积累，本书将其中的部分内容和相对完善的研究成果经系统整理后分享给读者。本书共分为11章，第1～第7章主要对突发环境污染事故应急处理的基本内容进行了阐述，包括应急工作法定职责、应急预案、应急响应、应急监测、应急评价、应急防护与处置；第8～第11章主要分类列举了突发环境污染事故的相关案例并进行案例分析供读者参考，主要包括水环境突发污染事故应急处理及典型案例分析、固体废弃物突发污染事故应急处理及典型案例分析、大气环境突发污染事故应急处理及典型案例分析、突发放射性污染事故应急与案例分析。各章节编著具体分工如下：第1章由陈志莉、刘婧婷编著；第2章由肖晓编著；第3章由彭靖棠、于涛编著；第4章由冯孝杰、张楠编著；第5章由熊开生、杨毅编著；第6章由杨毅、敖漉编著；第7章由袁馨、彭小红、刘强编著；第8章由唐瑾、陈志莉、曾晨浩、尹文琦、夏亚浩编著；第9章由陈如海、李永青编著；第10章由张楠、刘洪涛编著；第11章由段中山、曾晨浩编著。全书最后由陈志莉、刘婧婷、杨毅、尹文琦统稿。

在本书的编著过程中得到了多位专家的指导和帮助，他们为本书的编著付出了辛勤的劳动。另外，借出版此书的机会，对在课题研究期间给予我们巨大帮助和支持的相关单位的同行和专家表示衷心感谢。

限于编著者水平与编著时间，书中疏漏及不足之处在所难免，敬请广大读者批评指正。

编著者

2016年11月

目录

1 绪论

随着社会经济的飞速发展，我国工业化程度不断提高，突发（性）环境污染事故（本书中统称“突发环境事故”）日益频繁发生，对人类的身体健康构成极大威胁，严重破坏了生态环境和社会安定，造成了巨大的经济损失和环境影响。如何有效地预防和控制突发环境污染事故，增强各部门对突发环境污染事件的处理能力和协调能力，进一步建立健全的环境污染事故应急机制已经成为全社会关注的热点。

1.1 突发环境污染事故的概念及分类

突发环境污染事故的应急技术与管理是一门全新的学科，它既是政府的核心职能之一，也是媒体和公众关注的焦点问题。其绝不是一门纯粹的“书斋里的学问”，但也需要理论研究作为支撑。近年来，学术界对突发性事件应急技术与管理的研究方兴未艾，取得了一系列引人注目的成果。为了了解和研究突发性事件应急处理与管理，理清其中的基本知识和基本概念是十分必要的。

1.1.1 突发性事件的基本概念及分类

突发性事件是一种自然形成或人为导致的状况或事故，它是人与自然、人与社会、人与人之间存在的一系列不和谐问题长期得不到合理的解决而逐渐累积并在突破某一临界点后演变而来的。目前，我国正处于各类突发性事件的频发期，这些突发性事件几乎每年都会不同程度地发生，严重危害社会经济和人们正常的生活活动，甚至对人们的生存环境造成无法挽回的恶劣影响。因此，各类突发性事件，尤其是与人类的永续存在和发展息息相关的各类环境污染事故的预防、应对和修复已经成为必须了解、学习并掌握的重要内容。

1.1.1.1 突发性事件的概念

就广义而言，突发性事件就是突然发生的事情。一方面，这种事件的发生往往出乎意料，发展迅速；另一方面，这种事件往往会使人措手不及，必须采取一些非一般的手法来处理。从狭义上来讲，突发性事件仅指在某种必然因素支配下出人意料地发生，给社会造成严重危害、损失或影响且需要立即处理的负面事件。2007 年我国颁布实施的《中华人民共和

国突发事件应对法》将突发事件界定为："突然发生，造成或可能造成严重危害，需要采取社会应急处置措施予以应对的自然灾害、事故灾难、公共卫生事件和社会安全事件。"为了进一步理解"突发事件"的确切含义，我们必须对与之相关的一些名词进行辨析。

（1）灾害与突发性事件

灾害（disaster）可使人们受到死亡的袭击，威胁到环境，经常导致人类的苦难，是一种能够改变环境和冲击资源的事件。灾害包括两类：一类是突发的自然灾害，例如台风、洪水、地震、泥石流等；另一类是由于人为因素导致的灾害，例如爆炸、火灾、危险品泄漏、传染病爆发、恐怖活动、战争等。

"灾害"是"突发性事件"的下位概念，如果突发事件导致严重社会危害，严重威胁到公众的生命健康、财产安全与生存状态，那么突发事件就可能演变为一场灾害。也就是说，灾害与突发性事件的联系与区别一般表现为：突发性事件可能引发灾害，从广义看来，灾害隶属于突发性事件，但并非所有的突发性事件都必然要转化为灾害。例如，群体上访就属于突发性事件的范畴，而不能界定为一场灾害。因此，我们使用"灾害"一词，主要是指洪水、台风、暴雪等自然因素引发的突发事件；其管理主要侧重于对灾后情况采取措施。而"突发性事件"一词从诱发原因上包含了自然与人为双重因素；突发性事件的应急管理既突出对结果的管理，又强调从起因角度出发进行预防管理。

（2）危机与突发性事件

荷兰著名的危机管理学家乌里埃尔•罗森塔尔认为，危机指"一个系统的基本结构或基本价值和规范所受到的严重威胁"，"由于受到时间压力和处于高度不确定状态，这种威胁要求人们作出关键性的决策"。在这种情境之下，某个系统的整体受到根本性的挑战。

突发性事件顾名思义，一般表现为事件发生的时间具有紧迫性、突然性，事件发生的后果具有严重性。在某种程度上与"紧急事件"一词含义相近。中国台湾学者詹中原认为："紧急事件，指突然、意外发生，必须立刻处理的事件，强调带给人相当大的惊讶及事先无预警性，是危机的一环，多隐喻危机的爆发期。"可见，突发性事件可能会诱发危机，是一个"点"；危机则是一个系统的情景或状态，是一个"面"。

危机与突发性事件互相影响、互相作用、互相转化。一方面，一个系统内蛰伏的危机因素积聚到一定程度后，可能会引爆某个突发性事件，突发性事件成为危机开始的标志；另一方面，一个突发性事件也可能引发一场危机，成为危机开始的诱因。例如，如果说第一次世界大战的爆发是一场危机，那么它就是以"萨拉热窝事件"这起突发性事件作为诱因的。因此，一场危机中可能会出现突发性事件，同时，突发性事件也可能对危机起到推波助澜的作用。

（3）紧急状态与突发性事件

所谓紧急状态，指"突发性的现实危机或者预期可能发生的危机，在较大事件范围或较长时间内威胁到公民生命、健康、财产安全，影响国家政权正常行使权力，必须采取特殊的应急措施才能恢复正常秩序的特殊状态"。也就是说，某个突发性事件爆发后，如果其危害十分严重，对社会、国家的大局造成重大影响，并且采取一般处置手段难以平息，那么突发性事件就会升级而启动紧急状态。

鉴于"突发性事件"与"紧急状态"这两个概念间的位阶关系，立法者在《中华人民共和国突发事件应对法》第69条规定："发生特别重大突发事件，对人民生命财产安全、国家

安全、公共安全、环境安全或者社会秩序构成重大威胁，采取本法和其他有关法律、法规、规章规定的应急处置措施不能消除或者有效控制、减轻其严重社会危害，需要进入紧急状态的，由全国人民代表大会常务委员会或者国务院依照宪法和其他有关法律规定的权限和程序决定。紧急状态期间采取的非常措施，依照有关法律规定执行或者由全国人民代表大会常务委员会另行规定。”

1.1.1.2 突发性事件的分类

目前，我国的突发性事件根据发生规模、发生原因、危害对象及性质的不同，结合《突发事件应对法》的有关规定，将突发性事件分为自然灾害、事故灾难、公共卫生事件和社会安全事件四大类。

（1）自然灾害类

自然灾害是由自然因素变异而导致的，通常危害较大，对人类社会提出了严峻的挑战，主要包括地震、火山爆发、泥石流、台风、沙尘暴、海啸、洪水等。在当前全球生态环境恶化的背景下，人们必须更加深刻地认识这些灾害的发生、发展，并着力防范各种灾害的发生，减小它们所造成的各种危害。

我国所处的自然地理环境和特有的地质构造条件决定了我国是世界上遭受自然灾害侵袭严重的国家之一。对我国影响最大的自然灾害有 7 大类。

① 气象灾害　主要包括干旱、雨涝、高温热浪、雪害、风害、酸雨、沙尘暴等。

② 海洋灾害　主要包括海啸、赤潮、海水污染、厄尔尼诺危害等。

③ 洪水灾害　主要包括暴雨、山洪、融雪洪水、溃坝洪水等。

④ 地质灾害　主要包括山体滑坡、泥石流、塌方等。

⑤ 地震灾害　破坏力极大的自然灾害，会引起山崩、地裂、房屋倒塌、滑坡等，一般会对人类社会生活和生存环境构成严重损害。

⑥ 农作物生物灾害　主要包括农作物病虫害、鼠害等。

⑦ 森林生物灾害和森林火灾　森林生物灾害主要包括森林病害、森林虫害、森林鼠害等。

（2）事故灾难类

事故灾难主要是由人为因素引发的，通常指由于人类活动或经济发展导致的各种意料外的事件或事故。当前，随着经济的飞速增长，各种事故灾难在我国频繁发生，主要包括以下 5 类。

① 交通运输事故　指铁路、公路、航空、水运等交通运输过程中发生的事故，例如车祸等。

② 安全生产事故　指各类工矿商贸等企业在生产过程中发生的事故，例如频发的矿难、爆炸等。

③ 公共设施、设备事故　指城市水、电、气、热等公共设施、设备故障而发生的事故，例如城市火灾、爆炸、燃气泄漏等。

④ 核与辐射事故　指核放射线泄漏等导致的核辐射危害等污染事故，例如前苏联发生的切尔诺贝利核电站泄漏事件。

⑤ 环境事故　指环境污染与生态破坏事件，例如大气污染、水污染等。

(3) 公共卫生事件类

所谓公共卫生事件，主要指由病菌、病毒引起的大面积的疾病流行等事件。其在各国均难以避免，一旦出现会使波及区域蒙受重大灾害，对人类健康和生命安全构成严重威胁，对经济社会生活产生不可估量的冲击。主要包括以下几种。

① 传染病疫情　主要是指恶性的、迅速传播的、难以控制的传染病，例如霍乱、鼠疫等。

② 群体性不明原因疾病　指在短时间内，某个相对集中的区域内同时或相继出现多名具有共同临床表现的患者，且病例不断增加、范围不断扩大、暂时不能明确诊断的疾病。这类疾病发生初期常因诊断不明，难以采取有针对性的防控措施，处理难度大，极易引起社会关注，造成公众恐惧情绪。

③ 食物中毒与职业中毒　食物中毒，就是吃了含有有毒物质的食物或误食有毒有害物质后出现的一类非传染性的急性疾病；职业中毒，指在劳动过程中，人体通过不同途径吸收了生产性毒物而引起的中毒。可分为：(a) 急性中毒，毒物一次或短时间内大量进入人体后所引起的中毒，在正常生产情况下，这种中毒少见，往往发生在生产过程出现意外时；(b) 慢性中毒，小量毒物长期进入人体后所引起的中毒，这是由于毒物在体内蓄积所致；(c) 亚急性中毒，介于急性和慢性中毒之间，由较短时间内有较大剂量毒物进入人体所致。

④ 动物疫情　指动物疫病发生、流行的情况，范围包括家畜家禽和人工饲养、合法捕获的其他动物。动物疫情涉及动物的饲养、屠宰、经营、隔离、运输等活动。在2007年8月全国人民代表大会常务委员会修订通过的《中华人民共和国动物防疫法》中，对动物疫情的报告、通报和公布都做出了规定。

⑤ 其他公共卫生事件　目前，人类消灭的传染病病毒只有天花1种，而新发现的传染病病毒就有30种。可见，我国正面临多种潜在威胁，防控任务十分艰巨。仅就疾病而言，我国一方面要面对全球新发的病原微生物的威胁，例如SARS冠状病毒、艾滋病病毒、甲型流感病毒、口蹄疫病毒等已在我国出现；另一方面，在我国的一些边远、农村地区，某些原已得到控制的传染病又出现死灰复燃的趋势，例如结核病、麻疹、鼠疫等。这一切都在警示人们，决不能忽视公共卫生事件的防治，预防和控制各类公共卫生事件任重而道远。

(4) 社会安全事件类

社会安全事件，主要指由人们主观意愿产生，会危及社会安全的突发事件。主要包括恐怖袭击事件、经济安全事件、民族宗教事件、涉外突发事件、重大刑事案件及群体性事件。

1.1.2 突发环境事故的定义和类型

(1) 突发环境事故的定义与分类

突发环境事故（或突发性环境事故），指突然发生，造成或者可能造成重大人员伤亡、重大财产损失和对全国或者某一地区的经济社会稳定、政治安定构成重大威胁和损害，有重大社会影响的涉及公共安全的环境事件。突发环境事故主要分为以下三类。

① 突发环境污染事故　突发环境污染事故不同于一般的环境污染，它的发生大都来势

凶猛，具有突然性，对环境造成的影响长远，并且难以完全消除。它频繁发生不仅会对人们的生命健康和财产安全造成极大的损害，还会使人们赖以生存和发展的生态环境遭到严重破坏。

突发环境污染事故是突发性事件中的一类，泛指引起了环境污染的突发性事件，是突然发生，造成或者可能造成重大人员伤亡、重大财产损失和对全国或者某一地区的经济社会稳定、政治安定构成重大威胁和损害，有重大社会影响的涉及公共安全的环境污染事件。

近年来，随着我国经济的迅猛发展，工业生产总量、发展规模不断扩大，长期累积的环境风险开始凸显，各类突发环境污染事故频繁发生。从 2005 年 11 月松花江硝基苯污染、2009 年湖南浏阳镉污染事件、2011 年某石油公司油田大量溢油事件，到 2015 年天津滨海新区港务集团瑞海物流公司特别重大爆炸事故及危险化学品泄漏事件表明，突发环境污染事故一般没有固定的污染时间、污染方式以及污染途径，其发生往往具有偶然性和瞬时性，其涉及的行业和领域越来越广泛，处理难度也呈递增趋势。这样的污染不仅会直接造成事故现场人员伤亡和财产损失，而且由于其对环境的影响巨大，在污染后必须付出更多的人力、财力来整治和恢复，间接损失也很大。更甚者，还可能造成矛盾升级，导致国家危机和国际间的污染纠纷。

为了避免上述状况出现，就要求环保部门进一步做好突发环境污染事件的预防，并提高对突发环境污染事件处理处置的应变能力。因此，研究应急处理处置技术，加强突发环境污染事故应急管理，是我国环境保护领域中十分重要的一项工作。它关乎我国经济建设与社会发展，关乎和谐社会的构建，关乎人民群众正常生活、生产和切身利益。

② 生物物种安全环境事件　生物物种安全环境事件，指由于各种突然发生的自然和非自然原因，如不当或非法采集、非法侵占生境、环境污染、外来物种入侵以及自然灾害等，使生物物种资源受到或可能受到重大威胁或破坏。

③ 核与辐射事件　核与辐射事件主要指核设施和核辐射事件，包括核放射源的丢失、被盗和失控。核与辐射事件一旦发生，由于其放射源一般体积小、辐射范围大、认知程度低等因素，会对环境和人民群众的生命安全造成严重的威胁。

（2）突发环境污染事故的类型

突发环境污染事故的发生具有随机性、不确定性，大量的污染物质会对环境造成恶劣的影响，如果处置不当就可能发展成为更为严重的危机。为快速、有效地处理这类事故，必须针对不同的环境污染事故积极采取相应的处置措施，以最大限度地降低危害，减少损失。因此，对突发环境污染事故进行类型化分析，就显得尤为重要。

由于污染物来源的多样性和对环境污染的复杂性，从不同角度出发，可以对突发环境污染事故进行各种划分。本书主要从突发环境污染事故传播介质角度将突发环境污染事故分为以下六类。

① 水环境突发污染事故　通常指因高浓度废水排放不当或事故使大量化学品或危险品等突然排入地表水体致使水质突然恶化的现象，此类事故在实际生产生活中经常出现。例如工业废水的非达标排放或处置事故通常会造成地表水体的严重污染，影响居民用水从而造成恐慌，固体废物和废气也会不同程度地污染水体。另外，原油、燃料油以及各种油制品在生产、储存、运输和使用过程中因意外或处置不当而造成的泄漏污染事故，通常会造成严重的经济损失，影响沿海渔业及旅游业。

② 固体废物突发污染事故　主要指在运输、处理或处置过程中，由于意外事故或者自然灾害造成固体污染物大面积泄漏扩散，从而导致环境污染的现象。固体废物通常包括城市固体废物、工业固体废物及有害废物，一些不能排入水体的液态废物和不能排入大气的置于容器中的气态废物，由于多具有较大的危害性，一般也归入固体废物管理体系。这类事故一般发生形式多样，具有多重危害，处置步骤复杂，周期较长，对环境影响长远。

③ 大气环境突发污染事故　指在生产、生活中因使用、储存、运输、排放不当导致有毒有害气体、粉尘泄漏或非正常排放所引发的大气污染事故。例如人们熟知的洛杉矶光化学烟雾事件就是一次典型的大气突发性污染事件。另外，一些煤气、石油液化气或危险化学品引起的爆炸、火灾事故也会造成大气污染。此类事件不确定性强、危害面积广、扩散速度快，为防止事件演化升级处理处置难度较大。

④ 危险化学品突发污染事故　主要由储运装备、管道或阀门、法兰连接处密封失效，以及设备管道因长期使用老化开裂导致危险物泄漏造成。通常情况下危险物质会迅速扩散，因此危险化学品的污染也常常引起水环境及大气环境污染的发生，甚至转化为火灾、爆炸事故。针对此类事故，迅速有效的处理显得更为关键，以避免更大事故或次生灾害的发生。

⑤ 突发放射性污染事故　指由于放射性物质生产、使用、储存、运输不当而造成核辐射危害的污染事故。引起放射性污染事故的主要因素有管理失职或操作失误等人为因素，设备质量或故障等非人为因素。放射性污染事故中大量放射性物质的释放是造成人体过量受照的重要途径，因此往往从事放射性污染防治的工作人员是辐射照射的直接作用主体。

⑥ 环境群体性事件　环境群体性事件也是环境污染导致的一种突发事故，它指由环境污染引发的，不受既定社会规范约束，具有一定的规模，造成一定的社会影响，干扰社会正常秩序的群体性事件。例如 2005 年 4 月，浙江省某市镇爆发大规模冲突。数家化工厂、农药厂被迁到当地建成“化工工业园”。据农民投诉，自从化工厂迁入后，环境严重污染，稻田不生，山林被“毒死”。农民因不满化工厂污染环境，占据化工厂，与入厂警察发生冲突，致数十人被打死，逾千人受伤，遭推翻或破坏的警车多达数百部。预防环境群体性事件是维护稳定、促进发展、构建和谐社会的一件大事。各级环保部门要充分认识预防这类事件的重要性，切实履行好法律所赋予的统一监督管理的职责，防止环境群体性事件的发生。

1.2 突发环境污染事故的基本特征

1.2.1 突发环境污染事故的分级

在我国，按照社会危害程度、影响范围、事件性质等，结合突发性事件的相关规定，我国突发环境污染事故可以分为四级。法律、行政法规或国务院另有规定的，从其规定，例如核事故等级的划分。

突发环境污染事故的四个等级（Ⅰ级、Ⅱ级、Ⅲ级、Ⅳ级），按照颜色对人的视觉冲击力的不同，依次用红色、橙色、黄色和蓝色表示。

红色预警（Ⅰ级），一般指特别重大的突发环境污染事件，事件会随时发生，事态正在不断蔓延中。

橙色预警（Ⅱ级），指重大的突发环境污染事件，预计事件即将临近，事态正在逐步扩大。

黄色预警（Ⅲ级），指较大的突发环境污染事件，事件临近发生，事态有扩大的趋势。

蓝色预警（Ⅳ级），指一般性的突发环境污染事件，事件即将临近，事态可能会扩大。

用不同颜色代表不同等级的突发环境污染事故的等级有两方面的用意：其一是比较醒目，便于公众识别和判断；其二是方便文化程度较低的弱势群体辨识。但是用颜色表示不同含义，必须在公众接受了一定程度的宣传和教育，了解不同颜色所代表的具体意义的基础之上，才能不失其本意。突发环境污染事件等级与应急主体的关系见表1-1。

表1-1　突发环境污染事件等级与应急主体的关系

应急组织	级别			
	特别重大（Ⅰ）红色	重大（Ⅱ）橙色	较大（Ⅲ）黄色	一般（Ⅳ）蓝色
国家	√			
省级		√		
市级			√	
县级				√

表1-1大致规定了各级政府对突发环境污染事故的管辖范围。一般的突发环境污染事故由县级人民政府领导；较大级别的事故由地级市的人民政府领导；重大的事故由省级人民政府领导；特别重大的事故则由国务院统一领导。可见，我国应对突发环境污染事故的主体是逐级对应的。这是因为政府的级别越高，其所握有的资源也越丰富，对突发环境污染事故的处置能力也越强。

虽然我国对于突发环境污染事故进行了分级，但这个分级并不是很完善，在应对突发环境污染事故的过程中，必须遵循以下几个原则。

①“就高”原则　我国的突发环境污染事故的等级界限并不十分明晰，缺乏详尽的判断标准，当发生了突发性事故，但其发展形势还不十分清楚时，划分事故等级应当遵循“就高”原则，尽量将其划分为高一级的等级，以确保其能得到更完善的处置。

② 灵活性原则　突发环境污染事故的发生往往会经历一个量变引发质变的过程，也就是说事态的发展过程是一个动态的过程。因此对事故等级的划分也应当体现出这种动态性。随着事态的发展，对事故的等级进行相应的调整，采取不同的应对措施灵活对待，以达到既解决问题，又合理配置资源的目的。

③“三敏感”原则　即突发环境污染事故进行等级划分时，对敏感时间、敏感地点和敏感性质的事件定级要从高。对“三敏感”事件从高定级有利于分清责任主体，使责任主体能够积极开展先期处置，防止这类敏感性事件扩大升级。同时，由行政级别高的政府处置敏感性事件，有利于实现应急资源的合理配置。

1.2.2　突发环境污染事故的基本特征

突发环境污染事故不同于其他突发性事件，也不同于一般污染事故，主要具有以下几个基本特征。

（1）发生时间的突然性

东汉文字学家许慎在《说文解字》中对“突”字的解释是：“从穴中犬也”，意思是说狗从狗洞里猛然蹿出，比喻情势非常紧急。突发事件往往都是平时累积起来的各类矛盾、冲突长期没能得到圆满的解决，在超越一定界限后突然爆发。例如，一般的环境污染是一种常量的排放，有固定的排污方式和途径，并在一定时间内有规律地排放污染物质。但突发环境事件则不同，它没有固定的排放方式，往往突然发生、来势凶猛、令人始料未及，有着很大的偶然性和瞬时性。一旦发生突发环境污染事故，伴随而来的可能就是有毒有害物质外泄，引发火灾、爆炸等灾难，如果是有毒有害气体泄漏，其无孔不入，很快就可能扩散到居民区，直接危害人们的生命健康，造成不可挽回的损失。

（2）污染范围的不确定性

由于造成突发环境污染事件的原因、事件规模及污染物种类具有很大未知性，所以其对众多领域如大气、水域、土壤、森林、绿地、农田等环境介质的污染范围带有很大的不确定性。很多突发环境污染事故引起的后果可能是不一样的，其始终都处于不断变化的过程中，人们很难根据经验对其发展方向作出判断。在不同的地区，由于其地理环境基础、经济发展状况等都是不同的，可能导致同样的突发环境污染事故引发的污染状态和范围不同。例如，相同的突发环境污染事故发生在拥有雄厚经济基础和相对完善的抗灾救灾保障的国家和地区可能就不会产生太大的威胁，但如果发生在一些相对贫困的国家，由于其缺乏相应的应对保障机制和资金支持，就有可能对其产生致命的打击。

另外，在经济全球化的背景之下，许多问题产生的原因和后果都是相互交织在一起的，一些新型的突发环境污染事件不断出现，更加剧了其污染范围的不确定性。突发环境污染事故一旦得不到有效的遏制，就可能产生“多米诺骨牌效应”，引发各类次生、衍生灾害。总之，突发环境污染事故往往是多方面因素综合作用的结果，其不良后果的性质、强度和范围等都很难预测和确定。

（3）负面影响的多重性

突发环境污染事件往往表现为在极短时间内一次性大量泄漏有毒物或发生严重爆炸，如果事前未能采取有效的防范措施，则一般短期内难以控制，破坏性大，损失严重。突发环境污染事件一旦发生，不仅会打乱一定区域内的正常生活、生产秩序，还会造成人员死亡、国家财产的巨大损失和生态环境的严重破坏。

突发环境事件可能会使特定多或不特定多的社会公众在生命、健康和财产方面遭受巨大损失，影响和干扰正常的社会秩序，甚至使国家安定面临挑战。例如，2005 年吉林某化工厂爆炸事件后，松花江受到严重污染，哈尔滨市因检修管道，全市停止供应自来水 4 天，近 300 多万市民的用水受到威胁，结果各类“小道消息”满天飞，引起市民恐慌，超市里各类饮品被一抢而空，严重影响了社会的安定。

突发环境污染事件还会对生态环境造成严重破坏。例如溢油事件会对海洋、江河等水域生态环境及周边社会经济活动产生严重、持续影响。作为中国近海最常见的重要环境灾害之一，海洋溢油事故在过去几十年中未曾停歇。据国家海洋局统计，中国沿海地区平均每 4 天发生一起溢油事故。仅 1998～2008 年间，中国管辖海域就发生了 733 起船舶污染事故。

此外，危险化学品泄漏、扩散事件造成水体、土壤等环境严重污染和破坏，使环境难以恢复，直接影响居民用水安全及生产活动；易燃易爆事件的发生一般比较猛烈，其影响范围难以确定，易造成人员伤亡；核泄漏污染事件的影响范围广、作用时间长、所需救援力量大，会造成较大的社会影响。

(4) 健康危害的复杂性

由于各类突发环境污染事故的性质、规模、发展趋势各异，自然因素和人为因素互有交叉作用，所以具有复杂性。

有时候，事故发生的瞬间就可引起急性中毒、刺激作用，造成群死群伤；而对于那些具有慢性毒作用、环境中降解很慢的持久性污染物，则可以对人群产生慢性危害和远期效应。

(5) 处理处置的艰巨性

由于事故的突发性、危害的严重性，很难在短时间内控制事故的影响，加之污染范围大，给处理处置带来困难。而且事件级别越高，危害越严重，恢复重建越困难。因为生态环境的支撑能力有一定的限度，一旦超过其自身修复的"阈值"，往往会造成无法弥补的后果和不可挽回的损伤。例如野生动物、植物物种一旦灭绝就永远消失了，人力无法使其恢复。要想解决已经造成的环境污染和破坏，恢复生态系统的原有功能，必须在时间和经济上付出极其昂贵的代价。

可见，一旦发生突发环境污染事故，势必会给人们的生命财产和正常生活带来影响，不仅如此，它还会影响交通、工作、工业企业的生产等方面。另外，事故发生后，除了动员企业本身及社会力量进行救援外，还要各地在财力、物力、人力上给予支持。

1.3 突发环境污染事故的发生

任何事情的发生都不是平白无故的，都存在着一定的因果关系。发生突发环境事故的原因很复杂，既包括自然因素又包括人为因素：自然因素一般是天然的，不可抗拒的，例如台风、地震等；人为因素则是可以控制的，例如战争、技术等。

1.3.1 自然因素

自然因素主要指一些自然灾害，包括地震、海啸、火山爆发、龙卷风、台风、潮汐、洪水、山体滑坡、泥石流、雷击及太阳黑子周期性的爆炸引起的地球环流的变化等自然因素，都可能造成突发环境污染事故。自然灾害主要指对自然生态环境、人居环境和人类及其生命财产造成破坏和危害的自然现象。它的形成必须具备两个条件：一是要有自然异变作为诱因；二是要有受到损害的人、财产、资源作为承受灾害的客体。自然灾害对人类社会所造成的灾害往往是触目惊心的。它们之中既有地震、火山爆发、泥石流、海啸、台风、洪水等突发性灾害；也有地面沉降、土地沙漠化、干旱、海岸线变化等在较长时间中才能逐渐显现的渐变性灾害；还有臭氧层变化、水体污染、水土流失、酸雨等人类活动导致的环境灾害。这些自然灾害和环境破坏之间又有着复杂的相互联系。人类要从科学的意义上认识这些灾害的发生、发展以及尽可能减小它们所造成的危害，已是国际社会的一个共同主题。

我国幅员辽阔，地理气候条件复杂，自然灾害种类多且发生频繁，几乎所有的自然灾害，如水灾、旱灾、地震、台风、风雹、雪灾、山体滑坡、泥石流、病虫害、森林火灾等，每年都有发生。自然灾害表现出种类多、区域性特征明显、季节性和阶段性特征突出、灾害共生性和伴生性显著等特点。2010年的中国，经受了历史罕见自然灾害的挑战：西南大部分地区旱魃逞凶、多条江河洪浪翻滚、东南沿海台风肆虐、西北高原震情迭起、山区峡谷泥石流埋村毁城……2010年上半年全国发生地质灾害19553起，为2009年同期10倍多；死亡失踪464人，是2009年同期的2.7倍。相比往年，2010年的自然灾害更复杂、更具突发性而且灾情也更严重。归根结底，是由环境的日益恶化导致自然因素的异变所致。

自然因素引起的突发环境污染事故，由于其是由自然力引起的，它们突然、有力、无法控制，会引起破坏和混乱，一般难以预知与预防，所以面对这类事故，目前还很难正确预报并及时采取预防措施。但在现实工作与实践中，必须充分考虑到此类事件发生的概率，尽最大可能完善相关灾害应对机制，提高公众的灾害应对素质，积极变被动为主动，防患于未然。

1.3.2 人为因素

引起突发环境污染事故的人为因素一般是可以提前防范与克服的。大致可从社会、技术、管理、战争4个层面对其进行剖析。

（1）*社会层面*

从社会根源上讲，新的社会问题引发的突发性事故与日俱增。各类社会矛盾和纠纷会使一些人出现心理失衡，可能将自己的不如意归咎于社会和政府，产生报复心理，一旦突破其底线，就会疯狂地向社会报复，故意破坏，导致人员伤亡、财物损失，给社会造成不稳定影响。

近年来，环境污染事故密集发生，由此引发的群众信访居高不下，导致的群体性事件在部分省区集中暴发。环境污染事故造成的损失、危害和影响触目惊心，并呈增长之势，引起社会高度关注。据统计，环境污染引发的群体性事件以年均29%的速度递增，对抗程度明显高于其他群体性事件。污染事件的发生看似偶然，但有其必然性。根本原因是片面追求GDP、忽视环境保护，而导致长期累积的矛盾集中暴发，是环境保护滞后于经济发展的必然结果。GDP至上的政绩观是重经济发展轻环境保护、污染事故多发的重要根源。在这种发展观、政绩观下，污染项目闯过了环保关口，违法企业得到了庇护。致使GDP上升了，环境质量下降了；财富增加了，群众的幸福感减少了，这是以环境换取经济发展的结果。同时，随着环境问题的日益突出、群众环保意识的逐步提高，污染问题已经成为引发群体性事件的一个新的诱因。环境信访问题如果得不到合理的解决，大多数会转化为群体性事件。其根本原因，主要是受损者的基本生存、公众环境参与的权力没有受到应有的尊重。

可见，环境问题得不到解决或解决得不好，就可能累积并显性暴发，最终导致付出更大的行政成本，影响政府的形象、损害政府的公信力、削弱政府的权威。只有优先解决了环境问题，才能以最小的行政成本保护群众的根本利益，赢得解决群众问题的主动权，才能从社会源头上解决突发环境事件问题。

（2）*技术层面*

技术因素一般指人们在化工生产、储存和运输等过程中，未能达到工作任务的技术要求，或是违反操作程序，引发事故的原因。技术因素引发的突发环境污染事故的发生概率最

高，同时，技术因素也是引发事故最重要和最复杂的原因。

① 勘测、设计方面存在缺陷　如工厂选址不当、安全间距不足等。一些生产、储存大量有毒有害化学品的工厂建在重要的江、河、湖泊附近，一旦发生突发性事件，大量污染物流入河道，直接引发重大污染事件。松花江污染事件的发生就是这样的，2005 年 11 月 13 日，吉林某化工厂发生爆炸，100 多吨苯系物流入松花江，导致哈尔滨 300 万居民停水 4 天，造成重大环境污染事故。

② 工艺技术、设备方面存在问题　如生产工艺流程设计不尽合理；生产设施又缺乏及时维护检修以及更新改造；生产设备落后，设备质量达不到有关技术标准的要求；基础设施薄弱，不齐全、不合理；维护管理不落实，导致设备老化、带故障运行等；久而久之，就容易发生事故，造成污染。

（3）管理层面

管理是通过对人们自身思想观念和行为进行调整，以求达到人类社会的协调发展。也就是说，管理是人类有意识的自我约束，这种约束通过行政、经济、法律、教育、科技等手段进行，是人类社会发展的根本保障和基本内容。管理的失误会导致各类不安全行为和不安全状态的发生，它是事故发生的根本原因。

从管理的角度而言，发生突发环境污染事故主要是基于以下几方面的原因。

① 混乱而无序的管理　突发性事件应急管理的主要任务就是有效的预防和事前充分的准备，尽量使突发性事件消弭于萌芽状态，在事件发生后快速地处置，妥善地安排，达到实现社会危害最小化的目的。突发环境安全事故的管理涉及安全规章制度的建立和执行、安全生产法规的贯彻落实、安全检查的有效性、安全评估的可靠性、劳动过程组织的合理性、安全管理过程决策的科学性、对灾难的预警等许多方面的问题。但有时管理出现失误，可能直接引发事故发生。由于我国行政体制的特点，突发环境污染事故应急管理过程中部门分割、条块分割现象严重，分兵把守，各自为战，应急协调不力，常出现推诿扯皮、多头管理、贻误时机的现象。加之有的单位安全管理职能部门缺少科学的规章制度或不执行规章制度，造成一些剧毒危险品、易燃易爆、氧化还原剂混放，人为地造成有毒有害化学品大规模扩散，酿成突发环境污染事件。这种管理失误作为一种严重的隐患也可能存在于其他行业、其他部门，而只要有隐患存在，灾难性事故与事件的发生就有必然性。

② 违反安全规定和操作规程　不少单位，许多从业人员素质不高，又未经过严格、系统的培训。加之管理松散，规章制度不落实，劳动纪律涣散，也会导致突发环境污染事故发生。例如，一些石油炼制、石油化工、有机和无机化工、煤炭、冶金、电镀等行业在生产工艺过程中使用易燃、易爆化学品，剧毒、有毒有害化学品，或使用放射性物质时，常出现违章操作甚至不经岗位培训就到有毒有害化学物品的岗位操作、野蛮施工等现象，都可能是发生突发环境污染事件的重要因素。此外，危险运输工具不符合规定，不按固定路线行走，不储备急救药品、个人防护器材及堵漏设备；运输途中发生撞车、翻车或撞船、沉船等违反安全规定和操作规程的行为，也会引起重大污染事故。另外，操作人员对所从事工序的生产原理及操作规程不了解，当发生紧急情况时应对措施不当，也极容易造成重大污染事故。

③ 缺乏足够的责任心　工作责任心不强，自由散漫，不履行职责，不作为，甚至为了泄私愤蓄意破坏，都可导致有毒化学品泄漏、火灾或爆炸，引发环境污染事故。

（4）战争层面

战争能够破坏和污染环境。古代战争造成血流成河、横尸遍野，致使瘟疫肆虐、传染病

爆发，其危害程度是惊人的。现代战争之污染持续事件、污染程度则有过之而无不及。战争不但会破坏各类工农业设施，而且还可能使大量有毒有害的化工原料、产品外泄，发生燃烧、爆炸，进而导致发生各类突发环境污染事故。

在战争中，作为一种作战方式，交战双方往往也会将对方的危险化学品生产、储存场所作为攻击和破坏的目标，致使危险化学品泄漏。例如，在抗日战争时期，侵华日军肆意研制、试验、使用细菌弹、毒气弹，多次使用毒气杀害我同胞，至今仍对中国人民有潜在危害。美国自20世纪70年代以来，1/2的武器使用了贫铀，贫铀弹壳硬度是钢铁的几倍，击穿钢铁时能使钢铁起火。在“沙漠风暴”中向伊拉克投下了31t铀，在南联盟投下了30t铀。这些炸弹爆炸后严重污染当地环境，而且，产生的有毒粉尘气团高达1000m，随风扩散，所到之处皆被污染。伊拉克为了阻止敌人的进攻，点燃油井，有毒有害的浓烟滚滚四起，铺天盖地。越南战争期间，美国大量使用除草剂，据其国内的诉讼，已造成众多本国士兵失去生育能力，而受污染破坏最严重的越南国土环境和中越人民的生命健康尚未论及。此外，还有些被联合国裁军委员会称为“双用途毒剂”的化合物，如氢氰酸、光气、氯气、磷酰卤类等，和平时期是化工原料，战时即可迅速转化为军工生产而作为军用毒剂用于战争，这类化学物质一旦泄漏，其杀伤威力不亚于使用化学武器。

当今世界动荡不安，局部战争不断。战争不仅造成大量生物、人员伤亡，而且随时可导致有毒有害物质的泄漏以及工厂、仓库、油田、天然气运输管道的破裂等引发恶性环境污染事故。如今为了掠夺资源引发的战争对生态环境的破坏更是令人恐慌，在战争中使用各种化学武器、核武器等现代杀伤性武器，给人类和生态环境造成巨大的灾难。

1.4 国内外典型突发环境污染事故

随着我国经济的迅猛发展，国民生产总值逐年提高，工业企业生产总量、生产规模不断扩大，长期累积的各类环境风险凸现，突发环境污染事故频繁发生。了解一些典型的突发环境污染事故，分析其发生的特点和规律，有利于突发环境事故的快速应对，有利于突发环境事故处理处置方法的正确研究。表1-2是我国2007～2015年发生的一些典型的突发环境污染事故。

表1-2 2007～2015年国内部分典型突发环境污染事故

序号	时间	事件简介	主要污染物
1	2007年10月	贵州省独山县某公司将1900t含砷废水直接排入都柳江，污染下游河水，群众轻度砷中毒病人13例，亚急性砷中毒病人4例	砷
2	2008年9月	上海某农药厂约30kg生产莎蚀磷原料的混合气体泄漏，造成市中心区域有较大范围的刺激性气体蔓延	农药
3	2008年12月	流经广东省大榄村的主要河流大榄涌出现大面积的油污，河中的鱼也大量死亡，造成下游数公里河面受污染严重	油
4	2010年7月	福建省某公司铜矿湿法厂发生铜酸水渗漏事故，9100m^3的污水顺着排洪涵洞流入汀江，导致汀江部分河段污染及大量网箱养鱼死亡	铜酸水
5	2010年7月	大连市新港一艘利比里亚籍3×10^5t级的油轮在卸油附加添加剂时引起了陆地输油管线发生爆炸，引发大火和原油泄漏，造成附近海域50km^2的海面污染，重度污染海域12km^2	油

续表

序号	时间	事件简介	主要污染物
6	2010年7月	由于受特大洪水影响，吉林省永吉县两家化工企业的7138只原料桶被冲入温德河，随后进入松花江。桶装原料主要为三甲基一氯硅烷、六甲基二硅氮烷等。7000多只化工桶被冲入松花江，上万人拦截，城市供水管道被切断，污染带长5km	三甲基一氯硅烷、六甲基二硅氮烷等
7	2011年6月	山东半岛北部渤海蓬莱19-3油田附近海域发现大量溢油，原因为进行注水作业时，对油藏层施压激活了天然断层，导致原油从断层裂缝中溢出。事故造成超过$6200km^2$海水受到污染，$840km^2$海水恶化成劣四类	油
8	2012年1月	广西某公司和河池市某厂违法排放工业废水，造成广西龙江河突发严重镉污染，水中镉含量约20t，污染河段长达300km，造成133尾鱼苗、4×10^4kg成鱼死亡	镉
9	2012年12月	山西省长治市某化工厂发生苯胺泄漏入河事件，苯胺随河水流入省外，导致河北省邯郸市发生大面积停水和居民抢购瓶装水	苯胺挥发酚
10	2013年3月	河北沧县张官屯乡小朱庄的地下水变成红色，近700只鸡死亡。养鸡场用水、化工厂排水沟两处水样中被检出含有苯胺物质，含量超出污染物排放标准的1倍，比饮用水标准超标更多	苯胺
11	2015年8月	天津塘沽发生特大危险化学品火灾爆炸突发事件，造成161人遇难和12人失联。爆炸涉及的危险化学品数量20余种，总量超过2000t，其中主要污染物氰化钠700t，硝酸钾500t。两次爆炸当量相当于24tTNT，近震震级约2.9级，过火面积达$2\times10^4m^2$，造成直接经济损失700亿元人民币	危险化学品

国际上突发环境污染事件发生频繁，造成了很大损失，表1-3是2006～2015年部分国外发生的突发环境污染事故

表1-3　2006～2015年部分国外典型突发环境污染事故

序号	时间	事件简介	主要污染物
1	2006年8月	一艘荷兰货轮通过代理公司在科特迪瓦经济首都阿比让十多处地点倾倒了数百吨有毒工业垃圾，引起严重环境污染，导致7人死亡，因不良反应而就医的超过3万人次	工业垃圾
2	2006年9月	一艘巴拿马籍货轮在科特迪瓦经济首都阿比让至少8处地点非法倾倒了数百吨有毒工业废液，废液里含有硫化氢，有毒气体造成至少3人死亡，5000多人中毒，近50万居民的正常生活受到影响	硫化氢等
3	2008年3月	美国科罗拉多州，自来水受沙门氏菌污染，57人染病，100多人疑似染病	沙门氏菌
4	2008年12月	美国田纳西州西部一处发电厂的挡土墙崩塌，致使超过$4\times10^6m^3$煤灰外泄，煤渣中含有砷、铅、硒等重金属，周围$1.2km^2$面积受污染，数十栋房屋遭掩埋	煤渣重金属
5	2010年4月	美国南部路易斯安那州沿海一个石油钻井平台爆炸，造成7人重伤、至少11人失踪。泄漏事故严重威胁了在墨西哥湾生存的数百种鱼类、鸟类和其他生物，当地渔民赖以生存的捕捞业遭到毁灭性打击	油
6	2010年10月	匈牙利西部维斯普雷姆州发生铝厂有毒废水泄漏事故，致约$1000m^3$有毒废水流入附近村庄，造成8人死亡、至少150人受伤，蓝色多瑙河变身红色多瑙河	重金属

续表

序号	时间	事件简介	主要污染物
7	2014 年 9 月	美国西弗吉尼亚州查尔斯顿因工厂化学品泄漏污染当地埃尔克河，泄漏的化学品为煤炭制作过程中所用发泡剂，导致 10 万居民无法使用生活用水	危险化学品
8	2015 年 8 月	美国环保局一支调查队误将一个废弃的河道打开，导致约 300 万加仑(1 加仑≈3.78 升)的黄色污水被倾倒进科罗拉多河流系统中，污水中含有沉淀物及金属物质，科罗拉多河流变为橙黄色，引起当地恐慌	重金属

参考文献

[1] 国家环境保护总局．环境应急响应实用手册［M］．北京：中国环境科学出版社，2007.
[2] 郭振仁，张剑鸣，李文禧．突发环境污染事故防范与应急［M］．北京：中国环境科学出版社，2009.
[3] 李国刚．环境化学污染事故应急监测技术与设备［M］．北京：化学工业出版社，2005.
[4] 李国刚，付强，吕怡兵．突发环境污染事故应急案例［M］．北京：中国环境科学出版社，2010.
[5] 田为勇．环境应急手册［M］．北京：中国环境科学出版社，2003.
[6] 胡望钧．常见有毒化学品环境事故应急处置技术与监测方法［M］．北京：中国环境科学出版社，1993.
[7] 孙超，佟瑞鹏．企业环境污染事故应急工作手册［M］．北京：中国劳动社会保障出版社，2008.

2 应急工作法定职责

突发环境污染事件的预防、处置一般遵循公认的国际法原则，如“预防为主”“污染者负担”“协同作用”“谁污染、谁承担，谁得利、谁支付，谁受害、谁受救济”，体现了事故相关方的责任和义务。我国现行的法律、法规、规章在依据上述原则的基础上，对事故责任方、地方人民政府、环保部门以及政府其他部门都赋予了一定的法定职责。事故责任方有预防、清除或减轻污染危害、接受调查、赔偿等职责；地方人民政府有启动应急预案、控制污染、信息发布等职责；环保部门有开展应急监测、通知通报、协助政府做好应急处置等职责；政府其他部门根据各自职能分工开展应急工作。

依法行政是建设法制化社会的要求。本章对现有的法律法规进行了梳理，对事故责任方、地方人民政府、环保部门和其他相关部门的法定职责进行了分类，期望以此帮助事件相关方在处置突发环境污染事件过程中，在做到服从和服务于大局的基础上，按照自己的法定职责积极应对，做到不缺位、不越位，最大限度地降低事故造成的损失。

2.1 事故责任方在突发环境污染事件中的法定职责

发生突发环境污染事件，事故责任方（包括单位和个人）作为事故的主体，在突发环境污染事件预防、应急响应、应急处置与事件处理过程中，负有以下法定职责。

2.1.1 必须立即采取清除或减轻污染危害措施的职责

发生事故或者其他突然性事件，造成或者可能造成污染的事故责任方，必须立即采取措施处理，清除或减轻污染危害。法律依据如下。

① 各级人民政府及其有关部门和企业事业单位，应当依照《中华人民共和国突发事件应对法》的规定，做好突发环境事件的风险控制、应急准备、应急处置和事后恢复等工作（《中华人民共和国环境保护法》第四十七条）。

② 突发环境事件应急处置工作结束后，有关人民政府应当立即组织评估事件造成的环境影响和损失，并及时将评估结果向社会公布（《中华人民共和国环境保护法》第四十七条第 4 款）。

③ 可能发生水污染事故的企业事业单位，应当制定有关水污染事故的应急方案，做好

应急准备，并定期进行演练。生产、储存危险化学品的企业事业单位，应当采取措施，防止在处理安全生产事故过程中产生的可能严重污染水体的消防废水、废液直接排入水体（《中华人民共和国水污染防治法》第六十七条）。

④ 企业事业单位发生事故或者其他突发性事件，造成或者可能造成水污染事故的，应当立即启动本单位的应急方案，采取应急措施，并向事故发生地的县级以上地方人民政府或者环境保护主管部门报告（《中华人民共和国水污染防治法》第六十八条）。

⑤ 排污者因不可抗力遭受重大经济损失的，可以申请减半缴纳排污费或者免缴排污费（《排污费征收使用管理条例》第十五条第 1 款）。

⑥ 船舶造成水污染事故时，必须立即向就近的海事管理机构报告。造成渔业水体污染事故的，必须立即向事故发生地的渔政管理机构报告。海事或者渔政管理机构接到报告后，应当立即向本级人民政府的环境保护部门通报情况，并及时开展调查处理工作（《中华人民共和国水污染防治法实施细则》第十九条第 3 款）。

⑦ 应急处置期间，企业事业单位应当服从统一指挥，全面、准确地提供本单位与应急处置相关的技术资料，协助维护应急现场秩序，保护与突发环境事件相关的各项证据（《突发环境事件应急管理办法》第二十三条第 2 款）。

⑧ 因发生事故或者其他突发性事件，造成危险废物严重污染环境的单位，必须立即采取措施消除或者减轻对环境的污染危害，及时通报可能受到污染危害的单位和居民，并向所在地县级以上地方人民政府环境保护行政主管部门和有关部门报告，接受调查处理（《中华人民共和国固体废物污染环境防治法》第六十三条）。

⑨ 因发生事故或者其他突发性事件，造成或者可能造成海洋环境污染事故的单位和个人，必须立即采取有效措施，及时向可能受到危害者通报，并向依照本法规定行使海洋环境监督管理权的部门报告，接受调查处理。（《中华人民共和国海洋环境保护法》第十七条第 1 款）

⑩ 一切单位和个人造成陆源污染物污染损害海洋环境事故时，必须立即采用措施处理，并在事故发生后 40 小时内，向当地人民政府环境保护行政主管部门做出事故发生的时间、地点、类型和排放污染物的数量、经济损失、人员受害等情况的初步报告，并抄送有关部门。事故查清后，应当向当地人民政府环境保护行政主管部门做出书面报告，并附有关证明文件（《中华人民共和国防治陆源污染物污染损害海洋环境管理条例》第二十二条第 1 款）。

⑪ 企业、事业单位及作业者在作业中发生溢油、漏油等污染事故，应迅速采取围油、回收油的措施，控制、减轻和消除污染。发生大量溢油、漏油和井喷等重大油污染事故，应立即报告主管部门，并采取有效措施，控制和消除油污染，接受主管部门的调查处理（《中华人民共和国海洋石油勘探开发环境保护管理条例》第十六条）。

⑫ 化学消油剂要控制使用。

a. 在发生油污染事故时，应采取回收措施，对少量确实无法回收的油，准许使用少量的化学消油剂。

b. 一次性使用化学消油剂的数量（包括溶剂在内），应根据不同海域等情况，由主管部门另作具体规定。作业者应按规定向主管部门报告，经准许后方可使用。

c. 在海面浮油可能发生火灾或者严重危及人命和财产安全，又无法使用回收方法处理，而使用化学消油剂可以减轻污染和避免扩大事故后果的紧急情况下，使用化学消油剂的数量和报告程序可不受本条 b. 项规定限制。但事后，应将事故情况和使用化学消油剂情况详细

报告主管部门。

d. 必须使用经主管部门核准的化学消油剂（《中华人民共和国海洋石油勘探开发环境保护管理条例》第十七条）。

⑬ 不按照国家有关规定制定突发事件应急预案，或者在突发事件发生时，不及时采取有效控制措施导致严重后果的企业，对其直接负责的主管人员和其他直接责任人员中由国家行政机关任命的人员给予降级处分；情节较重的，给予撤职或者留用察看处分；情节严重的，给予开除处分［《环境保护违法违纪行为处分暂行规定》第十一条第（五）项］。

⑭ 船舶在中华人民共和国管辖海域发生污染事故，或者在中华人民共和国管辖海域外发生污染事故造成或者可能造成中华人民共和国管辖海域污染的，应当立即启动相应的应急预案，采取措施控制和消除污染，并就近向有关海事管理机构报告（《防治船舶污染海洋环境管理条例》第三十七条）。

⑮ 船舶发生事故有沉没危险，船员离船前，应当尽可能关闭所有货舱（柜）、油舱（柜）管系的阀门，堵塞货舱（柜）、油舱（柜）通气孔。

船舶沉没的，船舶所有人、经营人或者管理人应当及时向海事管理机构报告船舶燃油、污染危害性货物以及其他污染物的性质、数量、种类、装载位置等情况，并及时采取措施予以清除（《防治船舶污染海洋环境管理条例》第四十条）。

⑯ 从事船舶清舱、洗舱、油料供受、装卸、过驳、修造、打捞、拆解，污染危害性货物装箱、充罐，污染清除作业以及利用船舶进行水上水下施工等作业活动的，应当遵守相关操作规程，并采取必要的安全和防治污染的措施（《防治船舶污染海洋环境管理条例》第二十条）。

⑰ 发生危险化学品事故，单位主要负责人应当按照本单位制定的应急救援预案，立即组织救援，并立即报告当地负责危险化学品安全监督管理综合工作的部门和公安、环境保护、质检部门（《危险化学品安全管理条例》第五十一条）。

⑱ 发生危险化学品事故，有关部门未依照本条例的规定履行职责，组织实施救援或者采取必要措施，减少事故损失，防止事故蔓延、扩大，或者拖延、推诿的，对负有责任的主管人员和其他直接责任人员依法给予降级或者撤职的行政处分；触犯刑律的，依照刑法关于滥用职权罪、玩忽职守罪或者其他罪的规定，依法追究刑事责任（《危险化学品安全管理条例》第五十六条）。

2.1.2 向当地环保部门和有关部门报告事故发生情况的职责

一旦发生突发环境污染事件，事故责任方可以通过拨打“12369”向当地环保部门报告，也可以通过拨打“110”、“119”、公共举报电话、网络、传真等形式向有关部门报告。法律依据如下。

① 企业事业单位应当按照国家有关规定制定突发环境事件应急预案，报环境保护主管部门和有关部门备案。在发生或者可能发生突发环境事件时，企业事业单位应当立即采取措施处理，及时通报可能受到危害的单位和居民，并向环境保护主管部门和有关部门报告（《中华人民共和国环境保护法》第四十七条）。

② 企业事业单位发生事故或者其他突发性事件，造成或者可能造成水污染事故的，应当立即启动本单位的应急方案，采取应急措施，并向事故发生地的县级以上地方人民政府或

者环境保护主管部门报告。环境保护主管部门接到报告后，应当及时向本级人民政府报告，并抄送有关部门（《中华人民共和国水污染防治法》第六十八条第1款）。

③ 企业事业单位造成水污染事故时，必须立即采取措施，停止或者减少排污，并在事故发生后48小时内，向当地环境保护部门做出事故发生的时间、地点、类型和排放污染物的种类、数量、经济损失、人员受害及应急措施等情况的初步报告；事故查清后，应当向当地环境保护部门做出事故发生的原因、过程、危害、采取的措施、处理结果以及事故潜在危害或者间接危害、社会影响、遗留问题和防范措施等情况的书面报告，并附有关证明文件（《中华人民共和国水污染防治法实施细则》第十九条第1款）。

④ 船舶造成水污染事故时，必须立即向就近的海事管理机构报告。造成渔业水体污染事故的，必须立即向事故发生地的渔政管理机构报告。海事或者渔政管理机构接到报告后，应当立即向本级人民政府的环境保护部门通报情况，并及时开展调查处理工作（《中华人民共和国水污染防治法实施细则》第十九条第3款）。

⑤ 淮河流域发生水污染事故时，必须及时向环境保护行政主管部门报告。环境保护行政主管部门应当在接到事故报告时起24小时内，向本级人民政府、上级环境保护行政主管部门和领导小组办公室报告，并向相邻上游和下游的环境保护行政主管部门、水行政主管部门通报。当地人民政府应当采取应急措施，消除或者减轻污染危害（《淮河流域水污染防治暂行条例》第二十七条）。

⑥ 发生拆船污染损害事故时，拆船单位或者个人必须立即采取消除或者控制污染的措施，并迅速报告监督拆船污染的主管部门。污染损害事故发生后，拆船单位必须向监督拆船污染的主管部门提交《污染事故报告书》，报告污染发生的原因、经过、排污数量、采取的抢救措施、已造成和可能造成的污染损害后果等，并接受调查处理（《中华人民共和国防止拆船污染环境管理条例》第十五条）。

⑦ 企业事业单位和其他生产经营者应当按照国家有关规定和监测规范，对其排放的工业废气和本法第七十八条规定名录中所列有毒有害大气污染物进行监测，并保存原始监测记录。其中，重点排污单位应当安装、使用大气污染物排放自动监测设备，与环境保护主管部门的监控设备联网，保证监测设备正常运行并依法公开排放信息。监测的具体办法和重点排污单位的条件由国务院环境保护主管部门规定（《中华人民共和国大气污染防治法》第二十四条）。

⑧ 因发生事故或者其他突发性事件，造成危险废物严重污染环境的单位，必须立即采取措施消除或者减轻对环境的污染危害，及时通报可能受到污染危害的单位和居民，并向所在地县级以上地方人民政府环境保护行政主管部门和有关部门报告，接受调查处理（《中华人民共和国固体废物污染环境防治法》第六十三条）。

⑨ 因发生事故或者其他突发性事件，造成或者可能造成海洋环境污染事故的单位和个人，必须立即采取有效措施，及时向可能受到危害者通报，并向依照本法规定行使海洋环境监督管理权的部门报告，接受调查处理（《中华人民共和国海洋环境保护法》第十七条第1款）。

⑩ 企业事业单位造成或者可能造成突发环境事件时，应当立即启动突发环境事件应急预案，采取切断或者控制污染源以及其他防止危害扩大的必要措施，及时通报可能受到危害的单位和居民，并向事发地县级以上环境保护主管部门报告，接受调查处理（《突发环境事件应急管理办法》第二十三条第1款）。

⑪ 发现船舶及其有关作业活动可能对海洋环境造成污染的，船舶、码头、装卸站应当立即采取相应的应急处置措施，并就近向有关海事管理机构报告。

接到报告的海事管理机构应当立即核实有关情况，并向上级海事管理机构或者国务院交通运输主管部门报告，同时报告有关沿海设区的市级以上地方人民政府（《防治船舶污染海洋环境管理条例》第三十七条）。

⑫ 船舶污染事故报告应当包括下列内容：

(a) 船舶的名称、国籍、呼号或者编号；

(b) 船舶所有人、经营人或者管理人的名称、地址；

(c) 发生事故的时间、地点以及相关气象和水文情况；

(d) 事故原因或者事故原因的初步判断；

(e) 船舶上污染物的种类、数量、装载位置等概况；

(f) 污染程度；

(g) 已经采取或者准备采取的污染控制、清除措施和污染控制情况以及救助要求；

(h) 国务院交通运输主管部门规定应当报告的其他事项。

做出船舶污染事故报告后出现新情况的，船舶、有关单位应当及时补报（《防治船舶污染海洋环境管理条例》第三十八条）。

⑬ 依法具有环境保护监督管理职责的国家行政机关及其工作人员，发生重大环境污染事故或者生态破坏事故，不按照规定报告或者在报告中弄虚作假，或者不依法采取必要措施或者拖延、推诿采取措施，致使事故扩大或者延误事故处理的，对直接责任人员，给予警告、记过或者记大过处分；情节较重的，给予开除处分［《环境保护违法违纪行为处分暂行规定》第八条第（三）项］。

⑭ 所有船舶均有监视海上污染的义务，在发现海上污染事故或者违反本法规定的行为时，必须立即向就近的依照本法规定行使海洋环境监督管理权的部门报告（《中华人民共和国海洋环境保护法》第七十二条第1款）。

⑮ 一切单位和个人造成陆源污染物污染损害海洋环境事故时，必须立即采用措施处理，并在事故发生后48小时内，向当地人民政府环境保护行政主管部门做出事故发生的时间、地点、类型和排放污染物的数量、经济损失、人员受害等情况的初步报告，并抄送有关部门。事故查清后，应当向当地人民政府环境保护行政主管部门做出书面报告，并附有关证明文件（《中华人民共和国防治陆源污染物污染损害海洋环境管理条例》第二十二条第1款）。

2.1.3 及时向可能受到污染危害的单位和居民进行通报并接受调查的职责

当事故发生造成或者可能造成其他单位和居民受到污染危害时，事故责任方应及时通报并接受调查。法律依据如下。

① 企业事业单位应当按照国家有关规定制定突发环境事件应急预案，报环境保护主管部门和有关部门备案。在发生或者可能发生突发环境事件时，企业事业单位应当立即采取措施处理，及时通报可能受到危害的单位和居民，并向环境保护主管部门和有关部门报告（《中华人民共和国环境保护法》第四十七条）。

② 企业事业单位发生事故或者其他突发性事件，造成或者可能造成水污染事故的，应当立即启动本单位的应急方案，采取应急措施，并向事故发生地的县级以上地方人民政府或

者环境保护主管部门报告。环境保护主管部门接到报告后，应当及时向本级人民政府报告，并抄送有关部门（《中华人民共和国水污染防治法》第六十八条第1款）。

③ 突发环境事件发生后，涉事企业事业单位或其他生产经营者必须采取应对措施，并立即向当地环境保护主管部门和相关部门报告，同时通报可能受到污染危害的单位和居民。因生产安全事故导致突发环境事件的，安全监管等有关部门应当及时通报同级环境保护主管部门。环境保护主管部门通过互联网信息监测、环境污染举报热线等多种渠道，加强对突发环境事件的信息收集，及时掌握突发环境事件发生情况（《国家突发环境污染事件应急预案》3.3第1款）。

④ 企业事业单位和其他生产经营者违反法律法规规定排放大气污染物，造成或者可能造成严重大气污染，或者有关证据可能灭失或者被隐匿的，县级以上人民政府环境保护主管部门和其他负有大气环境保护监督管理职责的部门，可以对有关设施、设备、物品采取查封、扣押等行政强制措施（《中华人民共和国大气污染防治法》第三十条）。

⑤ 因发生事故或者其他突发性事件，造成危险废物严重污染环境的单位，必须立即采取措施消除或者减轻对环境的污染危害，及时通报可能受到污染危害的单位和居民，并向所在地县级以上地方人民政府环境保护行政主管部门和有关部门报告，接受调查处理（《中华人民共和国固体废物污染环境防治法》第六十三条）。

⑥ 因发生事故或者其他突发性事件，造成或者可能造成海洋环境污染事故的单位和个人，必须立即采取有效措施，及时向可能受到危害者通报，并向依照本法规定行使海洋环境监督管理权的部门报告，接受调查处理（《中华人民共和国海洋环境保护法》第十七条第1款）。

2.1.4 为危险化学品事故应急救援提供技术指导和必要协助的职责

危险化学品生产企业必须具有为危险化学品事故应急救援提供技术指导和必要协助的职责。法律依据为：当发生突发环境事故时，危险化学品生产企业必须为危险化学品事故应急救援提供技术指导和必要的协助（《危险化学品安全管理条例》第五十三条）。

2.1.5 接受有关部门调查处理的职责

根据法律规定，事故责任方不能拒绝和阻挠有关职能部门的调查处理。法律依据如下。

① 造成渔业污染事故或者渔业船舶造成水污染事故的，应当向事故发生地的渔业主管部门报告，接受调查处理。其他船舶造成水污染事故的，应当向事故发生地的海事管理机构报告，接受调查处理；给渔业造成损害的，海事管理机构应当通知渔业主管部门参与调查处理（《中华人民共和国水污染防治法》第六十八条第2款）。

② 拒绝环境保护主管部门或者其他依照本法规定行使监督管理权的部门的监督检查，或者在接受监督检查时弄虚作假的，由县级以上人民政府环境保护主管部门或者其他依照本法规定行使监督管理权的部门责令改正，处一万元以上十万元以下的罚款（《中华人民共和国水污染防治法》第七十条）。

③ 因发生水污染事故，造成重大经济损失或者人员伤亡，负有直接责任的主管人员和其他直接责任人员构成犯罪的，依法追究刑事责任（《淮河流域水污染防治暂行条例》第三

十九条）。

④ 重点排污单位应当对自动监测数据的真实性和准确性负责。环境保护主管部门发现重点排污单位的大气污染物排放自动监测设备传输数据异常，应当及时进行调查（《中华人民共和国大气污染防治法》第二十五条）。

⑤ 环境保护主管部门及其委托的环境监察机构和其他负有大气环境保护监督管理职责的部门，有权通过现场检查监测、自动监测、遥感监测、远红外摄像等方式，对排放大气污染物的企业事业单位和其他生产经营者进行监督检查。被检查者应当如实反映情况，提供必要的资料。实施检查的部门、机构及其工作人员应当为被检查者保守商业秘密（《中华人民共和国大气污染防治法》第二十九条）。

⑥ 因发生事故或者其他突发性事件，造成危险废物严重污染环境的单位，必须立即采取措施消除或者减轻对环境的污染危害，及时通报可能受到污染危害的单位和居民，并向所在地县级以上地方人民政府环境保护行政主管部门和有关部门报告，接受调查处理（《中华人民共和国固体废物污染环境防治法》第六十三条）。

⑦ 因发生事故或者其他突发性事件，造成或者可能造成海洋环境污染事故的单位和个人，必须立即采取有效措施，及时向可能受到危害者通报，并向依照本法规定行使海洋环境监督管理权的部门报告，接受调查处理（《中华人民共和国海洋环境保护法》第十七条第 1 款）。

⑧ 对不按规定向主管部门报告重大油污染事故企业、事业单位、作业者的违法行为，罚款最高额为人民币 5000 元 [《中华人民共和国海洋石油勘探开发环境保护管理条例》第二十七条第 2 款第（二）项第 1 目]。

⑨ 组织事故调查处理的机关或者海事管理机构开展事故调查时，船舶污染事故的当事人和其他有关人员应当如实反映情况和提供资料，不得伪造、隐匿、毁灭证据或者以其他方式妨碍调查取证（《防治船舶污染海洋环境管理条例》第四十八条）。

⑩ 违反本条例的规定，有下列行为之一的，由公安部门责令改正，处 2 万元以上 10 万元以下的罚款；触犯刑律的，依照刑法关于危险物品肇事罪、重大环境污染事故罪或者其他罪的规定，依法追究刑事责任。

a. 托运人未向公安部门申请领取剧毒化学品公路运输通行证，擅自通过公路运输剧毒化学品的。

b. 危险化学品运输企业运输危险化学品，不配备押运人员或者脱离押运人员监管，超装、超载，中途停车住宿或者遇有无法正常运输的情况，不向当地公安部门报告的。

c. 危险化学品运输企业运输危险化学品，未向公安部门报告，擅自进入危险化学品运输车辆禁止通行区域，或者进入禁止通行区域不遵守公安部门规定的行车时间和路线的。

d. 危险化学品运输企业运输剧毒化学品，在公路运输途中发生被盗、丢失、流散、泄漏等情况，不立即向当地公安部门报告，并采取一切可能的警示措施的。

e. 托运人在托运的普通货物中夹带危险化学品或者将危险化学品匿报、谎报为普通货物托运的 [《危险化学品安全管理条例》第六十七条]。

⑪被依法责令停业、关闭后仍继续生产的企业，对其直接负责的主管人员和其他直接责任人员中由国家行政机关任命的人员给予降级处分；情节较重的，给予撤职或者

留用察看处分；情节严重的，给予开除处分［《环境保护违法违纪行为处分暂行规定》第十一条第（六）项］。

2.1.6 赔偿损失的职责

事故造成公有和私有财产损失的，事故责任方应按法律规定给予赔偿。法律依据如下。

① 企业事业单位和其他生产经营者违法排放污染物，受到罚款处罚，被责令改正，拒不改正的，依法做出处罚决定的行政机关可以自责令改正之日的次日起，按照原处罚数额按日连续处罚（《中华人民共和国环境保护法》第五十九条第1款）。

② 因水污染受到损害的当事人，有权要求排污方排除危害和赔偿损失。由于不可抗力造成水污染损害的，排污方不承担赔偿责任；法律另有规定的除外。水污染损害是由受害人故意造成的，排污方不承担赔偿责任。水污染损害是由受害人重大过失造成的，可以减轻排污方的赔偿责任。水污染损害是由第三人造成的，排污方承担赔偿责任后，有权向第三人追偿（《中华人民共和国水污染防治法》第八十五条）。

③ 因拆船污染直接遭受损害的单位或者个人，有权要求造成污染损害方赔偿损失。造成污染损害方有责任对直接遭受危害的单位或者个人赔偿损失。赔偿责任和赔偿金额的纠纷，可以根据当事人的请求，由监督拆船污染的主管部门处理；当事人对处理决定不服的，可以向人民法院起诉。当事人也可以直接向人民法院起诉（《中华人民共和国防止拆船污染环境管理条例》第二十三条）。

④ 排放大气污染物造成损害的，应当依法承担侵权责任（《中华人民共和国大气污染防治法》第一百二十五条）。

⑤ 受到固体废物污染损害的单位和个人，有权要求依法赔偿损失。赔偿责任和赔偿金额的纠纷，可以根据当事人的请求，由环境保护行政主管部门或者其他固体废物污染环境防治工作的监督管理部门调解处理；调解不成的，当事人可以向人民法院提起诉讼。当事人也可以直接向人民法院提起诉讼。国家鼓励法律服务机构对固体废物污染环境诉讼中的受害人提供法律援助（《中华人民共和国固体废物污染环境防治法》第八十四条）。

⑥ 造成海洋环境污染损害的责任者，应当排除危害，并赔偿损；完全由于第三者的故意或者过失，造成海洋环境污染损害的，由第三者排除危害，并承担赔偿责任（《中华人民共和国海洋环境保护法》第九十条第1款）。

⑦ 发生船舶油污事故，国家组织有关单位进行应急处置、清除污染所发生的必要费用，应当在船舶油污损害赔偿中优先受偿（《防治船舶污染海洋环境管理条例》第五十五条）。

⑧ 危险化学品单位发生危险化学品事故造成人员伤亡、财产损失的，应当依法承担赔偿责任；拒不承担赔偿责任或者其负责人逃匿的，依法拍卖其财产，用于赔偿（《危险化学品安全管理条例》第七十条）。

2.1.7 制定突发环境污染事件应急预案并向有关部门报告的职责

可能发生突发环境事故的事故责任方，应按法律法规制定突发环境污染事件应急预案并

向有关部门报告。法律依据如下。

① 总部、军兵种、军区应当建立环境污染事故应急处置机制，加强环境污染事故应急救援力量建设，制定环境污染事故应急和处置预案，并适时组织演练（《中国人民解放军环境保护条例》第二十九条第1款）。

② 沿海可能发生重大海洋环境污染事故的单位，应当依照国家的规定，制定污染事故应急计划，并向当地环境保护行政主管部门、海洋行政主管部门备案（《中华人民共和国海洋环境保护法》第十八条第4款）。

③ 违反本法规定，船舶、石油平台和装卸油类的港口、码头、装卸站不编制溢油应急计划的，由依照本法规定行使海洋环境监督管理权的部门予以警告，或者责令限期改正（《中华人民共和国海洋环境保护法》第八十九条）。

④ 企业、事业单位、作业者应具备防治油污染事故的应急能力，制定应急计划，配备与其所从事的海洋石油勘探开发规模相适应的油回收设施和围油、消油器材（《中华人民共和国海洋石油勘探开发环境保护管理条例》第六条第1款）。

⑤ 船舶所有人、经营人或者管理人以及有关作业单位应当制定防治船舶及其有关作业活动污染海洋环境的应急预案，并报海事管理机构批准。

港口、码头、装卸站的经营人应当制定防治船舶及其有关作业活动污染海洋环境的应急预案，并报海事管理机构备案。

船舶、港口、码头、装卸站以及其他有关作业单位应当按照应急预案，定期组织演练，并做好相应记录（《防治船舶污染海洋环境管理条例》第十四条）。

⑥ 可能发生水污染事故的企业事业单位，应当制定有关水污染事故的应急方案，做好应急准备，并定期进行演练（《中华人民共和国水污染防治法》第六十七条第1款）。

⑦ 设立剧毒化学品生产、储存企业和其他危险化学品生产、储存企业，应当分别向省、自治区、直辖市人民政府经济贸易管理部门和设区的市级人民政府负责危险化学品安全监督管理综合工作的部门提出申请，并提交事故应急救援措施［《危险化学品安全管理条例》第九条第（五）项］。

⑧ 发生危险化学品事故，单位主要负责人应当按照本单位制定的应急救援预案，立即组织救援，并立即报告当地负责危险化学品安全监督管理综合工作的部门和公安、环境保护、质检部门（《危险化学品安全管理条例》第五十一条）。

⑨ 国家行政机关及其工作人员不按照国家规定制定环境污染与生态破坏突发性事件应急预案的，对直接责任人员，给予警告、记过或者记大过处分；情节较重的，给予降级处分；情节严重的，给予撤职处分［《环境保护违法违纪行为处分暂行规定》第四条第（六）项］。

2.1.8 加强防范措施的职责

可能发生突发环境事故的事故责任方，在日常管理中要加强防范，采取措施尽可能避免突发环境污染事件的发生。法律依据如下。

① 排放污染物的企业事业单位和其他生产经营者，应当采取措施，防治在生产建设或者其他活动中产生的废气、废水、废渣、医疗废物、粉尘、恶臭气体、放射性物质以及噪声、振动、光辐射、电磁辐射等对环境的污染和危害。

排放污染物的企业事业单位，应当建立环境保护责任制度，明确单位负责人和相关人员

的责任。

重点排污单位应当按照国家有关规定和监测规范安装使用监测设备，保证监测设备正常运行，保存原始监测记录（《中华人民共和国环境保护法》第四十二条）。

② 建设岸边油库，应当设置含油废水接收处理设施，库场地面冲刷废水的集接、处理设施和事故应急设施；输油管线和储油设施必须符合国家有关防渗漏、防腐蚀的规定（《中华人民共和国防治海岸工程建设项目污染损害海洋环境管理条例》第十八条）。

③ 海上储油设施、输油管线应符合防渗，防漏、防腐蚀的要求，并应经常检查，保持良好状态，防止发生漏油事故（《中华人民共和国海洋石油勘探开发环境保护管理条例》第十四条）。

2.2 地方人民政府在突发环境污染事件中的法定职责

发生突发环境污染事件，各级人民政府在突发环境污染事件的预防、预警、应急响应、应急处置与应急事件的调查处理过程中，负有以下法律职责。

2.2.1 采取有效措施减轻污染危害的职责

根据法律法规的规定，发生突发环境污染事件后，县级以上人民政府应当采取有效措施解除或减轻污染危害，最大限度地保障人民群众的生产与生活安全。法律依据如下。

① 各级人民政府及其有关部门和企业事业单位，应当依照《中华人民共和国突发事件应对法》的规定，做好突发环境事件的风险控制、应急准备、应急处置和事后恢复等工作。

县级以上人民政府应当建立环境污染公共监测预警机制，组织制定预警方案；环境受到污染，可能影响公众健康和环境安全时，依法及时公布预警信息，启动应急措施（《中华人民共和国环境保护法》第四十七条）。

② 环境保护部门收到水污染事故的初步报告后，应当立即向本级人民政府和上一级人民政府环境保护部门报告，有关地方人民政府应当组织有关部门对事故发生的原因进行调查，并采取有效措施，减轻或者消除污染。县级以上人民政府环境保护部门应当组织对事故可能影响的水域进行监测，并对事故进行调查处理（《中华人民共和国水污染防治法实施细则》第十九条第2款）。

③ 淮河流域发生水污染事故时，必须及时向环境保护行政主管部门报告。环境保护行政主管部门应当在接到事故报告时起24小时内，向本级人民政府、上级环境保护行政主管部门和领导小组办公室报告，并向相邻上游和下游的环境保护行政主管部门、水行政主管部门通报。当地人民政府应当采取应急措施，消除或者减轻污染危害（《淮河流域水污染防治暂行条例》第二十七条）。

④ 县级以上地方人民政府应当依据重污染天气的预警等级，及时启动应急预案，根据应急需要可以采取责令有关企业停产或者限产、限制部分机动车行驶、禁止燃放烟花爆竹、停止工地土石方作业和建筑物拆除施工、停止露天烧烤、停止幼儿园和学校组织的户外活动、组织开展人工影响天气作业等应急措施（《中华人民共和国大气污染防治法》第九十六条）。

⑤ 在发生或者有证据证明可能发生危险废物严重污染环境、威胁居民生命财产安全时，

县级以上地方人民政府环境保护行政主管部门或者其他固体废物污染环境防治工作的监督管理部门必须立即向本级人民政府和上一级人民政府有关行政主管部门报告，由人民政府采取防止或者减轻危害的有效措施。有关人民政府可以根据需要责令停止导致或者可能导致环境污染事故的作业（《中华人民共和国固体废物污染环境防治法》第六十四条）。

⑥ 违反本法规定，造成固体废物污染环境事故的，由县级以上人民政府环境保护行政主管部门处二万元以上二十万元以下的罚款；造成重大损失的，按照直接损失的百分之三十计算罚款，但是最高不超过一百万元，对负有责任的主管人员和其他直接责任人员，依法给予行政处分；造成固体废物污染环境重大事故的，并由县级以上人民政府按照国务院规定的权限决定停业或者关闭（《中华人民共和国固体废物污染环境防治法》第八十二条）。

⑦ 沿海县级以上地方人民政府在本行政区域近岸海域的环境受到严重污染时，必须采取有效措施，解除或者减轻危害（《中华人民共和国海洋环境保护法》第十七条第 2 款）。

⑧ 沿海县级以上地方人民政府及其有关部门在发生重大海上污染事故时，必须按照应急计划解除或者减轻危害（《中华人民共和国海洋环境保护法》第十八条第 5 款）。

⑨ 发生危险化学品事故，有关地方人民政府应当做好指挥、领导工作。负责危险化学品安全监督管理综合工作的部门和环境保护、公安、卫生等有关部门，应当按照当地应急救援预案组织实施救援，不得拖延，推诿。有关地方人民政府及其有关部门并应当按照下列规定，采取必要措施，减少事故损失，防止事故蔓延、扩大。

a. 立即组织营救受害人员，组织撤离或者采取其他措施保护危害区域内的其他人员。

b. 迅速控制危害源，并对危险化学品造成的危害进行检验、监测，测定事故的危害区域、危险化学品性质及危害程度。

b. 针对事故对人体、动植物、土壤、水源、空气造成的现实危害和可能产生的危害，迅速采取封闭、隔离、洗消等措施。

d. 对危险化学品事故造成的危害进行监测、处置，直至符合国家环境保护标准（《危险化学品安全管理条例》第五十二条）。

⑩ 发生危险化学品事故，有关部门未依照本条例的规定履行职责，组织实施救援或者采取必要措施，减少事故损失，防止事故蔓延、扩大，或者拖延、推诿的，对负有责任的主管人员和其他直接责任人员依法给予降级或者撤职的行政处分；触犯刑律的，依照刑法关于滥用职权罪、玩忽职守罪或者其他罪的规定，依法追究刑事责任（《危险化学品安全管理条例》第五十六条）。

⑪ 县级以上地方人民政府要强化环境应急救援队伍能力建设，加强环境应急专家队伍管理，提高突发环境事件快速响应及应急处置能力（《国家突发环境污染事件应急预案》6.1）。

⑫ 县级以上地方人民政府及其有关部门要加强应急物资储备，鼓励支持社会化应急物资储备，保障应急物资、生活必需品的生产和供给。环境保护主管部门要加强对当地环境应急物资储备信息的动态管理（《国家突发环境污染事件应急预案》6.2）。

⑬ 事发地人民政府应组织制订综合治污方案，采用监测和模拟等手段追踪污染气体扩散途径和范围；采取拦截、导流、疏浚等形式防止水体污染扩大；采取隔离、吸附、打捞、氧化还原、中和、沉淀、消毒、去污洗消、临时收储、微生物消解、调水稀释、转移异地处置、临时改造污染处置工艺或临时建设污染处置工程等方法处置污染物。必要时，要求其他排污单位停产、限产、限排，减轻环境污染负荷（《国家突发环境污染事件应急预案》4.2.

1 第 2 款)。

⑭ 不按照国家规定制定环境污染与生态破坏突发事件应急预案的国家行政机关及其工作人员，对直接责任人员，给予警告、记过或者记大过处分；情节较重的，给予降级处分；情节严重的，给予撤职处分［《环境保护违法违纪行为处分暂行规定》第四条第（六）项］。

2.2.2 进入预警状态后按事件等级启动相应政府应急预案的职责

法律依据为：地方环境保护主管部门研判可能发生突发环境事件时，应当及时向本级人民政府提出预警信息发布建议，同时通报同级相关部门和单位。地方人民政府或其授权的相关部门，及时通过电视、广播、报纸、互联网、手机短信、当面告知等渠道或方式向本行政区域公众发布预警信息，并通报可能影响到的相关地区。

上级环境保护主管部门要将监测到的可能导致突发环境事件的有关信息，及时通报可能受影响地区的下一级环境保护主管部门（《国家突发环境污染事件应急预案》3.2.2)。

2.2.3 及时向社会发布突发环境污染事件信息的职责

当突发环境污染事件危害人体健康和安全的紧急情况下，当地县级以上人民政府应当及时向社会发布预警公告。法律依据如下。

① 县级以上地方人民政府环境保护主管部门负责组织建设与管理本行政区域大气环境质量和大气污染源监测网，开展大气环境质量和大气污染源监测，统一发布本行政区域大气环境质量状况信息（《中华人民共和国大气污染防治法》第二十三条第 2 款)。

② 及时准确发布事态最新情况，公布咨询电话，组织专家解读。加强相关舆情监测，做好舆论引导工作（《国家突发环境污染事件应急预案》3.2.3 第 4 条)。

③ 通过政府授权发布、发新闻稿、接受记者采访、举行新闻发布会、组织专家解读等方式，借助电视、广播、报纸、互联网等多种途径，主动、及时、准确、客观向社会发布突发环境事件和应对工作信息，回应社会关切，澄清不实信息，正确引导社会舆论。信息发布内容包括事件原因、污染程度、影响范围、应对措施、需要公众配合采取的措施、公众防范常识和事件调查处理进展情况等（《国家突发环境污染事件应急预案》4.2.6)。

2.2.4 制定饮用水等安全应急预案的职责

各级人民政府，应根据有关规定，制定本级人民政府的应急预案。法律依据如下。

① 沿海可能发生重大海洋环境污染事故的单位，应当依照国家的规定，制定污染事故应急计划，并向当地环境保护行政主管部门、海洋行政主管部门备案。

沿海县级以上地方人民政府及其有关部门在发生重大海上污染事故时，必须按照应急计划解除或者减轻危害（《中华人民共和国海洋环境保护法》第十八条)。

② 各省、自治区、直辖市要建立健全水资源战略储备体系，各大中城市要建立特枯年或连续干旱年的供水安全储备，规划建设城市备用水源，制订特殊情况下的区域水资源配置和供水联合调度方案。地方各级人民政府应根据水资源条件，制定城乡饮用水安全保障的应急预案。要成立应急指挥机构，建立技术、物资和人员保障系统，落实重大事件的值班、报告、处理制度，形成有效的预警和应急救援机制。当原水、供水水质发生重大变化或供水水量严重不足时，供水单位必须立即采取措施并报请当地人民政府及时启动应急预案（《国务

院办公厅关于加强饮用水安全保障工作的通知》国环发［2005］45号第七条）。

2.2.5 向上一级人民政府报告突发环境污染事件的职责

地方各级人民政府应当把突发环境污染事件信息报告给上一级人民政府。法律依据为：事发地环境保护主管部门接到突发环境事件信息报告或监测到相关信息后，应当立即进行核实，对突发环境事件的性质和类别做出初步认定，按照国家规定的时限、程序和要求向上级环境保护主管部门和同级人民政府报告，并通报同级其他相关部门。地方各级人民政府及其环境保护主管部门应当按照有关规定逐级上报，必要时可越级上报（《国家突发环境污染事件应急预案》3.3第2款）。

2.2.6 及时向毗邻区域通报突发环境污染事件有关情况的职责

当突发环境污染事件可能波及相邻地区时，事发地人民政府应及时通知相邻县、市、省或国家。法律依据如下。

① 水污染事故发生或者可能发生跨行政区域危害或者损害的，事故发生地的县级以上地方人民政府应当及时向受到或者可能受到事故危害或者损害的有关地方人民政府通报事故发生的时间、地点、类型和排放污染物的种类、数量以及需要采取的防范措施等情况（《中华人民共和国水污染防治法实施细则》第十九条第4款）。

② 突发环境事件已经或者可能涉及相邻行政区域的，事发地人民政府或环境保护主管部门应当及时通报相邻行政区域同级人民政府或环境保护主管部门（《国家突发环境污染事件应急预案》3.3第2款）。

③ 接到已经发生或者可能发生跨省级行政区域突发环境事件信息时，环境保护部要及时通报相关省级环境保护主管部门（《国家突发环境污染事件应急预案》3.3第3款）。

④ 如需向国际社会通报或请求国际援助时，环境保护部、外交部、商务部提出需要通报或请求援助的国家（地区）和国际组织、事项内容、时机等，按照有关规定由指定机构向国际社会发出通报或呼吁信息（《国家突发环境污染事件应急预案》4.2.8）。

2.3 环保部门在突发环境污染事件中的法定职责

根据现行环境保护法律、法规、规章的规定，各级环境保护行政主管部门在环境污染突发事件的预防、预警、应急响应、应急处置与事件的调查处理过程中，负有以下法律职责。

2.3.1 通知相关部门履行法律责任的统一监管的职责

发生船舶污染海洋、水域、渔业事件，饮用水源污染事件，因环境污染引发群体性事件等突发环境污染事件时，及时通知港务监督、渔政、海事、供水、公安等部门履行法律责任的统一监管的职责。法律依据如下。

① 国务院环境保护主管部门，对全国环境保护工作实施统一监督管理；县级以上地方人民政府环境保护主管部门，对本行政区域环境保护工作实施统一监督管理（《中华人民共和国环境保护法》第七条）。

② 国家建立跨行政区域的重点区域、流域环境污染和生态破坏联合防治协调机制，实

行统一规划、统一标准、统一监测、统一的防治措施。

前款规定以外的跨行政区域的环境污染和生态破坏的防治，由上级人民政府协调解决，或者由有关地方人民政府协商解决（《中华人民共和国环境保护法》第二十条）。

③ 军队环境保护工作是国家环境保护事业的组成部分，应当贯彻执行国家有关环境保护的方针、政策、法规和标准，接受国家和地方环境保护主管部门的指导和监督（《中国人民解放军环境保护条例》第三条）。

④ 国务院环境保护主管部门负责制定大气环境质量和大气污染源的监测和评价规范，组织建设与管理全国大气环境质量和大气污染源监测网，组织开展大气环境质量和大气污染源监测，统一发布全国大气环境质量状况信息（《中华人民共和国大气污染防治法》第二十三条第1款）。

⑤ 国务院环境保护行政主管部门对全国环境噪声污染防治实施统一监督管理。县级以上地方人民政府环境保护行政主管部门对本行政区域内的环境噪声污染防治实施统一监督管理。各级公安、交通、铁路、民航等主管部门和港务监督机构，根据各自的职责，对交通运输和社会生活噪声污染防治实施监督管理（《中华人民共和国环境噪声污染防治法》第六条）。

⑥ 国务院环境保护行政主管部门对全国固体废物污染环境的防治工作实施统一监督管理。国务院有关部门在各自的职责范围内负责固体废物污染环境防治的监督管理工作。县级以上地方人民政府环境保护行政主管部门对本行政区域内固体废物污染环境的防治工作实施统一监督管理。县级以上地方人民政府有关部门在各自的职责范围内负责固体废物污染环境防治的监督管理工作。国务院建设行政主管部门和县级以上地方人民政府环境卫生行政主管部门负责生活垃圾清扫、收集、储存、运输和处置的监督管理工作（《中华人民共和国固体废物污染环境防治法》第十条）。

⑦ 向水体排放污染物的企业事业单位，必须向所在地的县级以上地方人民政府环境保护部门提交《排污申报登记表》(《中华人民共和国水污染防治法实施细则》第四条第1款)。

⑧ 县级以上人民政府环境保护部门负责组织协调、监督检查拆船业的环境保护工作，并主管港区水域外的岸边拆船环境保护工作。中华人民共和国港务监督（含港航监督，下同）主管水上拆船和综合港港区水域拆船的环境保护工作，并协助环境保护部门监督港区水域外的岸边拆船防止污染工作。国家渔政渔港监督管理部门主管渔港水域拆船的环境保护工作，负责监督拆船活动对沿岸渔业水域的影响，发现污染损害事故后，会同环境保护部门调查处理。军队环境保护部门主管军港水域拆船的环境保护工作。国家海洋管理部门和重要江河的水资源保护机构，依据《中华人民共和国海洋环境保护法》和《中华人民共和国水污染防治法》确定的职责，协助以上各款所指主管部门监督拆船的防止污染工作。县级以上人民政府的环境保护部门、中华人民共和国港务监督、国家渔政渔港监督管理部门和军队环境保护部门，在主管本条第一、第二、第三、第四款所确定水域的拆船环境保护工作时，简称“监督拆船污染的主管部门”（《中华人民共和国防止拆船污染环境管理条例》第四条）。

⑨ 国务院环境保护行政主管部门，主管全国防治陆源污染物污染损害海洋环境工作。沿海县级以上地方人民政府环境保护行政主管部门，主管本行政区域内防治陆源污染物污染损害海洋环境工作（《中华人民共和国防治陆源污染物污染损害海洋环境管理条例》第四条）。

2.3.2 向本级人民政府和上级环保部门报告的职责

当发现或得知突发环境污染事件后，县级以上环保部门应按规定向本级人民政府和上级环保部门报告。法律依据如下。

① 突发事件发生后，发生地县级人民政府应当立即采取措施控制事态发展，组织开展应急救援和处置工作，并立即向上一级人民政府报告，必要时可以越级上报。

突发事件发生地县级人民政府不能消除或者不能有效控制突发事件引起的严重社会危害的，应当及时向上级人民政府报告。上级人民政府应当及时采取措施，统一领导应急处置工作（《中华人民共和国突发事件应对法》第七条）。

② 企业事业单位发生事故或者其他突发性事件，造成或者可能造成水污染事故的，应当立即启动本单位的应急方案，采取应急措施，并向事故发生地的县级以上地方人民政府或者环境保护主管部门报告。环境保护主管部门接到报告后，应当及时向本级人民政府报告，并抄送有关部门（《中华人民共和国水污染防治法》第六十八条）。

③ 在发生或者有证据证明可能发生危险废物严重污染环境、威胁居民生命财产安全时，县级以上地方人民政府环境保护行政主管部门或者其他固体废物污染环境防治工作的监督管理部门必须立即向本级人民政府和上一级人民政府有关行政主管部门报告，由人民政府采取防止或者减轻危害的有效措施。有关人民政府可以根据需要责令停止导致或者可能导致环境污染事故的作业（《中华人民共和国固体废物污染环境防治法》第六十四条）。

④ 依照本法规定行使海洋环境监督管理权的部门可以在海上实行联合执法，在巡航监视中发现海上污染事故或者违反本法规定的行为时，应当予以制止并调查取证，必要时有权采取有效措施，防止污染事态的扩大，并报告有关主管部门处理（《中华人民共和国海洋环境保护法》第十九条第 1 款）。

⑤ 环境保护部门收到水污染事故的初步报告后，应当立即向本级人民政府和上一级人民政府环境保护部门报告，有关地方人民政府应当组织有关部门对事故发生的原因进行调查，并采取有效措施，减轻或者消除污染。县级以上人民政府环境保护部门应当组织对事故可能影响的水域进行监测，并对事故进行调查处理（《中华人民共和国水污染防治法实施细则》第十九条第 2 款）。

⑥ 发生重大环境污染事故或者生态破坏事故，不按照规定报告或者在报告中弄虚作假，或者不依法采取必要措施或者拖延、推诿采取措施，致使事故扩大或者延误事故处理的，依法具有环境保护监督管理职责的国家行政机关及其工作人员，对直接责任人员，给予警告、记过或者记大过处分；情节较重的，给予降级或者撤职处分；情节严重的，给予开除处分［《环境保护违法违纪行为处分暂行规定》第八条第（三）项］。

⑦ 在得知突发环境污染事件发生后，事发地环境保护行政主管部门应当立即派人赶赴现场调查了解情况，采取措施努力控制污染和生态破坏事故继续扩大，对突发环境污染事件的性质和类别做出初步认定，并把初步认定的情况及时报同级人民政府和上级环境保护行政主管部门。紧急情况下，可直接向国家环境保护总局报告，并同时报送省级环境保护行政主管部门（《环境保护行政主管部门突发环境污染事件信息报告办法（试行）》第五条）。

⑧ 突发环境污染事件可能波及相邻省级行政区域的，事发地省级环境保护行政主

管部门应当在向国家环境保护总局报告的同时，及时通报可能波及的其他省级环境保护行政主管部门。接到突发环境污染事件通报的有关省级环境保护行政主管部门，应视情况及时报告本级人民政府（《环境保护行政主管部门突发环境污染事件信息报告办法（试行）》第十条）。

⑨ 县级以上地方人民政府负责本行政区域内的突发环境事件应对工作，明确相应组织指挥机构。跨行政区域的突发环境事件应对工作，由各有关行政区域人民政府共同负责，或由有关行政区域共同的上一级地方人民政府负责。对需要国家层面协调处置的跨省级行政区域突发环境事件，由有关省级人民政府向国务院提出请求，或由有关省级环境保护主管部门向环境保护部提出请求（《国家突发环境污染事件应急预案》2.2）。

⑩ 对以下突发环境事件信息，省级人民政府和环境保护部应当立即向国务院报告：(a) 初判为特别重大或重大突发环境事件；(b) 可能或已引发大规模群体性事件的突发环境事件；(c) 可能造成国际影响的境内突发环境事件；(d) 境外因素导致或可能导致我境内突发环境事件；(e) 省级人民政府和环境保护部认为有必要报告的其他突发环境事件（《国家突发环境污染事件应急预案》3.3）。

⑪ 根据事件应对工作需要和国务院决策部署，成立国家环境应急指挥部（《国家突发环境污染事件应急预案》4.3.3）。

2.3.3 开展环境应急监测工作的职责

当发现或得知突发环境污染事件后，环保部门应立即组织对污染源和周围水、气等环境的监测工作，为应急决策提供科学依据。法律依据如下。

① 环境保护部门收到水污染事故的初步报告后，应当立即向本级人民政府和上一级人民政府环境保护部门报告，有关地方人民政府应当组织有关部门对事故发生的原因进行调查，并采取有效措施，减轻或者消除污染。县级以上人民政府环境保护部门应当组织对事故可能影响的水域进行监测，并对事故进行调查处理（《中华人民共和国水污染防治法实施细则》第十九条第 2 款）。

② 固体废物污染环境的损害赔偿责任和赔偿金额的纠纷，当事人可以委托环境监测机构提供监测数据。环境监测机构应当接受委托，如实提供有关监测数据（《中华人民共和国固体废物污染环境防治法》第八十七条）。

③ 环境保护部门负责废弃危险化学品处置的监督管理，负责调查重大危险化学品污染事故和生态破坏事件，负责有毒化学品事故现场的应急监测和进口危险化学品的登记，并负责前述事项的监督检查［《危险化学品安全管理条例》第五条第（四）项］。

④ 各级环境保护主管部门及其他有关部门要加强日常环境监测，并对可能导致突发环境事件的风险信息加强收集、分析和研判。安全监管、交通运输、公安、住房城乡建设、水利、农业、卫生计生、气象等有关部门按照职责分工，应当及时将可能导致突发环境事件的信息通报同级环境保护主管部门（《国家突发环境污染事件应急预案》3.1）。

⑤ 组织有关部门和机构、专业技术人员及专家，及时对预警信息进行分析研判，预估可能的影响范围和危害程度（《国家突发环境污染事件应急预案》3.2.3）。

⑥ 加强大气、水体、土壤等应急监测工作，根据突发环境事件的污染物种类、性质以

及当地自然、社会环境状况等，明确相应的应急监测方案及监测方法，确定监测的布点和频次，调配应急监测设备、车辆，及时准确监测，为突发环境事件应急决策提供依据（《国家突发环境污染事件应急预案》4.2.4）。

2.3.4 向毗邻地区环保部门通报的职责

当突发环境污染事件可能波及相邻地区时，事发地环保部门应及时通知毗邻县、市、省和国家环保部门。法律依据如下。

① 突发环境污染事件可能波及相邻省级行政区域的，事发地省级环境保护行政主管部门应当在向国家环境保护总局报告的同时，及时通报可能波及的其他省级环境保护行政主管部门。接到突发环境污染事件通报的有关省级环境保护行政主管部门，应视情况及时报告本级人民政府[《环境保护行政主管部门突发环境污染事件信息报告办法（试行）》第十条]。

② 淮河流域发生水污染事故时，必须及时向环境保护行政主管部门报告。环境保护行政主管部门应当在接到事故报告时起24小时内，向本级人民政府、上级环境保护行政主管部门和领导小组办公室报告，并向相邻上游和下游的环境保护行政主管部门、水行政主管部门通报。当地人民政府应当采取应急措施，消除或者减轻污染危害（《淮河流域水污染防治暂行条例》第二十七条）。

③ 突发环境事件已经或者可能涉及相邻行政区域的，事发地人民政府或环境保护主管部门应当及时通报相邻行政区域同级人民政府或环境保护主管部门。地方各级人民政府及其环境保护主管部门应当按照有关规定逐级上报，必要时可越级上报（《国家突发环境污染事件应急预案》3.3第2款）。

2.3.5 接到事发地环保部门突发环境污染事件通报后向人民政府报告的职责

突发环境污染事件被通报地区的环保部门，接到可能波及本行政区域的环境污染通报后，应视情况及时报告本级政府。法律依据为：突发环境污染事件可能波及相邻省级行政区域的，事发地省级环境保护行政主管部门应当在向国家环境保护总局报告的同时，及时通报可能波及的其他省级环境保护行政主管部门。接到突发环境污染事件通报的有关省级环境保护行政主管部门，应视情况及时报告本级人民政府（《环境保护行政主管部门突发环境污染事件信息报告办法（试行）》第十条）。

2.3.6 适时向社会发布突发环境污染事件信息的职责

环保部门应根据有关法律法规，适时向社会发布突发环境污染事件信息。法律依据如下。

① 危险化学品事故造成环境污染的信息，由环境保护部门统一公布（《危险化学品安全管理条例》第五十四条）。

② 环境污染与破坏事故的新闻发布实行分级管理。一般环境污染与破坏事故的新闻发布由事故发生地的省、自治区、直辖市环境保护部门发布，报总局备案。重大、特大环境污染与破坏事故由总局统一发布。核与辐射事故的发布执行国家有关规定（《环境污染与破坏事故新闻发布管理办法》第四条）。

③ 总局办公厅归口管理和协调环境污染与破坏事故的对外发布，总局宣传教育办公室

(以下简称宣教办）具体负责有关新闻发布事宜。总局机关其他部门及直属单位、派出机构和个人不得擅自向社会发布环境污染与破坏事故信息（《环境污染与破坏事故新闻发布管理办法》第八条)。

④ 总局办公厅在接到事故报告后，应当迅速责成有关部门了解事故真实情况，并负责召集有关部门拟订对外发布报道口径，按业务归口报总局主管局领导审定后，由总局宣教办组织发布，其中特别重大的事故信息发布口径必须报总局局长审定（《环境污染与破坏事故新闻发布管理办法》第九条)。

⑤ 环境污染与破坏事故的新闻发布可以根据事故性质分别采取新华社通稿、新闻发布会、特邀记者采访报道等形式。发布内容包括环境污染与破坏事故的起因，事故造成环境污染和破坏的情况，事故对水、大气、土壤、生物等环境要素及对人体健康的影响，地方政府和环保部门及有关部门采取的措施等（《环境污染与破坏事故新闻发布管理办法》第十条)。

2.3.7 协助政府做好应急处置各项工作的职责

在突发环境污染事件的应急响应过程中，环保部门应协助政府做好应急处置各项工作。法律依据如下。

① 环境保护部负责重特大突发环境事件应对的指导协调和环境应急的日常监督管理工作。根据突发环境事件的发展态势及影响，环境保护部或省级人民政府可报请国务院批准，或根据国务院领导同志指示，成立国务院工作组，负责指导、协调、督促有关地区和部门开展突发环境事件应对工作（《国家突发环境污染事件应急预案》2.1)。

② 初判发生重大以上突发环境事件或事件情况特殊时，环境保护部立即派出工作组赴现场指导督促当地开展应急处置、应急监测、原因调查等工作，并根据需要协调有关方面提供队伍、物资、技术等支持（《国家突发环境污染事件应急预案》4.3.1)。

③ 根据事件应对工作需要和国务院决策部署，成立国家环境应急指挥部。主要开展以下工作：

(a) 组织指挥部成员单位、专家组进行会商，研究分析事态，部署应急处置工作；

(b) 根据需要赴事发现场或派出前方工作组赴事发现场协调开展应对工作；

(c) 研究决定地方人民政府和有关部门提出的请求事项；

(d) 统一组织信息发布和舆论引导；

(e) 视情向国际通报，必要时与相关国家和地区、国际组织领导人通电话；

(f) 组织开展事件调查（《国家突发环境污染事件应急预案》4.3.3)。

2.3.8 对突发环境污染事件进行调查处理工作的职责

突发环境污染事件发生后，环保部门应依法对有关情况进行调查处理。法律依据如下。

① 突发环境事件发生后，根据有关规定，由环境保护主管部门牵头，可会同监察机关及相关部门，组织开展事件调查，查明事件原因和性质，提出整改防范措施和处理建议（《国家突发环境污染事件应急预案》5.2)。

② 企业事业单位违反本法规定，造成水污染事故的，由县级以上人民政府环境保护主管部门依照本条第二款的规定处以罚款，责令限期采取治理措施，消除污染；不按要求采取治理措施或者不具备治理能力的，由环境保护主管部门指定有治理能力的单位代为治理，所

需费用由违法者承担；对造成重大或者特大水污染事故的，可以报经有批准权的人民政府批准，责令关闭；对直接负责的主管人员和其他直接责任人员可以处上一年度从本单位取得的收入百分之五十以下的罚款（《中华人民共和国水污染防治法》第八十三条第1款）。

③ 依照本法规定行使海洋环境监督管理权的部门可以在海上实行联合执法，在巡航监视中发现海上污染事故或者违反本法规定的行为时，应当予以制止并调查取证，必要时有权采取有效措施，防止污染事态的扩大，并报告有关主管部门处理。依照本法规定行使海洋环境监督管理权的部门，有权对管辖范围内排放污染物的单位和个人进行现场检查。被检察者应当如实反映情况，提供必要的资料。检察机关应当为被检查者保守技术秘密和业务秘密（《中华人民共和国海洋环境保护法》第十九条）。

④ 对违反本法规定，造成海洋环境污染事故的单位，由依照本法规定行使海洋环境监督管理权的部门根据所造成的危害和损失处以罚款；负有直接责任的主管人员和其他直接责任人员属于国家工作人员的，依法给予行政处分。前款规定的罚款数额按照直接损失的百分之三十计算，但最高不得超过三十万元。对造成重大海洋环境污染事故，致使公私财产遭受重大损失或者人身伤亡严重后果的，依法追究刑事责任（《中华人民共和国海洋环境保护法》第九十一条）。

⑤ 违反本法规定，造成固体废物污染环境事故的，由县级以上人民政府环境保护行政主管部门处二万元以上二十万元以下的罚款；造成重大损失的，按照直接损失的百分之三十计算罚款，但是最高不超过一百万元，对负有责任的主管人员和其他直接责任人员，依法给予行政处分；造成固体废物污染环境重大事故的，并由县级以上人民政府按照国务院规定的权限决定停业或者关闭（《中华人民共和国固体废物污染环境防治法》第八十二条）。

⑥ 县级以上人民政府应当采取措施，督促有关单位进行治理，防治废水、废气和固体废弃物对农业生态环境的污染。排放废水、废气和固体废弃物造成农业生态污染事故的，由环境保护行政主管部门或者农业行政主管部门依法调查处理；给农民和农业生产经营组织造成损失的，有关责任者应当依法赔偿（《中华人民共和国农业法》第六十六条）。

⑦ 环境保护部门收到水污染事故的初步报告后，应当立即向本级人民政府和上一级人民政府环境保护部门报告，有关地方人民政府应当组织有关部门对事故发生的原因进行调查，并采取有效措施，减轻或者消除污染。县级以上人民政府环境保护部门应当组织对事故可能影响的水域进行监测，并对事故进行调查处理（《中华人民共和国水污染防治法实施细则》第十九条第2款）。

⑧ 船舶造成水污染事故时，必须立即向就近的海事管理机构报告。造成渔业水体污染事故的，必须立即向事故发生地的渔政管理机构报告。海事或者渔政管理机构接到报告后，应当立即向本级人民政府的环境保护部门通报情况，并及时开展调查处理工作（《中华人民共和国水污染防治法实施细则》第十九条第3款）。

⑨ 入海河口处发生陆源污染物污染损害海洋环境事故，确有证据证明是由河流携带污染物造成的，由入海河口处所在地的省、自治区、直辖市人民政府环境保护行政主管部门调查处理；河流跨越省、自治区、直辖市的，由入海河口处所在省、自治区、直辖市人民政府环境保护行政主管部门和水利部门会同有关省、自治区、直辖市人民政府环境保护行政主管部门、水利部门和流域管理机构调查处理（《中华人民共和国防治陆源污染物污染损害海洋环境管理条例》第二十条）。

⑩ 各级人民政府环境保护行政主管部门接到陆源污染物污染损害海洋环境事故的初步

报告后，应当立即会同有关部门采用措施，消除或者减轻污染，并由县级以上人民政府环境保护行政主管部门会同有关部门或者由县级以上人民政府环境保护行政主管部门授权的部门对事故进行调查处理（《中华人民共和国防治陆源污染物污染损害海洋环境管理条例》第二十二条第2款）。

⑪环境保护部门负责废弃危险化学品处置的监督管理，负责调查重大危险化学品污染事故和生态破坏事件，负责有毒化学品事故现场的应急监测和进口危险化学品的登记，并负责前述事项的监督检查［《危险化学品安全管理条例》第五条第1款第（四）项］。

2.3.9 协调处理污染损害赔偿纠纷的职责

当突发环境污染事件造成污染损害后，环保部门应根据当事人的请求，协调处理当事人双方的污染纠纷赔偿事宜。法律依据如下。

① 公民、法人和其他组织发现任何单位和个人有污染环境和破坏生态行为的，有权向环境保护主管部门或者其他负有环境保护监督管理职责的部门举报（《中华人民共和国环境保护法》第五十七条第1款）。

② 因水污染引起的损害赔偿责任和赔偿金额的纠纷，可以根据当事人的请求，由环境保护主管部门或者海事管理机构、渔业主管部门按照职责分工调解处理；调解不成的，当事人可以向人民法院提起诉讼。当事人也可以直接向人民法院提起诉讼（《中华人民共和国水污染防治法》第八十六条）。

③ 因环境污染损害引起的赔偿责任和赔偿金额的纠纷属于民事纠纷，环境保护行政主管部门依据《中华人民共和国环境保护法》第四十一条第2款的对待，根据当事人的请求，对因环境污染损害引起的赔偿责任和赔偿金额的纠纷所做出的处理，当事人不服的，可以向人民法院提起诉讼，但这是民事纠纷双方当事人之间的民事诉讼，不能以做出处理决定的环境保护行政主管部门为被告提起行政诉讼（全国人大常委会法制工作委员会关于正确理解和执行《环境保护法》第四十一条第2款的答复）。

④ 突发环境事件应急响应终止后，要及时组织开展污染损害评估，并将评估结果向社会公布。评估结论作为事件调查处理、损害赔偿、环境修复和生态恢复重建的依据。

突发环境事件损害评估办法由环境保护部制定（《国家突发环境污染事件应急预案》5.1）。

2.3.10 负责突发环境污染事件应急预案评估与修订的职责

法律依据为：预案实施后，环境保护部要会同有关部门组织预案宣传、培训和演练，并根据实际情况，适时组织评估和修订。地方各级人民政府要结合当地实际制定或修订突发环境事件应急预案（《国家突发环境污染事件应急预案》7.1）。

2.4 政府其他部门在突发环境污染事件中的法定职责

根据现行法律、法规、规章的规定，政府其他行政主管部门在突发环境污染事件的预防、预警、应急响应、应急处置与事件的调查处理过程中，分别负有相应的职责。

2.4.1 渔业主管部门

渔业主管部门有调查处理渔业污染事故的职责。法律依据如下。

① 造成渔业污染事故或者渔业船舶造成水污染事故的，应当向事故发生地的渔业主管部门报告，接受调查处理。其他船舶造成水污染事故的，应当向事故发生地的海事管理机构报告，接受调查处理；给渔业造成损害的，海事管理机构应当通知渔业主管部门参与调查处理（《中华人民共和国水污染防治法》第六十八条）。

② 造成渔业污染事故或者渔业船舶造成水污染事故的，由渔业主管部门进行处罚（《中华人民共和国水污染防治法》第八十三条）。

③ 县级以上人民政府水行政、国土资源、卫生、建设、农业、渔业等部门以及重要江河、湖泊的流域水资源保护机构，在各自的职责范围内，对有关水污染防治实施监督管理（《中华人民共和国水污染防治法》第八条）。

④ 船舶造成水污染事故时，必须立即向就近的海事管理机构报告。造成渔业水体污染事故的，必须立即向事故发生地的渔政管理机构报告。海事或者渔政管理机构接到报告后，应当立即向本级人民政府的环境保护部门通报情况，并及时开展调查处理工作（《中华人民共和国水污染防治法实施细则》第十九条第 3 款）。

⑤ 国家渔业行政主管部门负责渔港水域内非军事船舶和渔港水域外渔业船舶污染海洋环境的监督管理，负责保护渔业水域生态环境工作，并调查处理前款规定的污染事故以外的渔业污染事故（《中华人民共和国海洋环境保护法》第五条第 4 款）。

⑥ 依照本法规定行使海洋环境监督管理权的部门可以在海上实行联合执法，在巡航监视中发现海上污染事故或者违反本法规定的行为时，应当予以制止并调查取证，必要时有权采取有效措施，防止污染事态的扩大，并报告有关主管部门处理（《中华人民共和国海洋环境保护法》第十九条第 1 款）。

⑦ 对违反本法规定，造成海洋环境污染事故的单位，由依照本法规定行使海洋环境监督管理权的部门根据所造成的危害和损失处以罚款；负有直接责任的主管人员和其他直接责任人员属于国家工作人员的，依法给予行政处分（《中华人民共和国海洋环境保护法》第九十一条第 1 款）。

⑧ 国家渔政渔港监督管理部门主管渔港水域拆船的环境保护工作，负责监督拆船活动对沿岸渔业水域的影响，发现污染损害事故后，会同环境保护部门调查处理（《中华人民共和国防止拆船污染环境管理条例》第四条第 3 款）。

⑨ 发生拆船污染损害事故时，拆船单位或者个人必须立即采取消除或者控制污染的措施，并迅速报告监督拆船污染的主管部门（《中华人民共和国防止拆船污染环境管理条例》第十五条第 1 款）。

⑩ 任何公民、法人或其他组织造成渔业水域污染事故的，应当接受渔政监督管理机构（以下简称主管机构）的调查处理（《渔业水域污染事故调查处理程序规定》第二条第 1 款）。

2.4.2 海事部门

(1) 负责调查处理海港区水域内非军事船舶和港区外非渔业、非军事船舶污染事故的职责

法律依据如下。

① 国家海事行政主管部门负责所辖港区水域内非军事船舶和港区水域外非渔业、非军事船舶污染海洋环境的监督管理，并负责污染事故的调查处理；对在中华人民共和国管辖海

域航行、停泊和作业的外国籍船舶造成的污染事故登轮检查处理。船舶污染事故给渔业造成损害的，应当吸收渔业行政主管部门参与调查处理（《中华人民共和国海洋环境保护法》第五条第3款）。

② 依照本法规定行使海洋环境监督管理权的部门可以在海上实行联合执法，在巡航监视中发现海上污染事故或者违反本法规定的行为时，应当予以制止并调查职证，必要时有权采取有效措施，防止污染事态的扩大，并报告有关主管部门处理（《中华人民共和国海洋环境保护法》第十九条第1款）。

③ 其他船舶造成水污染事故的，应当向事故发生地的海事管理机构报告，接受调查处理（《中华人民共和国水污染防治法》第六十八条第2款）。

④ 其他船舶造成水污染事故的，由海事管理机构进行处罚（《中华人民共和国水污染防治法》第八十三条第3款）。

（2）负责制定船舶重大海上溢油污染事故应急计划的职责

法律依据为：国家海事行政主管部门负责制定全国船舶重大海上溢油污染事故应急计划，报国务院环境保护行政主管部门备案（《中华人民共和国海洋环境保护法》第十八条第3款）。

（3）负责公海海难事故造成中国海域污染损害的监督处理的职责

法律依据为：对在公海上因发生海难事故，造成中华人民共和国管辖海域重大污染损害后果或者具有污染威胁的船舶、海上设施，国家海事行政主管部门有权采取与实际的或者可能发生的损害相称的必要措施（《中华人民共和国海洋环境保护法》第七十一条第2款）。

2.4.3 海洋管理部门

（1）负责制定海洋石油勘探开发重大海上溢油应急计划的职责

法律依据为：国家海洋行政主管部门负责制定全国海洋石油勘探开发重大海上溢油应急计划，报国务院环境保护行政主管部门备案（《中华人民共和国海洋环境保护法》第十八条第2款）。

（2）负责海洋环境监测工作的职责

法律依据如下。

① 国家海洋行政主管部门按照国家环境监测、监视规范和标准，管理全国海洋环境的调查、监测、监视，制定具体的实施办法，会同有关部门组织全国海洋环境监测、监视网络，定期评价海洋环境质量，发布海洋巡航监视通报（《中华人民共和国海洋环境保护法》第十四条）。

② 国家海洋行政主管部门按照国家制定的环境监测、监视信息管理制度，负责管理海洋综合信息系统，为海洋环境保护监督管理提供服务（《中华人民共和国海洋环境保护法》第十六条）。

2.4.4 交通部门

（1）负责污染事故监督管理的职责

法律依据为：交通主管部门的海事管理机构对船舶污染水域的防治实施监督管理（《中

华人民共和国水污染防治法》第八条)。

(2) 负责污染事件的信息报送工作的职责

法律依据为:民用航空器材发现海上排污或者污染事件,必须及时向就近的民用航空空中交通管制单位报告。接到报告的单位,应当立即向依照本法规定行使海洋环境监督管理权的部门通报(《中华人民共和国海洋环境保护法》第七十二条第2款)。

(3) 负责污染应急事件的应急救援的职责

法律依据为:交通运输部门要健全公路、铁路、航空、水运紧急运输保障体系,保障应急响应所需人员、物资、装备、器材等的运输(《国家突发环境污染事件应急预案》6.3)。

2.4.5 公安部门

公安部门负责环境应急救援的治安维护、交通管制工作。法律依据如下。

① 国家环境应急监测队伍、公安消防部队、大型国有骨干企业应急救援队伍及其他相关方面应急救援队伍等力量,要积极参加突发环境事件应急监测、应急处置与救援、调查处理等工作任务(《国家突发环境污染事件应急预案》6.1)。

② 公安部门要加强应急交通管理,保障运送伤病员、应急救援人员、物资、装备、器材车辆的优先通行(《国家突发环境污染事件应急预案》6.3)。

2.4.6 供水部门

当饮用水质发生重大变化时,应立即报告当地政府采取启动应急预案的职责。法律依据为:各省、自治区、直辖市要建立健全水资源战略储备体系,各大中城市要建立特枯年或连续干旱年的供水安全储备,规划城市备用水源,制订特殊情况下的区域水资源配置和供水联合调度方案。地方各级人民政府应根据水资源条件,制定城乡饮用水安全保障的应急预案。要成立应急指挥机构,建立技术、物资和人员保障系统,落实重大事件的值班、报告、处理制度,形成有效的预警和应急救援机制。当原水、供水水质发生重大变化或供水水量严重不足时,供水单位必须立即采取措施并报请当地人民政府及时启动应急预案(《国务院办公厅关于加强饮用水安全保障工作的通知》国环发[2005]45号第七条)。

2.4.7 水利部门

(1) 协同水污染应急监测与风险分析的职责

法律依据为:安全监管、交通运输、公安、住房城乡建设、水利、农业、卫生计生、气象等有关部门按照职责分工,应当及时将可能导致突发环境事件的信息通报同级环境保护主管部门(《国家突发环境污染事件应急预案》3.1)。

(2) 参与调查处理入海口陆源污染物损害海洋的职责

法律依据为:入海河口处发生陆源污染物污染损害海洋环境事故,确有证据证明是由河流携带污染物造成的,由入海河口处所在地的省、自治区、直辖市人民政府环境保护行政主管部门调查处理;河流跨越省、自治区、直辖市的,由入海河口处所在省、自治区、直辖市人民政府环境保护行政主管部门和水利部门会同有关省、自治区、直辖市人民政府环境保护行政主管部门、水利部门和流域管理机构调查处理（《中华人民共和国防治陆源污染物污染损害海洋环境管理条例》第二十条）。

2.4.8 卫生部门

协同环保部门对水污染防治实施监督管理职责，法律依据为：县级以上人民政府水行政、国土资源、卫生、建设、农业、渔业等部门以及重要江河、湖泊的流域水资源保护机构，在各自的职责范围内，对有关水污染防治实施监督管理（《中华人民共和国水污染防治法》第八条第3款）。

2.4.9 通信部门

在处理突发环境污染事件过程中，通信部门有建立应急条件下健全通信保障体系的职责。法律依据为：地方各级人民政府及其通信主管部门要建立健全突发环境事件应急通信保障体系，确保应急期间通信联络和信息传递需要（《国家突发环境污染事件应急预案》6.3）。

2.4.10 农业部门

在处理突发环境污染事件过程中，农业部门有调查处理农业污染事故的职责。法律依据为：县级以上人民政府应当采取措施，督促有关单位进行治理，防治废水、废气和固体废弃物对农业生态环境的污染。排放废水、废气和固体废弃物造成农业生态污染事故的，由环境保护行政主管部门或者农业行政主管部门依法调查处理；给农民和农业生产经营组织造成损失的，有关责任者应当依法赔偿（《中华人民共和国农业法》第六十六条）。

2.4.11 发改部门

（1）负责危险化学品事故应急救援的组织、协调和监督检查的职责

法律依据如下。

① 国务院经济贸易综合管理部门和省、自治区、直辖市人民政府经济贸易管理部门，依照本条例的规定，负责危险化学品安全监督管理综合工作，负责危险化学品生产、储存企业设立及其改建、扩建的审查，负责危险化学品包装物、容器（包括用于运输工具的槽罐，下同）专业生产企业的审查和定点，负责危险化学品经营许可证的发放，负责国内危险化学品的登记，负责危险化学品事故应急救援的组织和协调，并负责前述事项的监督检查；设区的市级人民政府和县级人民政府的负责危险化学品安全监督管理综合工作的部门，由各该级人民政府确定，依照本条例的规定履行职责［《危险化学品安全管理条例》第五条第1款第（一）项］。

② 发生危险化学品事故，有关部门未依照本条例的规定履行职责，组织实施救援或者采取必要措施，减少事故损失，防止事故蔓延、扩大，或者拖延、推诿的，对负有责任的主管人员和其他直接责任人员依法给予降级或者撤职的行政处分；触犯刑律的，依照刑法关于滥用职权罪、玩忽职守罪或者其他罪的规定，依法追究刑事责任（《危险化学品安全管理条例》第五十六条）。

（2）负责危险化学品生产、储存及使用情况的登记工作的职责

法律依据为：危险化学品生产、储存企业以及使用剧毒化学品和数量构成重大危险源的其他危险化学品的单位，应当向国务院经济贸易综合管理部门负责危险化学品登记的机构办理危险化学品登记。危险化学品登记的具体办法由国务院经济贸易综合管理部门制定（《危险化学品安全管理条例》第四十八条第1款）。

2.4.12 安全监督部门

安全监督部门负有危险化学品事故应急救援预案的备案工作的职责。法律依据为：危险化学品事故应急救援预案应当报设区的市级人民政府负责危险化学品安全监督管理综合工作的部门备案（《危险化学品安全管理条例》第五十条第2款）。

2.4.13 军队

（1）参与重大环境污染事故应急工作的职责

法律依据为：组织或者参与军队重大环境污染事故的调查处理工作；协同有关部门组织协调军队参加国家和地方重大环境污染事故应急工作（《中国人民解放军环境保护条例》第九条）。

（2）负责军事船舶污染事故的调查处理的职责

法律依据如下。

① 军队环境保护部门负责军事船舶污染海洋环境的监督管理及污染事故的调查处理（《中华人民共和国海洋环境保护法》第五条第5款）。

② 依照本法规定行使海洋环境监督管理权的部门可以在海上实行联合执法，在巡航监视中发现海上污染事故或者违反本法规定的行为时，应当予以制止并调查取证，必要时有权采取有效措施，防止污染事态的扩大，并报告有关主管部门处理（《中华人民共和国海洋环境保护法》第十九条第1款）。

③ 对违反本法规定，造成海洋环境污染事故的单位，由依照本法规定行使海洋环境监督管理权的部门根据所造成的危害和损失处以罚款；负有直接责任的主管人员和其他直接责任人员属于国家工作人员的，依法给予行政处分（《中华人民共和国海洋环境保护法》第九十一条第1款）。

2.4.14 法院

法院有受理污染赔偿纠纷诉讼的职责。法律依据如下。

① 对污染环境、破坏生态，损害社会公共利益的行为，符合下列条件的社会组织可以向人民法院提起诉讼：(a) 依法在设区的市级以上人民政府民政部门登记；(b) 专门从事环境保护公益活动连续五年以上且无违法记录。

符合前款规定的社会组织向人民法院提起诉讼，人民法院应当依法受理（《中华人民共和国环境保护法》第五十八条）。

② 提起环境损害赔偿诉讼的时效期间为三年，从当事人知道或者应当知道其受到损害时起计算（《中华人民共和国环境保护法》第六十六条）。

③ 违反本法规定，构成犯罪的，依法追究刑事责任（《中华人民共和国环境保护法》第

六十九条）。

④ 因水污染引起的损害赔偿责任和赔偿金额的纠纷，可以根据当事人的请求，由环境保护主管部门或者海事管理机构、渔业主管部门按照职责分工调解处理；调解不成的，当事人可以向人民法院提起诉讼。当事人也可以直接向人民法院提起诉讼（《中华人民共和国水污染防治法》第八十六条）。

⑤ 受到固体废物污染损害的单位和个人，有权要求依法赔偿损失。赔偿责任和赔偿金额的纠纷，可以根据当事人的请求，由环境保护行政主管部门或者其他固体废物污染环境防治工作的监督管理部门调解处理；调解不成的，当事人可以向人民法院提起诉讼。当事人也可以直接向人民法院提起诉讼。

国家鼓励法律服务机构对固体废物污染环境诉讼中的受害人提供法律援助（《中华人民共和国固体废物污染环境防治法》第八十四条）。

⑥ 为依法惩治有关环境污染犯罪行为，根据刑法有关规定，现就审理这类刑事案件具体应用法律的若干问题解释如下。

第一条具有下列情形之一的，属于刑法第三百三十八条、第三百三十九条和第四百零八条规定的“公私财产遭受重大损失”。

a. 致使公私财产损失三十万元以上的。

b. 致使基本农田、防护林地、特种用途林地五亩以上，其他农用地十亩以上，其他土地二十亩以上基本功能丧失或者遭受永久性破坏的。

c. 致使森林或者其他林木死亡五十立方米以上，或者幼树死亡二千五百株以上的。

第二条具有下列情形之一的，属于刑法第三百三十八条、第三百三十九条和第四百零八条规定的“人身伤亡的严重后果”或者“严重危害人体健康”。

a. 致使一人以上死亡、三人以上重伤、十人以上轻伤，或者一人以上重伤并且五人以上轻伤的。

b. 致使传染病发生、流行或者人员中毒达到《国家突发公共卫生事件应急预案》中突发公共卫生事件分级Ⅲ级情形，严重危害人体健康的。

c. 其他致使“人身伤亡的严重后果”或者“严重危害人体健康”的情形。

第三条具有下列情形之一的，属于刑法第三百三十八条、第三百三十九条规定的“后果特别严重”。

a. 致使公私财产损失一百万元以上的。

b. 致使水源污染、人员疏散转移达到《国家突发环境污染事件应急预案》中突发环境污染事件分级Ⅱ级以上情形的。

c. 致使基本农田、防护林地、特种用途林地十五亩以上，其他农用地三十亩以上，其他土地六十亩以上基本功能丧失或者遭受永久性破坏的。

d. 致使森林或者其他林木死亡一百五十立方米以上，或者幼树死亡七千五百株以上的。

e. 致使三人以上死亡、十人以上重伤、三十人以上轻伤，或者三人以上重伤并十人以上轻伤的。

f. 致使传染病发生、流行达到（《国家突发公共卫生事件应急预案》中突发公共卫生事件分级Ⅱ级以上情形的。

g. 其他后果特别严重的情形。

第四条本解释所称“公私财产损失”，包括污染环境行为直接造成的财产损毁、减少的

实际价值，为防止污染扩大以及消除污染而采取的必要的、合理的措施而发生的费用。

第五条单位犯刑法第三百三十八条、第三百三十九条规定之罪的，定罪量刑标准依照刑法和本解释的有关规定执行［《最高人民法院关于审理环境污染刑事案件具体应用法律若干问题的解释》（法释［2006］4号）］。

参考文献

［1］ 国家环境保护总局环境监察局．环境应急响应实用手册 ［M］．北京： 中国环境科学出版社， 2007.

［2］ 环境保护部环境应急与事故调查中心．环境应急管理法律法规与文件资料汇编 ［M］．北京： 中国环境出版社， 2010.

［3］ 环境保护部环境应急与事故调查中心．环境应急管理法律法规与文件资料汇编Ⅱ（2010—2012） ［M］．北京：中国环境出版社， 2013.

3 应急预案

应急预案又称应急计划，是针对可能的重大事故（件）或灾害，为保证迅速、有序、有效地开展应急与救援行动、降低事故损失而预先制定的有关计划或方案。它是在辨识和评估潜在的重大危险、事故类型、发生的可能性及发生过程、事故后果及影响严重程度的基础上，对应急机构职责、人员、技术、装备、设施（备）、物资、救援行动及其指挥与协调等方面预先做出的具体安排。

编制重大事故应急预案是应急救援准备工作的核心内容，是及时、有序、有效地开展应急救援工作的重要保障。因此，应急预案在应急救援中具有十分重要的作用和地位。

① 应急预案需要确定应急救援的范围和体系，使应急准备和应急管理不再是无据可依、无章可循。尤其是培训和演习，它们依赖于应急预案：培训可以让应急响应人员熟悉自己的责任，具备完成指定任务所需的相应技能；演习可以检验预案和行动程序，并评估应急人员的技能和整体协调性。

② 制定应急预案有利于做出及时的应急响应，降低事故后果。应急行动对时间要求十分敏感，不允许有任何拖延。应急预案预先明确了应急各方的职责和响应程序，在应急力量和应急资源等方面做了大量准备，可以指导应急救援迅速、高效、有序的开展，将事故的人员伤亡、财产损失和环境破坏降到最低限度。此外，如果预先制定了预案，重大事故发生后必须快速解决的一些应急恢复问题也就很容易解决。

③ 通过编制城市的综合应急预案，可保证应急预案具有足够的灵活性。对那些事先无法预料到的突发事件或事故，也可以起到基本的应急指导作用，成为保证城市应急救援的“底线”。在此基础上，城市可以针对特定危害，编制专项应急预案，有针对性地制定应急措施，进行专项应急准备和演习。因此，应急预案成为城市应对各种突发性重大事故的响应基础。另外，当发生超过城市应急能力的重大事故时，也便于与省级、国家级应急部门的协调。

④ 编制应急预案有利于提高全社会的风险防范意识。应急预案的编制，实际上是辨识城市重大风险和防御决策的过程，强调各方的共同参与，因此，预案的编制、评审以及发布和宣传，有利于社会各方了解可能面临的重大风险及其相应的应急措施，有利于促进社会各方提高风险防范意识和能力。

3.1 应急预案的基本内容与要求

应急预案编制可根据2004年国务院办公厅发布的《国务院有关部门和单位制定和修订突发公共事件应急预案框架指南》进行。完整的应急预案主要内容应包括如下内容。

① 总则　说明编制预案的目的、工作原则、编制依据、适用范围等。

② 组织指挥体系及职责　明确各组织机构的职责、权利和义务，以突发事故应急响应全过程为主线，明确事故发生、报警、响应、结束、善后处理处置等环节的主管部门与协作部门；以应急准备及保障机构为支线，明确各参与部门的职责。

③ 预警和预防机制　包括信息监测与报告、预警预防行动、预警支持系统、预警级别及发布（建议分为四级预警）。

④ 应急响应　包括分级响应程序（原则上按一般、较大、重大、特别重大四级启动相应预案），信息共享和处理，通信，指挥和协调，紧急处置，应急人员的安全防护，群众的安全防护，社会力量动员与参与，突发公共事件的调查分析、检测与后果评估，新闻报道，应急结束11个要素。

⑤ 后期处置　包括善后处置、社会救助、保险、突发公共事件调查报告和经验教训总结及改进建议。

⑥ 保障措施　包括通信与信息保障，应急支援与装备保障，技术储备与保障，宣传、培训和演习，监督检查。

⑦ 附则　包括名词术语、缩写语和编码的定义与说明，预案管理与更新，国际沟通与协作，奖励与责任，制定与解释部门，预案实施或生效时间。

⑧附录　包括与本部门突发公共事件相关的应急预案，预案总体目录、分预案目录、各种规范化格式文本，相关机构和人员通信录。

为满足上述内容要求，对于可能发生重大突发环境污染事故的企事业单位要求做出可行的详细的应急预案，具体预案内容如下。

3.1.1 总则

3.1.1.1 编制目的

简述应急预案编制的目的。

3.1.1.2 编制依据

简述应急预案编制所依据的法律、法规和规章，以及有关行业管理规定、技术规范和标准等。

3.1.1.3 适用范围

说明应急预案适用的范围，以及突发环境事件的类型、级别。

3.1.1.4 应急预案体系

说明应急预案体系的构成情况。

3.1.1.5 工作原则

说明本单位应急工作的原则，内容应简明扼要、明确具体。

3.1.2 基本情况

主要阐述企业（或事业）单位基本概况、环境风险源基本情况、周边环境状况及环境保护目标调查结果。

3.1.3 环境风险源与环境风险评价

主要阐述企业（或事业）单位的环境风险源识别及环境风险评价结果，以及可能发生事件的后果和波及范围。

3.1.4 组织机构及职责

3.1.4.1 组织体系

依据企业的规模大小和突发环境事件危害程度的级别，设置分级应急救援的组织机构。企业应成立应急救援指挥部，依据企业自身情况，车间可成立二级应急救援指挥机构，生产工段可成立三级应急救援指挥机构。尽可能以组织结构图的形式将构成单位或人员表示出来。

3.1.4.2 指挥机构组成及职责

（1）指挥机构组成

明确由企业主要负责人担任指挥部总指挥和副总指挥，环保、安全、设备等部门组成指挥部成员单位；车间应急救援指挥机构由车间负责人，工艺技术人员和环境、安全与健康人员组成；生产工段应急救援指挥机构由工段负责人，工艺技术人员和环境、安全与健康人员组成。

应急救援指挥机构根据事件类型和应急工作需要，可以设置相应的应急救援工作小组，并明确各小组的工作职责。

（2）指挥机构的主要职责

① 贯彻执行国家、当地政府、上级有关部门关于环境安全的方针、政策及规定。

② 组织制定突发环境事件应急预案。

③ 组建突发环境事件应急救援队伍。

④ 负责应急防范设施（备）（如堵漏器材、环境应急池、应急监测仪器、防护器材、救援器材和应急交通工具等）的建设；应急救援物资，特别是处理泄漏物、消解和吸收污染物的化学品物资（如活性炭、木屑和石灰等）的储备。

⑤ 检查、督促做好突发环境事件的预防措施和应急救援的各项准备工作，督促、协助有关部门及时消除有毒有害物质的“跑、冒、滴、漏”。

⑥ 负责组织预案的审批与更新（企业应急指挥部负责审定企业内部各级应急预案）。

⑦ 负责组织外部评审。

⑧ 批准本预案的启动与终止。

⑨ 确定现场指挥人员。

⑩ 协调事件现场有关工作。

⑪ 负责应急队伍的调动和资源配置。

⑫ 突发环境事件信息的上报及可能受影响区域的通报工作。

⑬ 负责应急状态下请求外部救援力量的决策。

⑭ 接受上级应急救援指挥机构的指令和调动，协助事件的处理；配合有关部门对环境进行修复、事件调查、经验教训总结。

⑮ 负责保护事件现场及相关数据。

⑯ 有计划地组织实施突发环境事件应急救援的培训，根据应急预案进行演练，向周边企业、村落提供本单位有关危险物质特性、救援知识等宣传材料。

在明确企业应急救援指挥机构职责的基础上，应进一步明确总指挥、副总指挥及各成员单位的具体职责。

3.1.5 预防与预警

3.1.5.1 环境风险源监控

明确对环境风险源监测监控的方式、方法，以及采取的预防措施。说明生产工艺的自动监测、报警、紧急切断及紧急停车系统，可燃气体、有毒气体的监测报警系统，消防及火灾报警系统等。

3.1.5.2 预警行动

明确事件预警的条件、方式、方法。

3.1.5.3 报警、通信联络方式

报警、通信联络方式应包括以下内容。

① 24 小时有效的报警装置。

② 24 小时有效的内部、外部通信联络手段。

③ 运输危险化学品、危险废物的驾驶员、押运员报警及与本单位、生产厂家、托运方联系的方式。

3.1.6 信息报告与通报

依据《国家突发环境事件应急预案》及有关规定，明确信息报告时限和发布的程序、内容和方式，应包括以下内容。

① 内部报告　明确企业内部报告程序，主要包括 24 小时应急值守电话、事件信息接收、报告和通报程序。

② 信息上报　当事件已经或可能对外环境造成影响时，明确向上级主管部门和地方人民政府报告事件信息的流程、内容和时限。

③ 信息通报　明确向可能受影响的区域通报事件信息的方式、程序、内容。

④ 事件报告内容　事件信息报告至少应包括事件发生的时间、地点、类型和排放污染

物的种类、数量、直接经济损失，已采取的应急措施，已污染的范围，潜在的危害程度，转化方式及趋向，可能受影响区域及采取的措施建议等。

⑤ 以表格形式列出上述被报告人及相关部门、单位的联系方式。

3.1.7 应急响应与措施

3.1.7.1 分级响应机制

针对突发环境事件严重性、紧急程度、危害程度、影响范围、企业（或事业）单位内部（生产工段、车间、企业）控制事态的能力以及需要调动的应急资源，将企业（或事业）单位突发环境事件分为不同的等级。根据事件等级分别制定不同级别的应急预案（如生产工段、车间、企业应急预案），上一级预案的编制应以下一级预案为基础，超出企业应急处置能力时，应及时请求上一级应急救援指挥机构启动上一级应急预案。并且按照分级响应的原则，明确应急响应级别，确定不同级别的现场负责人，指挥调度应急救援工作和开展事件应急响应。

3.1.7.2 应急措施

（1）突发环境事件现场应急措施

根据污染物的性质，事件类型、可控性、严重程度和影响范围，需确定以下内容。

① 明确切断污染源的基本方案。

② 明确防止污染物向外部扩散的设施、措施及启动程序；特别是为防止消防废水和事件废水进入外环境而设立的环境应急池的启用程序，包括污水排放口和雨（清）水排放口的应急阀门开合和事件应急排污泵启动的相应程序。

③ 明确减少与消除污染物的技术方案。

④ 明确事件处理过程中产生的次生衍生污染（如消防水、事故废水、固态液态废物等，尤其是危险废物）的消除措施。

⑤ 应急过程中使用的药剂及工具（可获得性说明）。

⑥ 应急过程中采用的工程技术说明。

⑦ 应急过程中，在生产环节所采用的应急方案及操作程序；工艺流程中可能出现问题的解决方案；事件发生时紧急停车停产的基本程序；控险、排险、堵漏、输转的基本方法。

⑧ 污染治理设施的应急措施。

⑨ 危险区的隔离：危险区、安全区的设定；事件现场隔离区的划定方式；事件现场隔离方法。

⑩ 明确事件现场人员清点、撤离的方式及安置地点。

⑪ 明确应急人员进入、撤离事件现场的条件、方法。

⑫ 明确人员的救援方式及安全保护措施。

⑬ 明确应急救援队伍的调度及物资保障供应程序。

（2）大气污染事件保护目标的应急措施

根据污染物的性质，事件类型、可控性、严重程度和影响范围，风向和风速，需确定以下内容。

① 结合自动控制、自动监测、检测报警、紧急切断及紧急停车等工艺技术水平，分析

事件发生时危险物质的扩散速率，选用合适的预测模式，分析对可能受影响区域（敏感保护目标）的影响程度。

② 可能受影响区域单位、社区人员基本保护措施和防护方法。

③ 可能受影响区域单位、社区人员疏散的方式、方法。

④ 紧急避难场所。

⑤ 周边道路隔离或交通疏导办法。

⑥ 周围紧急救援站和有毒气体防护站的情况。

（3） 水污染事件保护目标的应急措施

根据污染物的性质，事件类型、可控性、严重程度和影响范围，河流的流速与流量（或水体的状况），需确定以下内容。

① 可能受影响水体及饮用水源地说明。

② 消除减少污染物技术方法的说明。

③其他措施的说明（如其他企业污染物限排、停排、调水、污染水体疏导、自来水厂的应急措施等）。

（4） 受伤人员现场救护、 救治与医院救治

企业应结合自身条件，依据事件类型、级别及附近疾病控制与医疗救治机构的设置和处理能力，制订具有可操作性的处置方案，应包括以下内容。

① 可用的急救资源列表，如企业内部或附近急救中心、医院、疾控中心、救护车和急救人员。

② 地区应急抢救中心、毒物控制中心的列表。

③ 根据化学品特性和污染方式，明确伤员的分类。

④ 针对污染物，确定伤员现场治疗方案。

⑤ 根据伤员的分类，明确不同类型伤员的医院救治机构。

⑥ 现场救护基本程序，如何建立现场急救站

⑦ 伤员转运及转运中的救治方案。

3.1.7.3 应急监测

发生突发环境事件时，环境应急监测小组或单位所依托的环境应急监测部门应迅速组织监测人员赶赴事件现场，根据实际情况，迅速确定监测方案（包括监测布点、频次、项目和方法等），及时开展应急监测工作，在尽可能短的时间内，用小型、便携仪器对污染物种类、浓度、污染范围及可能的危害做出判断，以便对事件及时、正确进行处理。

企业（或事业）单位应根据事件发生时可能产生的污染物种类和性质，配置（或依托其他单位配置）必要的监测设备、器材和环境监测人员。

① 明确应急监测方案。

② 明确主要污染物现场及实验室应急监测方法和标准。

③ 明确现场监测与实验室监测采用的仪器、药剂等。

④ 明确可能受影响区域的监测布点和频次。

⑤ 明确根据监测结果对污染物变化趋势进行分析和对污染扩散范围进行预测的方法，适时调整监测方案。

⑥ 明确监测人员的安全防护措施。

⑦ 明确内部、外部应急监测分工。

⑧ 明确应急监测仪器、防护器材、耗材、试剂等日常管理要求。

3.1.7.4 应急终止

① 明确应急终止的条件：事件现场得以控制，环境符合有关标准，导致次生衍生事件隐患消除后，经事件现场应急指挥机构批准后，现场应急结束。

② 明确应急终止的程序。

③ 明确应急状态终止后，继续进行跟踪环境监测和评估工作的方案。

3.1.7.5 应急终止后的行动

① 通知本单位相关部门、周边企业（或事业）单位、社区、社会关注区及人员事件危险已解除。

② 对现场中暴露的工作人员、应急行动人员和受污染设备进行清洁净化。

③ 事件情况上报事项。

④ 需向事件调查处理小组移交的相关事项。

⑤ 事件原因、损失调查与责任认定。

⑥ 应急过程评价。

⑦ 事件应急救援工作总结报告。

⑧ 突发环境事件应急预案的修订。

⑨ 维护、保养应急仪器设备。

3.1.8 后期处置

3.1.8.1 善后处置

受灾人员的安置及损失赔偿：组织专家对突发环境事件中长期环境影响进行评估，提出生态补偿和对遭受污染的生态环境进行恢复的建议。

3.1.8.2 保险

明确企业（或事业）单位办理的相关责任险或其他险种。对企业（或事业）单位环境应急人员办理意外伤害保险。

3.1.9 应急培训和演练

3.1.9.1 培训

依据对本企业（或事业）单位员工、周边工厂企业、社区和村落人员情况的分析结果，应明确如下内容。

① 应急救援人员的专业培训内容和方法。

② 应急指挥人员、监测人员、运输司机等特别培训的内容和方法。

③ 员工环境应急基本知识培训的内容和方法。

④ 外部公众（周边企业、社区、人口聚居区等）环境应急基本知识宣传的内容和方法。

⑤ 应急培训内容、方式、记录、考核表。

3.1.9.2 演练

明确企业（或事业）单位根据突发环境事件应急预案进行演练的内容、范围和频次等内容。

① 演练准备内容。

② 演练方式、范围与频次。

③ 演练组织。

④ 应急演练的评价、总结与追踪。

3.1.10 奖惩

明确突发环境事件应急救援工作中奖励和处罚的条件和内容。

3.1.11 保障措施

3.1.11.1 经费及其他保障

明确应急专项经费（如培训、演练经费）来源、使用范围、数量和监督管理措施，保障应急状态时单位应急经费的及时到位。

3.1.11.2 应急物资装备保障

明确应急救援需要使用的应急物资和装备的类型、数量、性能、存放位置、管理责任人及其联系方式等内容。

3.1.11.3 应急队伍保障

明确各类应急队伍的组成，包括专业应急队伍、兼职应急队伍及志愿者等社会团体的组织与保障方案。

3.1.11.4 通信与信息保障

明确与应急工作相关联的单位或人员通信联系方式，并提供备用方案。建立信息通信系统及维护方案，确保应急期间信息通畅。

根据本单位应急工作需求而确定的其他相关保障措施（如交通运输保障、治安保障、技术保障、医疗保障、后勤保障等）。

3.1.12 预案的评审、备案、发布和更新

应明确预案评审、备案、发布和更新要求。

① 内部评审。

② 外部评审。

③ 备案的时间及部门。

④ 发布的时间、抄送的部门、园区、企业等。

⑤ 更新计划与及时备案。

3.1.13 预案的实施和生效时间

列出预案实施和生效的具体时间；预案更新的发布与通知。

3.1.14 附件

① 环境风险评价文件（包括环境风险源分析评价过程、突发环境事件的危害性定量分析）。

② 危险废物登记文件及委托处理合同（单位与危险废物处理中心签订）。

③ 区域位置及周围环境保护目标分布、位置关系图。

④ 重大环境风险源、应急设施（备）、应急物资储备分布、雨水、清净下水和污水收集管网、污水处理设施平面布置图。

⑤ 企业（或事业）单位周边区域道路交通图、疏散路线、交通管制示意图。

⑥ 内部应急人员的职责、姓名、电话清单。

⑦外部（政府有关部门、园区、救援单位、专家、环境保护目标等）联系单位、人员、电话。

⑧ 各种制度、程序、方案等。

⑨ 其他。

3.2 应急预案的分类及编制原则

应急预案是针对具体设备、设施、场所和环境，在安全评价的基础上，为降低事故造成的人身、财产与环境损失，就事故发生后的应急救援机构和人员，应急救援的设备、设施、条件和环境，行动的步骤和纲领，控制事故发展的方法和程序等，预先做出的科学而有效的计划和安排。

3.2.1 应急预案的分类

应急预案可以分为企业预案和政府预案。企业预案由企业根据自身情况制定，由企业负责；政府预案由政府组织制定，由相应级别的政府负责。根据事故影响范围不同可以将预案分为现场预案和场外预案，现场预案又有不同等级，如车间级、工厂级等；而场外预案按事故影响范围的不同，又可以分为区县级、地市级、省级、区域级和国家级。

应急预案按照应急预案的编写类型可以分为以下四类。

① 应急行动指南或检查表　针对已辨识的危险制定应采取的特定的应急行动。指南简要描述应急行动必须遵从的基本程序，如发生情况向谁报告、报告什么信息、采取哪些应急措施。这种应急预案主要起提示作用，对相关人员要进行培训，有时将这种预案作为其他类型应急预案的补充。

② 应急响应预案　针对现场每项设施和场所可能发生的事故情况，编制的应急响应预案。应急响应预案要包括所有可能的危险状况，明确有关人员在紧急状况下的职责。这类预

案仅说明处理紧急事务的必需的行动，不包括事前要求（如培训、演练等）和事后措施。

③ 互助应急预案　相邻企业为在事故应急处理中共享资源，相互帮助制定的应急预案。这类预案适合于资源有限的中、小企业以及高风险的大企业，需要高效的协调管理。

④ 应急管理预案　应急管理预案是综合性的事故应急预案，这类预案详细描述事故前、事故过程中和事故后何人做何事、什么时候做、如何做。这类预案要明确制定每一项职责的具体实施程序。应急管理预案包括事故应急预防、预备、响应、恢复 4 个逻辑步骤。

应急预案还可以按照层次不同分为以下四类。

① 综合应急预案　预案体系的顶层，在一定的应急方针、政策指导下，从整体上分析一个行政辖区的危险源、应急资源、应急能力，并明确应急组织体系及相应职责，应急行动的总体思路、责任追究等。例如应用于区、街道、社区。

② 专项应急预案　针对某种具体、特定类型的紧急事件，例如防汛、危险化学品泄漏及其他自然灾害的应急响应而制定。是在综合预案的基础上充分考虑了某种特定危险的特点，对应急的形式、组织机构、应急活动等进行更具体的阐述，有较强的针对性。例如应用于部门。

③ 现场应急预案　在专项预案基础上，根据具体情况需要而编制，针对特定场所，通常是风险较大场所或重要防护区域所制定的预案。例如，危险化学品事故专项预案下编制的某重大危险源的场内应急预案，公共娱乐场所专项预案下编制的某娱乐场所的场内应急预案等。现场应急预案有更强的针对性并且对现场具体救援活动具有更具体的操作性。例如应用于人员密集型场所及学校。

④ 单项应急预案　针对大型公众聚集活动和高风险的建筑施工活动而制定的临时性应急行动方案。预案内容主要是针对活动中可能出现的紧急情况，预先对相应应急机构的职责、任务和预防措施做出的安排。例如应用于临时性重大活动及四大国有企业施工现场。

针对突发环境污染事件，可根据污染源情况的不同及其影响程度，将应急预案进行以下分类分级。

(1) 水环境污染事故

① 生活饮用水源受到污染的环境污染事故。

② 线路板、印染、食品加工厂等企业因设备故障或人为疏忽等原因造成的超标生产废水的大量对外排放事故。

(2) 大气环境污染事故

工矿企业在生产过程中，由于操作不当或储存设备破损等原因致使氯气、氨气、光气($COCl_2$)、硫化氢等有毒有害气体发生泄漏，大气环境受到污染。

(3) 危险化学品和危险废弃物环境污染事故

① 有毒气体爆炸、毒害品爆炸、其他有害物质爆炸引发的环境污染事故。

② 加油站等场所发生的溢油污染，油料运输过程中因交通意外等原因引发的溢油污染事故。

③ 强酸、强碱等腐蚀性物质污染事故。

④ 农药污染事故。

⑤ 危险废物或其他危险化学品储存、运输、使用、处置不当引发的危险品污染事故。

根据环境污染、人体危害、经济损失、社会影响的程度，可将突发环境污染事故划分为特别重大突发环境污染事故（Ⅰ级）、重大突发环境污染事故（Ⅱ级）、较大突发环境污染事故（Ⅲ级）和一般突发环境污染事故（Ⅳ级）4个等级并实行相应的预警级别。

（1）特别重大突发环境污染事故（Ⅰ级）

凡符合下列情形之一的，为特别重大突发环境污染事故。

① 发生30人以上死亡，或中毒（重伤）100人以上。

② 因环境事件需疏散、转移群众5万人以上，或直接经济损失1000万元以上。

③ 区域生态功能严重丧失或濒危物种生存环境遭到严重污染。

④ 因环境污染使当地正常的经济、社会活动受到严重影响。

⑤ 因危险化学品（含剧毒品）生产和储运中发生泄漏，严重影响人民群众生产、生活的污染事故。

（2）重大突发环境污染事故（Ⅱ级）

凡符合下列情形之一的，为重大突发环境污染事故。

① 发生10人以上、30人以下死亡，或中毒（重伤）50人以上、100人以下。

② 区域生态功能部分丧失或濒危物种生存环境受到污染。

③ 因环境污染使当地经济、社会活动受到较大影响，疏散转移群众1万人以上、5万人以下的。

④ 因环境污染造成水库大面积污染，或区级以上水源地取水中断的污染事件。

（3）较大突发环境污染事故（Ⅲ级）

发生3人以上、10人以下死亡，或中毒（重伤）50人以下的为较大突发环境污染事故。

（4）一般突发环境污染事故（Ⅳ级）

为更有针对性、更高效地处理此类事故，将Ⅳ级事故细分为Ⅳ.1级和Ⅳ.2级。

① 凡符合下列情形之一的，为Ⅳ.1级事故：(a) 发生1人以上、3人以下死亡，或中毒（重伤）20人以上、50人以下；(b) 因饮用水源受到污染等环境污染事故使当地经济、社会的正常活动受到严重影响。

② 凡符合下列情形之一的，为Ⅳ.2级事故：(a) 工矿企业等单位发生的较大规模的有毒有害气体泄漏，出现人员受伤情况的事故；(b) 工矿企业等单位的生产废水对外部环境直接排放，对生活饮用水源造成污染的事故；(c) 交通意外等原因造成的较大规模的溢油事故（溢油面积$200m^2$以上）；(d) 造成人员中毒的较大规模的危险化学品泄漏事故。

3.2.2 应急预案编制原则

（1）成立应急预案编制小组

针对可能发生的环境事件类别，结合本单位部门职能分工，成立以单位主要负责人为领导的应急预案编制工作组，明确预案编制任务、职责分工和工作计划。预案编制人员应由具备应急指挥、环境评估、环境生态恢复、生产过程控制、安全、组织管理、医疗急救、监测、消防、工程抢险、防化、环境风险评估等各方面专业的人员及专家组成。

（2）基本情况调查

对企业（或事业）单位基本情况、环境风险源、周边环境状况及环境保护目标等进行详

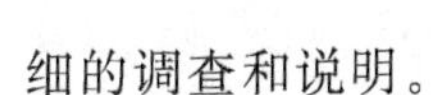

细的调查和说明。

（3）单位的基本情况

主要包括企业（或事业）单位名称、法定代表人、法人代码、详细地址、邮政编码、经济性质隶属关系及事业单位隶属关系、从业人数、地理位置（经纬度）、地形地貌、厂址的特殊状况（如上坡地、凹地、河流的岸边等）、交通图、疏散路线图及其他情况说明。

（4）环境风险源基本情况调查

① 企业（或事业）单位主、副产品及生产过程中产生的中间体名称及日产量，主要生产原辅材料、燃料名称及日消耗量、最大容量、储存量和加工量，以及危险物质的明细表等。

② 企业（或事业）单位生产工艺流程简介，主要生产装置说明，危险物质储存方式（槽、罐、池、坑、堆放等），生产装置及储存设备平面布置图，雨、清、污水收集、排放管网图，应急设施（备）平面布置图等。

③ 企业（或事业）单位排放污染物的名称、日排放量，污染治理设施去除量及处理后废物产量，污染治理工艺流程说明及主要设备、构筑物说明，其他环境保护措施等。对污染物集中处理设施及堆放地，如城镇污水处理厂，垃圾处理设施，医疗垃圾焚烧装置及危险废物处理场所等，还必须明确纳污或收集范围及污染物主要来源。

④ 企业（或事业）单位危险废物的产生量，储存、转移、处置情况，危险废物的委托处理手续情况（危险废物处置单位名称、地址、联系方式、资质、处理场所的位置、处理的设计规范和防范环境风险情况等）。

⑤ 企业（或事业）单位危险物质及危险废物的运输（输送）单位、运输方式、日运量、运地、运输路线，“跑、冒、滴、漏”的防护措施、处置方式。

⑥ 企业（或事业）单位尾矿库、储灰库、渣场的储存量，服役期限，库坝的建筑结构，坝堤及防渗安全情况。

（5）周边环境状况及环境保护目标情况

① 企业（或事业）单位周边5km范围内人口集中居住区（居民点、社区、自然村等）和社会关注区（学校、医院、机关等）的名称、联系方式、人数；周边企业、重要基础设施、道路等基本情况；给出上述环境敏感点与企业的距离和方位图。

② 企业（或事业）单位产生污水排放去向，接纳水体（包括支流和干流）情况及执行的环境标准，区域地下水（或海水）执行的环境标准。

③ 企业（或事业）单位下游水体河流、湖泊、水库、海洋名称、所属水系、功能区及饮用水源保护区情况，下风向空气质量功能区说明，区域空气执行的环境标准。

④ 企业（或事业）单位下游供水设施服务区设计规模及日供水量、联系方式，取水口名称、地点及距离、地理位置（经纬度）等；地下水取水情况、服务范围内灌溉面积、基本农田保护区情况。

⑤ 企业（或事业）单位周边区域道路情况及距离，交通干线流量等。

⑥ 企业（或事业）单位危险物质和危险废物运输（输送）路线中的环境保护目标说明。

⑦企业（或事业）单位周边其他环境敏感区情况及位置说明。

⑧ 如调查范围小于突发环境事件可能波及的范围，应扩大范围，重新调查。

（6）环境风险源识别与环境风险评价

企业（或事业）单位根据风险源、周边环境状况及环境保护目标的状况，委托有资质的咨询机构，按照《建设项目环境风险评价技术导则》（HJ/T 169—2004）的要求进行环境风险评价，阐述企业（或事业）单位存在的环境风险源及环境风险评价结果，应明确以下内容。

① 环境风险源识别　对生产区域内所有已建、在建和拟建项目进行环境风险分析，并以附件形式给出环境风险源分析评价过程，列表明确给出企业生产、加工、运输（厂内）、使用、储存、处置等涉及危险物质的生产过程，以及其他公辅工程和环保工程所存在的环境风险源。

② 最大可信事件预测结果　明确环境风险源发生事件的概率，并说明事件处理过程中可能产生的次生衍生污染。

③ 火灾、爆炸、泄漏等事件状态下可能产生的污染物种类、最大数量、浓度及环境影响类别（大气、水环境或其他）。

④ 自然条件可能造成的污染事件的说明（汛期、地震、台风等）。

⑤ 突发环境事件产生污染物造成跨界（省、市、县等）环境影响的说明。

⑥ 尾矿库、储灰库、渣场等如发生垮坝、溢坝、坝体缺口、渗漏时，对主要河流、湖泊、水库、地下水或海洋及饮用水源取水口的环境安全分析。

⑦ 可能产生的各类污染对人、动植物等危害性说明。

⑧ 结合企业（或事业）单位环境风险源工艺控制、自动监测、报警、紧急切断、紧急停车等系统，以及防火、防爆、防中毒等处理系统水平，分析突发环境事件的持续时间、可能产生的污染物（含次生衍生）的排放速率和数量。

⑨ 根据污染物可能波及范围和环境保护目标的距离，预测不同环境保护目标可能出现污染物的浓度值，并确定保护目标级别。

⑩ 结合环境风险评估和敏感保护目标调查，通过模式计算，对突发环境事件产生的污染物可能影响周边的环境（或健康）的危害性进行分析，并以附件形式给出本单位各环境事件的危害性说明。

（7）环境应急能力评估

在总体调查、环境风险评价的基础上，对企业（或事业）单位现有的突发环境事件预防措施、应急装备、应急队伍、应急物资等应急能力进行评估，明确进一步需求。企业（或事业）单位委托有资质的环境影响评价机构评估其现有的应急能力。主要包括以下内容。

① 企业（或事业）单位依据自身条件和可能发生的突发环境事件的类型建立应急救援队伍，包括通信联络队、抢险抢修队、侦检抢修队、医疗救护队、应急消防队、治安队、物资供应队和环境应急监测队等专业救援队伍。

② 应急救援设施（备）包括医疗救护仪器、药品、个人防护装备器材、消防设施、堵漏器材、储罐围堰、环境应急池、应急监测仪器设备和应急交通工具等，尤其应明确企业（或事业）单位主体装置区和危险物质或危险废物储存区（含罐区）围堰设置情况，明确初期雨水收集池、环境应急池、消防水收集系统、备用调节水池、排放口与外部水体间的紧急切断设施及清、污、雨水管网的布设等配置情况。

③ 污染源自动监控系统和预警系统设置情况，应急通信系统、电源、照明等。

④ 用于应急救援的物资，特别是处理泄漏物、消解和吸收污染物的化学品物资，如活性炭、木屑和石灰等，有条件的企业应备足、备齐，定置明确，保证现场应急处置人员在第

一时间内启用；物资储备能力不足的企业要明确调用单位的联系方式，且调用方便、迅速。

⑤ 各种保障制度（污染治理设施运行管理制度、日常环境监测制度、设备仪器检查与日常维护制度、培训制度、演练制度等）。

⑥ 企业（或事业）单位还应明确外部资源及能力，包括地方政府预案对企业（或事业）单位环境应急预案的要求等；该地区环境应急指挥系统的状况；环境应急监测仪器及能力；专家咨询系统；周边企业（或事业）单位互助的方式；请求政府协调应急救援力量及设备（清单）；应急救援信息咨询等。

根据有关规定，地方人民政府及其部门为应对突发事件，可以调用相关企业（或事业）单位的应急救援人员或征用应急救援物资，并于事后给予相应补偿。各相关企业（或事业）单位应积极予以配合。

（8） 应急预案编制

在风险分析和应急能力评估的基础上，针对可能发生的环境事件的类型和影响范围，编制应急预案。对应急机构职责、人员、技术、装备、设施（备）、物资、救援行动及其指挥与协调方面预先做出具体安排。应急预案应充分利用社会应急资源，与地方政府预案、上级主管单位以及相关部门的预案相衔接。

（9） 应急预案的评审、 发布与更新

应急预案编制完成后，应进行评审。评审由企业（或事业）单位主要负责人组织有关部门和人员进行。外部评审是由上级主管部门、相关企业（或事业）单位、环保部门、周边公众代表、专家等对预案进行评审。预案经评审完善后，由单位主要负责人签署发布，按规定报有关部门备案。同时，明确实施的时间、抄送的部门、园区、企业等。

企业（或事业）单位应根据自身内部因素（如企业改、扩建项目等情况）和外部环境的变化及时更新应急预案，进行评审发布并及时备案。

（10） 应急预案的实施

预案批准发布后，企业（或事业）单位组织落实预案中的各项工作，进一步明确各项职责和任务分工，加强应急知识的宣传、教育和培训，定期组织应急预案演练，实现应急预案持续改进。

3.3 应急预案编制实例

当出现重大突发污染事故时，应急预案成为迅速、有序、有效地开展应急与救援行动、降低事故损失的有力保证。因此不同性质类别的突发污染事故所制定的应急预案的需求应是不同的。根据应急预案的内容要求及编制原则，选取以下不同类别典型应急预案进行举例说明。

××省××水电站大坝土建及金属结构安装工程
环境污染事故应急预案

3.3.1 总则

3.3.1.1 编制目的

建立健全环境污染事故应急机制，提高企业应对涉及公共危机的突发环境污染事故的能力，维护社会稳定，保障公众生命健康和财产安全，保护环境，促进社会全面、协调、可持

续发展。

3.3.1.2 编制依据

依据《中华人民共和国环境保护法》《中华人民共和国安全生产法》《国家突发公共事件总体应急预案》和《国家突法环境事故应急预案》及相关的法律、行政法规，制定本预案。

3.3.1.3 工作原则

项目部在建立突发环境污染事故应急系统及其响应程序时，应本着实事求是、切实可行的方针，贯彻如下原则。

① 坚持以人为本，预防为主 加强对环境事故危险源的监测、监控并实施监督管理，建立环境事故风险防范体系，积极预防、及时控制、消除隐患，提高突发环境污染事故防范和处理能力，尽可能地避免或减少突发环境污染事故的发生，消除或减轻环境污染事故造成的中长期影响，最大程度地保障公众健康，保护人民群众生命财产安全。

② 坚持统一领导，分类管理，分级响应 接受政府环保部门的指导，使企业的突发环境污染事故应急系统成为区域系统的有机组成部分。加强项目部各部门之间协同与合作，提高快速反应能力。针对不同污染源所造成的环境污染的特点，实行分类管理，充分发挥部门专业优势，使采取的措施与突发环境污染事故造成的危害范围和社会影响相适应。

③ 坚持平战结合，专兼结合，充分利用现有资源 积极做好应对突发环境污染事故的思想准备、物资准备、技术准备、工作准备，加强培训演练，应急系统做到常备不懈，在应急时快速有效。

3.3.2 组织指挥与职责

建立健全项目部突发环境污染事故应急组织体系，明确各应急组织机构职责。

（1） 突发事故应急准备及响应领导管理小组

组　长：×××

副组长：×××

组　员：×××、×××、×××、××、×××、
×××、×××、××、×××

报警员：×××

紧急事件联络员：××

车辆引导员：×××

疏散组组长：×××

环保组组长：××

环保组组员：×××、××、×××、×××、×××、
×××、×××、××、×××

（2） 突发事故应急准备及响应管理小组成员管理职责

① 组长、副组长职责：日常应组织组员演习，熟悉紧急事件发生时应做好的工作和程

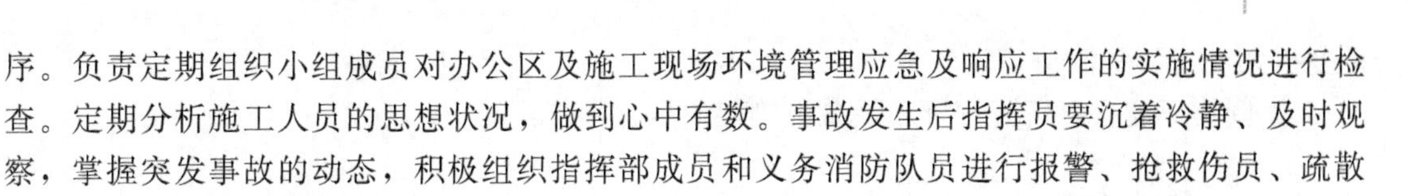

序。负责定期组织小组成员对办公区及施工现场环境管理应急及响应工作的实施情况进行检查。定期分析施工人员的思想状况，做到心中有数。事故发生后指挥员要沉着冷静、及时观察，掌握突发事故的动态，积极组织指挥部成员和义务消防队员进行报警、抢救伤员、疏散人员、抢运易燃易爆和贵重物品。

② 组员职责：要绝对服从指挥员的领导，听从指挥，按照分工和指挥部的指令，密切配合，尽最大努力在紧急事件发生的初起阶段做好应急救助，将紧急事件、事故损失和人员伤亡降至最低。

③ 报警员职责：紧急事件、事故发生后，报警员在第一时间向有关救助单位报警，应清楚地讲明事故现场地理位置、事故情况、事故性质、人员伤害情况、联系人和联系电话号码等报警内容。报警结束后，主动到路口迎接消防车、救护车或其他车辆。

④ 车辆引导员职责：车辆引导员应与报警员密切配合，负责将紧急救助车辆引导至事故地点，并配合做好疏散工作。

⑤ 疏散组：负责在紧急事件发生后，组织疏散人员，并对人员进行清点，确定失踪人员名单，并对紧急事件现场进行区域划分，确定危险区域，无关人员应原地待命，不得混乱和进入危险区域。

⑥ 环保组组员负责环境污染控制。

⑦ 各小组成员负责定期对现场的应急准备及响应工作进行检查，发现问题及时纠正。经常检查消防器材、急救物品，以保证其可靠性。经常检查现场的环境、职业健康安全管理及消防、安全规定执行情况，定期对职工进行环保、健康教育，提高思想认识，一旦发生灾害事故，做到招之即来，团结奋斗。

3.3.3 预防和预警

3.3.3.1 预防工作

对厂队在生产过程中产生、储存、运输、销毁废弃化学品、放射源等事故源进行调查，掌握各厂队潜在事故源环境优先污染物的产生、种类及分布情况。针对污染物的特点提出相应的应急措施。建立优先污染物的快速监测方法，购置优先污染物的快速监测设备，建立优先污染物的处置技术。

3.3.3.2 预警及措施

按照突发事故严重性、紧急程度和可能波及的范围，对突发环境污染事故的预警进行分级。根据事态的发展情况和采取措施的效果，预警可以升级、降级或解除。收集到的有关信息证明突发环境污染事故即将发生或者发生的可能性增大时，按照相关应急预案执行。进入预警状态后，应当采取的措施如下。

① 立即启动相关应急预案。

② 发布预警公告。

③ 转移、撤离或者疏散可能受到危害的人员，并进行妥善安置。

④ 指令各环境应急救援队伍进入应急状态，项目部环境监测部门立即开展应急监测，随时掌握并报告事态进展情况。

⑤ 针对突发事故可能造成的危害，封闭、隔离或者限制使用有关场所，中止可能导致

危害扩大的行为和活动。

⑥ 调集环境应急所需物资和设备，确保应急保障工作。

3.3.4 应急响应程序

3.3.4.1 突发环境污染事故报告时限和程序

突发环境污染事故责任部门和责任人以及负有监管责任的部门发现突发环境污染事故后，应立即在1小时内向所在地县级以上人民政府报告，同时向上一级相关专业主管部门报告，并立即组织进行现场调查。紧急情况下，可以越级上报。

3.3.4.2 突发环境污染事故报告方式与内容

突发环境污染事故的报告分为初报、续报和处理结果报告三类。初报从发现事件后立即上报；续报在查清有关基本情况后随时上报；处理结果报告在事件处理完毕后立即上报。

① 初报可用电话直接报告，主要内容包括环境事故的类型、发生时间、地点、污染源、主要污染物质、人员受害情况、事件潜在的危害程度、转化方式趋向等初步情况。

② 续报可通过网络或书面报告，在初报的基础上报告有关确切数据，事件发生的原因、过程、进展情况及采取的应急措施等基本情况。

③ 处理结果报告采用书面报告，处理结果报告在初报和续报的基础上，报告处理事件的措施、过程和结果，事件潜在或间接的危害、社会影响、处理后的遗留问题，参加处理工作的有关部门和工作内容。

3.3.4.3 指挥和协调机制

① 根据需要，项目部成立环境应急指挥部，负责指导、协调突发环境污染事故的应对工作。

② 环境应急指挥部根据突发环境污染事故的情况通知有关部门及其应急机构、救援队伍和事故所在地人民政府应急救援指挥机构。各应急机构接到事故信息通报后，应立即派出有关人员和队伍赶赴事发现场，在现场救援指挥部统一指挥下，按照各自的预案和处置规程，相互协同，密切配合，共同实施环境应急和紧急处置行动。现场应急救援指挥部成立前，各应急救援专业队伍必须在当地政府和事发单位的协调指挥下坚决、迅速地实施先期处置，果断控制或切断污染源，全力控制事件态势，严防二次污染和次生、衍生事件发生。

③ 应急状态时，专家组组织有关专家迅速对事件信息进行分析、评估，提出应急处置方案和建议，供指挥部领导决策参考。根据事件进展情况和形势动态，提出相应的对策和意见；对突发环境污染事故的危害范围、发展趋势做出科学预测，为环境应急领导机构的决策和指挥提供科学依据；参与污染程度、危害范围、事件等级的判定，对污染区域的隔离与解禁、人员撤离与返回等重大防护措施的决策提供技术依据；指导各应急分队进行应急处理与处置；指导环境应急工作的评价，进行事件的中长期环境影响评估。

④ 发生环境事故的有关单位要及时、主动向环境应急指挥部提供应急救援有关的基础资料。

3.3.4.4 指挥协调主要内容

环境应急指挥部指挥协调的主要包括以下内容。

① 提出现场应急行动原则要求。

② 派出有关专家和人员参与现场应急救援指挥部的应急指挥工作。

③ 协调各级、各专业应急力量实施应急支援行动。

④ 协调受威胁的周边地区危险源的监控工作。

⑤ 协调建立现场警戒区和交通管制区域，确定重点防护区域。

⑥ 根据现场监测结果，确定被转移、疏散群众返回时间。

⑦ 及时向当地政府和上级主管部门报告应急行动的进展情况。

3.3.4.5 应急监测

项目部环境监测部门第一时间对突发环境污染事故进行环境应急监测，掌握第一手监测资料，并配合地方环境监测机构进行应急监测工作。根据监测结果，综合分析突发环境污染事故污染变化趋势，并通过专家咨询和讨论的方式，预测并报告突发环境污染事故的发展情况和污染物的变化情况，作为突发环境污染事故应急决策的依据。

3.3.4.6 信息发布

突发环境污染事故发生后，要及时发布准确、权威的信息，正确引导社会舆论。

3.3.4.7 应急人员的安全防护

现场处置人员应根据环境事故的特点，配备相应的专业防护装备，采取安全防护措施，严格执行应急人员出入事发现场程序。

3.3.4.8 应急终止的条件

符合下列条件之一的，即满足应急终止条件。

① 事件现场得到控制，事件条件已经消除。

② 污染源的泄漏或释放已降至规定限值以内。

③ 事件所造成的危害已经被彻底消除，无继发可能。

④ 事件现场的各种专业应急处置行动已无继续的必要。

⑤ 采取了必要的防护措施以保护公众免受再次危害，并使事件可能引起的中长期影响趋于合理且尽量低的水平。

3.3.4.9 应急终止后的行动

① 突发环境污染事故应急处理工作结束后，应组织相关部门认真总结、分析、吸取事故教训，及时进行整改。

② 组织各专业组对应急计划和实施程序的有效性、应急装备的可行性、应急人员的素质和反应速度等做出评价，并提出对应急预案的修改意见。

③ 参加应急行动的部门负责组织、指导环境应急队伍维护、保养应急仪器设备，使之始终保持良好的技术状态。

3.3.5 应急保障

3.3.5.1 资金保障

3.3.5.2 装备保障

3.3.5.3 通信保障

项目部要建立和完善环境安全应急指挥系统、环境应急处置系统和环境安全科学预警系统。配备必要的有线、无线通信器材，确保本预案启动时各应急部门之间的联络畅通。

3.3.5.4 人力资源保障

项目部要建立突发环境污染事故应急救援队伍，培训一支常备不懈，熟悉环境应急知识，充分掌握各类突发环境污染事故处置措施的预备应急力量；保证在突发事故发生后，能迅速参与并完成抢救、排险、消毒、监测等现场处置工作。

3.3.5.5 技术保障

建立环境安全预警系统，组建专家组，确保在启动预警前、事件发生后相关环境专家能迅速到位，为指挥决策提供服务。

3.3.5.6 宣传、培训与演练

① 应加强环境保护科普宣传教育工作，普及环境污染事件预防常识，增强职工的防范意识，提高公众的防范能力。

② 加强环境事故专业技术人员日常培训和事故源工作人员的培训和管理，培养一批训练有素的环境应急处置、检验、监测等专门人才。

③ 定期组织环境应急实战演练，提高防范和处置突发环境污染事故的技能，增强实战能力。

3.3.5.7 应急能力评价

为保障环境应急体系始终处于良好的战备状态，并实现持续改进，对各级环境应急机构的设置情况、制度和工作程序的建立与执行情况、队伍的建设和人员培训与考核情况、应急装备和经费管理与使用情况等，在环境应急能力评价体系中实行自上而下的监督、检查和考核工作机制。

3.3.6 后期处置

组织实施环境恢复计划。

3.3.7 附则

3.3.7.1 名词术语定义

① 环境事故　指由于违反环境保护法律、法规的经济、社会活动与行为，以及意外因

素的影响或不可抗拒的自然灾害等原因致使环境受到污染，人体健康受到危害，社会经济与人民群众财产受到损失，造成不良社会影响的突发性事件。

② 突发环境污染事故　指突然发生，造成或者可能造成重大人员伤亡、重大财产损失和对全国或者某一地区的经济社会稳定、政治安定构成重大威胁和损害，有重大社会影响的涉及公共安全的环境事故。

③ 环境应急　针对可能或已发生的突发环境污染事故需要立即采取某些超出正常工作程序的行动，以避免事件发生或减轻事件后果的状态，也称为紧急状态；同时也泛指立即采取超出正常工作程序的行动。

④ 泄漏处理　泄漏处理是指对危险化学品、危险废物、放射性物质、有毒气体等污染源因事件发生泄漏时所采取的应急处置措施。泄漏处理要及时、得当，避免重大事件的发生。泄漏处理一般分为泄漏源控制和泄漏物处置两部分。

⑤ 应急监测　环境应急情况下，为发现和查明环境污染情况和污染范围而进行的环境监测，以地方政府部门监测数据为准。

⑥ 应急演习　为检验应急计划的有效性、应急准备的完善性、应急响应能力的适应性和应急人员的协同性而进行的一种模拟应急响应的实践活动，根据所涉及的内容和范围的不同，可分为单项演习（演练）、综合演习和指挥中心、现场应急组织联合进行的联合演习。

3.3.7.2　预案管理与更新

随着应急救援相关法律、法规的制定、修改和完善，部门职责或应急资源发生变化，或者应急过程中发现存在的问题和出现新的情况，应及时修订完善预案。

3.3.7.3　地方沟通与协作

建立与地方环境应急机构的联系，组织参与地方救援活动，开展与相关的交流与合作。

3.3.7.4　奖励与责任追究

① 奖励　在突发环境污染事故应急救援工作中，应依据有关规定给予奖励。

② 责任追究　在突发环境污染事故应急工作中，按照有关法律和规定，对有关责任人员视情节和危害后果，追究相应的责任。

案例一　××石油仓储公司油库危险化学品应急预案

一、油库基本情况

××市荣利石油仓储有限公司油库，位于××市东外环南的长虹路，东面为许各庄村闲置地；南面为虹货场专用线；西面为许各庄村梨园；北面临凯跃煤炭公司。周边没有大型企业。公司于2007年成立，为以经营成品油为主的民营股份有限公司。××市荣利石油仓储有限公司现有员工22人，管理岗位7人。员工具有中专以上学历者共计10人，设有专业计量员1人，专职电工1人，专职安全管理人员5人。油库占地面积24亩（1亩≈666.7m^2），拥有23个货位的铁路栈桥1座，铁路栈桥至油库外部输油管线全长1000m，库区设有立式储罐6座，付油亭1座。库区配电系统齐备。消防设施齐全。设计油品年输转达$5\times10^5m^3$。已被国家正式批准为成品油经营企业。

二、危险目标

油库所经营、储存的成品油具有易燃易爆等特点，其危险区域为储存区、卸油区、付油

区及配电间等。一旦发生事故会给企业和周边的单位带来不可估量的损失。为了避免发生火灾、爆炸及环境污染等事故，××市荣利石油仓储有限公司针对油库可能发生的火灾事故、恐怖袭击事件、罐区油品泄漏和冒油事故、油罐沉船及卡盘事故、防自然灾害等紧急事件制定了应急救援预案。

三、消防设备、设施的分布

① 设有 $1000m^3$ 消防水池 2 座、消防泵房 1 座，均位于油库的西南侧。

② 每个储罐均有 2 条固定消防泡沫管线和喷淋水管线，储罐区四周分别设有一组消防水栓和一组泡沫栓及配套的消防带和消防枪。

③ 配有 8kg 干粉灭火器 40 部，35kg 干粉灭火器 4 部。分别位于付油区、泵站及办公区域，二氧化碳灭火器 2 部，位于配电间。外界距离 1km 为××市消防支队。

四、应急处置组织机构和人员职责

1. 应急指挥部

2. 应急组织职责

3. 应急人员职责

① 应急总指挥：负责应急预案组织、实施工作，本着先救人后救物资的原则，尽快控制防止事故蔓延或扩大；因险情无法控制，应立即下达逃生命令，组织现场人员有序逃生。当上级领导赶赴现场时，及时汇报情况，并移交指挥权；灭火抢险救结束后，组织有关部门、专业人员配合上级有关部门进行事故调查及上报；总结事故教训，进行事故处理，增添防范措施。

② 安全副总指挥：(a) 火灾现场副总指挥，在总指挥的领导下，负责火灾现场组织专职和义务消防队投入灭火急救。(b) 信息副总指挥，负责部门之间的协调及信息传递、物资供应、交通运输、医疗救护工作，根据火势情况及时调整人力和物质器材；指挥位置随火情变化而变动，但指挥员要尽量靠近火场。

③ 通信联络副总指挥：按照总指挥的命令及时向公安消防队报警，与公安部门、医院、相邻单位等进行联络，保证通信畅通；及时传达指挥组下达的灭火指令；同时向指挥组反馈各抢险队的情况，做好抢险过程的各种基础记录。

④ 物质保障和医疗救护组职责：负责对抢险所需的消防器材、灭火药剂、医疗救护、就餐等物质的供应，转送受伤人员，组织人员堵塞出库排水口；完成指挥组下达的其他任务。

⑤ 警戒组职责：接到报警后，应迅速赶赴险情现场，在应急领导小组的指挥下，对现场进行警戒，严禁机动车辆和闲杂人员进入险情现场。

⑥ 抢险及灭火扑救组职责：发生险情后，在应急领导小组的指挥下，负责险情油罐的油品输转作业，和协助专职消防队扑救火灾。

⑦ 设备抢修组职责：发生险情后，在应急领导小组的指挥下负责对应急设备采取适当处置措施，架设临时抢险设备，服从应急领导小组命令，按抢修方案对设备进行抢修。

4. 应急原则

① 先救人、后救物品（先抢救贵重物品，后抢救一般物品）。

② 一切行动听指挥。

③ 立即疏散无关人员并指挥人员撤离现场。

④ 发现有人中毒时应立即抢救至上风口空气新鲜处。

⑤ 烧伤人员要注意保护创面。

⑥ 将火灾附近的贵重物品、资料、易燃、易爆、有毒、有腐蚀性的物品移至安全地点。

5. 报警通信联络方式

（1） 应急联络图

（2） 联络方式

① 事故发现者立即使用门卫值班室报警器在第一时间内向油库应急救援人员发出火警信号。

② 门卫值班应立即报告应急组长，应急组长立即下达抢险命令，并向公司安全负责人报告，组织人员进行抢险。

③ 通信联络员应按照应急组长的指令立即报告市公安消防支队和医院急救中心和相关单位。并特别要讲清楚事故部位，事故发生地点、时间、事故性质（火灾或爆炸）、危险程度、有无人员伤亡及报警人姓名、联系电话。

④ 义务消防队的集合地点、指挥位置设在栈桥南侧，但要根据火情大小确定指挥位置和义务消队的集合地点，灭火总指挥部设在卸油区门卫值班室。

⑤ 避险和医疗急救安全区设在收油区北大门煤场。

⑥ 现场指挥程序：应急小组到达事故现场之前，由当班班长指挥，应急小组到达之后，班长向应急小组移交指挥权，公安消防部门人员到达之后，服从公安消防部门人员指挥。

6. 火灾事故发生后应采取的处理措施

（1） 该部位现有消防设施器材情况

① 罐顶部固定式 PC8 型泡沫产生器 2 个。

② 地上消火栓邻近东、南、西、北侧，其编号 1#、2#、9#、10#，1# 罐东南两侧消防箱内分别装有 2 盘 10m 长的消防水带，19mm 水枪、泡沫枪、石棉毯。

（2） 可能发生火灾的原因、特点及后果（含蔓延的趋势与方向）

① 原因：明火、静电、雷击、自然、电器火花。

② 特点：该部位火灾一般情况下是先燃烧后爆炸。在罐盖没被破坏时，呼吸阀、入孔或破裂处起火时，燃烧可能是火炬状，火焰体积不大，燃烧比较稳定。

③ 后果：由于油罐长时间燃烧会使罐顶炸开，罐壁变形，安装在油罐上部的灭火设备遭到破坏，可能造成油品外流，火势扩大，难以扑救，特别是对邻近罐威胁更大，在下风方向的油罐更容易起火和爆炸。

④ 蔓延的趋势与方向：对邻近油罐有很大威胁，油罐破裂油品在防护堤内燃烧，油品和火焰同时由高处向低处流动，并顺风向飘燃。

（3） 组织实施

当遇有油罐区 1# 罐发生火险时，全体人员立即出动，在消防总指挥的领导下进行严密的分工实施。各组人员迅速到营业室门前集合，由消防副总指挥下达实施命令，迅速起动消防泵，打开泡沫管线总阀门，然后开启通向着火油罐的所有阀门，同时开启通向着火油罐及邻近罐的水管线阀门，以供应冷却水。具体分工如下。

① 第一战斗小组ⓐ队员迅速打开 1# 罐固定式泡沫栓进行灭火处理；ⓑ队员迅速打开 2# 罐固定式消防水栓进行 2# 罐冷却；ⓒ队员迅速打开 3# 罐固定式消防水栓进行 3# 罐进行

喷淋冷却；ⓓ、ⓔ、ⓕ、ⓖ队员迅速从消防箱取出水带和水枪，连接半固定式消防水栓和泡沫栓，对罐区东侧、南侧邻近建筑物冷却降温，阻断火源。

② 第二战斗小组ⓐ、ⓑ队员从油罐区 9# 消防箱中取出消防泡沫带及水枪，接 9# 消防水栓和泡沫栓，ⓒ、ⓓ队员从油罐区 10# 消防箱中取出消防泡沫带及水枪，接 10# 消防水栓和泡沫栓，ⓔ、ⓕ、ⓖ队员从油罐区 11# 消防箱中取出泡沫灭火器，以上人员同时对 1# 罐溢出地面产生的火源实施扑救及周边易燃物品的冷却。

③ 第三战斗小组ⓐ、ⓑ队员从油罐区 1# 消防箱中取出消防水带及水枪，接 11# 消防水栓和泡沫栓；ⓒ、ⓓ队员从发油区 4# 消防箱中取出消防水带及水枪，接 1# 消防水栓和泡沫栓；ⓔ、ⓕ、ⓖ队员从发油区 4# 消防箱中取出干粉灭火器，以上人员同时对发油亭进行喷淋冷却，同时做好发油区和油罐区的警戒工作。

④ 其他各组在临时设置的安全区域待命，根据势态发展，随时做好支援准备。消防中队人员根据火势实施重点灭火。疏散组在必要的情况下引导人员从营业室西侧公路由南门疏散人员和转移物资。救护车辆及救护人员在办公楼北门西侧待命救护。

（4）扑救中的注意事项

① 参加扑救全体人员应做到一切行动听指挥，严格按预案及演习的规定位置进行扑救，并注意观察，防止爆炸伤人。

② 要加强安全警卫，清除库区非灭火人员及车辆，各作业班组在出现火警后要停止作业，关闭管线阀门。

③ 遇有人员伤亡，救护组应组织人员、车辆进行抢救。

④ 用水冷却时，应防止喷入着火油罐内，以免造成火势增大，给邻近罐及灭火人员造成威胁。

⑤ 火被扑灭后，应继续供给泡沫和冷却水防止复燃，安排人员进行监护。

⑥ 防火堤内的余火，应依顺风方向由近至远逐步推进扑灭，不可全面推进。

⑦火险处理完毕后，所有人员到安全区域进行清点人员。

（5）火险原因调查

火险消除后，应迅速成立事故原因调查小组，对现场进行保护，协助消防专业人员对现场进行详细的调查，查明火险发生的原因，并报上级有关领导，请求处理。

（6）责任追究

火险原因查清后，根据火险发生的原因及造成的损失轻重情况，应追究所有直接领导的管理失察责任及当事人的行政处罚或刑事责任。

（7）恢复生产

事故原因调查完毕后，应及时组织有技术的专业人员力量，对受灾的部位进行灾后恢复，使其能尽快地投入正常的使用，确保油罐区内的正常运转。

将此次火险的整体情况记录在案，并通过调查取证后所得出的发生火险的原因，召集所有人员进行教育，领导班子成员具体分析管理上存在的问题，查找管理上存在的漏洞，制定新的管理措施。

7. 人员应急、疏散、撤离

（1）撤离措施

当专业消防队已经到达油库，火势无法控制，需要油库人员撤离时，油库主任下令并组

织人员撤离。

① 将本单位付油栈桥着火、火情控制不住、有可能发生爆炸的危险这一情况通知提油客户，请装车场的车辆从出口大门撤离，请停车场的车辆从进口大门撤离，保持车辆有序撤离。

② 通知油库周边及相关单位，请他们做好防火和撤离的准备。

③ 指派人员在长虹路上设置警戒线，疏散周围群众。

④ 下令让油库工作人员撤离。

（2） 撤离路线

① 栈桥区灭火人员、微机房的操作人员及提油的客户，就近视火势及风向，逆风向从油库西门或东门撤离。

② 消防泵房岗位人员立即撤离泵房，并视火势及风向逆风向从油库西门撤离。

③ 油库行政区域的所有人员从油库大门撤离。

（3） 全体人员撤离后到长虹路集合，清点人数后上报应急领导小组

8. 危险区的隔离

油库储油罐按油品分区设置，罐区之间设立防火堤，油品接卸铁路栈桥与卸车棚之间设立隔离墙，库区与付油区之间有隔离墙。

9. 检测、检验、救援、控制

事故发生后，应本着最大限度地减少对周围环境的污染，调整操作，及时检测、检验空气、水等，防止连带事故发生。事故处理完后，应对现场的污染物按《污染防治控制程序》的规定处理。

10. 伤员现场救护、医学救治

发现火灾现场有人中毒、窒息或烧伤时，医疗救护人员立即将受伤人员抢救至空气新鲜的安全区域（安全区设在收油区大门外），如呼吸停止应立即实施人工呼吸。烧伤人员应注意保护创面并防止二次受伤，如有外伤流血立即包扎。待医院急救中心人员赶到后做进一步处理。

事故现场如有受伤人员，现场救护组先将伤员及时救出危险区，转移至安全地带，在医院救援人员到达之前对烧伤人员和中毒窒息人员进行现场急救。及时拨打急救电话，请求医疗机构救援。

11. 应急救援保障

① 内部保障：油库人员分班情况，每天 24 小时值勤，确保油库安全生产。在主管单位的指导和帮助下，全员参与，利用公司内部一切有效手段和力量，控制灾害升级和蔓延，积极抢救伤员，保护资金和财产。

由对外联络员将事故情况简明扼要、迅速地通报当地政府、公安消防部门、医院，并积极争取其支援和帮助，接受政府的指令和调动。及时将伤员转移到安全地带，妥善处理死难者的善后工作。

② 外部救援。

公司负责人　×××××

兼职消防队　××××××

市公安消防　119

医院急救中心　120

当地公安局　110

安全生产监督管理局　××××××××

环保局　××××××××××××

当地人民政府办公室　××××××××

由对外联络员将事故情况简明扼要、迅速地通报当地政府、公安消防部门、医院，并积极争取其支援和帮助，接受政府的指令和调动。及时将伤员转移到安全地带，妥善处理死难者的善后工作。

③ 尽快通过当地报纸、电台、电视台等媒体，向广大群众做好解释、说明、疏导工作。

12. 分级响应

由油库经理负责确定是否对所发生紧急事件发出救援请求：可以由油库控制的紧急情况，应立即启动应急处置预案，事后按规定向主管部门报告；超出油库处置能力的紧急情况，应及时向有关部门通报，请求应急救援及应急响应。

13. 应急处置关闭程序

① 在当地有关部门的指导下，由公司主管单位指定人员，使用经资质部门检验合格的检测仪器和设备，从灾害影响区域内抽取样本，进行检测，确认达到规定范围。

② 请求建筑管理或设计部门，对各构（建）筑物的强度等指标进行全面检测和评估，拆除不符合使用条件的构（建）筑物，或对其进行加固，使其符合规定指标，并经过确认符合安全使用条件。

③ 在上述①、②项检验结果全面符合后，经过当地主管部门确认已经符合安全生产条件后，撤除警戒标志，撤销危险区隔离。

④ 通过政府主导的宣传媒体，向当地公众宣布解除紧急状态。

⑤ 油库经理组织全体人员分批次有序返回，恢复正常的生产工作秩序。

⑥ 在上级有关部门、有关政府部门和主管单位指导下，全面剖析事故原因，总结救援工作，对全员重新进行教育，形成永久档案，交有关单位和部门存档。

14. 应急预案培训程序

为了加强对消防安全工作万无一失，同时也为了一旦出现险情使员工能够迅速地掌握扑救要领，油库应加强对员工的应急培训工作。

15. 演练计划

① 油库依照《机关、团体、企业、事业单位消防安全管理规定》每年至少要进行 2 次消防演练。具体演练计划、实施方案、日期由油库提出，报公司批准。

② 演练由地区分公司指导，油库组织，全体员工参加。

③ 演练结束后，要整理演练记录，包括对演练计划、实施方案、演练时间、取得的效果、存在的不足及改进意见等进行书面总结，由地区分公司建立专门档案。

④ 演练档案内容包括演练计划、实施方案、演练时间、取得的效果、存在的不足及改进意见、现场照片、讲评材料等。

⑤ 演练档案保存期暂定 3 年。

⑥ 油库如有人员变动，应及时更换预案的相关内容。

案例二　××生物科技有限公司环境突发事件应急预案

一、企业基本情况

××生物科技有限公司是以生产大豆油及其深加工为主的化工生产企业，鉴于大豆油及

其深加工的后续产品需求上升，在原有大豆油生产的基础上增加了大豆油深加工产业链。公司位于×××××，占地 172666m^2，现有职工 180 余人，其中大专以上学历 28 人，管理人员 30 人，技术开发人员 20 余人。公司 5000t/a 硬脂酸生产线已于 2009 年取得安全生产许可证，编号为×××号，许可经营范围：危险化学品生产。

二、污染物产生及排放情况

（1）大气污染物

公司排放的大气污染物主要为锅炉废气，产生 SO_2、烟尘废气，经水膜除尘器脱硫除尘后排放（排气高度为 35m）；其次为烘干工序产生的微量无组织废气，满足无组织排放的要求。

（2）水污染物

公司生产过程中产生的工业废水主要为压滤废水、清洗废水、生活污水和初期雨水，废水进入厂区内污水处理站进行处理达标后，经市政污水管网排至孝服河。

（3）固体废物

公司产生的固体废物主要为水处理污泥、灰渣和生活垃圾，其中污泥和灰渣外售做建材，生活垃圾由环卫部门清运。

（4）噪声

公司噪声主要来自真空泵和空压机。设备源强约为 80dB（A）。设备进行隔声处理或距离衰减后，相应厂界噪声声级可达到工业企业厂界噪声标准Ⅲ类、Ⅳ类标准的要求。

三、应急处置的组织领导

1. 指挥机构

（1）指挥小组机构

领导小组由公司总经理、副总经理、综合办、生产、保卫、供应等部门负责人组成。领导小组设办公室在生产部，负责日常工作。

（2）指挥机构的职责

① 贯彻执行国家、当地政府、上级有关部门关于环境安全的方针、政策及规定。

② 组织制定突发环境事件应急预案。

③ 组建突发环境事件应急救援队伍。

④ 检查、督促做好突发环境事件的预防措施和应急救援的各项准备工作，督促、协助有关部门及时消除有毒有害物质的跑、冒、滴、漏。

⑤ 发生事故时，发布和解除应急救援命令、信号。

⑥ 组织指挥救援队伍实施救援行动。

⑦ 突发环境事件信息的上报及可能受影响区域的通报工作。

⑧ 负责应急状态下请求外部救援力量的决策。

⑨ 接受上级应急救援指挥机构的指令和调动，协助事件的处理；配合有关部门对环境进行修复、事件调查、经验教训总结。

⑩ 有计划地组织实施突发环境事件应急救援的培训，根据应急预案进行演练，向周边企业、村落提供本单位有关危险物质特性、救援知识等宣传材料。

（3）指挥部成员职责

① 组长：组织指挥全公司的应急救援工作。

② 副组长：协助组长负责应急救援的具体指挥工作，组长不在时行使组长职责。

③ 保卫部部长：协助总指挥做好事故报警、情况通报、火灾扑救及事故处置工作；负责警戒、治安保卫、疏散、道路交通管制和增援力量的引导。

④ 质检中心主任：环境污染事故的处置工作、监测工作。

⑤ 生产运行部经理：负责事故处置时储运系统作业关、停调度工作；事故现场通信联络和对外应急报警、救援联系；负责事故现场应急处置及有害物质扩散区域内的洗消、监测工作。

⑥ 综合办主任：协助组长负责工程抢险、抢修的现场指挥。

⑦ 应部部长：负责抢险物资的供应和运输工作。

⑧ 安全部部长：负责应急值守，及时向总指挥报告事故信息，向政府部门报送事故信息，负责现场医疗救护指挥及中毒、受伤人员分类抢救和护送转院工作；代表指挥部对外发布有关信息。

⑨ 公司各职能部门和全体员工都负有事故应急救援的责任，兼职救援专业队伍与义务消防队员为事故应急救援骨干力量，承担各类事故的救援及处置。

2. 救援专业小组的组成及职责

(1) 现场应急抢险组

组长：各车间主管。

成员：班组长为骨干，由岗位操作人员和其他部门班组人员组成兼职消防队员。

职责：现场指挥实施灭火，防污染抢险，设施、设备抢修、堵漏，突击转移危险物品，抢救现场中毒、受伤人员，疏散现场人员，设立安全警戒和事故善后现场清理等。

(2) 医疗救护组

组长：综合办主任。

成员：由业务部、财务部等行政有关人员组成。

职责：负责现场医疗急救，联系/通知医疗机构救援，陪送伤者，联络遇难者及伤者家属。

(3) 治安组

组长：保卫部部长。

成员：由安全管理保安人员、生产、行政部门有关人员组成。

职责：负责现场治安、交通秩序维护，设置警戒，组织指导疏散、撤离与增援指引向导。

(4) 外部联系电话

火警　119

医疗急救　120

四、应急处置

1. 泄漏事故应急处置

(1) 泄漏事故应急措施

① 停止作业，关闭有关机泵、阀门。

② 按报告程序报告。

③ 控制一切火源，在变电所切断泄漏区域电源。

④ 派员监测泄漏成分、浓度；划定警戒区域，疏散无关车辆、人员，控制无关人员进入现场。

⑤ 准备消防器材、设备，作好扑救准备。

⑥ 检查污、雨排水阀和闸，确认处于关闭状态。

⑦ 组织人员盛接回收泄漏物，使用堵漏工具、材料控制泄漏或倒罐。

⑧ 检查封堵防火堤孔洞，防止外流。

⑨ 泄漏控制后，冲洗清理现场。

（2）泄漏处置时注意事项

对各类化学品泄漏的应急处置，应注意根据其化学危险特性，采取不同的处置措施，具体参照化学品安全技术说明书中相应的化学品章节中的泄漏应急处理的要求进行处置。

① 现场应划定警戒区域，派员警戒阻止无关车辆、人员进入现场。

② 使用防爆抢险、回收设备、器具，进入现场人员需穿着防静电防护服、鞋，释放人体静电。

③ 切断泄漏气体波及场所内电源，控制一切火源，现场禁止使用非防爆通信器材。

④ 现场人员必须佩戴相应有效的呼吸防护器具。

⑤ 现场浓度较大时，视情用喷雾水稀释。

⑥ 有影响邻近企业时，及时通知，要求采取相应措施。

⑦需要时，向邻近企业请求设备、器材和技术支援。

⑧ 必要时，向政府有关部门报告并请求增援。

⑨ 现场清理泄漏物料时：(a) 冲洗的污水排入污水处理系统进行处理；危险固体废弃物交由有资质的单位进行处理；(b) 清理时可咨询有关专家，以决定安全和最佳方法后进行，必要时由具备资质的清洗机构清洗。

⑩ 污染水域时，及时与水利部门联系暂停有关水闸放水，防止污染水域扩大蔓延。

2. 火灾、爆炸应急处置

（1）储罐区火灾、爆炸应急处置

① 各作业岗位停止作业，关闭相关的机泵、电源，相临贯通的储罐或管道工艺阀门，转移现场可燃或易燃物品。

② 就近人员立即抢救或搜寻可能的受伤、被困人员。

③ 发现者向总经理报告，总经理接报后立即向公安消防队报警，并向公司应急指挥报告。

④ 现场人员立即开启着火罐手动泡沫发生器阀与事故罐及周边下风向临近罐手动喷淋阀（当储罐爆炸时，事故罐喷淋阀视情关闭）。

⑤ 动力班立即启动冷却水泵和泡沫供水泵，启动操作泡沫系统相应电动阀门和喷淋系统阀门，对储罐实施泡沫灭火和喷淋冷却。

⑥ 防火堤内如遇有流淌火，视情组织人员就近在泡沫消火栓处敷设 1～2 支泡沫枪喷射泡沫扑救。

⑦ 检查事故罐区污、雨排水阀和闸，确认处于关闭状态（视堤内污水与消防水情况及时开启污水阀排至污水池）。

⑧ 检查封堵防火堤的泄漏孔洞，用砂土封堵，防止污水与受污染消防水外溢。

⑨ 如着火罐泡沫产生器和喷淋系统被损坏：(a) 组织敷设水枪对着火罐射水冷却（冷却力量，储罐的每周长10m配1支水枪），等待消防队增援；(b) 视情组织架设1～3台移动泡沫炮，连接泡沫消火栓向着火罐喷射泡沫灭火。

⑩ 遇有物料泄漏时，视不同物料性质，及时组织人员用围油或化学吸液棉、砂土围堵或引至安全场所和容器。

⑪ 公安消防队到场后，由消防指挥员指挥火灾扑救，公司抢险人员协同扑救。

⑫ 遇着火罐离临近周边企业较近，有可能影响周边企业时及时通报周边企业，告知做好相应的防范准备。

⑬ 遇火势无法控制，着火罐有迹象发生爆炸或危及临近罐爆炸时，及时疏散撤离所有人员。

（2） 车间火灾处置

① 确认起火地点或位置。

② 按报告程序报警。

③ 就地使用现场与附近灭火器扑救。

④ 转移重要物资、资料或易燃、可燃物资，保持消防救援通道畅通。

⑤ 如有人在建筑物内时，必须在安全的条件下组织搜救或通知消防人员搜救，遇有受伤，应及时抢救伤员。

⑥ 火势较小时，就地使用灭火器材灭火，组织人员集中周边移动灭火器协同扑救。

⑦ 火势威胁工艺设备、管线和建筑物时，实施冷却，组织人员操作启动就近泡沫灭火系统，敷设水带、泡沫枪，喷射泡沫扑救。

⑧ 检查、关闭现场周边雨排水阀和闸，打开排污阀。

⑨ 遇火势无法控制，及时疏散撤离所有人员。

（3） 火灾处置注意事项

① 灭火抢险时应视现场情况和人员力量、设施，按有利于灭火和控制火势蔓延，灵活实施具体灭火抢险措施。

② 抢险人员应注意作好自身防护，需要时佩戴呼吸防护器具。

③ 对接近火场的抢险人员应穿着防火隔热服，注意用喷雾水进行掩护。

④ 在无把握扑救时注意加强对设备和建筑物的冷却，控制火势等待增援。

⑤ 在有可能发生对人身重大伤害时，及时撤离现场人员。

⑥ 公安消防队到场后及时提供燃烧物质特性、储量、工艺设备等火场情况，服从消防部门的指挥。

五、事故后环境修复方案

① 环境事故或紧急情况得到控制后，立即清除环境污染。

② 消防水应收集进入事故水池，送入污水处理站处理。

③ 由公司善后处置小组负责对受灾人员的安置及损失赔偿工作。

④ 组织专家对突发环境事件中长期环境影响进行评估，提出生态补偿和对遭受污染的生态环境进行恢复的建议。

六、报告与告知

突发环境事件发生后，经生产部确认环境事件等级后，10分钟内报告××县人民政府突发事件应急指挥办公室，按照突发环境事件等级启动政府及区域联动环境事件预案并逐级上报。初报从发现事件后起10分钟内上报；续报在查清有关基本情况后随时上报；处理结果报告在事件处理完毕后立即上报。报告应采用适当方式，避免给当地群众造成不利影响。初报用电话直接报告，主要内容包括环境事件的类型、发生事件、地点、污染源、主要污染物质、人员受害情况、事件潜在的危害程度、扩散方式、可能波及人员、范围、转化方式趋向等初步情况。续报通过网络或书面报告：在初报的基础上报告有关确切数据和事件发生的原因、过程、进展情况及采取的应急措施等基本情况。处理结果采用书面报告：报告处理事件的措施、过程和结果，事件潜在或间接危害、社会影响、处理后的遗留问题，参加处理的有关部门和工作内容，出具有关危害与损失的证明文件等详细情况。

七、应急物资的储备

公司应急救援保障设备及器材，包括消防水池、消防泵、消火栓、消防水带、各式灭火器材、防爆手电、对讲机、水喷淋系统等。应急物资包括防护服、防毒口罩、安全帽等。

（1）现场保护

① 事故发生后，在事故处理期间，由治安组组织警戒，禁止无关人员进入。

② 事故处理结束后，事故发生部门、岗位实行警戒，未经应急指挥部批准，所有人员禁止进入事故现场。

③ 事故现场拍照、录像，除事故调查管理部门或人员外，需经总指挥批准。

④ 事故现场的设备、设施等物件证据不得随意移动和清除，抢险必须移动的需作好标记。

（2）应急监测

物料泄漏，造成大气、水的环境污染，由安环部负责，联系当地××县环境监测站，对事发区域进行监测。

监测因子：泄漏物料和可能伴生次生的有毒有害物品。

水监测断面：根据物料泄漏量、物料特性等具体确定。

水监测频次：事故发生后应连续取样，监测水质变化情况，直到恢复正常。

大气监测布点：厂界、开河村等环境敏感保护区域。

（3）应急终止

① 当现场符合应急结束条件时，按应急响应级别，分别由现场指挥或总指挥宣布应急结束。

② 如系启动政府或港区应急预案，则由政府应急指挥宣布应急结束。

③ 应急结束条件：(a) 火源已得到控制、扑灭，现场检查确认无残余火种、热源，无物料泄漏；(b) 受伤人员已得到有效的救治，失踪人员已确认查实；(c) 现场事故设备、设施、建筑已检查确认无危险隐患或可能发生次生危害；(d) 泄漏物已得到控制，现场经检测无有毒有害气体。

（4）应急终止后的行动

① 通知本单位相关部门、周边企业（或事业）单位、社区及人员事件危险已解除。

② 对现场中暴露的工作人员、应急行动人员和受污染设备进行清洁消洗。

③ 事件情况上报事项。

④ 需向事件调查处理小组移交的相关事项。

⑤ 事件原因、损失调查与责任认定。

⑥ 应急过程评价。

⑦ 事件应急救援工作总结报告。

⑧ 突发环境事件应急预案的修订。

⑨ 维护、保养应急仪器设备。

八、应急预案的培训与演练

安全管理部门负责组织应急救援培训与演练，培训分为公司、部门、班组三级培训，演练分为公司、部门（功能组）、班组三级演练。

1. 培训

① 安全管理部门负责组织、指导应急预案的培训工作，各相关部门和应急救援专业组负责人做好日常预案的学习培训，根据预案实施情况制订相应的培训计划，采取多种形式对应急人员进行应急知识和技能的培训。培训应做好记录和培训评估。

② 应急人员的培训内容：(a) 危险重点部位的分布与事故风险；(b) 事故报警与报告程序、方式；(c) 火灾、泄漏的抢险处置措施；(d) 各种应急设备设施及防护用品的使用与正确佩戴；(e) 应急疏散程序与事故现场的保护；(f) 医疗急救知识与技能。

③ 员工与公众的培训：(a) 可能的重大危险事故及其后果；(b) 事故报警与报告；(c) 灭火器的使用与基本灭火方法；(d) 泄漏处置与化学品基本防护知识；(e) 疏散撤离的组织、方法和程序；(f) 自救与互救的基本常识。

④ 应急培训要求

针对性：针对可能的事故及承担的应急职责不同人员予以不同的培训内容。

周期性：公司级的培训一般每年一次，部门与功能性的培训每年两次。

真实性：培训应贴近实际应急活动。

2. 演练

(1) 演练方式

演练分为桌面演练、功能演练、综合演练三种。

(2) 演练组织与级别

① 应急演练分为部门、公司级演练和配合政府部门演练三级。

② 部门级的演练由部门负责人（现场指挥）组织进行，公司安全、环保、技术及相关部门派员观摩指导。

③ 公司级演练由公司应急指挥小组组织进行，各相关部门参加。

④与政府有关部门的联合演练，由政府有关部门组织进行，公司应急领导小组成员参加，相关部门人员参加配合。

(3) 演练准备

① 演练确定年度工作计划时，制订演练方案，按演练级别报应急指挥负责人审批。

② 演练前应落实所需的各种器材装备与物资、交通车辆、防护器材的准备，以确保演练顺利进行。

③ 演练前应通知周边社区、企业人员，必要时与新闻媒体沟通，以避免造成不必要的影响。

（4）演练频次与范围

① 车间部门演练（或训练）以报警、报告程序、现场应急处置、紧急疏散等熟悉应急响应和某项应急功能的单项演练，演练频次每年 2 次。

② 公司级演练以多个应急小组之间或某些外部应急组织之间相互协调进行的演练与公司级预案全部或部分功能的综合演练，演练频次每年 1 次。

③ 政府有关部门的演练，公司积极组织参加。

参考文献

[1] 吴宗之，刘茂．重大事故应急预案分级、分类体系及其基本内容［J］．中国安全科学学报，2003，13(1)：15-18.

[2] 钟开斌，张佳．论应急预案的编制与管理［J］．甘肃社会科学，2006(3)：240-243.

[3] 国务院．国家突发公共事件总体应急预案［J］．安全与健康月刊，2006(1)：1-3.

[4] 刘功智，刘铁民．重大事故应急预案编制指南［J］．劳动保护，2004(4)：11-18.

[5] 于辉，陈剑．突发事件下何时启动应急预案［J］．系统工程理论与实践，2007，27(8)：27-32.

[6] 张红．我国突发事件应急预案的缺陷及其完善［J］．行政法学研究，2008(3)：9-15.

[7] 刘筱璇，薛安．突发公共事件应急预案支持系统的研究进展［J］．中国安全科学学报，2007，17(9)：87-91.

[8] 吴晓涛．中国突发事件应急预案研究现状与展望［J］．管理学刊，2014，27(1)：70-74.

[9] 佚名．国务院有关部门和单位制定和修订突发公共事件应急预案框架指南［J］．中华人民共和国国务院公报，2004(17)：43-48.

[10] 罗吉．关于《国家突发环境事件应急预案》修订的思考［J］．中国法学会环境资源法学研究会 2010 年年会暨全国环境资源法学研讨会，2011.

[11] 闪淳昌．新修订的《国家突发环境事件应急预案》解读［J］．中国应急管理，2015(2)：42-43.

4 应急响应

4.1 应急响应工作内容

突发环境事件的应急响应工作是一个复杂的系统工程，每一个环节都可能牵涉各方面的政府部门和救援力量。依据属地管理、分级负责的原则，事发地县级以上地方人民政府及其相关部门在事故应急工作中起主导作用，各相关部门按照职责分工承担相应的应急任务。

作为应对突发环境事件主要责任主体的环保部门，在应急响应过程中负有固定的工作内容、基本任务和工作原则。

4.1.1 工作内容

① 参与突发环境事件的应急指挥、协调、调度。

② 负责突发环境事件接报、报告、应急监测、污染源排查、调查取证、通报受影响的毗邻地区环保部门等工作。

③ 根据现场调查情况及专家组意见对事态评估、信息发布、级别判断、污染物扩散趋势分析、污染控制、现场应急处置、人员防护、隔离疏散、抢险救援、应急终止及污染损害赔偿等工作提出建议。

4.1.2 工作原则

（1）以人为本，预防为主

加强对环境事件危险源的监测、监控并实施监督管理，建立环境事件风险防范体系，积极预防、及时控制、消除隐患，提高环境事件防范和处理能力，尽可能地避免或减少突发环境事件的发生，消除或减轻环境事件造成的中长期影响，切实履行政府的社会管理和公共服务职能，把保障公众健康和生命财产安全作为首要任务，最大程度地保障公众健康，保护人民群众生命财产安全。

（2）依法应急，规范处置

依据有关法律和行政法规，加强应急管理，维护公众合法环境权益，使应对突发环境污染事件工作规范化、制度化、法制化。

（3）统一领导，协调一致

在各级党委、政府的统一领导下，加强部门之间协同与合作，提高快速反应能力，充分发挥环保专业优势，切实履行环保部门工作职责。针对不同污染源所造成的环境污染、生态污染、放射性污染的特点，实行分类管理，充分发挥部门专业优势，使采取的措施与突发环境事件造成的危害范围和社会影响相适应。形成统一指挥、各负其责、协调有序、反应灵敏、运转高效的应急指挥机制。

（4）属地为主，分级响应

充分发挥地方政府的职能作用，坚持属地管理原则，实行分级响应，动员乡镇、社区、企事业单位和社会团体的力量，形成上下一致、主从清晰、指导有力、配合密切的应急处置机制。

（5）专家指导，科学处置

采用先进的环境监测、预测和应急处置技术及设施，充分发挥专家队伍、监察等专业人员的作用，提高应对突发环境污染事件的科技水平和指挥能力，避免发生次生、衍生事件，最大程度地消除或减轻突发环境污染事件造成的中长期影响。

（6）充分准备，分级备案

坚持平战结合、专兼结合，充分利用现有资源，积极做好应对突发环境事件的思想准备、物资准备、技术准备、工作准备，加强培训演练，充分利用现有专业环境应急救援力量，整合环境监测网络，引导、鼓励实现一专多能，发挥经过专门培训的环境应急救援力量的作用；同时，国家级、省（直辖市）级、市县级行业或企业应根据实际情况制定符合自身实际、有针对性的应急预案，并做好衔接工作，做到有的放矢，有备无患。

4.1.3 基本任务

突发环境事件应急救援工作是在预防为主的前提下，贯彻统一指挥、分级负责、区域为主、单位自救和社会救援相结合的原则。除了平时做好事故预防工作，避免和减少事故的发生外，还要落实好救援工作的各项准备措施，确保一旦发生事故能及时进行响应。由于重大事故具有发生的突然性，发生后的迅速扩散性以及波及范围广等特点，因此，决定了应急响应行动必须迅速、准确、有序和有效。事故应急响应的基本任务主要有以下几个方面。

（1）控制危险源

及时有效地控制造成突发事件的危险源是事故应急响应的首要任务。只有控制了危险源，防止事故的进一步扩大和发展，才能及时、有效地实施救援行动。特别是发生在城市或人口稠密地区的化学事故，更需及时控制事故继续扩展。

（2）抢救受害人员

抢救受害人员是事故应急响应的重要任务。在响应行动中，及时、有序、科学地实施现场抢救和安全转送伤员对挽救受害人的生命、稳定病情、减少伤残率以及减轻受害人的痛苦等具有重要意义。

（3）指导群众防护，组织群众撤离

由于重大事故发生的突然性，发生后的迅速扩散性以及波及范围广、危害大的特点，应及时指导和组织群众采取各种措施进行自身防护，并迅速撤离危险区域或可能发生危险的区域。在撤离过程中积极开展群众自救与互救工作。

（4）清理现场，消除危害后果

对事故造成的对人体、土壤、水源、空气的危害，应迅速采取封闭、隔离、洗消等措施；对事故外溢的有毒有害物质和可能对人和环境继续造成危害的物质，应及时组织人员进行清除；对危险化学品造成的危害进行监测与监控，并采取适当的措施，直至符合国家环境保护标准。

除此之外，突发事件应急响应过程中还应了解事故发生原因及其性质，准确估算事故影响范围和危险程度，查明人员伤亡情况，为顺利开展事故调查奠定基础。

4.1.4 突发环境污染事件及其应急响应分级

4.1.4.1 突发环境事件分级

突发环境事件分级是分级响应的首要判定条件。国家依据《中华人民共和国环境保护法》《中华人民共和国海洋环境保护法》《中华人民共和国安全生产法》和《国家突发公共事件总体应急预案》及相关法律、行政法规，制定了《国家突发环境事件应急预案》。

该预案按照突发事件的严重性和紧急程度，将突发环境事件分为特别重大突发环境事件（Ⅰ级）、重大突发环境事件（Ⅱ级）、较大突发环境事件（Ⅲ级）和一般突发环境事件（Ⅳ级）四级。

（1）特别重大突发环境事件（Ⅰ级）

凡符合下列情形之一的，为特别重大突发环境事件。

① 发生30人以上死亡，或100人以上中毒（重伤）。

② 因环境事件需疏散、转移群众5万人以上，或直接经济损失1000万元以上。

③ 区域生态功能严重丧失或濒危物种生存环境遭到严重污染。

④ 因环境污染使当地正常的经济、社会活动受到严重影响。

⑤ 利用放射性物质进行人为破坏事件，或1、2类放射源失控造成大范围严重辐射污染后果。

⑥ 因环境污染造成重要城市主要水源地取水中断的污染事故。

⑦ 因危险化学品（含剧毒品）生产和储运中发生泄漏，严重影响人民群众生产、生活的污染事故。

（2）重大突发环境事件（Ⅱ级）

凡符合下列情形之一的，为重大环境事件。

① 发生10人以上、30人以下死亡，或50人以上、100人以下中毒（重伤）。

② 区域生态功能部分丧失或濒危物种生存环境受到污染。

③ 因环境污染使当地经济、社会活动受到较大影响，疏散转移群众10000人以上、50000人以下的。

④ 1、2类放射源丢失、被盗或失控。

⑤ 因环境污染造成重要河流、湖泊、水库及沿海水域大面积污染，或县级以上城镇水

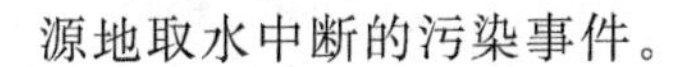

源地取水中断的污染事件。

(3) 较大突发环境事件(Ⅲ级)

凡符合下列情形之一的,为较大环境事件。

① 发生3人以上、10人以下死亡,或50人以下中毒(重伤)。

② 因环境污染造成跨地级行政区域纠纷,使当地经济、社会活动受到影响。

③ 3类放射源丢失、被盗或失控。

(4) 一般突发环境事件(Ⅳ级)

凡符合下列情形之一的,为一般环境事件。

① 发生3人以下死亡。

② 因环境污染造成跨县级行政区域纠纷,引起一般群体性影响的。

③ 4、5类放射源丢失、被盗或失控。

4.1.4.2 突发环境事件应急响应分级

突发环境事件应急响应坚持属地为主的原则,地方各级人民政府按照有关规定全面负责突发环境事件应急处置工作,国家环保部及国务院相关部门应根据情况给予协调支援。

按照突发环境事件的可控性、严重程度和影响范围,突发环境事件的应急响应分为特别重大(Ⅰ级响应)、重大(Ⅱ级响应)、较大(Ⅲ级响应)、一般(Ⅳ级响应)四级。超出本级应急处置能力时,应及时请求上一级应急救援指挥机构启动上一级应急预案。Ⅰ级应急响应由环保总局和国务院有关部门组织实施。

4.2 应急响应工作流程

应对突发环境事件,环保部门必须遵照一定的程序,做到程序明了,过程清晰,参与工作不缺位、不越位,在处置工作中发挥环保部门应有的作用。

针对不同的应急响应级别,有不同的应急响应程序。

(1) Ⅰ级响应时,环保部响应程序和内容

① 开通与突发环境事件所在地省级环境应急指挥机构、现场应急指挥部、相关专业应急指挥机构的通信联系,随时掌握事件进展情况。

② 立即向环保总局领导报告,必要时成立环境应急指挥部。

③ 及时向国务院报告突发环境事件基本情况和应急救援的进展情况。

④ 通知有关专家,组成专家组,分析情况。根据专家的建议,通知相关应急救援力量随时待命,为地方或相关专业应急指挥机构提供技术支持。

⑤ 派出相关应急救援力量和专家赶赴现场参加、指导现场应急救援,必要时调集事发地周边地区专业应急力量实施增援。

(2) 有关类别环境事件专业指挥机构响应步骤

有关类别环境事件专业指挥机构接到特别重大突发环境事件信息后,主要按以下步骤进行。

① 启动并实施本部门应急预案,及时向国务院报告并通报环保部。

② 启动本部门应急指挥机构。

③ 协调组织应急救援力量开展应急救援工作。

④ 需要其他应急救援力量支援时，向国务院提出请求。

（3）省级地方人民政府突发环境事件应急响应

省级地方人民政府突发环境事件应急响应可以参照Ⅰ级响应程序，并结合本地区实际，自行确定应急响应行动。需要有关应急力量支援时，及时向环保部及国务院有关部门提出请求。

一般地，应急响应的主要环节包括接报、研判、报告、预警、启动应急预案、成立应急指挥部、现场指挥、开展应急处置、应急终止。突发环境事件工作流程如图 4-1 所示。

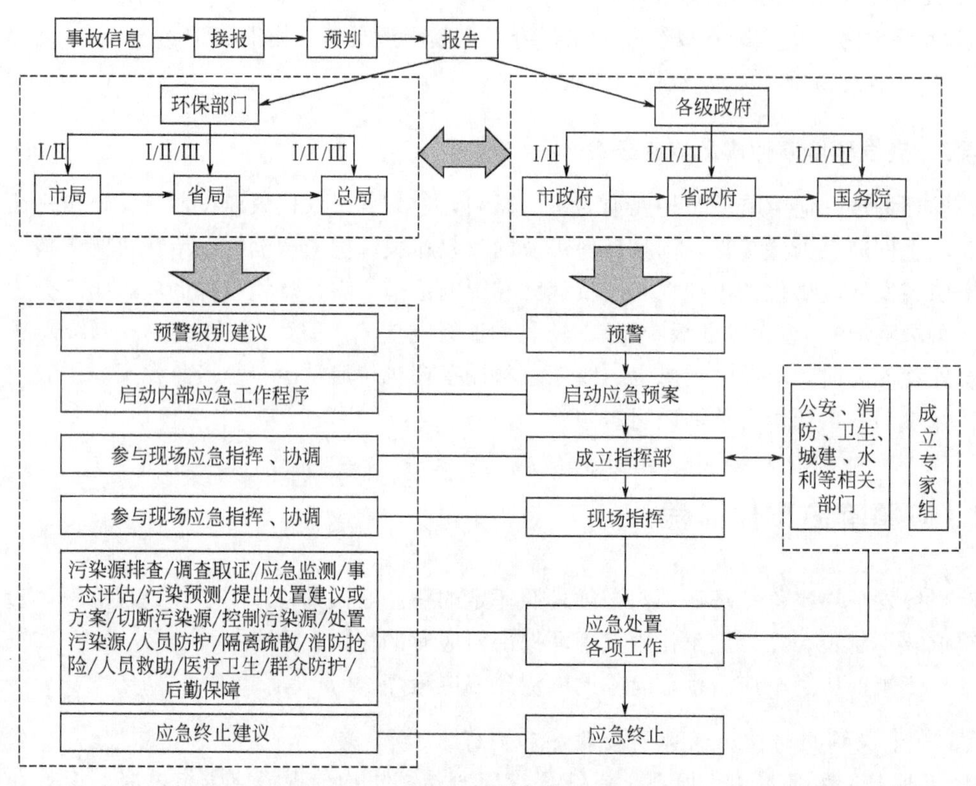

图 4-1 突发环境事件工作流程

在应急响应的各个环节，信息判断和信息报送是环境保护行政主管部门的主要工作之一。按照规定的时限和内容接报、报送突发环境污染事件有关信息，是科学应对和决策的有力保障，也是体现环保系统上下一致的关键所在。按照《国家突发环境污染事件总体预案》等有关规定，环境保护行政主管部门在接到突发环境污染事件后，向所在地县级以上人民政府报告的同时，应向上一级环保部门报告。原则上，较大以上级别（Ⅲ级以上）突发环境污染事件直接向同级人民政府和省级环保部门报告；省级环保部门在接到报告后，应立即向国家环境保护部报告；重大以上（Ⅱ级以上）突发环境污染事件，事发地环保部门除向同级人民政府和上级环保部门报告外，还应当直接向国家环境保护部报告；国家环境保护部在接到重大以上突发环境污染事件后，要报告国务院总值班室。

政府启动应急预案后，环保部门作为主要参与者，在应急指挥部的统一领导下，在应急响应的各环节做好参与工作。在预警阶段，根据有关规定，提出预警级别建议。在政府启动突发环境污染事件应急预案的同时，环保部门应启动部门内部应急工作程序，相关人员到位，随时根据指挥部的安排进行工作。在参加政府成立的应急指挥部，与相关部门协同配合的同时，环保部门应积极遴选和推荐有关专家，成立专家组，发挥专家在突发环境污染事件中的指导作用。在现场指挥和处置过程中，环保部门应调动监测和监察等力量，在应急监测、污染源排查、调查取证、污染预测、事态评估等方面发挥主导作用；同时根据应急指挥部的安排，积极参与人员救护、疏散、抢险、群众防护、后勤保障等工作；并积极发挥主观能动性，根据实际情况在污染处置中随时向应急指挥部提供信息发布等方面措施的建议和方案。一般情况下，应急指挥部会根据环保部门提供的监测数据等有关环境状况信息，做出应急终止的决定。

4.3 报告与响应

4.3.1 报告原则和时限

根据《环境保护行政主管部门突发环境污染事件信息报告办法》和《关于进一步做好涉及饮用水源环境事件防控工作的紧急通知》（环办［2006］23号）等的规定，各级环境保护行政主管部门应当按照职责范围，做好本辖区突发环境污染事件的处理工作，及时、准确地向同级人民政府和上级环境保护行政主管部门报告辖区内发生的突发环境污染事件（图4-2）。

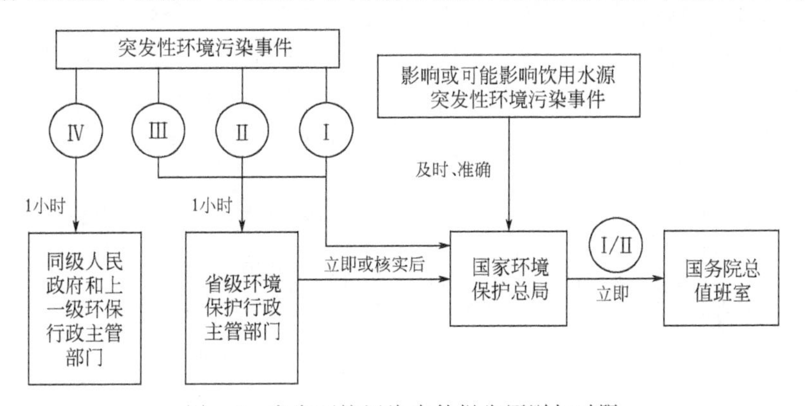

图4-2 突发环境污染事件报告原则与时限

一般（Ⅳ级）突发环境事件，突发环境事件责任单位和责任人以及负有监管责任的单位发现或得知突发环境污染事件后，应在1小时内向同级人民政府和上一级环境保护行政主管部门报告，并立即组织进行现场调查。

较大（Ⅲ级）、重大（Ⅱ级）、特别重大（Ⅰ级）突发环境污染事件，市（区）、县级环境保护行政主管部门应当在发现或得知突发环境污染事件后1小时内，向同级人民政府和省级环境保护行政主管部门报告。省级环境保护行政主管部门在接到报告后，除认为需对突发环境污染事件进行必要核实外，应当立即报告环境保护部。需要对突发环境污染事件进行核实的，原则上应在1小时内完成。环境保护部在接到重大（Ⅱ级）、特别重大（Ⅰ级）突发环境污染事件报告后，应当立即向国务院总值班室书面报告。凡影响或可能影响到城镇居民集中饮用水源的突发环境污染事件，不论事件等级大小，必须及时、准确上报环境保护部。当突发环境污染事件发生初期无法按突发环境污染事件分级标准确认等级时，报告上应注明初步判断的可能等级。随着事态的发展，可视情况核定突发环境事件等级并报告应报送的部门。

4.3.2 接报与报告

（1）报警

报警责任单位或责任人包括突发环境事故责任单位及其主管部门、环境保护行政主管部门、县级以上地方人民政府及其相关部门，以及其他企事业单位、社会团体。报警责任方可通过拨打“110”“119”“12369”等公共举报电话、网络、传真等形式向政府及其有关部门报警。公民有义务向政府及其相关部门反映突发环境事件的相关信息。

（2）接报

① 接报责任单位　各级人民政府、环境保护主管部门及其他政府职能部门作为接报责任单位，有责任接收来自各方面的有关突发环境污染事件信息，并按有关规定进行处理。

② 接报责任人工作规程　接到事件信息后，接报人立即对事件信息进行核实；核实后将有关书面报告材料或电话记录内容及时复印分送主管领导，同时分送其他相关领导、应急部门负责人和相关部门。特别重大事件应同时分送主要领导。

夜间及节假日期间，接报人可通过电话报告和书面信息报送。

③ 接报内容　接报人接到文字报告材料或电话报告后，必须核实后即刻上报；电话报告必须如实记录报告内容、信息来源、报告时间、报告人、电话号码等信息。

接报的环保部门接到突发环境污染事件报告后，应在1小时内向本级人民政府报告，同时向上一级环境保护主管部门报告。紧急情况时，可以越级上报。当确认为（范围）发生特别重大突发环境污染事件后，必须立即上报国家环境保护部（图4-3）。

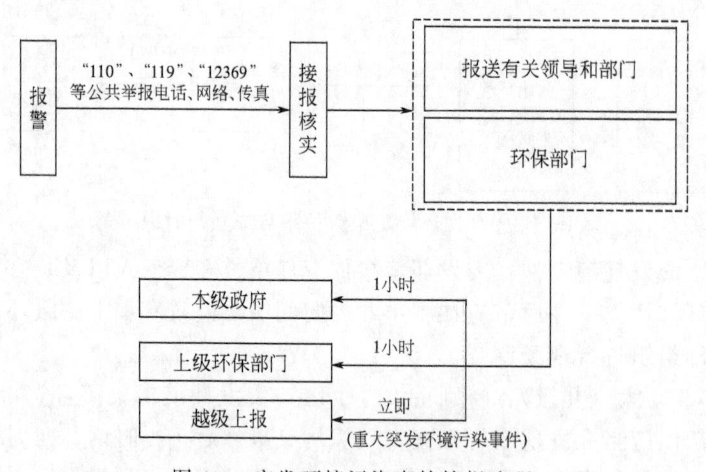

图4-3　突发环境污染事故接报流程

（3）报告

突发环境污染事件的报告分为初报、续报和处理结果报告3类。初报从接到突发环境污染事件报告后起1小时内上报；续报根据应急处理工作进展情况每天上报，当情况发生特殊

变化或有重要信息时应随时上报；结果报告在事件处理完毕后立即上报。

① 初报　发现事故后1小时内，可用电话或书面形式报告，电话报告随后必须立即补充文字报告。主要内容包括环境事件的类型、发生时间、地点、污染源、主要污染物质及数量、人员受害情况、是否威胁饮用水源地或居民区等环境敏感区安全、事故类型、事件级别、信息通报与发布情况、事件潜在的危害程度、转化方式趋向等情况，以及信息来源、报告人、现场工作人员及联系方式等。对影响或可能影响到城镇居民集中饮用水源的突发环境事件，上报的信息中，要对饮用水源地的分布情况、供水范围、级别、规模和受到或可能受到污染危害的情况进行综合分析，对事件的发展趋势及时做出判断。

② 续报　续报可通过网络或书面报告形式，在初报的基础上适时报告环境监测数据及相关数据（气象）、事件发生的原因、过程、进展情况、趋势、采取的应急措施、社会舆论等内容。

③ 处理结果报告　处理结果报告采用书面报告，处理结果报告在初报和续报的基础上，报告处理事件的措施、过程和结果，事件潜在或间接的危害、社会影响、处理后的遗留问题，参加处理工作的有关部门和工作内容，出具有关危害与损失的证明文件等详细情况。

4.3.3 响应

突发环境事件应急响应主要分为预警、启动应急预案、成立应急指挥部和信息通报与发布等几个步骤。

（1）预警

按照突发环境事件严重性、紧急程度和可能波及的范围，突发环境事件的预警分为四级：特别重大（Ⅰ级）、重大（Ⅱ级）、较大（Ⅲ级）、一般（Ⅳ级），依次用红色、橙色、黄色、蓝色表示。根据事态的发展情况和采取措施的效果，预警级别可以升级、降级或解除。蓝色预警由县级人民政府发布。黄色预警由市（地）级人民政府发布。橙色预警由省级人民政府发布。红色预警由事发地省级人民政府根据国务院授权发布。

（2）启动应急预案

当发布蓝色预警或确认发生一般级别以上突发环境事件后，当地县级政府应启动县级突发环境事件应急预案。

当发布黄色以上级别预警或确认发生较大以上级别突发环境事件，以及一般突发环境事件产生跨县级行政区域影响时，当地市级政府应启动市级突发环境事件应急预案。

当发布橙色、红色预警或确认发生重大以上级别突发环境事件，以及较大突发环境事件产生跨市级行政区域影响时，省级政府应启动省级突发环境事件应急预案。

当发布红色预警或确认发生特别重大突发环境事件以及发生跨省界、国界突发环境事件时，应启动国家突发环境事件应急预案。

（3）成立应急指挥部

突发环境事件应急指挥部是突发环境事件处置的领导机构。指挥部由县级以上人民政府主要领导担任总指挥，成员由各相关人民政府、政府有关部门、企业负责人及专家组成。主要负责突发环境事件应急工作的组织、协调、指挥和调度。

应急指挥部负责组织指挥各成员单位开展突发环境事件的应急处置工作；设置应急处置现场指挥部；组织有关专家对突发环境事件应急处置工作提供技术和决策支持；负责确定向公众发布事件信息的时间和内容；事件终止认定及宣布事件影响解除，同时将有关情况向上级报告。

应急指挥部可根据突发环境事件的类型，下设综合协调组、专家组、应急监测组、信息新闻组、污染控制组、现场处置组、现场救治组、治安保障组、文件资料组等。

综合协调组：负责统筹事故应急工作，负责联系上级部门与跨界政府，协调后勤保障工作等。

专家组：指导突发环境事件应急处置工作，为应急工作决策提供科学依据。

应急监测组：组织实施应急监测、监测质量保障、数据审核、汇总分析。

信息新闻组：向上级部门报送信息和最新状况，联系新闻媒体，收集境内外新闻报道，编写信息简报。

污染控制组：负责清查污染源，督促落实污染源整治措施，对违法排污单位依法查处。

现场处置组：负责现场污染防控和现场应急工程的实施。

现场救治组：为现场救治提供医疗保障，实施现场救治。

治安保障组：负责现场的警戒，提供交通管制及周边人员的疏散与撤离。

文件资料组：负责资料的发放与接收等。

（4）信息通报与发布

① 信息通报

a. 发生突发环境污染事件责任方，应及时向受影响和可能波及范围内的环境敏感区域通报，并向毗邻和可能波及的省（区、市）相关部门通报突发环境事件的情况。

发生跨界突发环境事件，当地人民政府及相关部门在应急响应的同时，应当及时向毗邻和可能波及的地区人民政府及相关部门通报突发环境事件的情况。

发生跨国界突发环境事件，国务院有关部门向毗邻和可能波及的国家通报。

b. 接到通报的人民政府及相关部门，应当视情况及时通知本行政区域内有关部门采取必要措施，当地政府向上级人民政府及相关部门报告，相关部门向本级人民政府和上级部门报告。

② 信息发布　应急指挥部（政府）负责突发环境事件信息的统一发布工作。信息发布要及时、准确，正确引导社会舆论。对于较为复杂的事故，可分阶段发布。

4.4 处置与终止

在突发环境事件应急处置过程中，环保部门在应急指挥部的统一领导下，本着以人为本、减少危害的原则，向应急指挥部（政府）提出抢险与救援建议，组织开展应急监测工作和污染源排查、污染控制工作，并在现场符合终止条件后，由应急指挥部对应急进行终止。

4.4.1 抢险与救援

环保部门应根据现场情况，向应急指挥部（政府）提出抢险与救援建议；根据不同化学

物质的理化特性和毒性，结合地质、气象等条件，提出疏散距离建议，提出向受害群众提供基本现场急救知识和建议；提出通过加大供水深度处理、启用备用水源、水利工程调节、终止社会活动、生产自救等措施减少污染危害等建议。

4.4.2 应急监测

应急监测是各级环保部门在应急工作中的重要法定职责。各级环保部门在现场应急指挥部的统一领导下组织开展应急监测工作。

突发环境事件的应急监测，是环境监测人员在事故可能影响的区域，按照监测规范，在第一时间制定应急监测方案，对污染物质的种类、数量、浓度、影响范围进行监测，分析变化趋势及可能的危害，为应急处置工作提供决策依据。

应急监测主要包含以下工作内容。

（1）制定应急监测方案

应急监测方案包括确定监测项目、监测范围、布设监测点位、监测频次、现场采样、现场与实验室分析、监测过程质量控制、监测数据整理分析、监测过程总结等，并根据处置情况适时调整应急监测方案。

（2）确定监测项目

确定监测项目是应急监测中的技术关键，对突发环境事件控制和处理处置有举足轻重的作用。对于已知固定源污染，可以从厂级的应急预案中获得各种污染物信息，如原料、中间体、产品中可能产生污染的物质来确定监测项目；对于已知流动源污染，可以从移动载体泄漏物中获得可能产生的污染物信息来确定监测项目；对于未知源污染，监测项目的确定需从事故的现场特征入手，结合事故周边的社会、人文、地理及可能产生污染的企事业单位情况，进行综合分析来确定监测项目。必要时咨询专家意见。

（3）确定监测范围和布点

监测范围确定的原则是根据事发时污染物的特性、泄漏量、泄漏方式、迁移和转化规律、传播载体、气象、地形等条件确定突发环境污染事件的污染范围。在监测能力有限的情况下，按照人群密度大、影响人口多优先，环境敏感点或生态脆弱点优先，社会关注点优先，损失额度大优先的原则，确定监测范围。如果突发环境污染事件有衍生影响，则距离突发环境污染事件发生时间越长，监测范围越大。

应急监测阶段采样点的设置一般以突发环境污染事件发生地点为中心或源头，结合气象和水文等地形条件，在其扩散方向合理布点，其中环境敏感点、生态脆弱点、饮用水源地和社会关注点应有采样点。应急监测不但应对突发环境污染事件污染的区域进行采样，同时也应在不会被污染的区域布设对照点位作为环境背景参照，在尚未受到污染的区域布设控制点位，对污染带移动过程形成动态监测。

（4）现场采样与监测

现场采样应制定计划，采样人必须是专业人员。采样量应同时满足快速监测和实验室监测需要。采样频次主要根据污染状况、不同的环境区域功能和事故发生地的污染实际情况争取在最短时间内采集有代表性的样品。距离突发环境污染事件发生时间越短，采样频次应越高。如果突发环境污染事件有衍生影响，则采样频次应根据水文和气象条件变化与迁移状况形成规律，以增加样品随时空变化的代表性。现场采样方法及采样量、现场监测仪器和分析方法可参照相应的监测技术规范和有关标准，并做好质量控制和保证及记录工作。监测数据的整理分析应本着及时、快速报送的原则，以电话、传真、监测快报等形式立即上报给现场指挥部、当地环境保护行政主管部门，重大和特大突发环境事件还应上报国家环保部。

4.4.3 控制和消除污染

在应急处置过程中，控制和消除污染是整个应急过程必不可少的环节和至关重要的工作。根据职责分工，环保部门应参与其中并在以下几方面充分发挥参谋作用。

(1) 污染源排查

对固定源（如生产、使用、储存危险化学品、危险废物的单位和工业污染源等），可通过采取对相关单位有关人员（如管理、技术人员和使用人员）调查询问方式，对企业生产工艺、原辅材料、产品等信息进行分析，对事故现场的遗留痕迹跟踪调查分析，以及采样对比分析方式，确定污染源等。

对流动源（危险化学品、危险废物运输）所引发的突发环境污染事故，可通过对运输工具驾驶员、押运员的询问以及危险化学品的外包装、准运证、上岗证、驾驶证、车号等信息，确定运输危险化学品的名称、数量、来源、生产或使用单位；也可通过污染事故现场的一些特征，如气味、挥发性、遇水的反应特性等，初步判断污染物质；通过采样分析，确定污染物质等。

污染源排查的一般程序和内容。

① 根据接报的有关情况，组织环境监察、监测人员携带执法文书、取证设备，以及有关快速监测设备，立即赶赴现场。

② 根据现场污染的表观现象（包括颜色、气味以及生物指示），初步判定污染物的种类，利用快速监测设备确定特征污染因子以及浓度。

③ 根据特征污染因子，初步确定流域、区域内可能导致污染的行业。

④ 根据污染因子的浓度、梯度关系，初步确定污染范围。

⑤ 根据造成污染的后果，确定污染物量的大小，在确定的范围内，立即排查行业内的有关企业。

⑥ 通过采用调阅运行记录等手段，检查企业排放口、污染处理设施及有关设备的运行状况，最终确定污染源。

(2) 切断与控制污染源

通过采取停产、禁排、封堵、关闭等措施切断污染源，通过限产限排、加大治污效果等措施控制污染源。

(3) 减轻与消除污染

采用拦截、覆盖、稀释、冷却降温、吸附、吸收等措施防止污染物扩散；通过采取中和、固化、沉淀、降解、清理等措施减轻或消除污染。

4.4.4 应急指导

(1) 专家组工作指导

各级环保部门根据突发环境污染事件应急工作需要建立由不同行业、不同部门组成的专

家库。专家库一般应包括监测、危险化学品、生态保护、环境评估、卫生、化工、水利、水文、船舶污染控制、气象、农业、水利等方面专家。

应急指挥部根据现场应急工作需要组成专家组，参与突发环境污染事件应急工作；指导突发环境事件应急处置；为应急处置提供决策依据。

发生突发环境事件，专家组迅速对事件信息进行分析、评估，提出应急处置方案和建议；根据事件进展情况和形势动态，提出相应的对策和意见；对突发环境污染事件的危害范围、发展趋势做出科学预测；参与污染程度、危害范围、事件等级的判定，对污染区域的隔离与解禁、人员撤离与返回等重大防护措施的决策提供技术依据；指导各应急分队进行应急处理与处置；指导环境应急工作的评价，进行事件的中长期环境影响评估。

（2）现场应急工作指导

上级环保部门根据现场应急需要，通过电话、文件或派出人员等方式对现场应急工作进行指导。

4.4.5 应急终止

（1）应急终止的条件

凡符合下列条件之一的，即满足应急终止条件。

① 事件现场得到控制，事件条件已经消除。

② 污染源的泄漏或释放已降至规定限值以内。

③ 事件所造成的危害已经被彻底消除，无继发可能。

④ 事件现场的各种专业应急处置行动已无继续的必要。

⑤ 采取了必要的防护措施以保护公众免受再次危害，并使事件可能引起的中长期影响趋于合理且尽量低的水平。

（2）应急终止的程序

① 现场救援指挥部确认终止时机或由事件责任单位提出，经现场指挥部批准。

② 现场救援指挥部向所属各专业应急救援队伍下达应急终止命令。

③ 应急状态终止后，相关类别环境事件专业应急指挥部应根据政府有关指示和实际情况，继续进行环境监测和评价工作，直至其他补救措施无需继续进行为止。

（3）应急终止后的行动

① 环境应急指挥部指导有关部门及突发环境事件单位查找事件原因，防止类似问题的重复出现。

② 有关类别环境事件专业主管部门负责编制特别重大、重大环境事件总结报告，于应急终止后上报。

③ 应急过程评价。由环保部组织有关专家，会同事发地省级人民政府组织实施。

④ 根据实践经验，有关类别环境事件专业主管部门负责组织对应急预案进行评估，并及时修订环境应急预案。

⑤ 参加应急行动的部门负责组织、指导环境应急队伍维护、保养应急仪器设备，使之

始终保持良好的技术状态。

参考文献

[1] 国家突发环境事件应急预案．中华人民共和国国务院，2015.

[2] 突发环境事件应急管理办法．中华人民共和国环境保护部，2015.

[3] 生产安全事故报告和调查处理条例．中华人民共和国国务院，2007.

[4] 突发环境事件调查处理办法．中华人民共和国环境保护部，2015.

[5] 突发环境事件信息报告办法．中华人民共和国环境保护部，2011.

5 应急监测

5.1 应急监测的一般要求

应急监测是污染事故中不可或缺的组成部分，是对污染事故及时、正确地进行应急处理、减轻事故危害和制定处置措施的根本依据，应急监测在处置突发环境污染事故中起到了不可替代的作用。监测过程中应把握好应急监测的目的与原则及应急监测质量管理。

5.1.1 应急监测的目的与原则

应急监测是突发环境污染事故处置中的首要环节，是对污染事故及时、正确地进行应急处理、减轻事故危害和制定处置措施的根本依据。应急监测就是当事故发生后，应急监测人员以最快的速度赶赴事故现场，并通过监测仪器和一定的技术装备及实验室手段，在尽可能短的时间内提供污染物的种类、浓度、剂量、污染的范围及其可能的危害等重要信息。应急监测分为定性和定量两种。定性监测是为了准确查明造成事故的污染物种类，适用于突发环境事故的开始阶段；定量监测是为了确定在不同环境介质中污染物的浓度分布情况，并进行标记，也可以是查明导致事故的客观条件而进行的监测。

应急监测的作用包括：(a) 对事故特征予以表征；(b) 为制定处置措施快速提供必要的信息；(c) 连续、实时地监测事故的发展态势；(d) 为实验室分析提供第一信息源；(e) 为环境污染事故后的恢复计划提供充分的信息和依据；(f) 为事故的评价提供必要的资料。

为适应处理工作的需要。环境监测应该遵从以下 3 个原则。

① 及时　突发环境污染事故一旦发生，不管采取何种方法与手段，把事故的危害降到最低程度是其唯一目的。及时发现污染事件，提供污染事件发展情况的基本数据，对政府及有关部门制订应急处置方案、采取适当措施非常重要。及时是对处置事件措施而言的，指要能为政府发布预警公告、进行人群疏散和采取消除或减轻污染危害的必要措施预留足够的时间。针对不同的事件和事件发展的不同阶段，有不同的及时性要求。

② 快速　污染事件特别是突发环境污染事件的特点，要求事件发生后，进行快速的监测。其中包括三部分：一是指应急监测人员能快速赶赴现场，或者应急监测人员能快速取回样品；二是指根据事件现场的具体情况利用快速监测手段判断污染源大小、污染源行进的速度和污染物的种类与浓度，需要在实验室分析时能快速测出结果，要根据不同事件的具体情

况选择采用特定的快速监测方法，给出定性、半定量和定量监测结果，只要能够大致确认污染事故的危害程度和污染范围等即可，并不一定非要非常精确的数据；三是指监测数据要能够快速回传指挥机关，在快速发展的信息化时代，这个要求非常突出。

③ 全面　应急监测指标应覆盖全部污染物。

5.1.2 应急监测的重要性

目前，我国经济建设进入高速发展阶段，特大、重大突发环境污染事故时有发生，如2015年发生的天津特大化学品库爆炸事件，造成了严重的社会危害，直接影响到区域内人民的生产、生活安全。由于突发环境污染事故具有爆发的突然性、危害的严重性以及影响的广泛性和长期性的特点，采取切实有效的措施以预防这类事故的发生以及提高对事故处理处置的应变能力，已经成为环境保护的一项非常重要的工作。而处置突发环境污染的措施的依据是应急监测，应急监测在处置突发环境污染事故中起到了不可替代的作用，应急监测的重要性还表现在下述方面。

① 应急监测可以及时判断突发环境污染事故的污染种类、浓度、污染范围及可能产生的危害，为环境应急管理系统采取有效的措施，妥善处理突发污染事故提供科学依据，为环境管理系统控制污染危害的蔓延赢得了宝贵的时间，否则，环境应急管理系统就会失灵，就会丧失控制污染危害蔓延的大好时机。

② 避免突发环境污染事故被人为夸大，以致造成经济损失，造成紧张气氛，甚至影响到社会稳定。通过应急监测，就可以及时发布信息，以正视听，让人民群众满意，让当地政府放心。

③ 突发环境污染事故应急监测具有事发突然、污染因子不确定、要求监测队伍响应快速的特点，一旦发生突发环境污染事故，监测人员应在最短的时间内，赶赴事故现场，利用在线监测技术，移动监测技术和实验室分析仪器的手段进行快速监测，因此，应急监测可以使监测队伍在思想上和技术上都得到很好的锻炼和提高。

④ 环境应急监测是环境监测预警体系的重要组成部分，加强环境应急监测的能力建设，可促进地区环境监测水平的提高，完善环境监测网络建设，对保证环境安全具有重要的现实意义。

5.1.3 应急监测的质量管理

应急监测的质量管理是做好应急监测的一项重要环节，是为处置突发环境污染事故提供准确可靠监测信息的根本保证。

(1) 应急监测预案要体现质量保障

应急监测预案是应急监测的指导性技术文件，是实施应急监测任务的基本保证。在制定预案时要把质量管理作为一项重要内容，详细加以规定和明确。在预案中应体现与质量有关的组织机构、应急监测仪器和监测方法的选用、监测人员的培训和演习、交通、通信保障等内容，明确提出应急监测中质量保证的主要任务、工作程序和分工等。

(2) 应急监测手段的筛选

为保证应急监测的快速反应能力，在仪器设备的选择上应优先考虑便携、快速、直读式的现场监测仪器，同时还要兼顾以下要求。

① 应急监测仪器设备要具有“市场准入证”。由于目前市场上的便携式监测仪器种类繁

多，质量和功能参差不齐，所以选用仪器必须要有“市场准入证”，即仪器设备是经过质量监督部门的定型鉴定，获得国际计量器具批准证书，或通过国家环境保护部批准认可的环境监测仪器设备。

② 应急监测仪器的检出限应当放宽，考虑到在应急监测实施过程中，事故刚发生时污染物浓度较高、随后由于扩散和稀释作用污染物浓度会逐渐下降，短时间内变化较大，因此，在监测仪器选择上要充分考虑检出限的范围，才能满足整个事故过程的监测要求。

③ 应急监测仪器的检定与维护　应急监测仪器按计量器具管理的要求要进行周期性的检定，严格实行标识管理。应急监测仪器要专人管理，专人维护，应急监测仪器经过维修后必须由技术监督部门进行重新检定。

④ 应急监测人员培训和演习　应急监测是一项情况复杂而且技术性、专业很强的工作，不仅要面对复杂的工作局面，而且要采用许多专项仪器和分析方法，为此，应注重和加强应急监测人员的业务培训和专业训练，以掌握不同类型污染事故的特点，各种污染因子的应急监测分析方法，以及相关的技术规定和要求，应急监测人员要实行“持证上岗”制度，为了提高应急监测人员的实践经验，根据本地区危险污染源情况，有针对性地开展实践演习。

⑤ 车辆等后勤保障　根据监测站能力建设的状况，应配备一定数量的应急监测车和具有越野能力的人员乘用车，配备防护衣、防毒面具，保证应急监测人员能够进入事故现场实施采样和监测，要有方便的通信工具保证联络畅通，野外实施应急监测时为保证仪器设备的正常运行，要配备必要的电力照明和防雨等设备。

⑥ 应急监测技术研究　在日常的应急监测准备工作中，有针对性地研究本辖区内突发环境污染事故的应急监测分析方法，扩散模型，对危险污染源进行潜在的评估，建立和完善环境信息查询系统。

⑦ 应急监测的现场质量管理　应急监测的现场质量管理本着快速、高效的原则，落实到各个工作环节，包括应急监测方案的制定和实施，监测点位的布设，监测频次的设定，以及仪器设备的校验程序和应急监测样品的运输和分析，严格按照实验室计量认证的要求，实施质量保证和质量控制。在应急监测实施过程中，质量保证人员对每一批产生的监测数据进行检验、审核和汇总，及时向应急监测管理系统提供事故现场的污染情况；必要时要及时报出应急监测结果报告，监测报告实行三级审核制。

5.2 应急监测方案

为保障应急监测的实施，必须在统一领导、综合协调、分级负责等原则基础上制订完善的应急监测预案，充分调动本单位监测能力，整合本单位的监测资源，实现监测工作的平战结合，在不影响或不严重影响日常监测业务的情况下最大程度地发挥应急监测作用。事件发生后，应在预案基础上根据事件具体情况制订应急监测实施方案。实施方案将对人员、仪器、区域、断面（点）、项目、方法、方式等具体事项进行规定，是监测活动的具体行为准则。

5.2.1 水质应急监测方案

（1） 布点原则

由于水污染事故发生时，污染物的分布极不均匀，时空变化比较大，各水环境要素的污染程度各不相同，因此采样点位的选择对于准确判断污染物的浓度分布、污染范围与程度等极为重要。

监测点位选择受多方面因素的制约，其中事故发生地和供水水源地等敏感河段是在布设点位时应重点考虑的地区。

一般地，应急监测应优化断面（点）布设，尽可能以最少的断面（点）获取足够的有代表性的所需信息，同时需考虑采样的可行性和方便性等因素，具体布点宜遵从下列原则。

① 事故发生地必须布点监测，事故发生地的监测实时反映污染源强度及其变化情况。

② 发生在支流的水污染事件，在支流入干流口需进行布点监测，实时掌握污染水团进入干流的变化情况。

③ 水源地需进行布点监测，以保证城市供水安全。

④ 干流的行政区界河段需进行布点监测，为及时通报下游地方人民政府提供可靠的技术支撑。

⑤ 污染水团进入湖、库的入口及流出湖、库的出口应进行布点监测，湖、库内水体变化规律不同于河道内其他水体变化规律，应特别予以关注。

⑥ 设置合理的背景监测断面。

（2）监测频次设定原则

污染物进入周围水体后，经过稀释、扩散和降解等自然作用以及应急处置等措施后，其浓度会逐渐降低。为了掌握事故发生后的污染程度、范围及变化趋势情况，常需要实时进行连续的跟踪监测。因此，应急监测全过程应在事发、事中和事后等不同阶段予以体现，但各阶段的监测频次不尽相同。

在采样频次的设定上，一般应考虑“先密后疏”的原则。在污染事故刚刚发生后的一段时间内，污染物浓度最高，变化较快，对人体和水环境的危害也较大，应作为监测重点阶段，加大采样频次。随时监控污染物浓度、扩散范围及变化情况。随着污染物的扩散，污染物浓度变化趋于稳定，可适当减少监测频次。同时，应根据水污染事件应急响应级别确定监测频次，高级别的水污染事件应比低级别的水污染事件监测频次密。一般地，在应急监测频次设定方面应遵循以下原则。

① 在事故发生地点，应急监测的初始阶段，监测频次必须加密，实时掌握污染源强度变化情况。随着污染源强度的削弱，适当降低监测频次，直至污染源消失，停止事故发生地的应急监测。

② 发生在支流的污染事件，在入干流口布置的监测断面，以及水源地、省界水体河段所布置的断面等，在污染团来临之前。监测频次可疏松，随着污染团的来临，污染物浓度不断升高，应不断加密监测频次；污染团不断向下演进，污染物浓度高峰过后，污染物浓度开始降低，可降低监测频次，直至污染团全部通过该断面，停止该断面处的应急监测。

③ 有条件开展水质自动监测的河段，在发生水污染事件期间，应加密监测频次，直至水污染团全部通过为止。

(3) 监测项目选择的原则

突发水污染事故由于发生的突然性、形式的多样性、成分的复杂性，应急监测项目往往一时难以确定。实际上，除非对污染事故的起因及污染成分有初步了解，否则很难尽快确定应急监测项目。应急监测时，监测项目的确定大多数情况下是来自于所掌握的河流污染源分布情况。主要包括以下方式：(a) 可以通过调查本地区因拥有某些危险物质而可能引发突发环境污染事故的单位、场所等的具体情况，建立突发水污染事故潜在发生源信息库。通过信息库资料的调用，随时掌握事故发生的可能污染状况、危害程度等相关内容，为迅速、高效地开展应急监测提供依据。(b) 可根据事故发生的性质（油、重金属、有毒有机物等化学污染）、现场调查情况，危险源资料，现场人员提供的背景资料初步确定应急监测的污染物。(c) 可利用便携式检测仪等分析手段，确定应监测的污染物。(d) 可快速采集样品，送至实验室确定应监测的污染物。有时候，这几种方法可同时采用，应结合平时工作积累的经验，经过对获得信息的系统综合分析，得出正确的结论。

对于已知污染物的突发水污染事件，可根据已知污染物来确定主要监测项目，同时应考虑该污染物在水体中可能产生的反应、衍生成其他有毒有害物质的可能性。一般地，在确定突发水污染事件监测项目时，应遵循以下原则。

① 对固定污染源引起的突发水污染事件，通过对引发事故的固定污染源单位的有关人员（如管理、技术人员和使用人员）的调查询问，对事故位置、所用设备、原辅材料、生产的产品等的调查，同时采集有代表性的污染源样品，确定和确认主要污染物和监测项目。

② 对流动性污染源引发的突发水污染事件，通过对有关人员（如货主、驾驶员、押运员等）的询问以及运送危险化学品或危险废物的外包装、准运证、押运证、上岗证、驾驶证、车号或船号等信息，调查运输危险化学品的名称、数量、来源、生产或使用单位。同时采集有代表性的污染源样品，鉴定和确认主要污染物和监测项目。

③ 利用水质自动监测站进行监测，对比分析出与历史数据差别较大、监测数据异常高的污染物，来确定监测项目。

④ 利用污染源在线监测系统的监测，来确定主要污染物和监测项目。

(4) 水文应急测验

水污染事件应对过程中，需要及时开展水文应急测验工作，对水量、流量、流速、水深、河宽等水文要素进行应急测验，为应急决策和应急指挥、水污染预警预报、水利工程应急调度等提供科学的技术支持。应急水文测验应根据水污染事件发展情况和应急工作需要，合理布设测验断面。应首先选择常规测验断面，并在常规测验断面可以辐射到的河段尽量采用水文演算技术对需要布设断面的水文要素进行推算。在一些利用常规测验断面困难，不能保证应急需要的河段，或借用常规测验断面进行推算不能保证应急水文要素需要时，要加设临时的测验断面。在没有常规测验断面或需要实施严密监控的河段，如饮用水源地的入口，也要加设临时测验断面。在利用水利工程调度处置应对突发水污染事件期间，为实时掌握水体变化规律，应加密所确定断面的水文测验频次。

5.2.2 大气应急监测方案

5.2.2.1 应急监测布点原则

由于突发大气环境污染事故发生时，污染物的分布极不均匀，时空变化大，对各环境要素的污染程度各不相同，因此采样点位的选择对于准确判断污染物的浓度分布、污染范围与程度等极为重要，一般采样点的确定应考虑以下因素。

① 事故的类型（泄漏、爆炸等）、严重程度与影响范围，采样点要分布在整个事故影响区。

② 事故发生时的天气情况，尤其是风向、风速及其变化情况。当风速较大，主导风向较明显的情况下，扩散的下风向为主要监测区域，同时泄漏源的上风向应布设少量采样点作为对照。

③ 事故危险区各个分区采样点不需均匀分布，毒物浓度高的（如致死区、重伤区）区域采样点要布置得多一些、密一些，毒物密度低的（如轻伤区）区域采样点布置得少一些，疏一些。

④ 事故影响范围内的敏感点（如工业密集的城区、居民住宅区、学校、水源地等）要加设采样点。

⑤ 由于泄漏事故的应急监测是研究污染物对人的影响，所以采样点高度应设在离地面1.5～2.0m处。

⑥ 采样点应设在开阔地带，避免高大建筑物及树木等的遮挡。

5.2.2.2 事故发生各阶段的布点方法

事故的整个发生、发展过程可以分成事故初期、事故中期和事故后期，可分别对各个时期的采样点布设方法进行研究。

（1）事故初期的布点方法

环境污染事故初期是指从接到事故报警到第一组监测数据的得出。在这个时期，对事故情况了解不多。采样点布设时，一方面根据泄漏物的类型、气象条件（如风速、风向、大气稳定度等）选择污染扩散模式，预测事故影响范围；另一方面，由于模型需要参数的精度、适用范围等原因，预测的浓度和实际情况会有一定的差别，所以，要充分征求有关专家的意见。根据事发时风速大小，应急监测布点主要有2种方法。

① 扇形布点法　扇形布点法适用于主导风向比较明显（风速大于0.5m/s）的情况。布点时，以泄漏源所在位置为圆点，以主导风向为轴线，在气体泄漏的下风向地面上划出一扇形区域（应包括整个事故影响区）作为布点范围，该扇形区域的夹角一般控制在90°，也可根据现场具体情况适当扩大。采样点就设在扇形平面内从点源引出的若干射线与模型预测的各个分区的边界弧线交点上，相邻两射线间的夹角一般取10°～20°。

② 圆形布点法　圆形布点法一般用于地面粗糙度小、风速低（小于0.5m/s）的情况。布点时，以泄漏源为圆心，参考已经预测的各分区的边界，画5～7个同心圆。再从圆心引出8～12条射线，射线与同心圆的交点就是采样点的位置。

扇形和圆形布点法针对的是一种比较理想的状态，它假设风速、风向是不变的，并且未考虑到事故发生地的地形、大气稳定度及其他自然条件。具体布点时，要考虑事故发生现场

的具体情况以及上述的采样点布设原则，对采样点的布设进行适当调整。

(2) 事故中期的布点方法

事故中期是指从出具第一组监测数据到事故恢复期前的这段时间。在事故的中期，监测人员已经掌握泄漏源的有关信息、可以实测气象条件和地形等现场信息，并已出具了部分监测数据，这些信息将有助于监测点位的布设。采样点布设的基本原则是要分布整个事故影响区，但应急监测过程中，事故现场的情况是不断变化的，所以要根据污染物扩散情况、监测结果及气象条件（如风速、风向等）的变化，适时调整采样点位置与数目。事故变化趋势的不同，采样点的调整原则也不同：a. 应急监测过程中，如果风向改变，则采样点位置应做相应的调整，确保事故的下风向为主要监测范围，并在上风向布设对照点；b. 泄漏源发生爆炸时，则改用蒸汽云爆炸伤害模型预测爆炸影响范围，在其影响范围内布设采样点；c. 泄漏气体扩散过程中，如果泄漏源被切断，泄漏气体浓度随时间的推移慢慢变小，事故危险区也会发生相应的改变，此时可看作瞬时泄漏，运用监测结果结合实测气象资料预测事故影响范围，并及时调整采样点；d. 对于重气云扩散，当扩散进行一段时间后，随着空气的不断进入和温度的升高，云团密度减小，此时要改为高斯扩散模型预测事故影响区，并相应调整采样点。

事故中期应急监测的目的是了解事故发展趋势以及应急救援措施的有效性，以便根据事故的发展趋势及时调整救援方案，此时采样点布设是否合理直接影响应急救援的效果，所以必须根据事故发展动态及时调整采样点的位置与数目，以便使采样点的布置具有代表性，使得应急监测结果能准确表征事故的影响范围与发展态势，从而为制定有效的应急救援方案提供决策依据。

(3) 事故后期布点方法

事故后期是指事故现场已被控制，污染物的泄漏或释放已被杜绝，事故影响区内污染物基本消散，对区域内人员已经不会造成严重的危害。事故后期的监测以了解事故现场及附近环境敏感点恢复状态为主要目的。

监测点的布设要做必要的调整，采样点一般布设在事故现场、事发地周围的敏感点（居民住宅区、学校、工厂等）以及资源保护区等具有代表性的位置，监测频次较事故中期明显降低。若事故发生地周围敏感点污染物浓度降至规定的限值，环境中的污染物不再对人体健康产生危害，此时可中止应急监测。

5.3 应急监测技术

应急监测技术主要是利用现有的大型仪器设备，采用合适的技术方法，例如色谱法、光谱法、电化学法等，对环境污染物进行快速分析测试，完成对环境污染物快速应急监测。随着监测技术的不断提高，便携式现场快速检测成为应急监测的主流，采用便携式现场监测设备更是应急监测的有效手段。

5.3.1 现场应急监测技术

(1) 感官检测法

这是最简易的检测方法，即用鼻、眼、口、皮肤等人体器官（也可称作人体生物传感

器）感触被检物质的存在。如氰化物具有杏仁味、二氧化硫具有特殊的刺鼻味、含巯基的有机磷农药具有恶臭味、硝基化合物在燃烧时冒黄烟、烟囱冒黑烟则是由燃烧不完全所致；一些化学物质如氯化氢能刺激眼睛流泪、酸性物质有酸味、碱性物质有苦涩味、酸碱还能刺激皮肤等。但这种方法可直接伤害监测人员，并且由于许多化学物质是无色无味的，如一氧化碳就是无色无味气体，还有许多化学物质的形态、颜色相同，无法区别，单靠感官检测是绝对不够的，并且对于剧毒物质绝不能用感官方法检测。

（2）动物检测法

利用动物的嗅觉或敏感性来检测有毒有害化学物质，如狗的嗅觉特别灵敏，国外利用狗侦查毒品已很普遍。美军曾训练狗来侦检化学毒剂，使其嗅觉可检出6种化学毒剂，当狗闻到微量化学毒剂时即反映出不同的吠声，其检出最低浓度为0.5～1mg/L。还有一些鸟类对有毒有害气体特别敏感，如在农药厂的生产车间里养一种金丝鸟或雏鸡，当有微量化学物质泄漏时，动物就会立即有不安的表现，以至挣扎死亡。

（3）植物检测法

检测植物表皮的损伤也是一种简易的监测方法，现已逐渐被人们所重视。有些植物对某些大气污染很敏感，如人能闻到二氧化硫气味的浓度为1～19g/L，在感到明显刺激如引起咳嗽、流泪等其浓度为10～20g/L；而有些敏感植物在0.3～0.5g/L时，在叶片上就会出现肉眼能见的伤斑。氟化氢污染叶片后其伤斑呈环带状，分布叶片的尖端和边缘，并逐渐向内发展。光化学烟雾使叶片背面变成银白色或古铜色，叶片正面出现一道横贯全叶的坏死带。利用植物这种持有的“症状”，可为环境污染的监测和管理提供旁证。

（4）化学产味法

美军化学检测工作者曾设想用一种试剂与无臭味的有毒化学物质迅速反应，产生出有气味的、无毒的挥发性化合物，然后用感官来检测。如曾有人研究用*N*-羟基甲酰胺与各种亲电试剂如芳基磺酰氯反应时，能脱水形成羟基异氰化物。这种化合物具有辛辣及腐烂臭味，非常难闻，但对哺乳动物无毒且嗅味检测灵敏度很高，最低检出浓度可达10^{-9}～10^{-8}g/L。其主要缺点是有些化学反应较复杂、反应速度缓慢；有些反应要在有机溶剂中进行，有些要进行脱水反应。

（5）试纸法

把滤纸浸泡在化学试剂后晾干，裁成长条、方块等形状，装在密封的塑料袋或容器中，使用时，使被测空气通过用试剂浸泡过的滤纸，有害物质与试剂在纸上发生化学反应，产生颜色变化。或者先将被测空气通过未浸泡试剂的滤纸，使有害物质吸附或阻留在滤纸上，然后向试纸上滴加试剂，产生颜色变化，根据产生的颜色深度与标准比色板比较，进行定量。前者多适合于能与试剂迅速起反应的气体或蒸气态有害物质；后者适用于气溶胶的测定，允许有一定的反应时间，如氯气的联苯指示剂法。或者在使用时，取试纸一条，浸入被测溶液中，过一定时间后取出，与标准比色板比较。据报道，用美国E. Merck公司的pH试纸测定雨水酸度，结果与用pH计测得的结果完全一致。又如测定砷化物用的溴化汞试纸，是用普通滤纸在溴化汞溶液中浸泡后晾干，在玻璃瓶中密封保存，可稳定3年以上。使用时，把样品溶液置于检砷瓶中，加入产生剂与砷化物反应生成砷化氢，砷化氢立即随气体逸出与溴化汞试纸接触反应，试纸呈黄褐色，砷斑为阳性，检出灵敏度可达0.2mg/L。试纸比色法的特点是操作简便、快速，测定范围宽；但测定误差大，有些化学试剂在纸上的稳定性较

差，且测定范围及间隔较粗，适于高浓度污染物的测定，是一种半定量的方法。

（6）侦检粉或侦检粉笔法

侦检粉的优点是使用简便、经济、可大面积使用，缺点是专一性不强、灵敏度差、不能用于大气中有害物质的检测。侦检粉主要是一些染料，如用石英粉为载体，加入德国 hansa 黄、永久红 B 和苏丹红等染料混匀，遇芥子气泄漏时显蓝红色。侦检粉笔是将试剂和填充料混合、压成粉笔状便于携带的侦检器材。它可以直接涂在物质表面或削成粉末撒在物质表面进行检测。如用以氯胺 T 和硫酸钡为主要试剂制成的侦检粉笔，可检测氯化氰，划痕处由白色变红再变蓝，灵敏度达 5×10^{-6}。侦检粉笔在室温下可保存 3 年。侦检粉笔由于其表面积较小，减少了和外界物质作用的机会，通常比试纸稳定性好，也便于携带。其缺点是反应不专一，灵敏度较差。

（7）侦检片法

大部分是用滤纸浸泡或制成锭剂夹在透明的薄塑料片中密封。检测时，置于样品中，然后观察颜色的变化。与试纸相似，只是包装形式不同，稳定性有所改善。另有一种测定有机磷化合物的侦检片，是一端为圆形的塑料夹片，中间放一片含有一定量乙酰胆碱酯酶和缓冲剂的纸或玻璃纤维片，经真空干燥后密封。检测时打开塑料片，方的一端作样品、圆的一端作空白，在方的一端酶片上滴加污染水样或使其在被污染的空气中暴露 0.5～2min。作为水样的空白一端可加清洁水，然后在两端各加几滴指示剂和基质溶液，如溴麝香草酚蓝（BTB）和氯化乙酰胆碱溶液，数分钟后，若样品一端的指示剂仍显蓝色，或蓝色未褪尽，而空白一端的指示剂蓝色很快褪去，即示有含磷有机化合物。此方法灵敏度很高，可作半定量分析。

（8）检测管法

检测管法包括显色反应型（水）检测试管法、填充型（气体）检测试管法、直接检测管法（速测管法）和吸附检测管法。

① 显色反应型（水）检测试管法　该法是将试剂做成细粒或粉状封在毛细玻璃管中，再将其组装在一支聚乙烯软塑料试管中，试管口用一带微孔的塞子塞住。使用时，先将试管用手指捏扁，排出管中的空气，插入水样中，放开手指便自动吸入水样，再将试管中的毛细试剂管捏碎，数分钟内显色，与标准色板比较以确定污染物的浓度，如 Cr(Ⅵ) 检测管。

② 填充型（气体）检测试管法　是一种内部填充化学试剂显示指示粉的小玻璃管，一般选用内径为 2～6mm、长度为 120～180mm 的无碱细玻璃管。指示粉为吸附有化学试剂的多孔固体细颗粒，每种化学试剂通常只对一种化合物或一组化合物有特效。当被测空气通过检测试管时，空气中含有的待测有毒气体便和管内的指示粉迅速发生化学反应，并显示颜色。管壁上标有刻度（通常是 mg/m^3），根据变色环（柱）部位所示的刻度位置就可以定量或半定量地读出污染物的浓度值，如苯蒸气快速检测管。

③（气或水）直接检测管法（速测管法）　该法是将检测试剂置于一支细玻璃管中，两端用脱脂棉或玻璃棉等堵塞，再将两端熔封。使用前将检测管两端割断，浸入一定体积的被测水样中，利用毛细作用将水样吸入，也可连接唧筒抽入污染的水样或空气样，观察颜色的变化或比较颜色的深浅和长度，以确定污染物的类别和含量。如有一种氯化物检测管，采用铬酸银与硅胶混合制成茶棕色试剂，按上述方法制成检测管。当水中氯化物与铬酸银硅胶试剂接触后，使茶棕色试剂变为白色（产生白色的 AgCl），检测管中试剂变色的长度与水中氯

化物的含量成正比。因此，可在检测管外壁或说明书中绘制含量刻度标尺，可定量测定氯化物。又如用四羟基醌钡和硅胶制成的硫酸盐检测管，当水样中有硫酸盐时，可使桃红色试剂变色，变色的长度与水中的硫酸盐含量成正比。可绘制硫酸盐定量标尺。还有一种检测汽车尾气的检测管，可检测汽车尾气中的一氧化碳和烃类化合物的含量。管壁上印有含量刻度，使用方便，结果观察直观。

④（气或水）吸附检测管法　该法是将一支细玻璃管的前端置吸附剂，后端放置用玻璃安瓿瓶封装的试剂，中间用玻璃棉等惰性物质隔开，两端用脱脂棉或玻璃棉等堵塞，再将两端熔封。使用前将检测管两端割开，用唧筒抽入污染水样或空气样使吸附在吸附剂上，再将试剂安瓿瓶破碎，让试剂与吸附剂上的污染物作用，观察吸附剂的颜色变化，与标准色板比较以确定污染物的浓度。如有一种可测定空气中氰化氢的检测管，是将经试剂处理过的硅胶作吸附剂，与分别装在小安瓿瓶中的碱和茚三酮溶液组装成检测管。如有氰化氢存在，吸附剂显蓝紫色，灵敏度可达0.05mg/L。

目前已有多种有害气体或VOCs现场快速测定的气体检测管和水污染检测管。例如：Dräger检测管以其公认的简便、快速、准确等特点而成为气体定性及定量检测的有力工具，加上适当的配件，Dräger检测管还可分别用于气体、液体、土壤等样品的现场快速检测。Dräger检气管由玻璃制成，内充惰性载体材料，该载体已用化学试剂处理过，当待测气体或蒸汽存在时即发生显色反应。这些试剂非常稳定，一般具有2年的使用寿命。另外，此类检气管有的可用于短时测量（给出瞬时的实际浓度），有的可进行数小时以上的测定（给出时间加权的平均浓度）。测量范围极其广泛，从10^{-9}～10^{-2}（体积分数）；既可直接读数，也可用于实验室取样检测。目前这类检测管已有200多种型号，可分别测定350～500种有害气体。

（9）化学比色法

该法是简易监测分析中常用方法之一。比色法利用化学反应显色原理进行分析，其优点是操作简便、反应较迅速，反应结果都能产生颜色或颜色变化，便于目视或利用便携式分光光度计进行定量测定。由于器材简单、监测成本低，易于推广使用。但比色法的选择性较差，灵敏度有一定的限制。采用化学试剂测试组件现场测定时，分析方法主要有目视比色法和滴定法。

① 比色立体柱　为一种分步颜色比较器。该柱由一个样品/混合池和一个已校正过的分步颜色比较器组成，封装在单一膜压成的塑料件中用于比色测定。测定时，只需将预备试剂和试样在混合池中混合并将产生的颜色与5个（或更多个）分步颜色中的一个相对应即可。

② 比色盘　这种比色单元有一连续变化的彩色轮（即彩色轮比较器），可快速准确地进行颜色对比。测定时，只需简单地转动彩色轮盘使其与反应样品的颜色一致即可读出浓度值。该法较比色立体柱更精确。

③ 比色卡　由一分步并已校正过的色阶组成，一般压成膜保存备用。测定时，只需将预备试剂和试样混合后将颜色与标准色阶对比即可得到浓度值。

④ 记数滴定器　使用时，只需简单地在样品中加入显色剂，然后用滴定器滴定至颜色变化即可，通过计算可获得待测物的浓度值。

⑤ 数字式滴定器　由于这种滴定器可以更精确地将滴定剂加入试样中，所以与①相比，此种滴定器具有更高的精确度和准确度。

⑥ 便携式测试仪器　反应产生的颜色变化还可采用分光光度计或比色计等便携式仪器

测定。

（10）遥感探测法

利用物质对光波的吸收、反射特性识别快速识别物质的方法。

5.3.2 实验室应急监测技术

5.3.2.1 原子吸收光谱学监测技术

原子吸收分光光度法是根据物质产生的原子蒸气中待测元素的基态原子对光源特征辐射谱线吸收程度进行定量的分析方法。原子吸收分光光度法的特点如下。

① 灵敏度高　其检出限可达 10^{-6}g/mL（某些元素可更高）。

② 选择性好　分析不同元素时，选用不同元素灯，提高分析的选择性。

③ 具有较高的精密度和准确度，试样处理简单。

5.3.2.2 色谱监测分析技术

（1）气相色谱法

气相色谱法（Gas Chromatography，GC）是以气体为流动相的色谱分析法。根据所用的固定相不同可分为气-固色谱、气-液色谱；按色谱分离的原理可分为吸附色谱和分配色谱；根据所用的色谱柱内径不同又可分为填充柱色谱和毛细管柱色谱。

① 气相色谱法的特点　分离效能高、灵敏度高、选择性好、分析速度快、用样量少，还可制备高纯物质。

在仪器允许的气化条件下，凡是能够气化且稳定、不具腐蚀性的液体或气体，都可用气相色谱法分析。有的化合物沸点过高难以气化或热不稳定而分解，则可通过化学衍生化的方法，使其转变成易气化或热稳定的物质后再进行分析。

a. 高效能、高选择性性质相似的多组分混合物：同系物、同分异构体等；分离制备高纯物质，纯度可达99.99%。

b. 灵敏度高，可检出 10^{-13}～10^{-11}g 的物质。

c. 分析速度快，分析时间从几分钟到几十分钟。

d. 应用范围广，可用于低沸点、易挥发的有机物和无机物（主要是气体）。

气相色谱法局限性：不适于高沸点、难挥发、热稳定性差的高分子化合物和生物大分子化合物分析。

② 气相色谱仪主要组成部件及分析流程　一般气相色谱仪由5个部分组成。

a. 气路系统：气源、气体净化、气体流量控制和测量装置。

b. 进样系统：进样器、气化室和控温装置。

c. 分离系统：色谱柱、柱箱和控温装置。

d. 检测系统：检测器和控温装置。

e. 记录系统：记录仪或数据处理装置。

载气（常用 N_2、H_2 和 Ar）由高压钢瓶供给，经减压、净化、调节和控制流量后进入色谱柱。待基线稳定后，即可进样。样品经气化室气化后被载气带入色谱柱，在柱内被分离。分离后的组分依次从色谱柱中流出，进入检测器，检测器将各组分的浓度或质量的变化转变成电信号（电压或电流）。经放大器放大后，由记录仪或微处理机记录电信号-时间曲线，即浓度（或质量）时间曲线即色谱图。根据色谱图，可对样品中待测组分进行定性和定量分析。由此可知，色谱柱和检测器是气相色谱仪的两个关键部件。

（2）高效液相色谱法

高效液相色谱法（High Performance Liquid Chromatography，HPLC）是在经典液相色谱法基础上发展起来的一种新型分离、分析技术。经典液相色谱法由于使用粗颗粒的固定相，填充不均匀，依靠重力使流动相流动，因此分析速度慢，分离效率低。新型高效的固定相、高压输液泵、梯度洗脱技术以及各种高灵敏度的检测器相继发明，高效液相色谱法迅速发展起来。

高效液相色谱法与经典液相色谱法比较，主要具有下列特点。

① 高效　由于使用了细颗粒、高效率的固定相和均匀填充技术，高效液相色谱法分离效率极高，柱效一般可达每米 10^4 个理论塔板。近几年来出现的微型填充柱（内径 1mm）和毛细管液相色谱柱（内径 0.05μm），理论塔板数超过每米 10^5 个，能实现高效的分离。

② 高速　由于使用高压泵输送流动相，采用梯度洗脱装置，用检测器在柱后直接检测洗脱组分等，HPLC 完成一次分离分析一般只需几分钟到几十分钟，比经典液相色谱快得多。

③ 高灵敏度　紫外、荧光、电化学、质谱等高灵敏度检测器的使用，使 HPLC 的最小检测量可达 10^{-11}～10^{-9}g。

④ 高度自动化计算机的应用，使 HPLC 不仅能自动处理数据、绘图和打印分析结果，而且还可以自动控制色谱条件，使色谱系统自始至终都在最佳状态下工作，成为全自动化的仪器。

⑤ 应用范围广　与气相色谱法相比，HPLC 可用于高沸点、相对分子质量大、热稳定性差的有机化合物及各种离子的分离分析。如氨基酸、蛋白质、生物碱、核酸、甾体、维生素、抗生素等。

⑥ 流动相可选择范围广　HPLC 可用多种溶剂作流动相，通过改变流动相组成来改善分离效果，因此对于性质和结构类似的物质分离的可能性比气相色谱法更大。

⑦ 馏分容易收集，更有利于制备。

5.3.2.3　紫外-可见分光光度法监测技术

紫外-可见分光光度计由 5 个部件组成。

① 辐射源　必须具有稳定的、有足够输出功率的、能提供仪器使用波段的连续光谱，如钨灯、卤钨灯（波长范围为 350～2500nm）、氘灯或氢灯（波长范围为 180～460nm），或可调谐染料激光光源等。

② 单色器　它由入射狭缝、出射狭缝、透镜系统和色散元件（棱镜或光栅）组成，是用以产生高纯度单色光束的装置，其功能包括将光源产生的复合光分解为单色光和分出所需的单色光束。

③ 试样容器　又称吸收池。供盛放试液进行吸光度测量之用，分为石英池和玻璃池两种，前者适用于紫外光到可见光区，后者只适用于可见光区。容器的光程一般为0.5～10cm。

④ 检测器　又称光电转换器。常用的有光电管或光电倍增管，后者较前者更灵敏，特

别适用于检测较弱的辐射。近年来还使用光导摄像管或光电二极管矩阵作检测器，具有快速扫描的特点。

⑤ 显示装置　这部分装置发展较快。较高级的光度计，常备有微处理机、荧光屏显示和记录仪等，可将图谱、数据和操作条件都显示出来。

紫外-可见分光光度计仪器类型则有单波长单光束直读式分光光度计，单波长双光束自动记录式分光光度计和双波长双光束分光光度计。

应用范围包括：(a) 定量分析，广泛用于各种物料中微量、超微量和常量的无机和有机物质的测定；(b) 定性和结构分析，紫外吸收光谱还可用于推断空间阻碍效应、氢键的强度、互变异构、几何异构现象等；(c) 反应动力学研究，即研究反应物浓度随时间而变化的函数关系，测定反应速度和反应级数，探讨反应机理；(d) 研究溶液平衡，如测定络合物的组成，稳定常数、酸碱离解常数等。

5.3.2.4 生物监测技术

生物都是直接或间接地从大气、水体和土壤中吸取营养的，大气、水体和土壤受到污染后，生物在吸取养分的同时，也吸收并积累一些有害的物质，从而使生物也遭到污染危害，人们吃用被污染的生物后又可间接受到危害。因此生物监测也是保护生物生存条件、维护生态平衡的手段，是环境监测技术的重要组成部分。生物监测技术是用生物评价技术和方法对环境中某一生物系统的质量和状况进行测定，它可以弥补理化监测不足，配合物理化学监测，或者成为综合的环境监测手段。生物监测最根本的特点是与被监测的生物系统密切一致。生物监测技术有如下特点。

① 生物监测所反映的是自然的和综合的污染状况。

② 生物可以选择性地富集某些污染物（可达 $10^3 \sim 10^6$ 倍）。

③ 可以作为早期污染的报警器。

④ 可以监测污染效应的发展动态。

目前生物监测工作主要有生物群落监测法、生物残毒监测、细菌学监测、急性毒性试验和致突变物监测等。生物群落监测实际上是生态学监测，即通过野外现场调查和室内研究找出各种环境中的指示生物（特有种与敏感种）受污染所造成的群落结构特征的变化。生物残毒监测是生物对污染物有一定的积累能力，通过测定污染物在生物体中的富集数量来监测环境污染的程度。一般的水域在未污染的情况下细菌数量较少，当水体遭到污染后细菌数量相应的增加，细菌总数越多说明污染越严重，因此细菌学监测也是一种很好的生物监测方法。生物监测的方法很多，下面介绍目前常用的几种方法。

(1) 水体污染生物群落监测技术

水体污染的生物群落监测即为水污染生态学监测。主要是根据浮游生物在不同污染带中出现的物种频率或相对数量或通过数学计算所得出的简单指数值来作为水污染程度的指标的监测方法。该法又分为污水生物体系法、生物指数法（BI）和水生植物法 3 种。

1) 污水生物体系法

根据在污染水体中生物种类的存在与否，划分污水生物体系，确定不同污染程度水体中的指示生物。反之，根据水体中的指示生物的存在亦可确定水体污染程度。该方法叫做污水生物体系法。当一河流被污染后，在其下游相当长的流程内，水体发生一系列自净过程，一方面污染程度逐渐降低，同时出现特有的指示生物。形成几个连续污染带：多污带、α-中污带、β-中污带和寡污带等4级。

① 多污带　多污带也称多污水域，是多污水生物生存的地带。它多处在污水、废水入口处，其水高度浑浊，多呈暗灰色，具有强烈的硫化氢臭味，并含有大量的有机物。多污带生化需氧量很高，而溶解氧趋于零，其细菌数量大、种类多，每升水中细菌数目达百万个以上，甚至达数亿个。多污带指示生物有浮游球衣细菌、贝氏硫细菌、衣藻、颤蚯蚓、钟形虫等。

② 中污带　中污带又可分为污染较严重的α-中污带和污染较轻的β-中污带。α-中污带水质呈灰色，近于多污带，水体除还原作用外，已出现氧化作用，如底泥中的硫化铁部分被氧化生成氢氧化铁。蓝藻、绿藻等已有生成，原生动物的太阳虫、吸管虫等已出现，且贝藻类等少数软体动物亦可在此生存。此带的指示生物有大颤藻、小颤藻、小球藻、臂尾水软虫等。

③ 寡污带　寡污带又称贫污带，此带已完成自净作用，有机物已被氧化或矿化，溶解氧近饱和，生物需氧量小于3mg/L，浑浊度低，水细菌数量极少。

寡污带生物学特征是有大量显化植物生存，各种昆虫和鱼类种类较多。

2）生物指数（BI）法

污水生物体系法只是根据指示生物对水质加以定性描述。而后许多学者逐渐引进了定量的概念。他们以群落中优势种为重点，对群落结构进行研究，并根据水生生物的种类和数量设计出许多种公式，即所谓以生物指数来评价水质状况。这一方面近些年发展很快，各国已相继设计和广泛应用多种生物指数。例如，一些国家已广泛地应用生物指数来鉴定和评价水质污染状况，我国近些年来在这方面也做了不少工作并取得了经验和成绩。但是也应看到，其中大部分生物指数是根据与有机物污染的关系提出的，而毒物污染和物理污染以及各种其他诸如地理、气候、季节等因素对分析结果的影响，有时很难通过简单的指数关系加以说明，所以生物指数尚需进一步研究、完善。下面介绍几种生物指数法。

① 培克法　培克（Beck）于1955年首先提出以生物指数来评价水体污染的程度。他按底栖大型元脊椎动物对有机污染的敏感和耐性分成两类，并规定在环境条件相近似的河段，采集一定面积（如0.1m²）的底栖动物进行种类鉴定。他提出的计算式如下。

$$\text{生物指数（BI）}=2n_{\text{I}}+n_{\text{II}}$$

式中，Ⅰ类是不耐污类；Ⅱ类是能中度耐污（但非完全缺氧）的种类；n_{I}和n_{II}分别为Ⅰ类和Ⅱ类种类数。

该生物指数数值越大，水体越清洁，水质越好。反之，生物指数值越小，则水体污染越严重。指数范围在0～40之间，指数值与水质关系如表5-1所列。

表5-1　生物指数（BI）与水质状况对应关系（培克法）

生物指数	>10	1～6	0
水质状况	清洁河段	中等污染	严重污染

② 津田松苗法　津田松苗（日）从20世纪60年代起多次对培克生物指数做了修改，他提出不限定采集面积，由4～5人在一个点上采集30min，尽量把河段各种大型底栖动物采集完全，然后对所得生物样进行鉴定、分类，并采用与上述相同方法计算，此法在日本应用已达十几年之久。指数与水质关系见表5-2。

表 5-2 生物指数（BI）与水质状况对应关系（津田松苗法）

生物指数	＞30	29～15	14～6	5～0
水质状况	清洁河段	较清洁河段	较不清洁河段	极不清洁河段

③ 多样性指数　多样性指数的特点是定量反映群落结构的种类、数量及群落中类种组成比例变化的信息。在一般情况下，自然的生物群落往往由较多个体数的少数种和具有较少个体数的多数种组成。例如，水环境受到污染，导致群落中生物种类减少，而相应耐污种类的个体数增多，从而在受污染环境中群落的多样性比正常环境内要少。应用多样性指数虽能定量地反映群落结构，但不能反映个体生态学信息及各类生物的生理特性，也不能反映由于水中营养盐类的变化，可能引起的群落的改变等，这些均有待于进一步发展和完善。

3）水生生物法

水生植物对重金属元素具有很强的吸收积累能力，而且其吸收积累作用具有一定的区域性特点，加之植物的生长地点比较固定，样品的代表性较强。据此，可以利用水生植物对某一水域环境进行生物学评价。

藻类可对重金属浓缩、富集，这方面研究工作较多。近些年来，国内外开展了水生高等植物浓缩、富集重金属的研究工作，总结出如下一些规律。

a. 污染区植物体中重金属含量高于非污染区。

b. 河口区植物体中重金属含量高于其他区。

c. 河流、湖泊底质中重金属含量高，则植物体中的重金属含量高。

d. 不同类型水生植物对重金属的吸收积累能力为：沉水植物＞飘浮、浮叶植物＞挺水植物。

e. 重金属在水生植物体中的含量：根部＞茎、叶部位。

利用水生植物进行生物学评价时，需要首先确定评价标准，然后布点、采样、进行监测，最后经统计评价，划分水质等级。

（2）细菌检验监测技术

天然水域被污染后，除了其中所含的某些化学物质直接或间接对人和其他生物产生不良影响外，污水中的有机物质在一定条件下，如水温和溶解氧的变化等，也影响着水中各种微生物的变化，从而给人和其他生物带来危害。因此水的细菌学检验是很重要的。细菌总数法是细菌学检验法的一种主要方法。它是指 1mL 水样在营养琼脂培养基上，于 37℃经 24h 培养后所生长的细菌菌落的总数。细菌总数主要是用来反映水源被有机物污染程度的标志，以便为生活饮用水进行卫生评价提供依据。一般水域在未污染的情况下细菌数量较少，如果发现细菌总数增多，即表示水域可能受到有机物的污染。细菌总数越多说明污染越严重，因此细菌总数是检验一般水域污染的标志。

5.3.2.5 放射性辐射监测技术

随着国内外各种核与放射技术的应用领域的逐步扩大，核与放射事故的频度和数量也随之增加。据瑞士国家警报中心发布的统计报告，在 2000 年记录到全球范围内 396 起与放射性有关的事故，比 1999 年的 332 起增加近 20%。在我国，随着国民经济的发展，核技术的应用也日益广泛，工业、农业、科研、教学、医疗卫生、地质勘探等部门应用放射性同位素和射线装置逐年增加，从事放射性工作的人员越来越多。核技术的应用给社会带来巨大利益

的同时也会因为某些人为因素的影响，发生危及人类生命和财产的放射性事故。

（1）发生放射性事故的单位和场所

根据我国放射性物质在生产、使用、储存、运输以及科学研究的行业分布情况的不同，有可能发生放射性事故的单位和场所主要包括铀矿石开采场和铀加工厂，核反应堆的研究单位、医疗单位以及核电站，粒子加速器应用领域，应用放射性进行工作的科研、医疗单位，生产、经销和使用放射性同位素仪器的单位或场所，生产辐照产品的单位，放射性物质运输及中转储存场所。

（2）放射性事故监测技术原则

快速响应是放射事故应急救援工作的关键；上下级协作是放射事故处理及应急救援工作的有效方式；部门问调是放射事故应急工作的保障；放射事故应急处置是辐射防护机构的法定职责。

（3）辐射监测技术

放射性监测是寻找放射源、放射性事故抢险救援和放射性防护等工作的基础，是放射性事故应急救援的重要组成部分。主要目的是通过对放射性事故现场、救援人员和环境进行放射性监测，保证救援人员和公众的安全，评价防护效果，及时发现异常情况，为制定救援方案和决策提供依据。放射性监测主要内容包括放射性事故现场监测（辐射源类别的确立、位置的确定、活度大小的估算）、剂量监测（划定危险区域、受照剂量的估算）、空气污染及表面污染监测、环境监测和流出污染物监测。

5.3.3 应急监测仪器

应急监测仪器是利用有害物质的热学、光学、电化学、色谱学等特点设计的能在现场测定某种或多种有害物质的便携式仪器。涉及气相色谱法、袖珍式爆炸和有毒有害气体检测器法、便携式离子色谱法（IC）、反射式分光光度计法、便携式阳极扫描伏安计（ASV）法、便携式离子电位法、其他便携式仪器分析法等。这是近年来发展最快的领域之一，涉及内容非常丰富。

（1）紫外-可见分光光度仪器

该法是利用污染物本身的分子吸收特性或与特定的显色试剂在一定条件下的显色反应而具有的对紫外光、可见光的吸收特性，结合商品化的便携式比色计或分光光度计进行比色分析的一种方法。具有携带方便、操作简单，可在任何地方、任何时间进行快速准确分析的特点。根据光度计的构造，可分为单参数袖珍比色计（如美国 HACH 公司）、滤光片式分光比色计和便携式分光光度计（如美国 HACH 公司的 2010 型）3 种类型。

（2）气相色谱法仪器

对于一般已知污染物种类的污染事故，检测管法可以发挥较大的作用。但对于那些污染物未知以及污染物种类多，尤其是有机污染物种类多的污染事故，仅靠检测管已不能满足现场监测与定量分析的要求。随着新型灵敏的广谱型检测器的出现。高效毛细管柱的广泛使用以及电子技术的快速发展，高性能的便携式气相色谱仪已经研制成功并得到了推广使用。有些型号的便携式气相色谱仪与普通气相色谱仪在性能上已无明显的差别（如 HNU-311 和 SRI 系列等），有些型号的便携式气相色谱仪体积小、质量轻，可以手提携带，特别适用于

野外或现场的快速分析测定（如PHOIDVAC-10PILLS型、MII系列、P200、M200、Quad、ASI-700A、EE300-110系列、Scento系列、OVA-128型、A511型等）。

在便携式气相色谱仪中，大多采用光离子化检测器（Photo Ionization Detector，PID）和电子捕获检测器（ECD）。PID检测器可以检测离子化电位≤12eV的任何化合物，如脂肪族（除甲烷）、芳香族、多环芳烃、醛类、酮类、酯类、胺类、有机磷、有机硫化合物及某些金属有机物等。此外。PID检测器的紫外灯有11.7eV、10.2eV、9.5eV和8.3eV4种。通过选择不同灯电位的PID检测器，可以提高检测的选择性。

(3) 袖珍式爆炸和有毒有害气体检测器

此种类型检测器包括：HNU101型系列袖珍光离子化分析仪、EE300-100系列袖珍溶剂检测器、Micro TIP2000型及MicroFID型手提式气体检测器、1302型多种气体检测器、IB2及IBX型红外分析仪、OVA型有机气体分析仪、MSI301有机气体检测器、Sensidye袖珍RHn检测器、SIP-1000型袖珍气体分析仪等。

(4) 便携式离子色谱法(IC)

此法使用仪器如PIA1000型便携式离子色谱仪和IC2001型轻便型手提式离子色谱仪等。

(5) 便携式现场检测箱

为了便于现场监测分析样品，通常是将检测管、片、纸以及取样器材等装在便于携带的箱、盒或包中，组成可供现场监测分析用的手提式装备。如美国某兵工厂在美国环保局的资助下，研制了一种简单的、可检测下水道中污染物的现场检测箱。其检测内容有酸碱度、硬度、浊度、电导率、氨氮、硝酸盐氮、氰化物、重金属、有机氯、有机磷、2，4-D和2，4，5-T等农药以及苯乙烯、苯酚等有机污染物。箱内除装备有各种简易检测器材和采样器材外，还配备了pH计、简易分光光度计、离子选择性电极、电导率计等小型仪器。我国对简易检测分析方法和器材的研制工作也很重视。军事医学科学院和防化研究院都研制过各种类型的检测器材，如88型水质检测箱，可检测水中30余种污染物。全军环境监测总站研制的电镀废水检测盒可做废水中Cr（Ⅵ）、铜、氰化物和酸碱度等检测。这些检测器材所用简易检测技术大多是一次性使用的简易检测管或检测试纸等。85型侦毒器可侦检空气中有毒有害气体。中国人民解放军6901厂生产的有害气体快速检测箱可检测空气中多种有害气体，如CO、H_2S、苯系物等，其所用技术大多是吸附检测管。劳动部职安局毒物检测技术指导站/北京市劳动保护科学研究所科技发展公司研制了3种型号的突发污染事故快速检测箱，即DJC系列，可测定项目包括CO、H_2S、O_2、Cl_2、SO_2、HCl、液化气和苯等污染物。另外，中国人民解放军防化研究院的IX-JD-1型多种气体检定器也属于这种类型。而6901厂生产的68型毒物检测箱备有80余种试剂、45种检测管，可以分离和鉴别含磷毒剂、芥子气、路易斯气、HCN、光气（$COCl_2$）、苯氯乙酮，五氯酚钠、有毒重金属如Hg、Pb、Be、Ti、Cu，砷酸盐等。

5.3.4 应急监测技术存在的问题

(1) 应急监测方法标准欠缺

目前我国建立了比较完善的环境监测实验室方法标准系统。一方面，由于实验室方法更注重结果的准确性，较少考虑方法的快捷程度，而应急监测要求既要保证数据质量，又要尽

快出具数据；另一方面，实验室标准方法通常针对常规污染物，而环境污染事故中污染物的种类是复杂多样的，所以，实验室方法中有很多事故污染物是未曾建立的，因此，环境应急监测的方法标准，远远不能覆盖和适应复杂多样的环境事故污染物监测需求。

（2）现有便携仪器参考方法各异

由于我国的应急监测方法标准欠缺，目前，进口仪器多参考美国环保局和国际 ISO 等环保组织颁布的方法标准，国产仪器有的参考美国环保局等方法标准，有的参考国内实验室方法标准，还有的不参考任何标准方法。没有统一的应急监测标准方法，造成应急监测中，对同一污染水体不同的监测站会因采用不同的仪器而使监测结果出现较大差异。

（3）便携仪器质量控制体系不完善

① 便携式环境监测仪器目前尚未纳入环保行业仪器的检定范围，没有建立准入规范。

② 由于未建立统一的方法标准，监测结果的精密度和准确度等质量保证与质量控制指标往往因仪器的差异而不同。

③ 便携仪器的种类多，使用者在选择使用仪器时存在随意性。仪器质量保证与质量控制体系的不完善，难以有效保证应急监测中数据结果的准确度，严重影响了数据质量。

（4）污染源情况“底数不清”

大部分实施应急监测的部门对本地区的主要污染源种类、排放情况、存放地点以及可能导致事故的途径不很清楚，尤其随着经济的发展和人民生活水平的提高，区域污染源发生了很大变化，出现了一些法规上没有的污染物。如果没有摸清上述情况，无法正确选择应急监测仪器，确定相应的分析方法。

（5）应急监测硬件设施有待提高

目前，我国的应急监测系统的仪器配置远远落后于国外，普遍使用检测管，常规污染物的便携式仪器种类不足，能够对污染物进行定量成分分析的色谱和质谱较少，不能满足多种环境基体不同污染物的应急监测和分析需要。

（6）应急监测技术储备不足

由于我国应急监测仪器水平较低、人员素质不高，应急人员对多种现场采样分析仪器的掌握、相应方法的应用能力不强，同时，应急监测经历有限也影响了他们的应急响应能力。因此，有关人员应加强技术培训与演习，了解国内外分析技术发展动向，并定期进行经验交流，以强化反应能力，提高自身素质。

（7）缺乏统一布局的区域环境应急监测技术网络

我国应急监测处于杂乱无章的状态，各地各级应急系统一哄而起，有些地方仪器设备重复配置，造成资源浪费。应有计划地开展应急监测工作，在本区域内合理布设技术资源，形成良好的系统运行程序。条件较好的单位对于仪器设备差、人员素质低的单位要给予适当技术指导。

参考文献

[1] 宁波市环境监测中心．快速检测技术及在环境污染与应急事故监测中的应用［M］．北京：中国环境科学出版

社， 2011.

[2] 中国环境监测总站．全国环境监测培训系列教材：应急监测技术 ［M］．北京： 中国环境出版社， 2013.

[3] 夏卫红， 高峰．突发环境污染事故及其应急监测 ［J］．上海应用技术学院学报．2005， 5(3)：240-242.

[4] 李国刚．环境化学污染事故应急监测技术与装备 ［M］．北京： 化学工业出版社， 2005.

[5] 肖勇泉．齐燕红．突发环境事件应急处置中的监测支持 ［J］．环境监测管理与技术， 2005(2)：4-5.

[6] 刘耀龙， 陈振楼．中国突发环境污染事故应急监测研究 ［J］．环境监测， 2008(12)： 31-33.

[7] 陈英．突发环境污染事故应急监测预案的研究 ［D］．镇江： 江苏大学， 2007(6)．

[8] Bender F， Lange K， Voigt A， et al. Improvement of surface acoustic wave gas and biosensor response characteristics using a capacitive coupling technique ［J］. Anal. Chem， 2004， 76: 3837-3840.

6 应急评价

6.1 应急评价理论基础

6.1.1 应急评价的概念

应急评价又叫应急风险评价，是环境风险评价的主要类型之一，与广义环境风险评价研究人类的各种社会经济活动不同，它主要针对有毒有害和易燃易爆物质等风险因子在生产、使用、储运等过程中的非正常工况条件下的人体健康风险和环境风险进行分析、预测和评估。有毒有害和易燃易爆物质通常产生于新建、改建、扩建和技术改造的工程项目，主要包括化学原料及化学品制造、石油和天然气开采与炼制、信息化学品制造、化学纤维制造、有色金属冶炼加工、采掘业、建材等。

6.1.2 应急评价的分类

按评价工作与事件发生的时序，应急评价可分为概率风险预测和事故后果评估两种。前者是指在风险事故发生以前，即预测某设施可能发生的环境事故类型及其产生的风险胁迫因子的种类、数量、强度、范围、频率、持续时间等，并进而预测其可能导致的健康风险或生态风险。后者是指在突发环境污染事故发生期间，给出实时的、具体类型的有毒有害物质的迁移轨迹以及实时浓度分布。事故后果评价是一种环境影响后评估，主要针对事故停止以后对受体（人体、环境）的遗留影响。

按风险源的复杂程度，可分为孤立风险评价和系统风险评价。孤立风险评价是针对小范围内单一设施、单一生产环节、单一有毒有害或易燃易爆物质的事故后果进行应急风险的分析、预测和评估。系统风险评价是指针对整个系统中所包含的各个环节、设施、活动和有关的有毒有害及易燃易爆物质进行有针对性的综合风险评价。

从评价关注的事故环节角度，有两种分类方法。一种是按照风险源的类型划分，可分为火灾、爆炸、中毒事故应急评价；另一种是按照受体要素划分，可分为健康风险评价、大气环境评价、水环境评价、生态环境评价、社会经济环境影响评价等。

6.1.3 应急评价的特征

（1）不确定性

无论是概率风险预测还是事故后果评估，都面临着不同类型的不确定性。概率风险预测

面临对突发环境污染事件发生的时间、地点和强度等要素的不可完全预知，事故后果评估则面临生境、受体在种类、敏感性等方面也存在信息缺失。因此，突发污染事故后果并不能够完全被精确计算，其结果是对真实情况的近似。

（2）针对性

应急评价针对的一般是重大危险源中的危险物质在各种可能发生的重大事故中的最大可信事件对厂（场）界外环境中的受体（人群或其他重要环境敏感目标）的干扰与破坏。

6.1.4 应急环境风险评价与环境影响评价、安全评价的对比

应急风险评价与一般环境影响评价的区别如表 6-1 所列。

表 6-1 应急风险评价与一般环境影响评价的区别

序号	项目	应急风险评价	一般环境影响评价
1	分析重点	突发性污染事故	正常运行工况
2	持续时间	很短	很长
3	应计算的物理效应	火、爆炸、向空气和地面水释放污染物	向空气、地面水、地下水释放污染物、物理污染(声、热等)
4	释放类型	瞬时或短时间连续释放	长时间连续释放
5	应考虑的影响类型	突发性的激烈的效应以及事故后期的长远效应	连续的、累积的效应
6	主要危害受体	人、建筑、生态	人、生态
7	危害性质	急性中毒、灾难性	慢性中毒
8	大气扩散模式	烟团模式、分段烟羽模式	连续烟羽模式
9	照射时间	很短	很长
10	源项确定	较大的不确定性	较小的不确定性
11	评价方法	概率方法、数学模型、外推	确定性方法、数学模型
12	防范措施与应急计划	都需要	不需要应急计划

应急风险评价与安全评价的主要区别是：安全评价关注的是事故对厂（场）界内环境和职工的影响，而应急风险评价主要关注事故对厂（场）界外环境和人群的影响；安全评价关注的是概率相对较大的各种事故，危险性识别和危险性评价量大面广，而风险评价是在此基础上突出重点，分析最大可信事故的影响。

6.1.5 应急评价标准体系

应急评价的标准体系由国家法律、法规、环境政策和产业政策、地方及部门条例、规章与文件、行业标准与技术规范、健康风险评价与生态风险评价指标体系等组成。国家法律，如《中华人民共和国环境保护法》（2015 年 1 月 1 起施行）、《中华人民共和国环境影响评价法》（2003 年 9 月 1 日起施行）、《中华人民共和国安全生产法》（2002 年 11 月 1 日起施行）等。环境政策和产业政策，如《废弃危险化学品污染环境防治办法》（国家环境保护总局令第 27 号）、《国家危险废物名录》（2016）。行政法规、部门条例、规章与文件，如《建设项目环境保护管理条例》（国务院令第 253 号）、《危险化学品安全管理条例》（国务院令第 344 号）、《关于开展危险化学品安全管理专项整治工作的通知》（国经贸安全［2002］327 号）、《民用爆破物品安全管理条例》（国务院令第 466 号）、《国家突发公共事件总体应急预案》（2006

年1月8日发布)、《环境污染事故应急预案》、《医疗废物管理条例》、《易制毒化学品管理条例》(国务院令第445号)、《危险化学品登记管理办法》(2012年,国家安全生产监督管理总局令第53号)、《危险化学品建设项目安全许可实施办法》(国家安全监管总局令第8号)等。行业标准与技术规范,如《民用爆破器材工程设计安全规范》(GB 50089—2007)、《危险化学品重大危险源辨识》(GB 18218—2009)、《危险化学品名录》(2015版)、《环境影响评价技术导则 总纲》(HJ 2.1—2011)、《环境影响评价技术导则 大气环境》(HJ 2.2—2008)、《环境影响评价技术导则 地面水环境》(HJ/T 2.3—1993)、《环境影响评价技术导则 声环境》(HJ 2.4—2009)、《建设项目环境风险评价技术导则》(HJ/T 169—2004)、《危险货物运输 爆炸品的认可和分项程序及配装要求》(GB 14371—2013)、《危险废物污染防治技术政策》(环发[2001]199号)。

6.1.6 环境风险评价指标体系

环境风险评价指标是应急评价中最能直接反映风险源、胁迫因子、受体状态、风险大小等评价对象状态的要素,是为评价各种系统的风险性而制定的准则,是识别系统的安全水平、安全管理有效性和对环境所造成的危险程度及制定相应应急措施的依据。

(1) 健康风险评价指标

健康风险评价主要依靠事故概率风险分析,评价指标分为个人风险与社会风险。健康风险评价指标必须包括两方面的内容:一方面是风险事故的发生概率;另一方面是风险事故的危害程度,主要反映风险事故所致的损失率。

概率风险评价标准的一个核心指标是风险值。事故风险的类型不同,危害形式也有差异,为了能够统一衡量各种不同性质的危害后果,对不同行业类别的危害进行分析对比,通常用风险值作为衡量风险大小的表征量。概率风险评价中,风险值是事故发生的概率及其危害大小的函数。

概率风险评价标准的另一个核心指标是最大可接受水平。这是综合考虑价值取向、文化素质、心理状态、道德观念、宗教习俗、社会经济能力等因素后,通过对历史资料的统计数据计算出来的指标。不同国家、不同行业、不同灾害类型的最大可接受风险水平是不同的。

(2) 生态风险评价指标

污染事故的生态风险评价中,通常不是用某一个指标来衡量整个生态系统的风险损失,而是构建一个多层次、多级别的指标体系来衡量生态综合风险。指标体系的第一级指标通常为生物物理化学指标、社会经济指标、生态学指标。在一级指标下,再根据风险类型和受体类型以及研究的重点的不同,构造相应的二、三级指标序列。如在生物物理化学指标中,将大气、水、土壤3种传播媒介作为二级指标序列,使用大气污染程度、水资源总量、水质、土壤结构、土壤生物种类和数量等指标作为测量指标,构建成一个三级指标体系。

6.1.7 应急评价程序

图6-1为美国科学院国家研究委员会1983年提出后被美国环保署1986年采用的风险评价步骤,图6-2为亚洲开发银行推荐的风险评价程序,图6-3为1998年美国环保署采用的生态风险评价步骤。由图6-1、图6-2分析可知,无论是美国科学院国家研究委员会还是亚洲开发银行,一个完整的应急评价程序通常应该包括源项分析、风险分析、风险表征和风险管

理 4 个阶段。

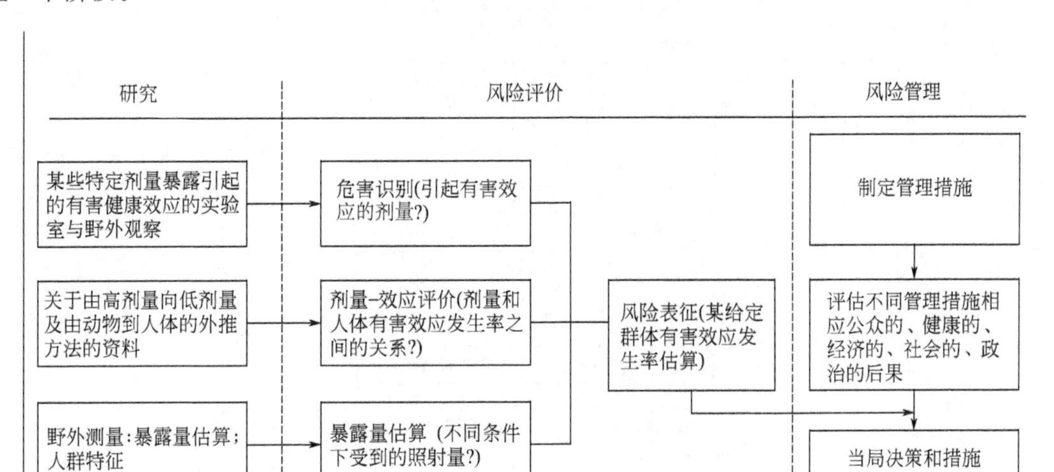

图 6-1 美国科学院国家研究委员会制定的风险评价步骤

（1） 源项分析

源项分析是指识别应急污染事件类型，如火灾、爆炸、垮坝、危险化学品泄漏等。源项分析的常用方法之一是事故树分析法，该方法利用图解的方式将大的事故分解成各种小的事故，并对各种引起事故的原因进行分解，将复杂的环境风险系统分解成比较简单的容易被识别的小系统，从而确定事故的各个环节可能形成的具体风险源类型。危害识别是源项分析阶段最重要的工作之一。危害识别又称为危害鉴定，作为风险评价的第一阶段，其任务包括胁迫因子分析和受体类别分析。

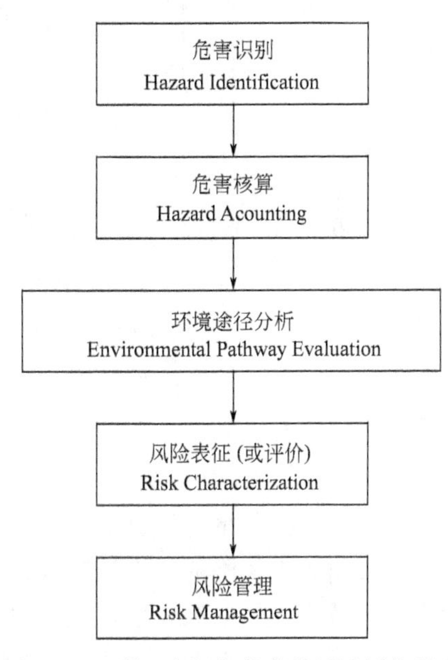

图 6-2 亚洲开发银行推荐的风险评价程序

胁迫因子分析是指对不同类型风险源，分析其产生的直接破坏因素的类型，并对各胁迫因子的释放量、释放方式、释放时间、释放频率等参数的识别，如可燃物质遇火源燃烧可形成池火、喷射火、火球、突发性火等。受体类别分析是确定应急评价的保护目标，如居民、生态环境、设施。不同的风险源和胁迫因子对不同的保护目标的影响是不同的，因此，保护目标的设定，直接关系到应急评价应当重点关注的风险源和胁迫因子。

（2） 风险分析

风险分析包括暴露分析和危害分析。暴露分析研究不同情况下的实际和预计暴露情况，涉及暴露受体、暴露途径、暴露程度等因素。危害分析分为健康风险评价中的危害分析和生态风险评价中的危害分析两类。健康风险评价中，危害分析的一般毒理效应计算，通常用剂量-效应关系来衡量，即分析论证不同暴露水平下有害效应的发生情况，涉及收集定量毒性资料、建立剂量-反应关系、实验室外推、野外观察测试等环节，包括估算有毒有害物质的剂量及其在环境中的迁移、扩散和浓度分布等。生态风险评价中，危害分析一般研究生态效

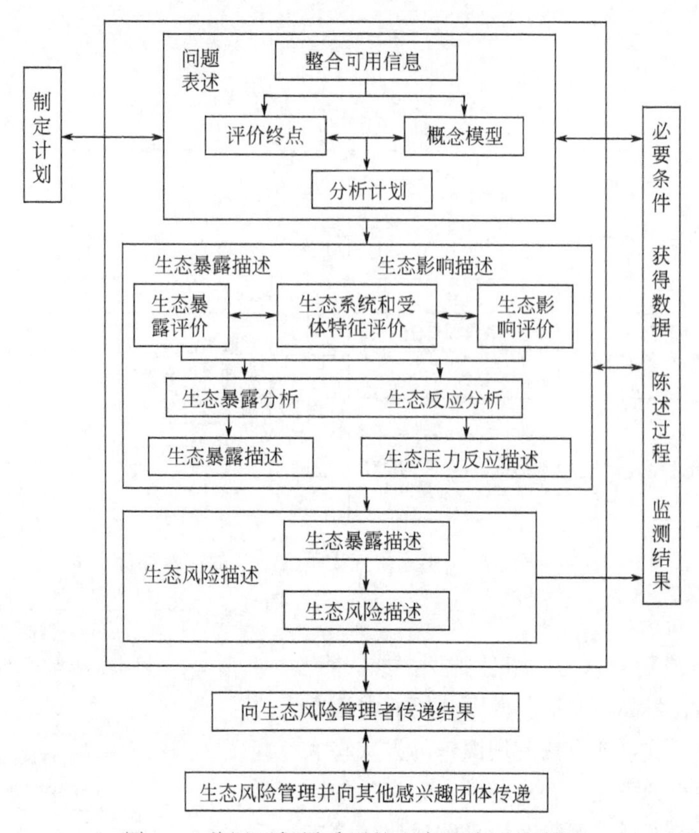

图 6-3 美国环保署采用的生态风险评价步骤

应计算，通常用压力-响应关系来衡量。即分析论证不同风险源产生的多种胁迫因子，在不同暴露水平下，对大尺度受体，如种群、群落乃至整个生态系统的压力状态和受体遭受的扰动、胁迫和损失。

（3）风险表征

风险表征主要是结合评价等级、评价范围和评价时段，进行风险估算和风险描述。风险估算是指给出各类风险的计算结果及评价范围内保护目标的实际受损后果。例如，健康风险评价中计算特定群体的致死率，生态风险评价中计算各个风险小区中的生态损失度等。风险描述是风险表征阶段的重要内容，其目的是解决如何表达和解释风险分析和风险计算的结果的问题，通常利用各种图件和表格。例如，健康风险评价中利用浓度（频率）-受影响人数来表征剂量-效应关系，生态风险评价中利用遥感影像图分区解释受体风险等。

（4）风险管理

风险管理是指风险决策者根据风险评价结论和风险报告，有针对性地提出日常管理制度、应急预案、应急响应、应急监测、应急防护与处置等方面的措施或对策。

本章所阐述的应急评价不包括风险管理环节。

6.2 污染事故环境影响应急评价技术

从应急评价程序可以看出，污染事故环境影响的应急评价技术包括源强分析（含危害识别）的技术、风险分析的技术、风险表征的技术和风险管理的技术。

6.2.1 源项分析中的技术方法

（1）源项分析的步骤

源项分析的主要步骤包括：系统、子系统及单元等的划分；危害识别；对筛选出的重大危险源，进一步确定最终的风险评价因子和相应的最大可信事故；对最大可信事故进行定量分析，确定事故概率、泄漏量、进入环境的可能转移途径和危害类型等。

（2）危害识别

健康风险中主要考虑的胁迫因子是有毒有害的化学品。对现存的化学物质，主要是评审其现有毒理学和流行病学资料，确定其是否对受体造成损害；对危害未明的新化学物质来说，则需要不断累积完整而可靠的资料。在危害识别方法学上通常用病例收集、结构毒理学、AMES实验、微核试验等短期简易测试系统、长期动物实验以及流行病学调查等方法去进行。

确定一种化学物质是否对人体构成危害，需要收集以下几方面的资料：该物质的物理化学性状资料、动物实验资料、其他生物学实验资料、生态学实验资料、人类流行病学资料以及其他相关领域的研究资料。

危害识别阶段属于定性风险评价阶段，在危害识别阶段提取的能认定为对人体健康和生态环境有重大影响的胁迫因子，需要进一步确定有毒有害物的泄漏量、事故概率等。

（3）典型风险事故源项分析计算模式

1）液体泄漏速率

液体泄漏速率Q_L用伯努利方程计算。

$$Q_L=C_dA\rho\sqrt{\frac{2(P-P_0)}{\rho}+2gh} \tag{6-1}$$

式中 Q_L——液体泄漏速率，kg/s；

C_d——液体泄漏系数，取值0.6～0.64；

A——裂口面积，m^2；

P——容器内介质压力，Pa；

P_0——环境压力，Pa；

ρ——液体密度，kg/m^3；

g——重力加速度；

h——裂口之上液体高度，m。

本法要求液体在喷口内不应有急剧蒸发。

2）气体泄漏速率

当式（6-2）成立时，气体流动属音速流动（临界流）。

$$\frac{P_0}{P}\leqslant\left(\frac{2}{k+1}\right)^{\frac{k}{k+1}} \tag{6-2}$$

当式（6-3）成立时，气体流动属亚音速流动（次临界流）。

$$\frac{P_0}{P}>\left(\frac{2}{k+1}\right)^{\frac{k}{k-1}} \tag{6-3}$$

式中　k——气体的绝热指数（热容比），即定压比热容 C_p 与定容比热容 C_v 之比。

假定气体的特征是理想气体，气体泄漏速率 Q_G 按式（6-4）计算。

$$Q_G=YC_dAP\sqrt{\frac{Mk}{RT_G}\left(\frac{2}{k+1}\right)^{\frac{k+1}{k-1}}} \tag{6-4}$$

$$Y=\left(\frac{P_0}{P}\right)^{\frac{1}{k}}\times\left[1-\left(\frac{P_0}{P}\right)^{\frac{k-1}{k}}\right]^{\frac{1}{2}}\times\left[\left(\frac{2}{k-1}\right)\times\left(\frac{k+1}{2}\right)^{\frac{k+1}{k-1}}\right]^{\frac{1}{2}} \tag{6-5}$$

式中　Q_G——气体泄漏速率，kg/s；

C_d——气体泄漏系数，当裂口形状为圆形时取 1.00，三角形时取 0.95，长方形时，取 0.90；

M——分子量；

R——气体常数，J/（mol·K）；

T_G——气体温度，K；

Y——流出系数，对于临界流，$Y=1.0$，对于次临界流按式（6-5）计算。

3）两相流泄漏

假定液相和气相是均匀的，且相互平衡，两相流泄漏计算公式如式（6-6）。

$$Q_{LG}=C_dA\sqrt{2\rho_m(P-P_c)} \tag{6-6}$$

$$\rho_m=\frac{1}{\dfrac{F_V}{\rho_1}+\dfrac{1-F_V}{\rho_2}}$$

$$F_V=\frac{C_p(T_{LG}-T_C)}{H}$$

式中　Q_{LG}——两相流泄漏速率，kg/s；

C_d——两相流泄漏系数，可取 0.8；

P——操作压力或容器压力，Pa；

P_c——临界压力，Pa，可取 $P_c=0.55P$；

ρ_m——两相混合物的平均密度，kg/m^3；

ρ_1——液体蒸发的蒸气密度，kg/m^3；

ρ_2——液体密度，kg/m^3；

F_V——蒸发的液体占液体总量的比例；

C_p——两相混合物的定压比热容，J/（kg·K）；

T_{LG}——两相混合物的温度，K；

T_C——液体在临界压力下的沸点，K；

H——液体的汽化热，J/kg。

当 $F_V>1$ 时，表明液体将全部蒸发成气体，这时应按气体泄漏计算；如果 F_V 很小，则

可近似地按液体泄漏公式计算。

4）泄漏液体蒸发量

泄漏液体的蒸发分为闪蒸蒸发、热量蒸发和质量蒸发，其蒸发总量为这3种蒸发之和。

① 闪蒸量的估算　过热液体闪蒸量可按式（6-7）估算。

$$Q_1 = FW_T/t_1 \tag{6-7}$$

$$F = C_P \frac{T_L - T_b}{H}$$

式中　Q_1——闪蒸量，kg/s；

W_T——液体泄漏总量，kg；

t_1——闪蒸蒸发时间，s；

F——蒸发的液体占液体总量的比例；

C_P——液体的定压比热容，J/（kg·K）；

T_L——泄漏前液体的温度，K；

T_b——液体在常压下的沸点，K；

H——液体的汽化热，J/kg。

② 热量蒸发估算　当液体闪蒸不完全，有一部分液体在地面形成液池，并吸收地面热量而气化称为热量蒸发。热量蒸发的蒸发速率Q_2按式（6-8）计算。

$$Q_2 = \frac{\lambda S \times (T_0 - T_b)}{H\sqrt{\pi a t}} \tag{6-8}$$

式中　Q_2——热量蒸发速率，kg/s；

T_0——环境温度，K；

T_b——沸点温度，K；

S——液池面积，m^2；

H——液体汽化热，J/kg；

λ——表面热导率，取值见表6-2，W/（m·K）；

a——表面热扩散系数，取值见表6-3，m^2/s；

t——蒸发时间，s。

表6-2　某些地面的热传递性质

地面情况	λ/[W/(m·K)]	$a/(m^2/s)$	地面情况	λ/[W/(m·K)]	$a/(m^2/s)$
水泥	1.1	1.29×10^{-7}	湿地	0.5	3.3×10^{-7}
土地(含水8%)	0.9	4.3×10^{-7}	沙砾地	2.5	11.0×10^{-7}
开阔土地	0.3	2.3×10^{-7}			

③ 质量蒸发估算　当热量蒸发结束，转由液池表面气流运动使液体蒸发，称为质量蒸发。质量蒸发速率Q_3按式（6-9）计算。

$$Q_3 = a \times p \times M/(R \times T_0) \times u^{(2-n)(2+n)} \times r^{(4+n)(2+n)} \tag{6-9}$$

式中　Q_3——质量蒸发速率，kg/s；

a，n——大气稳定度系数，取值见表 6-3；

p——液体表面蒸汽压，Pa；

R——气体常数，J/（mol·K）；

T_0——环境温度，K；

u——风速，m/s；

r——液池半径，m。

表 6-3　液池蒸发模式参数

稳定度条件	n	a	稳定度条件	n	a
不稳定(A,B)	0.2	3.846×10^{-7}	稳定(E,F)	0.3	5.285×10^{-7}
中性(D)	0.25	4.685×10^{-7}			

液池的最大直径取决于泄漏点附近的地域构型、泄漏的连续性或瞬时性。有围堰时，以围堰最大等效半径为液池的半径；无围堰时，设定液体瞬间扩散到最小厚度时，推算液池等效半径。

④ 液体蒸发总量的计算

$$W_p=Q_1t_1+Q_2t_2+Q_3t_3 \tag{6-10}$$

式中　W_p——液体蒸发总量，kg；

t_1——闪蒸蒸发时间，s；

t_2——热量蒸发时间，s；

t_3——从液体泄漏到液体全部处理完毕的时间，s。

6.2.2　事故风险暴露评价技术

健康风险中的暴露评价通常称为暴露量评估，生态风险评价中的暴露评价又被称为暴露表征，两者在工作内容上既有联系，也有差异。

6.2.2.1　暴露量评估

暴露是指生物（人、动物、植物）与某一化学物或物理因子的接触。暴露量大小可以通过测定或估算在某一特定时期交换界面（如肺部、肠胃、皮肤）的某种化学物质的量而得到。暴露量评估指定性与定量估计暴露量的大小、暴露频率、暴露的持续时间和暴露途径。暴露量评估应考虑到过去、当前和将来的暴露情况，对每一时期应使用不同的评估方法。当前暴露的评估（已经发生事故后短时期）可以依据对现有条件的测定结果和模式计算结果，对过去暴露量的估算可以根据测定或模式所计算的过去浓度或测定的组织化学物浓度而进行（后评估），对将来暴露量的估算（尚未发生事故时的风险预测）可依据未来条件的模式进行计算。

（1）暴露评价方法

针对不同类型的暴露评价采用的方法也不同。常见方法选取原则如图 6-4 所示。

（2）暴露量评价程序

① 污染物迁移途径分析　描述具体的污染物质从污染源到潜在受体（动植物、人群）

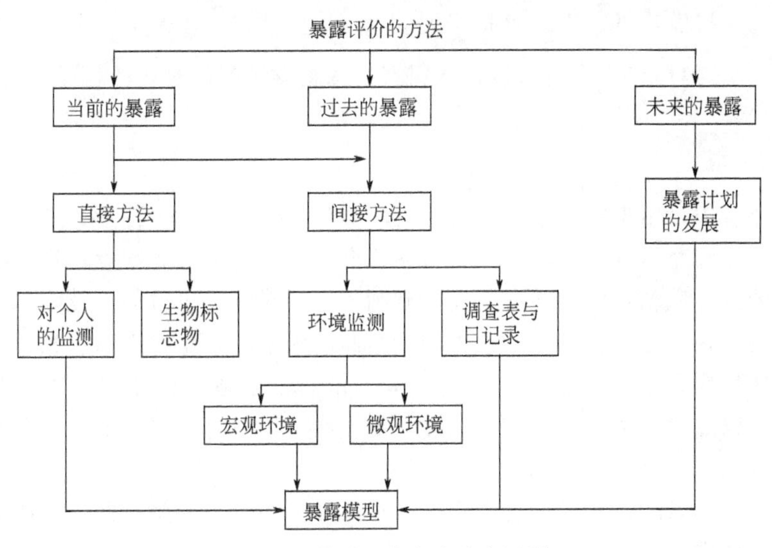

图 6-4　暴露评价方法选取原则

的转运方式方法、路径路线等。

② 估算环境浓度　应用监测资料或模型计算在潜在受体所处位置的污染物的状态（浓度、总量等）。

③ 受体分析　描述潜在受体的大小、位置和习性等。

④ 暴露量计算　计算综合暴露水平并分析计算过程的不确定性。

（3）暴露量评估步骤

① 表征暴露环境　即对通常环境的物理特征和受体特征进行描述，这一阶段需要确立气候、植被、地下水水文学以及地表水等物理特点情况，确定人群并描述有关影响暴露的特征。

② 确定暴露途径　人群暴露的途径主要是通过对源项、释放情况、类型和化学物质发生场所的位置、可能的化学生物环境最终结果（如存留、分离、转运和介质间的转换）以及潜在人群的位置和活动情况来确定人群的暴露途径。对每一个暴露途径都应当确定暴露点和暴露方式，如接触、进食、吸入。

③ 暴露的定量　这一步是对每一个暴露途径中的暴露量的大小、频率和暴露持续时间进行定量，通常需要分别计算暴露浓度和摄入量。

④ 暴露浓度计算　确定在暴露期将要暴露的化学物污染浓度。利用监测数据或化学转运及模拟仿真得到的初始暴露量。利用数学物理模型估算未来一段时间，环境介质中有毒有害物质的浓度。

⑤ 摄入量的计算　暴露量以单位时间、单位体重与身体暴露的有毒有害物的质量来表征，单位为 mg/(kg·d)。有毒有害物摄入量计算公式变量包括暴露浓度、暴露持续时间和平均暴露时间、暴露频率、体重等。

慢性暴露的暴露量可由式（6-11）计算。

$$\text{日平均终生暴露量}=\frac{\text{总剂量}}{\text{体重}\times\text{终生时间}} \tag{6-11}$$

总剂量的计算可由式（6-12）确定。

$$总剂量=污染物浓度\times暴露率\times暴露持续时间\times吸收因子 \tag{6-12}$$

6.2.2.2 暴露表征

生态风险评价中，用暴露表征来代替健康风险评价中的暴露量评估，所描述的同样是压力源的强度、分布和时间等。环境压力分布的研究描述压力形式和次生压力的结果。研究不同压力在不同的介质和场合中的转移途径，有利于有针对性地采取风险预防、减缓和管理措施。生态系统的内在特征是影响各类压力的一个制约因素，确定生态系统的特殊部分是问题的关键之一。次生压力也能改变压力-响应关系。由于生态系统在结构和功能上的复杂性和多样性，压力可以通过生物或非生物转化过程形成次生压力。环境中的压力分布可由实测和模型预测两种方式进行综合研究。

暴露表征是生态风险计算的关键要素，这种表征包括压力与受体共生、压力与受体急性接触、压力被受体摄入等。

共生现象可以用于研究无急性接触的受体压力。接触是环境中压力的量以及受体接触压力的活动或行为的函数。摄入是指压力被吸收入有机体内，它是压力、介质、生物体的函数。

6.2.2.3 典型环境要素中暴露量的计算方法

（1）大气环境

大气环境影响范围的计算主要是对有毒物质扩散而言：对于火灾，由于一般情况下火的辐射热局限于近火源区域内（约 200m），影响范围不大；对于爆炸，通常采用计算损害半径的方法，将影响范围与危害程度的计算融合起来。

有毒有害物质在大气中的扩散，采用多烟团模式或分段烟羽模式、重气体扩散模式等计算。按一年气象资料逐时滑移或按天气取样规范取样，计算各网格点和关心点浓度值，然后对浓度值由小到大排序，取其累积概率水平为 95%的值，作为各网格点和关心点的浓度代表值进行评价。

① 多烟团模式　在事故后果评价中采用下列烟团公式。

$$c(x,y,0)=\frac{2Q}{(2\pi)^{3/2}\sigma_x\sigma_y\sigma_z}\exp\left[-\frac{(x-x_o)^2}{2\sigma_x^2}\right]\exp\left[-\frac{(y-y_o)^2}{2\sigma_y^2}\right]\exp\left(-\frac{z_o^2}{2\sigma_z^2}\right) \tag{6-13}$$

式中　$c(x,y,0)$——下风向地面（x,y）坐标处的空气中污染物浓度，mg/m^3；

x_o、y_o、z_o——烟团中心坐标；

Q——事故期间烟团的排放量，mg；

σ_x、σ_y、σ_z——x、y、z 方向的扩散参数，m，常取 $\sigma_x=\sigma_y$。

对于顺时或短时间事故，可采用下述变天条件下多烟团模式。

$$c_w^i(x,y,0,t_w)=\frac{2Q'}{(2\pi)^{3/2}\sigma_{x,eff}\sigma_{y,eff}\sigma_{z,eff}}\exp\left[-\frac{H_e^2}{2\sigma_{x,eff}^2}\right]\exp\left[-\frac{(x-x_w^i)^2}{2\sigma_{x,eff}^2}\frac{(y-y_w^i)^2}{2\sigma_{y,eff}^2}\right] \tag{6-14}$$

$$Q'=Q\Delta t$$

$$\sigma_{j,eff}^2=\sum_{k=1}^{w}\sigma_{j,k}^2(j=x,y,z),\ \sigma_{j,k}^2=\sigma_{j,k}^2(t_k)-\sigma_{j,k}^2(t_{k-1})$$

$$x_w^i=u_{x,w}(t-t_{w-1})+\sum_{k=1}^{w-1}u_{x,k}(t_k-t_{k-1})$$

$$y_w^i=u_{y,w}(t-t_{w-1})+\sum_{k=1}^{w-1}u_{y,k}(t_k-t_{k-1})$$

式中 c_w^i（x，y，0，t_w）——i 个烟团在 t_w 时刻（第 w 时段）在（x、y、0）产生的地面浓度，mg/m³；

Q'——烟团排放量，mg；

Q——释放率，mg/s；

Δt——时段长度，s；

$\sigma_{x,eff}$、$\sigma_{y,eff}$、$\sigma_{z,eff}$——烟团 w 时段沿 x、y 和 z 方向的等效扩散参数，m；

x_w^i，y_w^i——第 w 时段结束时第 i 烟团质心的 x 和 y 坐标。

各个烟团对某个关心点时间长度 t 的浓度贡献，按式（6-15）计算。

$$c(x,\ y,\ 0,\ t)=\sum_{i=1}^{n}c_i(x,\ y,\ 0,\ t) \tag{6-15}$$

$$c_{n+1}(x,\ y,\ 0,\ t)\leqslant f\sum_{i=1}^{n}c_i(x,\ y,\ 0,\ t)$$

式中 n——需要跟踪的烟团数；

f——小于 1 的系数，可根据计算要求确定。

② 分段烟羽模式 当事故排放持续时间较长（几小时或者几天），可采用高斯烟羽公式计算。

$$c=\frac{Q}{2\pi u\sigma_y\sigma_z}\exp\left(-\frac{y_r^2}{2\sigma_y^2}\right)\left\{\exp\left[-\frac{(z_s+\Delta h-z_r)^2}{2\sigma_z^2}\right]+\exp\left[-\frac{(z_s+\Delta h+z_r)^2}{2\sigma_z^2}\right]\right\} \tag{6-16}$$

式中 c——位于 S（0，0，z_s）的点源在接受点 r（x_r，y_r，z_r）产生的浓度。

短期扩散因子（c/Q）可表示为：

$$c/Q=\frac{1}{2\pi u\sigma_y\sigma_z}\exp\left(-\frac{y_r^2}{2\sigma_y^2}\right)\left\{\exp\left[-\frac{(z_s+\Delta h-z_r)^2}{2\sigma_z^2}\right]+\exp\left[-\frac{(z_s+\Delta h+z_r)^2}{2\sigma_z^2}\right]\right\} \tag{6-17}$$

式中 Q——污染物释放率，mg/s；

Δh——烟羽抬升高度；

σ_y、σ_z——下风距离 x_r（m）处的水平风向扩散参数和垂直方向扩散参数。

③ 重气体扩散模式 重气体扩散采用 Cox 和 Carpenter 稠密气体扩散模式，计算稳定连续释放和瞬时释放后不同时间的气团扩散。气团扩散按式（6-18）～式（6-20）计算。

a. 在重力作用下的扩散。

$$\frac{\mathrm{d}R}{\mathrm{d}t}=[Kgh\ (\rho_2-1)]^{\frac{1}{2}} \tag{6-18}$$

式中 ρ_2——平均密度。

b. 在空气的夹卷作用下的扩散。

从烟雾的四周夹卷，周围扩散速度：

$$v_z=\gamma\frac{\mathrm{d}R}{\mathrm{d}t} \tag{6-19}$$

从烟雾的顶部夹卷，顶部扩散速度：

$$v_d=\frac{\alpha u_1}{R_i} \tag{6-20}$$

$$R_i=\frac{gl\ (a-1)}{(u_l)^2}$$

式中 R——瞬间泄漏的烟云形成半径；

h——圆柱体的高；

γ——边缘夹卷系数，取 0.6；

α——顶部夹卷系数，取 0.1；

u_1——风速，m/s；

K——试验值，一般取 1；

R_i——Richardon 数；

a——经验常数，取 0.1；

u_l——轴向紊乱速度；

l——紊流长度。

（2）地表水环境

① 河流水环境评价模型

a. 河流完全混合模式。

$$c=(c_pQ_p+c_hQ_h)/(Q_p+Q_h) \tag{6-21}$$

式中 c——污染物浓度（垂向平均浓度，断面平均浓度），mg/L；

c_p——污染物排放浓度，mg/L；

c_h——河流来水污染物浓度，mg/L；

Q_p——废水排放量，m^3/s；

Q_h——河流来水流量，m^3/s。

b. 河流一维稳态模式与适用条件。

$$c=c_o\exp\left[-\ (K_1+K_3)\ \frac{x}{86400u}\right] \tag{6-22}$$

式中 c——计算断面的污染物浓度，mg/L；

c_o——计算初始点污染物浓度，mg/L；

K_1——耗氧系数，1/d；

K_3——污染物的沉降系数，1/d；

u——河流流速，m/s；

x——从初始点到下游计算断面的距离，m。

对于持久性污染物，在沉降作用明显的河段中，可以采用综合消减系数 K 替代公式中的（K_1+K_3）来预测污染物浓度沿程变化。

c. 河流二维稳态混合模式。

岸边排放：

$$c(x,y)=c_h+\frac{c_pQ_p}{H\sqrt{\pi M_yxu}}\left\{\exp\left(-\frac{uy^2}{4M_yx}\right)+\exp\left[-\frac{u(2B-y)^2}{4M_yx}\right]\right\} \tag{6-23}$$

非岸边排放：

$$c(x,y)=c_h+\frac{c_pQ_p}{2H\sqrt{\pi M_yxu}}\left\{\exp\left(-\frac{uy^2}{4M_yx}\right)+\exp\left[-\frac{u(2a+y)^2}{4M_yx}\right]+\exp\left[-\frac{u(2B-2a-y)^2}{4M_yx}\right]\right\} \tag{6-24}$$

式中 $c(x,y)$——（x,y）点污染物垂向平均浓度，mg/L；

H——平均水深，m；

B——河流宽度，m；

a——排放口与岸边的距离，m；

M_y——横向混合系数，m^2/s。

d. 河流二维稳态混合累积流量模式。

岸边排放：

$$c(x,q)=c_h+\frac{c_pQ_p}{\sqrt{\pi M_qx}}\left\{\exp\left(-\frac{q^2}{4M_qx}\right)+\exp\left[-\frac{(2Q_h-q)^2}{4M_qx}\right]\right\} \tag{6-25}$$

$$q=Huy$$

$$M_q=H^2uM_y$$

式中 $c(x,q)$——（x，q）处污染物垂向平均浓度，mg/L；

M_q——累积流量坐标系下的横向混合系数；

x，q——累积流量坐标系的坐标。

e. Streeter-Phelps（S-P）模式。

$$c=c_o\exp\left(-K_1\frac{x}{86400u}\right) \tag{6-26}$$

$$D=\frac{K_1c_o}{K_2-K_1}\left[\exp\left(-K_1\frac{x}{86400u}\right)-\exp\left(-K_2\frac{x}{86400u}\right)\right]+D_o\exp\left(-K_2\frac{x}{86400u}\right) \tag{6-27}$$

$$x_c=\frac{86400u}{K_2-K_1}\ln\left[\frac{K_2}{K_1}\left(1-\frac{D_o}{c_o}\cdot\frac{K_2-K_1}{K_1}\right)\right] \tag{6-28}$$

$$c_o=(c_oQ_p+c_hQ_h)/(Q_p+Q_h)$$

$$D_o=(D_pQ_p+D_hQ_h)/(Q_p+Q_h)$$

式中 D——亏氧量，即饱和溶解氧浓度与溶解氧浓度的差值，mg/L；

D_o——计算初始断面亏氧量，mg/L；

K_1——耗氧系数，1/d；

K_2——大气复氧系数，1/d；

x_c——最大氧亏点到计算初始点的距离，m。

f. 河流混合过程段与水质模式选择。

预测范围内的河段可以分为充分混合段、混合过程段和排污口上游河段。

充分混合段：是指污染物浓度在断面上均匀分布的河段。当断面上任意一点的浓度与断面平均浓度之差小于平均浓度的5%时，可以认为达到均匀分布。

混合过程段：是指排放口下游达到充分混合断面以前的河段。

混合过程段的长度可以用式（6-29）估算。

$$L=\frac{(0.4B-0.6a)Bu}{(0.058H+0.0065B)\sqrt{gHI}} \tag{6-29}$$

式中 L——达到充分混合断面的长度，m；

B——河流宽度，m；

a——排放口到近岸水边的距离，m；

H——平均水深，m；

u——河流平均流速，m/s；

g——重力加速度，9.8m/s^2；

I——河流底坡，‰。

在利用数学模式预测河流水质时，充分混合段可以采用一维模式或零维模式预测断面平均水质；在混合过程段需采用二维或三维模式进行预测。

② 湖泊水环境评价模式

a. 湖泊推流衰减模式。

$$c_r=c_p\exp\left(\frac{K_1\Phi Hr^2}{172800Q_p}\right)+c_h \tag{6-30}$$

式中 Φ——混合角度，可根据湖（库）岸边形状和水流状况确定，中心排放取 2π 弧度，平直岸边取 π 弧度。

b. 混合均匀的湖泊有毒物质浓度预测模式。

混合均匀的湖泊，有毒物质在颗粒态和溶解态下的浓度分别用下面的平衡方程进行计算，暂时不考虑沉积物的影响。

颗粒态下的有毒物浓度平衡方程：对于固/液分开计算的固体颗粒，需要计算水流带走的污染物量。固体流入一个混合均匀的湖泊，考虑沉降与流出，平衡方程见式（6-31）

$$V\frac{\mathrm{d}m}{\mathrm{d}t}=Qm_{\mathrm{in}}-Qm-v_sAm \tag{6-31}$$

式中 Q——出流，m^3/a；

m——悬浮固体物浓度，g/m^3；

m_{in}——流入的悬浮固体的浓度，g/m^3；

v_s——沉降速度，m/a；

A——表面积，m^2。

恒定状态下，式（6-31）可改写为：

$$m=\frac{Qm_{\text{in}}}{Q+v_sA}=\beta m_{\text{in}} \tag{6-32}$$

$$\beta=\frac{Q}{Q+v_sA}$$

在溶解态中考虑挥发作用，有毒物质的平衡方程表示为：

$$V\frac{\mathrm{d}c}{\mathrm{d}t}=Qc_{\text{in}}-Qc-KVc-V_vF_dAc-v_sF_pAc \tag{6-33}$$

式中 V——体积，m^3；

c——污染浓度，μg/m^3；

c_{in}——流入溶解态污染物浓度，g/m^3；

K——分配系数，m^3/g；

V_v——物质的挥发传输系数，m/a；

F_d——溶解态浓度占污染物总浓度百分数；

F_p——颗粒态浓度占污染物总浓度百分数。

③ 油在海湾、河口的扩散模式

a. 油（乳化油）的浓度计算模型。

突发性事故泄漏形成的油膜或油块在波浪的作用下也会破碎乳化溶解在水中，可与事故排放含油污水一样，都按照对流扩散方程计算，其基本方程为：

$$\frac{\partial \rho}{\partial t}+u\frac{\partial \Delta}{\partial x}+v\frac{\partial \rho}{\partial y}=\frac{1}{H}\left[\frac{\partial}{\partial x}\left(E_xH\frac{\partial \rho}{\partial x}\right)+\frac{\partial}{\partial y}\left(E_yH\frac{\partial \rho}{\partial y}\right)\right]-K_1\rho+f \tag{6-34}$$

$$f=\frac{q_o\rho_0}{\Delta\times H}$$

式中 f——源强；

Δ——污染面的面积；

H——油膜混合的深度。

b. 油膜扩散计算公式。

突发性事故溢油的油膜计算采用 Blokker 公式。假设油膜在无风条件下呈现圆形扩散：

$$D_t^3=D_o^3+\frac{24}{\pi}K(\gamma_{\text{w}}-\gamma_{\text{o}})\frac{\gamma_{\text{o}}}{\gamma_{\text{w}}}V_ot \tag{6-35}$$

式中 D_t——t 时刻后油膜的直径，m；

D_o——油膜初始时刻的直径，m；

γ_{w}、γ_{o}——水和石油的相对密度；

V_o——计算的溢油量，m^3；

K——常数，对中东原油一般可取 15000/min；

t——时间，min。

（3） 土壤环境

① 土壤表面的总沉积量　事故期间释放的有毒污染物烟云飘过生长有 j 类植物的区域时，土壤表面 i 类有毒污染物的总沉积量可采用式（6-36）进行估算。

$$A_{sij}(t_e)=C_i V_{dij,\max}\left(1-f_a\frac{LAI_j}{LAI_{j,\max}}\right)\Delta t+(1-f_{wi})\sum_k\left(\frac{8\Lambda_{ik}Q_i}{\pi uk}\Delta t_k\right) \tag{6-36}$$

$$f_{wi}=\frac{LAI_j S_j}{R}\left[1-\exp\left(\frac{-\ln 2}{3S_j}R\right)\right]$$

式中　$A_{sij}(t_e)$——沉积结束时刻土壤表面 i 类有毒污染物的总沉积量，g/m^2；

$V_{dij,\max}$——第 i 类有毒污染物向第 j 类植物的最大沉积速度，即 j 类植物叶子生长最茂盛时候的沉积速度，m/s，表 6-4 中给出推荐值；

LAI_j——沉积结束时刻的 j 类植物的叶表面指数；

$LAI_{j,\max}$——j 类植物的最大叶表面指数；

t_e——沉积结束时刻，s；

C_i——事故发生后某处地面空气中第 i 类有毒污染物的浓度，g/m^3；

f_a——未被叶面截获而到达土壤的份额，可取 0.5；

Δt——有毒污染物烟云飘过计算区的时间长度，s，一般取事故持续释放时间；

Q_i——第 i 类有毒污染物的源强，g/s；

Λ_{ik}——烟云飘过期间发生的第 k 次降水过程（降水强度 I_k）所对应的 i 类有毒污染物的冲洗系数，1/s，见表 6-5；

Δt_k——烟云飘过期间发生的第 k 次降水过程的持续时间，s；

f_{wi}——j 类植物的截获份额；

S_j——j 类植物的有效储水能力，mm；

R——有毒污染物烟云飘过期间的降水总量，mm。

表 6-4　沉积速度 $V_{dij,\max}$

表面类型	粒子态元素沉积速度/(10^{-3}m/s)	表面类型	粒子态元素沉积速度/(10^{-3}m/s)
土壤	0.5	树	5
牧草	1.5	其他植被	2

表 6-5　其他粒子态元素的冲洗系数

降水强度 I/(mm/h)	粒子态元素冲洗系数 Λ/s^{-1}	降水强度 I/(mm/h)	粒子态元素冲洗系数 Λ/s^{-1}
<1	2.9×10^{-5}	>3	2.9×10^{-4}
1～3	1.22×10^{-4}		

② 土壤表层有毒污染物的浓度　土壤表层指 0～0.1cm 的土壤层。

对于生长有 j 类植物的土壤表层中第 i 类有毒污染物的浓度可用式（6-37）计算。

$$A_{sij}(t)=A_{sij}(t_e)\exp[-(\lambda_{per})(t-t_e)] \tag{6-37}$$

式中 $A_{sij}(t)$——沉积事件结束后经 t 时刻在生长 j 类植物的土壤表层中 i 类有毒污染物的浓度，g/kg；

λ_{per}——入渗常数，需根据实际做对比实验确定。

③ 土壤根系区域有毒污染物的浓度　土壤根系指 0.1～25cm 的土壤层。进入根系区的有毒污染物浓度可用式（6-38）计算。

$$A_{rij}(t)=\{A_{sij}(t_e)\{1-\exp[-\lambda_{per}(t-t_e]\})]/(L\rho)\}\exp[-(\lambda_s+\lambda_f)(t-t_e)] \tag{6-38}$$

式中 $A_{rij}(t)$——沉积事件结束后经 t 时刻在生长 j 类植物的土壤根系区域的土壤中 i 类有毒污染物的浓度，g/kg；

L——根系区土壤深度，m，对生长牧草的土壤，L 取值 0.1m，对于耕田，L 取值 0.25m；

ρ——土壤密度，kg/m^3；

λ_s——元素通过浸出过程迁移出根系区域造成浓度减少的减少常数，L/d；

λ_f——被土壤固着的速率常数，L/d。

④ 有毒污染物在植物根部的吸收　因根部吸收贡献的植物中 i 类有毒污染物的浓度计算公式如下。

$$A_{srij}(t)=B_{vij}A_{rij}(t)f_{gj} \tag{6-39}$$

$$f_{gj}=\frac{\text{沉积结束到第 } j \text{ 类植物采集的时间（d）}}{j \text{ 类植物整个生长期（d）}}$$

$$B_{vij}=\frac{j \text{ 类植物（干重）中 } i \text{ 类有毒污染物浓度（g/kg）}}{\text{土壤（干重）中 } i \text{ 类有毒污染物浓度（g/kg）}}$$

式中 $A_{srij}(t)$——t 时刻根部吸收贡献的 j 类植物中 i 类有毒污染物的浓度，g/kg；

f_{gj}——事件份额因子；

B_{vij}——j 类植物对土壤中 i 类有毒污染物的摄入转移因子。

6.2.3 健康风险中的剂量-效应评价技术

剂量-效应评价是对有害因子暴露水平与暴露人群或生物种群中不良健康反应发生率之间关系进行定量估算的过程，是应急风险评价的定量依据。通常是通过人群研究或动物实验的资料，确定适于人的剂量反应曲线，并由此计算出评价危险人群在某种暴露剂量下的危害度的基准值。

剂量-效应评价的主要内容包括确定剂量-效应关系、反应强度、种族差异、作用机制、接触方式、生活类型以及环境中与之有关的其他化学物质的混合作用等，然后在全面分析资料的基础上，审定这些资料的真实性和可靠性，确定能否用于数学模型，找出能供模型使用的剂量-效应参数和数据等。在确定剂量-效应关系时，要区分不同的接触水平或剂量水平下所产生的反应的不同。

目前在健康风险评价中，基本上采用毒理学传统的剂量-效应关系外推模型，也就是从动物向人外推时，采用体重、体表面积外推法或采用安全系数法。从高剂量向低剂量外推时，常用的致癌物低剂量-反应外推模型见表 6-6。这些模型并不完全成熟，根据美国环保署 1986 年的致癌风险评价导则，一般情况下外推中应采用多阶段模型。

表 6-6 常用的致癌物低剂量-反应外推模型

模式	表达式	模型在低剂量范围的曲线特征
对数-正态模型	$R(d)=\frac{1}{\sigma\sqrt{2\pi}}\int_{\infty}^{z}\exp(Z^2/2)\,dZ$ $Z=\frac{\lg d-U}{\sigma}$	次线性
威布尔模型	$R(d)=1-\exp(-\beta d^m)$	$\beta=1$ 时，线性；$\beta<1$ 时，超线性；$\beta>1$ 时，次线性
一次打击模型	$R(d)=1-\exp(-k_0-k_1d)$	线性
多阶段模型	$R(d)=1-\exp(-\sum_{i=0}^{n}k_id^i)$	$k_i>0$，线性。 $k_i=0$，次线性

注：表中，R 为暴露群体的预期效应发生率；d 为剂量；U 为群体中 $\lg d$ 的平均值；σ 为群体中 $\lg d$ 的标准差；i 为阶段序号；其他为剂量-反应关系曲线拟合系数；次线性是指特征介于线性和常数之间的状态。

6.2.4 生态风险中的压力-响应评价技术

突发环境污染事故对种群、群落乃至生态系统的影响，除了急性破坏以外，更多的是一种持续性、长期性的影响，体现为通过对物种个体的损害而达到干扰、危害种群、群落乃至生态系统的结构和功能的后果，风险评价中通常用压力源与胁迫因子之间的响应关系来反映。

压力-响应评价描述的是压力引发的响应，响应必须与评价终点相联系，压力-响应评价即研究不同的压力水平将产生什么样的生态响应。

生态响应分析涵盖 3 个基本要素：压力水平和生态响应的关系；可能发生或正在发生的压力暴露结果的概率分析；当评价终点不能直接度量测定时，如何确立与之关联度最大的可测量的生态响应参数。

在特定的生态风险评价中使用压力-响应关系是在问题形成阶段依据风险评价的范围和性质决定的，并在分析阶段得到反映。生态系统的响应通常是不连续的，因此对压力-响应关系的评价，通常是定性分析与定量分析相结合。

一般采用暴露向量来描述压力-响应关系，暴露向量通常包括强度、时间和空间 3 个要素。强度是描述化合物常用的向量，如剂量、浓度等；暴露的时间也用于描述压力-响应关系，而空间向量通常与物理压力有关。

如果没有明确的因果联系，生态风险评价的不确定性是非常高的。Fox 准则是一种以观察数据位基准的因果研究。

因果证据可以来自野外观察和实验数据，如果两方面数据都能被证明有效，因果关系得以强化。Fox 准则包括联系的强度、预测性特性、压力-响应关系证据、联系的一贯性 4 个要素。当特定评价需要的支撑数据不完整时，这些准则可提供研究有效信息的途径。

关联效应测定和评价终点。评价终点是应急事故风险评价中关心的环境价值的衡量。关联关系在风险分析阶段、缺乏完备信息的情况下，主要依靠专家判定法来完成。此时，评价者需要通过风险估计测定效应，然后将其与评价终点关联。在实验或观察数据充足时，应该

更多地依靠经验或机理模型进行外推。

外推是生态风险评价中一种常见而重要的评价方法，特别是在时间或实际手段受到限制时，同类生物之间、不同的响应之间、实验室到野外、地理区域之间、不同空间、短期效应和长期效应之间都可以外推。

压力-响应关系分析过程中的外推必须关注以下问题。评价终点是否具有特异性？是否需要增加时空范围内的受体或外推模式？是否满足外推所需要的数据要求？外推技术是否与生态信息一致？实际评级中，外推通常因为数据的不完备、经验不充分、作用机制不了解等因素而具有不确定性。

机制外推是基于对目标系统关键组分运作过程的理解。而专家判断方法依靠评价者的专业技术、专业预测小组和其他的技术方法，这些方法能够证明评价终点是与响应测量关联的。这是一种在经验模型缺乏数据库支撑或构建机制模型缺乏条件下的解决方法。在有科学依据和数据支撑基础上做出的专家判断与经验和机制模型同样可信，可用于地理区域之间的从实验室到野外效应的物种外推。

无论是将一个区域的野外数据外推到其他目标区域还是将实验室数据进行外推，都必须考虑区域之间的环境差异，具体如空间尺度、异质性、生态强制函数等。生态强制函数是指那些对生态系统结构和功能产生主要影响的非生物变异，强制指数过大则不宜外推。

经验和机制方法包括响应评测和评价终点之间的数值外推。应用不确定因子的复杂模型需要较多响应测定、系统测定和受体特征分析。

生态响应分析的最终结果是总结性的框架及压力-响应框架。框架以文件方式或机制模型表达，是风险表征的基础。压力-响应框架必须涵盖如下问题的答案。生态完整性是否受到威胁、响应的属性是什么？响应强度？生态恢复的时间尺度？压力与观测到的生态响应之间的具体内在关联？响应测定是否按照评价终点的变化而改变？整个分析过程的不确定性因素包括哪些？

6.2.5 应急评价中的风险表征技术

风险表征是风险评价的最后阶段，风险表征结果是直接作用于风险管理的依据。它利用前面 3 个阶段所获取的数据，通过综合暴露评价和剂量-效应评价以及压力-响应评价的结果，并考虑综合效应，计算在分析计划中确认的评价终点，即受体（人群、物种、种群、群落、生态系统、景观）在不同的暴露条件下究竟面临多大的风险，如可能产生的干扰、破坏的强度和概率，并对其可信度或不确定性加以阐述，得出区域范围内的综合生态风险值的大小并解释风险估计，最终以正规的报告形式提供给风险管理者，作为他们进行紧急情况处置和长期风险预防与管理的决策依据。健康风险表征和生态风险表征在内容上基本相同，均包括 3 个方面：对前面危害识别、暴露分析、剂量-效应评估或压力-响应评估 3 个阶段的结果进行综合分析；对有害物质（胁迫因子）的风险大小进行计算和分析；形成风险表征报告。风险表征中，多采用风险值作为风险大小的表征量，公式如式（6-40）所示。

$$R=P\times C \tag{6-40}$$

式中 R——风险值，危害/时间；

P——事故发生概率，通常考虑最大可信事故，事故次数/时间；

C——最大可信事故造成的危害，危害/事故次数。

健康风险表征和生态风险表征在技术上有所不同，分述如下。

6.2.5.1 健康风险表征技术

健康风险所考虑的风险诱因可简单划分为有毒有害物和易燃易爆物，各自所采取的风险表征技术如下。

（1）单因素风险计算

对于致癌物的健康风险评价而言，常常要将不同长度的暴露期间转换为终生暴露时间后再进行评价。对于非致癌物的短期暴露影响，可采用将短期暴露量与参考剂量进行比较的方法来判断，如果二者的比值大于1，就可以认为该化学物质的危害度较大。

致癌风险：

当 Risk<0.01 时，Risk＝CDI×SF。

当 Risk>0.01 时，Risk＝1—exp（—CDI×SF）。

非致癌风险：

HQ＝Intake 或 Absorbed dose/RfD。

式中 Risk——致癌风险，表示人群癌症发生的概率，通常以一定数量人口出现癌症患者的个数表示；

CDI——人体终生暴露于致癌物质的单位体重的平均日摄入量，mg/（kg·d）；

SF——斜率因子，kg·d/mg；

HQ——单污染物的非致癌危害风险，HQ 小于 1 时可认为风险较小；

RfD——参考剂量。

（2）多污染物总风险计算

指某一暴露途径各污染物风险之和。目前对于多种有毒有害物质的综合健康风险评价，一般采用的是将这些物质的风险度相加的简单方法。需要注意的是致癌物和非致癌物之间的评价方法是不同的。致癌物的作用被认为是相互独立的，因此多种致癌物的综合风险度就是各种致癌物独立风险度的算术加和，而非致癌物的评价一般采用危害指数法（HI），此方法假定同时暴露于阈值浓度的数种有毒有害物可导致一种危害后果，其大小和各种物质的暴露量与参考剂量之间的和成正比。

① 多暴露途径系统中污染物的累积致癌风险

$$\mathrm{Risk}_T^A = \sum_{i=1}^{n} \mathrm{Risk}_i^A \tag{6-41}$$

② 多暴露途径系统中污染物的累积非致癌风险

$$\mathrm{HI}_T^A = \sum_{i=1}^{n} \mathrm{HQ}_i^A \tag{6-42}$$

③ 致癌总风险

$$\mathrm{Risk}_T = \sum_{i=1}^{n} \mathrm{Risk}_i \tag{6-43}$$

④ 非致癌总风险：

$$HI=\sum_{i=1}^{n}HQ_i \tag{6-44}$$

式中 HI——多污染物的非致癌危害指数，其数值的大小表示风险的大小；

$Risk_i^A$——第 i 种暴露途径中 A 污染物的致癌风险；

HQ_i^A——途径 i 中 A 污染物的非致癌危害指数。

(3) 污染物暴露人群的风险表征

① 人群终生超额风险

$$R_1(D)=A\left[\frac{D\times10^{-6}}{RfD}\right] \tag{6-45}$$

式中 $R_1(D)$——有毒污染物通过某种暴露途径在 D 剂量下可致的人群终生超额风险，无量纲；

D——有毒污染物经某种暴露途径摄入的日军暴露剂量，mg/(kg·d)；

10^{-6}——与 RfD 相对应的可接受风险水平，$[mg/(kg\cdot d)]^{-1}$；

A——对 10^{-6} 的修正因子，通常假设 $A=1$。

② 人群终生患癌超额风险

$$R_2(D)=q_1^*(人)D \tag{6-46}$$

或

$$R_2(D)=QD$$

式中 $R_2(D)$——有毒污染物通过某种暴露途径在 D 剂量下可致的人群终生患癌超额风险，无量纲；

$q_1^*(人)$——由动物数据推算的人的致癌强度系数，$[mg/(kg\cdot d)]^{-1}$；

Q——由人的流行病学资料推算的人的致癌强度系数，$[mg/(kg\cdot d)]^{-1}$；终生指 0 岁人群的期望寿命，为 70 年；

D——个体终生日均暴露剂量，mg/(kg·d)。

③ 人群年患癌超额风险

$$R_3(D)=R_2(D)/70 \tag{6-47}$$

④ 人群超额病例数

$$EC=R_3(D)AG/(70\sum P_n) \tag{6-48}$$

式中 EC——人群超额病例数；

AG——标准人群平均年龄（近年人口普查数据）；

P_n——平均年龄 n 的年龄组人数。

(4) 火灾事故后果计算

火灾事故损失通常通过单位表面积在接触时间内所受辐射热能量或者单位面积所受辐射功率的大小来表征，如表 6-7 所列。

表 6-7 热辐射的不同入射通量造成的损失

入射通量/(kW·m²)	对设备的损害	对人的损害	损失等级
37.5	操作设备完全损失	1%死亡/(10s)	A
25.0	在无火焰时,长时间辐射下木材燃烧的最小能量	重大损伤/(10s) 100%死亡/min	B
12.5	有火焰时,木材燃烧,塑料熔化的最低能量	1度烧伤/(10s) 1%死亡/min	C
4.0	无	20s以上感到疼痛	D
1.6	无	长时间辐射无不舒适感	E

不同燃烧方式下热辐射的计算如下。

① 池火　可燃液体泄漏后溜到地面形成液池，或流到水面并覆盖水面，遇到火源燃烧形成池火。假设全部辐射热量由液池中心点的小球面辐射出来，则对地面池，在距液池中心x处的入射热辐射强度为：

$$I=\frac{Qt_c}{4\pi x^2} \tag{6-49}$$

式中　I——热辐射强度，W/m^2；

Q——总热辐射通量，W；

t_c——热传导系数，通常可取1；

x——目标点到液池中心的距离，m。

对于总热辐射通量：

$$Q=(\pi r^2+2\pi rh)\frac{dm}{dt}\cdot\eta H_c/\left[72\left(\frac{dm}{dt}\right)^{0.60}+1\right] \tag{6-50}$$

$$h=84r\left[\frac{dm/dt}{\rho_0(2gr)^{\frac{1}{2}}}\right]^{0.6}$$

液体沸点高于周围温度时：

$$\frac{dm}{dt}=\frac{0.001H_c}{c_p\ (T_b-T_o)\ +H}$$

液体沸点低于周围温度时：

$$\frac{dm}{dt}=\frac{0.001H_c}{H}$$

式中　r——液池半径，m；

η——效率因子，可取0.13～0.35；

H_c——燃烧热，J/kg；

m——物质质量，kg；

h——火焰高度，m。

ρ_0——周围空气密度，kg/m^3；

dm/dt——燃烧速度。

c_p——液体的定压比热容，J/(kg·K)；

T_b——液体的沸点，K；

T_0——环境温度，K；

H——液体的汽化热，J/kg。

② 喷射火　加压的可燃物质泄漏时形成射流，如果在泄漏裂口处被点燃，则形成喷射火。喷射火热辐射采用喷射扩散模式计算。把整个喷射火看成是由沿着喷射中心线上的几个热点源组成，每个热点源的热辐射通量相等，均为：

$$q=\eta Q_0 H_c \tag{6-51}$$

式中　q——热点源热辐射通量，W；

η——效率因子，可取 0.35；

Q_0——泄漏速率，kg/s；

H_c——燃烧热，J/kg。

射流轴线上某一点热源 i 对于其相距 x 的接受点的热辐射通量为：

$$I_i=\frac{qR}{4\pi x^2} \tag{6-52}$$

式中　I_i——热点源 i 到目标点 x 处的热辐射强度，W/m^2；

q——热点源的辐射通量，W；

R——辐射率，可取 0.2；

x——热点源到目标点的距离，m。

喷射火的全部热点源对接受点的热辐射通量只和为接受点受到的热辐射通量：

$$I=\sum_{i=1}^{n} I_i \tag{6-53}$$

式中　n——计算中选取的热点源的个数，一般取 5。

③ 火球　由于容器过热导致低温可燃液体沸腾，使容器的内压增大，致使容器外壳强度削弱，直至爆炸，内容物释放并被点燃，形成火球。

火球半径：

$$R=2.665m^{0.327} \tag{6-54}$$

式中　R——火球半径，m；

m——急剧蒸发的可燃物质的质量，kg。

火球持续时间：

$$t=1089m^{0.327} \tag{6-55}$$

式中　t——火球持续时间，s。

火球燃烧时释放的总辐射热通量：

$$Q=\frac{\eta H_c m}{t} \tag{6-56}$$

$$\eta=0.27p^{0.32}$$

式中　Q——火球燃烧时辐射热通量，W；

η——效率因子，取决于容器内可燃物质的饱和蒸汽压 p；

H_c——燃烧热，J/kg。

接受点所受入射热辐射通量：

$$I=\frac{QT_c}{4\pi x^2} \tag{6-57}$$

式中 T_c——导热系数，保守取值为1；

x——受体距离火球中心的水平距离，m。

（5）固体火灾

固体火灾的热辐射参数按照点源模型估算：

$$q_r=\frac{fM_cH_c}{4x^2} \tag{6-58}$$

式中 q_r——受体接受到的辐射强度，W/m^2；

f——辐射系数，可取 $f=0.25$；

M_c——燃烧速率，kg/s；

H_c——燃烧热，J/kg；

x——受体到火源中心间的水平距离，m。

（6）爆炸事故后果

爆炸是物质从一种状态通过物理的或者化学的变化突然变成另外一种状态，并放出巨大的能量而做机械功的过程。爆炸过程有极快的变化速度，会产生大量的热并形成气体产物。爆炸的破坏效应包括热辐射、一次破片、二次破片、冲击波等。爆炸风险表征方法常见的有直接估算损害等级法和TNT当量法。

① 直接估算损害等级法

$$R(s)=C(s)E_eN/3 \tag{6-59}$$

$$N=N_c\cdot N_m$$

式中 $R(s)$——损害半径，m；

$C(s)$——经验常数；

E_e——爆炸总能量，J，可由可燃极限内燃烧的热量乘以蒸汽量计算；

N——效率因子，指 E_e 在压力波中传播的比例；

N_c——燃料浓度持续展开所造成的损耗的比例，可取30%；

N_m——燃料的机械当量，取33%，即 N 大概可取0.1。

表6-8、表6-9给出了空气冲击波超压值对人体和建构筑物的损害。

表6-8 空气冲击波超压值对人体的损害情况

序号	超压值/($10^5 N/m^2$)	伤害程度	伤害情况
1	<0.2	安全	安全无伤
2	0.2～0.3	轻微	轻微挫伤
3	0.3～0.5	中等	听觉、气管损伤；中等挫伤、骨折
4	0.5～1.0	严重	内脏受到严重挫伤；可能造成死亡
5	>1.0	极严重	大部分人死亡

表 6-9　空气冲击波超压值对见构筑物破坏程度

序号	超压值/($\times10^5$N/m^2)	建构筑物的破坏程度
1	0.001～0.05	门窗玻璃安全无损
2	0.08～0.10	门窗玻璃有局部损坏
3	0.15～0.20	门窗玻璃全部损坏
4	0.25～0.40	门、窗框、隔板被破坏；不坚固的干砌砖墙、铁皮烟囱被摧毁
5	0.40～0.70	轻型结构被严重破坏；输电线铁塔倒塌；大树被连根拔起
6	0.70～1.00	砖瓦结构的房屋全被破坏；钢结构建筑严重破坏；行进中的汽车被破坏；大船被沉没

② TNT 当量法　对于凝聚相含能材料的爆炸，根据冲击波伤害-破坏准则，可以对爆炸伤害分区计算如下。

a. 死亡区。

即认为该范围内人员如果缺少防护，将无一例外地蒙受严重损伤或死亡，内径为 0，外径记为 $R_{0.5}$：

$$R_{0.5}=13.6\left(\frac{m_{\mathrm{TNT}}}{1000}\right)^{0.37} \tag{6-60}$$

$$m_{\mathrm{TNT}}=\frac{E}{Q_{\mathrm{TNT}}}$$

式中　m_{TNT}——爆炸源的 TNT 当量，kg；

E——爆炸总能量，kJ；

Q_{TNT}——TNT 爆热，取 4520kJ/kg。

b. 重伤区。

即认为如果该范围内人员缺少防护，则绝大多数人将遭受严重伤害，极少数人可能死亡或仅受轻伤。

c. 轻伤区。

即认为如果该范围内人员缺少防护，则绝大多数人将遭受轻微伤害，极少数人可能受重伤或安全，外径分别记为 $R_{d0.5}$、$R_{d0.01}$，可采用超压准则计算：

$$\Delta p=\begin{cases}1+0.1567Z^{-3}, & \Delta p>5\\ 0.137Z^{-3}+0.119Z^{-2}+0.269Z^{-1}-0.019, & 10>\Delta p>1\end{cases} \tag{6-61}$$

$$Z=R\left(\frac{p_0}{E}\right)^{\frac{1}{3}}$$

式中　R——目标到爆炸源的水平距离，m；

Δp——冲击波超压，pa，重伤区为 44000Pa，轻伤区位 17000Pa；

p_0——环境压力，Pa。

$R_{d0.5}$、$R_{d0.01}$也可以根据冲击波超压直接用式（6-62）计算。

$$R=0.3967m_{\mathrm{TNT}}^{\frac{1}{3}}\exp\left[3.5031-0.7241\ln\Delta p+0.0398(\ln\Delta p)^2\right] \tag{6-62}$$

d. 安全区。

即该区域内人员在无防护条件下依然保证绝大多数人不受伤害的范围。

（7）有毒物质扩散事故后果表征

任一毒物泄漏，从吸入途径造成的效应包括感官刺激或轻度伤害、确定性效应（急性致死）、随机性效应（致癌或非致癌等效致死率）。健康风险评价通常只考虑急性危害。

毒性影响通常采用概率函数形式计算有毒物质从污染源到一定距离能造成死亡或伤害的经验概率的剂量。概率 Y 与接触毒物浓度及接触时间的关系为：

$$Y = A_t + B_t \log_e [D^n t_e] \tag{6-63}$$

式中　A_t、B_t 和 n——与毒物性质有关；

D——接触的浓度，kg/m^3；

t_e——接触时间，s；

$D^n t_e$——毒性负荷，在一个已知点其毒性浓度随着雾团的通过和稀释而变化。

鉴于目前许多物质的 A_t、B_t 和 n 参数的资料有限，因此在危害计算中仅选择对有成熟参数的物质按上述计算式进行详细计算。

在实际应用中，可用简化分析法，用 LC_{50} 浓度来求毒性影响。若事故发生后下风向某处，化学污染物 i 的浓度最大值 D_{imax} 大于或等于化学污染物 i 的半致死浓度 LC_{50}，则事故导致评价区内因发生污染物致死确定性效应而致死的人数 C_i 由式（6-64）给出。

$$C_i = \sum_{\ln} 0.5 N(x_{i\ln}, Y_{j\ln}) \tag{6-64}$$

式中　$N(x_{i\ln}, Y_{j\ln})$——浓度超过污染物半致死浓度区域中的人数。

6.2.5.2　生态风险表征技术

生态风险表征技术的核心是生态风险的估计。生态风险估计是通过综合暴露和响应数据进行风险计算，并研究其不确定性，估算评价终点面临的不利效应的可能性。该过程使用暴露与压力-响应框架。估计的方法包括定性分析和定量计算，以及将定性分析和定量估算综合考虑 3 种。

（1）生态风险估算的常用方法

① 以定性分类表达的风险估计　这种方法多用于暴露、响应数据不足或缺乏直接性的定量指标的场合。

② 单点暴露-响应对比的风险估计　当定量评估暴露和响应的数据较为充分时，最直接的方法就是两个数据的对比分析。对比的比值由暴露浓度除以响应浓度得出，通常又被称为商值法，其特点是简捷、直接。

③ 压力-响应关系的综合风险估计　如果压力-响应框架通过归纳整理后，可形成压力水平与响应程度的关联曲线及其对应的图件，通过曲线图，很容易检验不同暴露水平下的风险强度。

④ 综合暴露和响应估计的变异性　如果暴露或压力-响应框架描述了暴露或压力的变异，则可以计算不同变异状态下的风险。暴露变异可用于描述被调查种群、群落、生态系统的高低；响应变异可用于描述敏感受体和普通受体的不同风险。

⑤ 以暴露和响应为基础，采用部分或完全理论近似的机制模型估算风险　机制模型是在对评价系统内在运作机理掌握的基础上的数学模型，既可以用于风险分析，也用在风险表

征阶段。

(2) 生态风险估算常用的指标

不同的生态系统在维护生物多样性、保护物种、完善整体结构和功能、促进景观结构自然演替等方面的作用是有差别的；同时，不同生态类型对外界干扰的抵抗能力也是不同的。在生态风险损失估算过程中，常用的指标包括生态指数、生态脆弱度指数和生态损失度指数3个。评价中，以生态指数这一指标来反映不同生态系统的完整性、重要性、自然性，生态系统的生态意义和地位，以脆弱度指数来体现不同生态系统的易损性，以生态损失度指数表示遭遇灾害时各类型所受到的生态损失的差别。

① 生态指数　测量生态系统生态指数的指标如下。

a. 物种保护指数：指某一生态系统类型在养护国家重点保护或濒危物种中的地位，以这一系统中各级保护物种占整个区域内相应保护物种的比例来表示：

$$C_i=\frac{\sum\lambda_j U_{ij}}{U_j} \tag{6-65}$$

式中　C_i——第 i 类生态系统的物种保护指数；

U_{ij}——第 i 类生态系统中 j 级保护物种种数；

U_j——区域中 j 级保护物种种数；

λ_j——j 级保护物种在本区的生态权值。

b. 生物多样性指数：用某一生态系统类型的物种数占整个三角洲区域的物种数的比例来表示：

$$V_i=M_i/M \tag{6-66}$$

式中　V_i——第 i 类生态系统的生物多样性指数

M_i——第 i 类生态系统中的物种数；

M——整个区域内的物种数。

c. 干扰强度和自然度：干扰强度表示人类的干扰作用，干扰强度越小，越利于生物的生存，因此，其针对受体的生态意义越大。干扰强度可用单位面积生境类型内的廊道长度来表示：

$$W_i=L_i/S_i \tag{6-67}$$

式中　W_i——受干扰强度；

L_i——第 i 类生态系统内廊道（公路、铁路、堤坝、沟渠）的总长度；

S_i——第 i 类生态系统的总面积。

因干扰强度与生态系统的天然状态负相关，用下式表示生态系统类型的自然度 N_i。

$$N_i=1/W_i$$

显然，自然度越大，其生态意义越大。

根据以上公式计算出 C_i、V_i、N_i 等指标后，由于数值的量纲不同，需进行归一化处理，并在此基础上加权合成各生态系统类型的生态指数。

$$E_i=aC_i+bV_i+cN_i \tag{6-68}$$

式中　E_i——第 i 类生态系统的生态指数；

a、b、c——指标的权重，且满足 $a+b+c=1$。

② 生态脆弱度指数　生态脆弱度表示一个种群、生态系统或景观对外界施加胁迫或干扰的抵抗力，该指数反映了不同生态系统类型的敏感度。抵抗力越弱则脆弱度越高。生态系

统脆弱性与其在景观自然演替过程中所处的阶段有关，一般情况下，处于初级演替阶段、食物链结构简单、生物多样性指数小的生态系统较为脆弱。

与生态指数一样，生态脆弱度指数也是一个综合指数，通常可能包括植被覆盖度、物种多样性指数、水土流失率、作物受损率等指标。由于不同指标数据单位不同，指标需做标准化处理，然后根据不同指标在生态脆弱度评价中的地位和作用的不同，设置相应权重，如式(6-69)：

$$F_i = \sum_{j=1}^{n} [w_j f(x_j)] \tag{6-69}$$

式中 F_i——某生态系统类型 i 的生态脆弱度指数；

x_j——第 j 个指标的数据；

$f(x_j)$——x_j 指标标准化处理后的值；

w_j——第 j 个指标的权重。

③ 生态损失度指数　生态损失度指数是某一生态系统的生态指数和脆弱度指数的综合，在相同风险下，不同生态系统的生态损失度是不同的。生态损失度指数以式（6-70）表示。

$$D_i = E_i F_i \tag{6-70}$$

式中 D_i——第 i 类生态系统的生态损失度指数；

E_i——第 i 类生态系统的生态指数；

F_i——第 i 类生态系统的脆弱度指数。

④ 生态综合风险的表征　生态综合风险的表征即风险值的度量方法。风险值是整个受突发污染事故影响区域的整体生态风险的表征，它包含了风险源的强度、发生概率、风险受体的特征、风险源对风险受体的危害等众多信息。假设在某特定突发环境污染事故下，有 i 种生态系统受其影响，其计算基本公式为：

$$R = \sum_{i=1}^{n} (PD_i) \tag{6-71}$$

式中 R——所有受此突发环境污染事故影响的生态系统类型的生态风险值；

P——该突发污染事故发生的概率；

D_i——第 i 种生态系统类型的生态损失度。

6.3 风险事故后评价

6.3.1 评价内容、目的、步骤、技术方法

突发风险事故发生以后，其一给周围环境造成巨大危害，人畜伤亡，经济受损；其二可能引发法律纠纷，影响人们的生活、工作；其三，对于可能产生的次生灾害和恢复评价，往往需要很长时间。风险事故后评价，就是要进一步做好调查取证、预测评价事故造成的中长期影响、次生影响评估、经济损失评价、索赔与赔偿、事故风险管理的经验总结和更新等善后工作。由于风险事故对环境、社会影响十分复杂，详细的后评价和经济损失评价复杂且费时，因此事故的后评价主要是针对那些具有重大社会影响的风险事故。

事故后评价的目的是回答以下问题：事故等级；事故发生的原因；事故责任的界定；事故危害的途径及范围；事故污染情况及后果；事故造成的损失；应急任务完成情况；事故应

急措施与应急预案的可靠性及有效性等。

与一般事故的现状评价和影响预测相比，事故后评价的主要内容包括评价范围、评价工作等级、事故危险因子识别及源项分析，同时，事故后评价在对事故危害的短期影响进行调查及评价的同时，还增加了对事故中、长期影响的调查及评价等工作内容。所以后评价采取的技术方法既包括一般现场调查、质量监测、剂量-效应关系分析或压力-响应关系分析、模型预测等，还着重强调生物监测、流行病学数据收集、人群健康危害统计等技术手段的应用。

除了在评价内容上强调对事故的中、长期破坏和健康危害的调查评估；在评价技术手段上强调实际污染的生物标志物监测、流行病学数据统计分析以外，与一般评价相比，事故后评估在评价重点上还特别关注社会经济环境损失评价和应急过程回顾评价。

6.3.2 社会经济环境损失评价

6.3.2.1 经济损失的分类

一般情况下，突发性事故造成的损失，无论是社会损失、经济损失还是环境价值的破坏，可分为两类，一类是直接损失，另一类为间接损失。

(1) 直接经济损失

指事故直接导致的、事故得到有效控制前已经形成的经济损失以及为控制事故损失扩大而产生的经济损失。直接经济损失包括如下几项。

① 财产损失　设备、工程设施、工具、材料、产成品、半成品等损毁导致的经济损失。

② 环境资源损失　土地、植被、水体（地表水、地下水、海域）、林业、渔业、畜牧业、珍稀动植物、风景名胜区、自然保护区、其他环境敏感区的破坏或污染而造成的经济损失。

③ 人员伤亡损失　即人员伤亡造成的直接经济损失，包括丧葬、抚恤、补助、医疗费用等。

④ 事故污染控制费用、抢救费用、现场清理费用　主要是为遏制事故发生、防止污染扩大和应急抢修的费用支出。

(2) 间接经济损失

指事故遏制后发生的，与事故间接相关的费用的增加或收入的减少。间接经济损失包括如下几项。

① 群众安置迁移费用。

② 恢复生产费用。

③ 恢复生态环境的费用。

④ 由事故引发导致的违约金、罚金、诉讼费。

⑤ 补充新职工的费用，如招工、培训、安置等。

⑥ 事故发生后，由于事故抢修处理和恢复生产影响工时、延缓生产、服务年限缩短而造成的经济损失。

⑦ 事故发生对工厂声誉、品牌造成的无形资产损失等。

6.3.2.2 经济损失的计算方法

总经济损失计算概念公式为：

$$L_T=L_d+L_i \tag{6-72}$$

式中 L_T——总经济损失，万元；

L_d——直接经济损失，万元；

L_i——间接经济损失，万元。

（1）土地资源损失的计算

$$V_L=\sum_{i=1}^{n}(a_iN_iP_iQ_i) \tag{6-73}$$

式中 V_L——各种土地资源因为环境污染事故受损或者丧失使用价值的总损失价值，万元；

a_i——各种土地资源的受损系数，取值范围为0～1；

N_i——土地资源恢复其原来的使用功能所需的年限，年；

P_i——各种土地资源当期的地租价格，万元/hm²；

Q_i——受损或丧失使用功能的土地面积，hm²。

（2）水资源损失的计算

根据用途的不同，水资源可分为生活用水、生态用水、工业生产用水、农业生产用水4类。可根据其用途和所在地区的不同确定水资源的价格，其一般计算公式为：

$$V_W=\sum_{i=1}^{4}(Q_iP_i) \tag{6-74}$$

式中 V_W——受污染水资源损失的总价格，元；

Q_i——受污染的第i种用水类型的用水量，t；

P_i——受污染的第i种用水类型的水价，元/t。

生态用水目前缺乏市场价格，可参照农业用水价格进行计算。

（3）农业损失量的计算

农业损失量是指由于事故的发生使得影响范围内的各种农作物的损失，包括各类农作物死亡或损失的数量，在损失计算中应当包括茶园、果园、桑园等。对于茶园、果园、桑园的损失，按照果实和果木分别计算损失。

农作物的损失计算可由下面公式得出：

$$V_a=\sum_{i=1}^{n}(a_iP_iQ_i) \tag{6-75}$$

式中 V_a——事故引起农作物减产或死亡造成的经济损失，元；

a_i——事故引起的第i种农作物损失率，取值范围为0～1；

P_i——第i种农作物的当月平均市场价格，元/kg；

Q_i——第i种农作物的损失产量，kg。

实际运用中，也可调查受损作物的主要类型及其市场价格，取平均值，用统计公式（6-76）计算：

$$V_a=AEFGH\times10^{-4} \tag{6-76}$$

式中 V_a——污染造成的农作物经济损失，万元/年；

A——受污染的土地面积，亩[1]；

[1] 1亩≈666.67m²，下同。

E——农业用地比例，%；

F——农作物平均产量，kg/亩；

G——农作物减产率，%；

H——农作物平均单价，元/kg。

（4）渔业损失量的计算

事故中的渔业损失量是指事故造成的鱼、虾、蟹、贝、藻以及珍稀濒危水生野生动植物死亡或受损的数量。计算方法的选择应该根据事故水域的类型、水文状况、受污染面积以及损害资源的种类而定，如围捕统计法、调查估算法、统计推算法、专家评估法等，具体操作可根据农业部发布的《水域污染事故渔业损失计算方法规定》（1996）实施。

（5）财产损失估算

① 设备、设施、工具等固定资产损失　当固定资产全部报废时，其损失用资产净值与残存价值的差表示：

$$L_s = V \cdot (1-R)^{n'} - V_{n'} \tag{6-77}$$

$$R = 1 - n\sqrt{\frac{V_n}{V}}$$

式中　L_s——固定资产的损失；

$V_{n'}$——事故发生后固定资产残存价值；

R——固定资产折旧率；

n'——事故发生时固定资产已经使用的年限；

n——预计使用年限；

V_n——估计残值；

V——固定资产原值。

当固定资产可以修复时，其计算公式为：

$$L_s = L_r + [V \cdot (1-R) - V_{n'}] \cdot (1 - \frac{\eta'}{\eta}) \tag{6-78}$$

式中　L_r——固定资产的修复费用；

η'——固定资产修复后的生产效率；

η——事故发生前固定资产的生产效率。

② 居民房屋损失　破损后经过维修可以恢复的，按实际发生的修复费用计算；损毁后不能继续居住的，按重置价值计算。住房是旧房（居住 6 年以上），按重建普通住房计算，参考当地的平均标准；住房时新房［5 年内，（含 5 年）］，按当地新房重置标准计算。

③ 材料、产品等流动资产的物质损失的计算　材料的损失计算：

$$L_m = M_q \cdot (M_c - M_n) \tag{6-79}$$

式中　L_m——材料的价值损失；

M_q——材料的损失数量；

M_c——材料的账面单位成本；

M_n——材料的残值。

成品、半成品与在产品的损失为：

$$L_p = P_q \cdot (P_c - P_n) \tag{6-80}$$

式中 L_p——成品、半成品与在产品的损失；

P_q——成品、半成品和在产品的损失数量；

P_c——成品、半成品和在产品的生产成本；

P_n——成品、半成品和在产品的残值。

④ 居民日用品及其他财产的损失　能修复的按照修复费用计算；不能修复的按重置价值减去残值计算。

（6）人员伤亡损失估算

① 死亡损失计算　污染事故造成死亡的损失计算内容包括死亡赔偿金和抚恤费用。

② 造成人身残疾的损失计算　人身残疾的费用是医疗费、误工费、住院伙食补助费、护理费、残疾用具费、残疾人生活补助金、被抚养人生活费、交通费、住宿费9项的综合。

③ 人群疾病的经济损失

$$L_h = P_0 (1+\lambda)^t \cdot a [D \cdot R (1+i)^t + B] \times 10^{-4} \quad (6\text{-}81)$$

式中 L_h——因受污染引起人群疾病的经济损失，万元/a；

P_0——受污染影响的人口数，人；

λ——人口自然增长率，‰；

t——事故发生后的影响年份，年；

a——事故发生后比发生前的发病率增加值，‰；

D——因患病造成的人均误工日，d/(人·a)；

R——当前当地人均劳动价值，元/(人·d)；

i——国民经济年增长率，%；

$R(1+i)^t$——事故发生后第 t 年的人均劳动价值，元/(人·d)；

B——因受污染影响的人平医疗费，元/a。

④ 事故污染控制费用、抢救费用和清理现场费用等的计算依实际开支核对。

6.3.3 应急过程回顾评价

应急过程回顾评价是事故影响后评价的特有要求，对应急过程实施回顾评价有助于总结应急过程中的经验教训，为改进和完善应急管理、监测，完备应急预案，提高应急处置技术水平提供了重要的借鉴。

应急过程回顾评价就是对应急救援行动从预警到事故处理完毕的每一个环节进行总结评价，分析各个环节是否达到相应的事故应急预案的要求。

（1）预案编制

调查事故发生单位是否按照规定编制过应急预案，事故发生时，企业相关部门是否立刻实施了应急预案的规定内容，评估该单位是否具备把事故造成的污染控制在企业内部的能力，如需上级援助时，是否有立即上报当地政府应急污染事故处理的主管部门，应急预案规定的企业负责人是否按照要求第一时间在现场指挥，投入的人力、物力、财力是否充足积极。

（2）报告

调查企业是否在发生突发性事件后，根据突发性事件类型（如重大事故、特大事故等）在相应规定时间内向所在地地方人民政府和相关专业主管部门报告，并立即组织进行现场调

查。调查所在地地方人民政府和相关专业主管部门是否有根据突发性事件类型，按照地区/市级、省级、国家事故应急预案的规定和要求，在规定时间内逐级上报。调查各级部门的报告内容是否真实，有无瞒报、虚报或漏报现象等。

（3）接警

调查接报人接收到来自自动报警系统的警报，是否有指派现场人员核实，并同时通知救援队伍做好救援准备或其他符合实际的规定。

如果接到人工报警，是否问清事故发生的时间、地点、单位、事故原因、事故性质、危害程度等，是否有做好相关记录并通知救援队伍，是否有立即向上级报告。

（4）指挥和协调

重大的环境污染事故的应急救援通常有多个救援机构参与，因此，应调查是否有统一的应急指挥、协调和决策程序，是否有效迅速地对事故进行初始评估，是否迅速有效地进行应急响应决策，是否有建立现场指挥中心进行物资、人员、装备、通信的指挥、沟通和协调。

调查指挥中心有无采取下列措施，若有，落实情况如何，实际效果如何：提出现场应急行动原则要求；指派有关专家和人员参与现场应急救援指挥部的应急指挥工作；协调各级、各专业应急力量实施应急支援；及时向上级政府报告应急行动的进展情况；协调受污染威胁的周边地区其他危险源、重要敏感区（如水源地、桥梁、人口密集区）的监控工作；协调建立现场警戒区和交通管制区域，确定重点防护区域；受灾群众安置；根据现场监测结果，确定受灾群众返回时间。

（5）警报和紧急公告

调查企业是否已建立起防护措施和有效通信机制，并已经将防护措施、公众避险的最佳方案通知应急指挥中心，周边可能受事故影响的区域内，是否有向公众发出警告和紧急通知，是否有详细告知公众事故的性质、对健康的影响、自我防护措施、注意事项等。

指挥中心是否成立了信息发布部门负责与各个媒体进行沟通协调，使广大社会公众掌握事件的真实情况和进展，避免媒体的误报和公众的猜测，以讹传讹，造成社会恐慌。信息发布部门有无信息审查制度，确保发布的新闻稿和信息准确。

（6）事故通报

调查当发生跨区域污染时，突发环境污染事故发生地的当地人民政府有关类别环境事件专业处置主管部门在应急响应的同时，有无及时向毗邻和可能波及的其他行政区域人民政府和有关类别环境事件专业处置主管部门通报突发环境污染事件的情报。同时要调查接到通报的行政区域的人民政府及环境之间专业主管部门有无在接到通报以后，视情况采取必要的预防措施，并向上级人民政府报告。

（7）通信

调查在应急行动中，所有直接参与或者支持应急行动的组织（公安、消防、环保、应急中心、医疗卫生等等）是否都能保持通信正常和畅通，是否存在因为通信不畅引发的救援延误。

（8）应急监测

调查应急监测是否按规定的程序进行，响应是否迅速，监测内容是否全面，监测数据是否准确，监测结果是否及时向应急指挥部汇报。

（9） 初始报告文件(书、表、专题)

应调查事故单位初始报告文件中的风险评价是否正确，是否完整识别出了重大危险源和污染物质的种类、数量，预测结论是否真实准确，提出的重点保护区域和相应的防护行动方案是否准确可靠。调查环评单位的风险评价结论和相应的防护行动方案是否有被列入企业的应急预案。

（10） 警戒和治安

调查负责警戒和治安的公安、交通、武警部门是否采取了有效措施，维持交通秩序和社会稳定，保护撤离区的重要目标。

（11） 应急疏散和安置

人群疏散是减少人员伤亡扩大的关键。应当调查应急过程中是否对紧急情况和决策、预防性疏散准备、疏散区域、疏散距离、疏散路线、交通工具、安置场所以及回迁等做出细致的规定和准备，临时安置场所的水、电、食物、卫生等基本条件是否有保障。

（12） 事故应急措施和减缓技术

根据事故后的跟踪监测和调查结果判断事故应急措施与减缓措施的有效性，应急措施有无造成二次污染。

（13） 现场人员防护和救护

调查事故现场人员是否得到足够的安全防护，伤员是否得到妥善现场处置和及时转移。

（14） 事故现场恢复

调查事故应急处置结束后，现场是否得到妥善清理，公共设施是否得到基本恢复，是否有继续对影响区域内环境质量进行必要的跟踪连续监测。

参考文献

[1] 郭振仁，张剑鸣，李文禧．突发环境污染事故防范与应急 [M]．北京：中国环境科学出版社，2010.

[2] 宁波市环境监测中心．快速检测技术及在环境污染与应急事故监测中的应用 [M]．北京：中国环境科学出版社，2011.

[3] 中国环境监测总站．全国环境监测培训系列教材：应急监测技术 [M]．北京：中国环境出版社，2013.

[4] 夏卫红，高峰．突发环境污染事故及其应急监测 [J]．上海应用技术学院学报，2005，53：240-242.

[5] 李国刚．环境化学污染事故应急监测技术与装备 [M]．北京：化学工业出版社，2005.

[6] 张羽．城市水源地突发性水污染事件风险评价体系及方法的实证研究 [D]．上海：华东师范大学，2006

[7] 王晓东，吴群红，郝艳华，等．突发性公共卫生事件应急能力评价指标体系构建研究 [J]．中国卫生经济，2013，326：47-50.

[8] 曹建主，曲静原．核事故后果的计算机评价模式现状与新动向 [J]．辐射防护通信，2000，204：76-82.

[9] 闫绪娴，董焱．应急管理评价国内研究文献综述 [J]．商业时代，2013(36)：102-104.

7 应急防护与处置

突发环境污染事件不同于一般的环境污染，它没有固定的排放方式和排放途径，而是突然发生、来势凶猛，在瞬时或短时间内排放大量的污染物。为避免对环境造成严重污染和破坏，给人民的生命和国家财产造成重大损失，环保部门应做好突发污染事故的预防，在突发环境污染事件发生后，采取相应的应急防范和处理处置措施。

7.1 现场应急防护与救援

突发环境污染事故发生后，在做应急监测的同时，应同时展开紧急防护与救援工作，第一时间控制污染事故的局面，把污染事故的危害尽量减小到最低。

在发生较大的突发环境污染事件时，应急行动首要的工作是控制事故污染源和防止污染造成对人等重要保护对象的伤害。按突发性事故的性质和地形以及污染预测模式将事故现场划分为救援区域、防护区域和安全区域，并设置相应的监控点位实时调整。

事故发生后，还没有造成最大的损失时，首先应进行人员疏散。人员疏散一般有两种，一种是异地转移，另一种是原地疏散。异地转移是指把所有可能受到事故伤害的人员从危险的区域安全转移到安全区域。异地转移是在有限时间里，向群众报警，劝说并协助其离开。必要时，可强行转移。如果是气体泄漏或爆炸，一般选择上风向离开，而且是要有组织有秩序地离开。撤离有一个条件，那就是要有足够的时间向群众报警，并帮助其转移，如果时间已经不允许转移，转移已经来不及，甚至转移就有危害时，就采取就地保护的方式。就地保护指人为了躲避事故危害而进入建筑物或其他设施内的一种保护行为。如果采取就地保护，那么建筑屋内的人应该关闭所有门窗通风、加热、冷却系统等，等到解救人员赶到。在人员疏散的同时，应隔离事故现场，建立警戒区，启动应急预案。根据事故的性质，例如化学品泄漏的扩散情况、爆炸火焰辐射热等建立警戒区，并在通往事故现场的主要干道上实行交通管制。

突发环境污染事件的应急监测、应急处理、救援与善后处理所涉及的面很广，很大，必须依靠各级政府部门统一领导，协调各方面人员密切配合，建立有部队、公安、消防、卫生、安全、邮电和环保等部门参与的应急防护和救援系统方案，以便区分各单位之间的职责分工。一旦发生污染事故，保证该系统能快速有效地运行，全方位地开展救护工作。

如果事故来得突然，来不及疏散人员，人员死伤严重，那么由事故发生地省级行政部门负责处置工作中的医疗卫生保障，组织协调各级医疗救护队伍实施医疗救治，根据人员受伤类型和程度，落实药品和医疗器械。卫生医疗队伍接到指令后就要迅速进入事故现场实施医疗急救，能现场处理就处理，不能处理急需送医院的马上送医院。

7.2 常见突发环境污染事故应急处理处置技术

7.2.1 应急隔离技术

(1) 应急隔离

① 财产的隔离　事故发生后，在时间和安全允许的情况下，尽量把没有被污染的或毁坏的财产隔离转移。隔离又分为两种，原地隔离和异地隔离。原地隔离就是短时间无法全部转移财产，只能在污染源或者事故中心建立一个隔离带，亦称保护墙，确保财产的安全，等待救援队伍的到来。异地转移就是人们能够在短时间内把财产搬走。这是最安全但实际情况使用较少的方法，除非财产少、轻便。

第一时间到达的消防队要迅速开展了解污染物种类、性质、数量、扩散面积以及随时间延长可能影响的范围、污染物和可疑中毒样品的采集，并以最快的速度将监测结果报告现场指挥组和救治单位，为中毒人员救治赢得时间，同时保留样品作为证据和以后研究。

各应急组和应急指挥部成员单位到达现场后，应服从应急指挥部总指挥的命令，立即参与现场控制与处理，尽量切断污染源，隔离污染区，防止污染扩散，减少污染物的产生，减少危害面积。

② 人员的隔离　对于突发环境污染事故，保护人的生命是第一位的。在财产与人的安全发生冲突的时候，首选人的安全。对人员的隔离分为异地转移和就地保护。异地转移与7.1部分中人员疏散的异地转移相似。就地保护指人进入建筑物或其他设施内，直至危险过去。当异地转移比就地保护更危险或异地转移无法进行时，采取此项措施。指挥建筑物内的人关闭所有门窗，并关闭所有通风、加热、冷却系统。

(2) 固体物覆盖法

① 对于有毒化学品泄漏、扩散事件，污染物一般为有毒有害和腐蚀性的物质，为防止污染范围扩大蔓延，污染大气和周围的居民、设施，可用干燥石灰、炭或其他惰性材料或砂土进行覆盖，或者冷冻剂冷冻，有效阻隔污染物，防止二次污染。若是有毒有害物质，应设法在覆盖物中加入其他化学制剂，降低毒性和危害程度。若是酸性或者碱性的腐蚀性污染物，应在覆盖物中加入中和剂，最终 pH 值控制在 6～9 之间。例如硫酸泄漏物，可用砂土、干燥石灰覆盖，其中加入纯碱-消石灰溶液中和。

② 对于易燃易爆危险品泄漏、爆炸事件，污染物包括易燃液体、爆炸物品、遇湿易燃物品、易燃固体，为防止发生燃烧爆炸事故，应立即用砂土一类的固体进行覆盖隔离，远离火源，使其不能与其他物质发生混合反应。若物品已经燃烧，应使用干粉、水泥粉强行实施窒息灭火，防止火势变大。待灾情控制后，再将未破损的物品疏散转移。

(3) 堵漏与围栏法

污染事故发生后，泄漏处理一般分泄漏源控制和泄漏物处置两部分。堵漏就是从泄漏源

控制。为防止污染情形继续恶化，必须采取强制手段实施止漏，能关阀的要强行关阀止漏，不能关阀的要设法堵漏，首先要尽快从源头上控制住，这样有利于下一步对泄漏物的处理。常用的堵漏方法如表 7-1 所列。

表 7-1 堵漏方法

部位	形式	方法
罐体	砂眼	使用螺丝加黏合剂旋进堵漏
	缝隙	使用外封式堵漏袋、电磁式堵漏工具组、粘贴式堵漏密封胶(适用于高压)、潮湿绷带冷凝法或堵漏夹具、金属堵漏锥堵漏
	孔洞	使用各种木楔、堵漏夹具、粘贴式堵漏密封胶(适用于高压)、金属堵漏锥堵漏
	裂口	使用外封式堵漏袋、电磁式堵漏工具组、粘贴式堵漏密封胶(适用于高压)
管道	砂眼	使用螺丝加黏合剂旋进堵漏
	缝隙	使用外封式堵漏袋、电磁式堵漏工具组、粘贴式堵漏密封胶(适用于高压)、潮湿绷带冷凝法或堵漏夹具
	孔洞	使用各种木楔、堵漏夹具、粘贴式堵漏密封胶(适用于高压)堵漏
	裂口	使用外封式堵漏袋、电磁式堵漏工具组、粘贴式堵漏密封胶(适用于高压)堵漏
阀门		使用阀门堵漏工具组、注入式堵漏胶、堵漏夹具堵漏
法兰		使用专用法兰夹具、注入式堵漏胶堵漏

剧毒物质泄漏事故处理时应注意两点：一是对已受污染的水体有效截流堵漏，防止污染扩大蔓延，并及时对水体污染进行解毒除污处置；二是处置对象不仅应考虑污染物直接泄漏的水体，还应考虑其下游及周边可能影响的地表水水域，以及可能的地下水污染，土壤及农作物的污染。

对已流出的污染物，要尽快防止它向四周蔓延，污染环境。泄漏物处置时可以采用围栏收容法。若泄漏事故发生在海上，可设浮游的围栏，把泄漏物堵截在固定区域内再进行海上打捞；若泄漏事故发生在陆地上，可根据地形地势，泄漏物流动情况，修筑围堤栏或挖掘沟槽堵截、收容泄漏物，避开河流、小溪等水源地。这样做不仅可以限制泄漏物的污染范围，还便于泄漏物的回收和处置。对于大型液体泄漏，收容后可选择用泵将泄漏出的物料抽入容器内或槽车内进一步处置。

7.2.2 应急转移技术

7.2.2.1 吸附

吸附是指溶液中的物质在某种适宜界面上积累的过程。吸附质是由液相运动至界面的物质，吸附剂是供吸附质在其中积累的固体、液体或气体相。活性炭吸附工艺已经得到广泛接受并被认为是一种常规生物处理装置出水的精制过程。本书主要关注吸附工艺在突发环境污染事件中的应用。

吸附的处理方法在很多的突发环境污染事件中被广泛使用，都取得了不错的效果。

(1) 吸附剂的种类

吸附剂主要包括活性炭、磺化煤、焦炭、碎焦炭、木炭、木屑、泥煤、高岭土、硅藻土、炉渣、合成聚合物及硅系吸附剂。活性炭吸附效果好、价格适中、来源广泛，所以突发污染事件中选用最多的吸附剂是活性炭。下面将讨论活性炭的性质、颗粒活性炭及粉末活性炭在突发污染事件中的应用。

（2）活性炭

在我国，利用活性炭吸附去除难降解有机污染物技术已经开始在水厂中推广使用，投加粉末活性炭是应对突发重大污染事故重要的应急保障措施。

活性炭首先是将煤、木材、骨质、杏核、椰壳及胡桃壳等有机材料制备成炭。由不同原材料制备的活性炭，其孔径分布及再生特性也可能不完全相同。炭经过活化处理后，可分离成具有不同吸附容量、不同粒径的活性炭。按照粒径的大小可将活性炭分为两类：粉末活性炭（PAC），典型粒径小于0.07mm；颗粒活性炭（GAC），粒径大于0.1mm。颗粒活性炭和粉末活性炭的特性汇总于表7-2。

表7-2　颗粒活性炭与粉末活性炭特征比较

参数	单位	活性炭类型	
		GAC	PAC
总表面面积	m^2/g	700～1300	800～1800
松密度	kg/m^3	400～500	360～740
颗粒密度(在水中浸湿)	kg/L	10～15	0.3～14
颗粒粒径范围	mm(μm)	0.1～236	(5～50)
有效粒径	mm	0.6～0.9	—
不均匀系数(UC)	—	≤19	—
平均孔半径	10^{-9}	16～30	20～40
碘值	—	600～1100	800～1200
磨蚀数	最小	75～85	70～80
灰分	%	≤8	≤6
水含量(按压紧状态)	%	2～8	3～10

活性炭对大部分有机物都具有较强的吸附能力，活性炭易吸附的有机物包括：芳烃溶剂类、苯、甲苯、硝基苯类、氯化芳烃类、五氯酚类、氯酚类、多环芳香烃类、苯并芘类、杀虫剂及除草剂、DDT、艾氏剂、氯化非芳香烃类、四氯化碳、三氯乙烯、氯仿、溴仿、高分子量烃类化合物、染料、汽油、胺类、腐殖类。因而，当发生突发污染事件以后，水源地污染物严重超标，为了保证城市供水的正常运行，利用活性炭吸附是最主要的污染物控制手段。

（3）炭的再生及再活化

活性炭应用的经济性取决于达到吸附容量后，炭有效再生及再活化的方法。"再生"一词是描述除再活化过程外用于恢复废炭吸附能力的各种工艺过程的术语，其中包括：(a）吸附物质的化学氧化；(b）吸附物质的蒸气蒸馏；(c）吸附物质的溶剂吸收；(d）吸附物质的生物方法转化。通常，活性炭的一部分吸附容量（4%～10%）会损失于再生过程中，这部分损失值的大小取决于被吸附化合物的性质及所采用的再生方法。在某些应用方面，再生炭的吸附容量基本上可维持多年而不会发生变化。

在粉末活性炭使用中，至今尚未找到比较有效的再生方法。颗粒活性炭的再活化实质上与利用新鲜原材料生产活性炭的工艺过程完全相同，即将废炭置于炉内使被吸附的有机物氧化，从而达到从炭表面去除的目的。废活性炭再活化过程如下：(a）将废炭加热馏出所吸附的有机物（即吸附质）；(b）在馏出吸附质的同时，炭表面会形成某些新生化合物；(c）最后将吸附质燃烧过程中生成的化合物烧掉。只要采用有效的工艺控制手段，再活化炭的吸附容量基本上可达到新鲜炭的水平。由于误操作会使炭粒之间发生摩擦而导致炭的损失，通常假定在再活化过程中活性炭吸附容量损失值为2%～5%。例如，在管道90°拐弯处通过碰撞

和冲击会引起炭的磨损。所用输送泵的型号也会影响磨损量的大小。一般假定操作过程中炭的损耗量为4%～8%，因此，必须准备一部分备用炭用于补充损失。

（4）吸附的理论基础

吸附过程一般可分为下述4个步骤：(a) 总体溶液内迁移；(b) 膜扩散迁移；(c) 孔隙内迁移；(d) 吸附（或吸收）。总体溶液内迁移是指被吸附的有机物通过总体溶液向着吸附剂周围固定液膜的运动。在炭接触反应器中，一般可通过平流和分散作用实现这一迁移过程。膜扩散迁移是指由于扩散作用，有机物通过滞留液膜层向着吸附剂孔入口处的迁移过程。孔隙内迁移是指被吸附的物质通过孔隙内的物质附着于吸附剂有效吸附位置上的过程。吸附作用可在吸附剂的外表面发生，且在大孔、中孔、微孔及亚微孔条件下均可发生，但大孔和中孔的表面积远小于微孔和亚微孔的表面积，通常不考虑其表面吸附作用。吸附作用力包括 (a) 库伦异性电荷；(b) 点电荷及偶极；(c) 偶极间相互作用；(d) 中性点电荷；(e) 色散力或范德华力；(f) 极性共价键；(g) 氢键。

因为吸附过程包括一系列不同阶段，其中最缓慢的阶段被定义为速率控制阶段。一般情况下，当物理吸附是最主要的吸附方式时，由于物理吸附作用的速率很小所以其中的一个扩散迁移阶段将是速率控制阶段；当化学吸附为主要的吸附方式时，观测结果表明吸附阶段通常为速率控制阶段。当吸附速率等于解吸速率时，则吸附过程达到平衡，这时的吸附质量即为炭的吸附容量。活性炭对颗粒污染物的理论吸附容量可通过绘制吸附等温线予以确定。

（5）吸附等温线

吸附剂可吸收的吸附质数量是温度和吸附质特性及浓度的函数。吸附质最重要的特性包括溶解度、分子结构、分子量、分子极性、烃饱和度。一般情况下，被吸附物质的数量是在某一恒温下该物质浓度的函数，该函数被称为吸附等温线。

在水和废水处理中，描述活性炭吸附特性常用Freundlich吸附等温线。该等温线是Freundlich于1912年提出的一个经验式，Freundlich等温线定义如下。

$$x/m = K_f C_e / n \tag{7-1}$$

式中 x/m——单位质量吸附剂上吸附的吸附质质量，mg吸附质/g活性炭。

K_f——Freundlich容量系数，(mg吸附质/g活性炭) 或 (L水/mg吸附质)；

C_e——吸附过程完成后溶液中吸附质的最终平衡浓度，mg/L；

$1/n$——Freundlich强度系数。

表7-3中列举的吸附等温线常数表明各种有机化合物的常数值变化范围很宽。

表7-3 几种有机化合物的Freundlich吸附等温线常数

化合物	pH值	K_f/(mg/g)或(L/mg)	$1/n$
苯	5.3	1.0	1.6～2.9
溴仿	5.3	19.6	0.52
四氯化碳	5.3	11	0.83
氧苯	7.4	91	0.99
氯乙烷	5.3	0.59	0.95
氯仿	5.3	2.6	0.73
DDT	5.3	322	0.5
二溴氯乙烷	5.3	4.8	0.34
二氯溴乙烷	5.3	7.9	0.61

续表

化合物	pH值	K_f/(mg/g)或(L/mg)	$1/n$
1,2-二氯乙烷	5.3	3.6	0.83
乙苯	7.3	53	0.79
七氯(杀虫剂)	5.3	1220	0.95
六氯乙烷	5.3	96.5	0.38

(6) 混合物的吸附

吸附工艺应用于废水处理时，所遇到的废水中总是含有多种有机化合物的混合物。通常，当一种溶液中含有多种化合物时，吸附剂对任何一化合物的吸附能力普遍有所降低，但该吸附剂的总吸附量可能会大于在仅含有一种单一化合物溶液中的吸附量。因竞争性化合物的参与，所抑制的吸附量与拟吸附化合物的分子大小、吸附力及其相对浓度有关。应当特别注意，对于化合物的一种非均相混合物，包括总有机碳（TOC）、溶解有机碳（DOC）、化学需氧量（COD）、溶解有机卤代物（DOH），通过紫外线吸收及荧光法均可求其吸附等温线。

(7) 活性炭吸附动力学

颗粒炭和粉末炭均可用于废水处理。在颗粒活性炭（GAC）床内，发生吸着的区域称为传质区（MTZ）。含有待去除组分的废水通过MTZ层床后，水中的污染物浓度将降低至最低值，在MTZ以下的床层内不会再发生进一步的吸附作用。随着顶层的炭颗粒被有机物不断饱和，MTZ将在床内不断向下移动，直到穿透为止。通常所说的穿透系指在出水中污染物浓度达到进水浓度值5%的时刻。假定出水中污染物浓度等于进水浓度值的95%时，吸附床的吸附能力已耗尽。MTZ的长度一般为通过吸附柱的水力负荷及活性炭特性的函数。在极端情况下，如果水力负荷太大，MTZ的高度就会大于GAC床的深度，可吸附的物质就不会被炭完全去除。在完全耗尽的情况下，出水中污染物浓度一般等于进水浓度。

除水力负荷外，穿透曲线的形状也取决于使用液体中是否含有不可吸附的和可生物降解的物质。如液体中含有不可吸附的物质，炭柱一旦投入运行，不可吸附的组分就会出现在出水中；如所用液体中存在可吸附的和可生物降解的组分，穿透曲线的C/C_0值就不可能达到1.0，而会降低，C/C_0观测值将取决于进水中组分的可生物降解性，因为即使吸附容量被耗尽，生物降解作用仍会继续进行。如果液体中含有不可吸附的和可生物降解的物质，观测穿透曲线就不会在零点开始，也不会在1.0时结束。观测表明，在废水吸附处理中，特别是用于去除COD时上述影响会经常发生。

在一种颗粒介质中，因为分散作用、扩散作用及沟流现象均与通过介质的流量有直接关系，所以传质区MTZ的高度一般也随介质的流动速率而变化。

实际上，为了利用处于炭吸附柱底部区域的炭的吸附能力，唯一的方法是采用两台或多台吸附柱串联操作，并在他们耗尽时相互切换，或者利用多台吸附柱并联操作，这样一来，当一个吸附柱耗尽时就不会影响出水水质。为了确定连续处理系统需要的炭吸附柱的尺寸和数量，必须规定最佳流量、炭床最佳深度及炭床的操作容量。

(8) 颗拉活性炭接触器的分析与设计

颗粒活性炭接触器的尺寸一般取决于下列固液接触时间、水力负荷、炭床深度及接触器的数量4个因素。前3个因素的典型设计参数列于表7-4。从工程设计角度考虑，至少应推荐采用两台炭接触器并联操作。多接触器单元的优点在于：当一个单元停止运行进行饱和炭去除、再生或维修时，可保持另一个或几个单元继续操作，不影响正常处理废水。

表 7-4 颗粒活性炭接触器典型设计参数

参数	符号	单位	设计值	参数	符号	单位	设计值
体积流量	V	m^3/h	50～400	有效接触时间	t	min	2～10
炭床面积	V_b	m^3	10～50	空床接触时间	EBCT	min	5～30
横断面面积	A_b	m^2	5～30	操作时间	t	d	100～600
长度	D	m	1.8～4	炭床体积	BV	m^2	10～100
空隙比	α	m^3/m^3	0.38～0.42	比通过体积	V_{sp}	kg/m^3	50～200
GAC 密度	ρ	kg/m^3	350～550	通过体积	V_L	m^3/m^3	2000～20000
流速	V_t	m/h	5～15				

对于传质速率很快并且传质区呈尖峰形波面的情况，活性炭接触反应器的稳态物料平衡为：被吸附量=流入量－流出量。

$$m_{GAC}q_e=QC_0t-QC_et \tag{7-2}$$

式中 Q——体积流量，m^3/h；

C_0——吸附质的起始浓度，mg/L；

t——时间，h；

C_e——吸附质最终平衡浓度；

m_{GAC}——吸附剂的质量；

q_e——达到平衡后吸附剂相的浓度，mg 吸附质/g 吸附剂。

如假定空隙内的吸附质质量小于被吸附的质量，在没有较大误差条件下，则可忽略式（7-2）中 QC_et 一项，根据式（7-2）可将吸附剂利用速率定义为：

$$\frac{m_{GAC}}{Q_t}\approx\frac{C_e}{q_e} \tag{7-3}$$

为了定量颗粒炭接触器的操作性能，可推导得出下列各项参数的表达式用于设计计算

① 空床接触时间（EBCT）

$$\mathrm{EBCT}=\frac{V_b}{Q}=\frac{A_bD}{v_fA_b}=\frac{D}{v_f} \tag{7-4}$$

式中 EBCT——空床接触时间，h；

V_b——接触器内 GAC 的体积，m^3；

Q——体积流量，m^3/h；

A_b——GAC 滤床截面积，m^2；

D——接触器内 GAC 的装填厚度，m；

v_f——近似线速度，m/h。

② 活性炭密度 活性炭密度定义为：

$$\rho_{GAC}=\frac{m_{GAC}}{V_b} \tag{7-5}$$

式中 ρ_{GAC}——颗粒活性炭的密度，g/L；

m_{GAC}——颗粒活性炭的质量，g；

V_b——颗粒活性炭滤床的体积，L。

③ 比流量（以 m^3 处理水/g 活性炭表示）

$$比流量=\frac{Q_t}{m_{GAC}}=\frac{V_bt}{EBCT\times m_{GAC}}\ (m^3/g) \tag{7-6}$$

$$比流量=\frac{V_{b}t}{EBCT\ (\rho_{GAC}\times V_{b})}=\frac{t}{EBCT\times\rho_{GAC}} \tag{7-7}$$

（9）吸附操作

在废水处理中，可以采用静态吸附和动态吸附两种方式。

① 静态吸附　指在废水不流动的情况下进行吸附操作。通常是把一定数量的吸附剂投入到预处理的废水中，不断进行搅拌，达到吸附平衡后，再通过沉淀或者过滤的方式使废水和吸附剂分开。如果经过一次吸附后，出水达不到要求时，可以采取多次静态吸附的办法。静态吸附处理常用的处理设备有水池或其他器皿等。

② 动态吸附　指在废水流动的情况下进行吸附操作。常用设备有固定床、移动床和流化床。

7.2.2.2 稀释

稀释处理既不能把污染物分离，也不能改变污染物的化学性质，而是通过高浓度废水和低浓度废水或天然水体的混合来降低污染物的浓度，使其达到允许排放的浓度范围，以减轻对水体的污染。

稀释处理可分为水体（江、河、湖、海）稀释法和废水稀释法两类。废水稀释法又有水质均和法（不同浓度的同种废水自身混合稀释）和水质稀释法（不同种废水混合稀释）之分。

经过各种治理方法处理后的废水有的仍含有一定浓度的有害物质，因此还有必要对废水进行最终处置。目前国外采用的最终处理法主要有焚烧法、注入深井法、排入海洋法等。但后两种方法并不完全可靠，不论从经济角度或是卫生角度上看，都不是最好的方法，因为它们并没有从根本上消除污染，故不宜推广采用。

7.2.3 应急转化技术

转化处理是通过化学的或生物化学的作用改变污染物的化学本性，使其转化为无害的物质或可分离的物质，然后再进行分离处理的过程。转化处理又分成化学转化、生物化学转化和消毒转化 3 种基本类型。

7.3 突发环境污染事故善后处置与恢复

突发环境污染事故处理包括应急处理和善后处置两个过程。当经过应急处理已达到下列 3 个条件，就可由应急委员会宣布应急状态结束，进入善后处置阶段。

① 根据应急指挥部的建议，并确信污染事故已经得到控制，事故装置已处于安全状态。

② 有关部门已采取并继续采取保护公众免受污染的有效措施。

③ 已责成或通过了有关部门制定和实施环境恢复计划，环境质量正处于恢复之中时。事故现场得以控制，环境符合有关标准，导致次生、衍生事故隐患消除后，经现场应急救援指挥部确认和批准，现场应急处理工作结束，应急救援队伍撤离现场。

7.3.1 现场的恢复和善后处置

事故现场抢险救援工作结束后，突发事故应急组织机构应迅速组织有关部门和单位做好

伤亡人员救治、慰问及善后处理；及时清理现场，迅速抢修受损设施，尽快恢复正常工作和生活秩序。现场恢复指事故现场恢复到相对稳定、安全的基本状态。应避免现场恢复过程中可能存在的危险，并为长期恢复提供指导和建议。该部分应包括如下几点。

① 撤点、撤离和交接程序。

② 宣布应急结束的程序。

③ 重新进入和人群返回的程序。

④ 现场清理和公共设施的基本恢复。

⑤ 受影响区域的连续检测。

⑥ 事故调查与后果评价。

事故发生后，根据所发生事故的具体情况，由安全生产监督管理、公安、监察、工会等部门组成事故调查组，负责事故调查工作。事故调查组的主要职责为：查明事故发生的原因、人员伤亡及财产损失情况；查明事故的性质和责任；提出事故处理及防止类似事故再次发生所应采取措施的建议；提出对事故责任者的处理建议；检查控制事故的应急措施是否得当和落实；写出事故调查报告。突发事件发生后，现场指挥应适时成立原因调查小组，组织专家调查和分析事件发生的原因和发展趋势，预测事故后果，报应急委员会。在突发事件处置结束的同时成立事故处置调查小组对应急处置工作做出全面客观的评估，并在规定的时限内将评估报告报送市突发事件应急委员会。

善后处置工作是突发性事件发生后由当地政府牵头，安监、公安、民政、环保、劳动和社会保障、工会等相关部门参加，组成善后处置组。由相关组织实施，全面开展损害核定工作，并及时收集、清理和处理污染物，对事件情况、人员补偿、重建能力、可利用资源等做出评估，制定补偿标准和事后恢复计划，并迅速实施。善后处置工作各单位对所负责的善后工作要制定严格的处置程序，尽快恢复灾区的正常工作和生活秩序。

善后处置事项包括如下几项。

① 组织实施环境恢复计划。

② 继续监测和评价环境污染状况，直至基本恢复。

③ 有必要时，对人群和动植物的长期影响做跟踪监测。

④ 评估污染损失，协调处理污染赔偿和其他事项。

7.3.2 生态恢复

重大的突发环境污染事故，对生态环境的破坏程度很大，往往造成一定区域的生态失衡，有时甚至可能造成长期的危害，致使生态环境难以恢复。生态恢复的概念源于生态工程或生物技术，恢复生态学在一定意义上是一门生态工程学，或是一门在生态系统水平上的生物技术学。生态恢复过程是按照一定的功能水平要求，由人工设计并在生态系统层次上进行的，因而具有较强的综合性、人为性和风险性。

目前，国内外对生态恢复的定义比较多，较具代表性的定义如下。

① 美国自然资源委员会（The US Natural Resource Council）认为，使一个生态系统恢复到较接近其受干扰前的状态即为生态恢复。

② Jordan（1995）认为，使生态恢复到先前或历史上（自然的或非自然的）的状态即为生态恢复。

③ Caims（1995）认为，生态恢复是使受损生态系统的结构和功能恢复到受干扰前状态

的过程。

④ Egan（1996）认为，生态恢复是重建某区域历史上有的植物和动物群落，而且保持生态系统和人类传统文化功能的持续性过程。

⑤ 国际恢复生态学会（Society for Ecological Restoration）曾提出 3 个定义：（a）生态恢复是修复被人类损害的原生生态系统的多样性及动态过程；（b）生态恢复是维持生态系统健康及更新过程；（c）生态恢复是帮助研究生态整合性的恢复和管理过程的科学。

（1） 生态恢复概念的发展

生态是生物圈（动物、植物和微生物等）及其周围环境系统的总称。生态系统是一个复杂的系统，由大量的物种构成，它们直接或间接地连接在一起，形成一个复杂的生态网络。其复杂性是指生态系统结构和功能的多样性、自组织性及有序性。生态恢复指停止人为干扰，解除生态系统所承受的超负荷压力，依靠生态本身的自动适应、自组织和自调控能力，按生态系统自身规律演替，通过休养生息的漫长过程，使生态系统向自然状态演化。恢复原有生态的功能和演变规律，完全依靠大自然本身的推进过程。

生态恢复作为一种新的思想，最早由 Leopold 于 1935 年倡导。1980 年 Cairns 主编的《受损生态系统的恢复过程》将生态恢复定义为：恢复被损害生态系统到接近于它受干扰前的自然状态的管理与操作过程，即重建与该系统干扰前的结构与功能有关的物理、化学和生物特征。Egan 认为，生态恢复是重建某区域历史上有的植被和动物群落，而保持生态系统和人类的传统文化功能的持续性的过程。

Bradshaw 认为生态恢复是有关生态学理论的一种酸性试验，它主要研究生态系统自身的性质、受损机理及修复过程。这种认识把生态恢复提升到理论与实践的密切结合，引起广泛的争论和思考。徐篙龄认为生态恢复不仅在于它为已有生态学理论提供了判决性检验，而且也在于它能使已有理论在生态恢复过程中得到相当精确的表述，从而使理论在应用中更具操作性。

Damond(1987)认为生态恢复就是再造一个自然群落，或再造一个自我维持，并保持后代具有持续性的群落，这一定义又有了新的拓展，体现了可持续发展的思想。Harper(1987)则认为，生态恢复是关于组装并试验群落和生态系统如何运转的过程。

1994 年，在美国召开的国际恢复生态学会年会上，提出了“生态恢复是修复被人类损害的原生态系统的多样性及动态的过程”；1995 年补充提出“生态恢复是维持生态系统健康及更新的过程”；后将生态恢复定义为“生态恢复是帮助研究生态整合性的恢复和管理过程的科学，生态整合性包括生物多样性、生态过程和结构、区域及历史情况、可持续的社会实践等广泛领域”。

余作岳和彭少麟提出恢复生态学是研究生态系统退化的原因、退化生态系统恢复与重建的技术与方法、生态学过程与机理的科学。他们认为与生态恢复的相关概念还有：重建（rehabilitation），即去除干扰因素并使生态系统恢复到原有的利用方式；改良（reclamation），即改良立地条件以便使原有的生物生存，一般指原有景观彻底破坏后恢复；改进（enhancement），即对原有受损系统进行改进，提高某方面的结构与功能；修补（remedy），即修复部分受损结构；更新（renewal），指生态系统发育及更新；再植（revegetation），指恢复生态系统的部分结构和功能，或先前的土地利用方式。

章家恩、徐琪认为生态恢复与重建指依据生态学原理，通过一定的生物、生态以及工程的技术与方法，人为地改变和切断生态系统退化的主导因子或过程，调整、配制和优化系统内部

及其与外界的物质、能量和信息的滚动过程及其时空秩序，使生态系统的结构、功能和生态学潜力尽快成功地恢复到一定的或原有的乃至更高的水平，生态恢复过程一般是由人工设计和进行的，并是在生态系统层次上进行的。

赵晓英认为恢复是指生态系统原貌或原来功能的再现，重建则是指在不可能或不需要再现生态系统原貌的情况下营造一个不完全雷同于过去的甚至全新的生态系统，生态恢复重建最关键的是系统功能的恢复和合理结构的重建。

综上可以看出生态恢复的概念是随人们对退化生态系统研究的深化而逐渐明晰的，现代生态恢复不仅包括退化生态系统结构、功能和生态学潜力的恢复与提高，而且包括人们依据生态学原理，使退化生态系统的物质、能量和信息流发生改变，形成更为优化的自然-经济-社会复合生态系统。尽管从提出到现在仅有数年时间，但先后出现过几十种定义，经有关学者集中整理，基本可分为三大类，即恢复原生生态系统、生态系统修复和生态系统重建。每个类别在逻辑上存在着先后继承的关系，在规律上越后面的定义越贴近现实、越代表最新的研究趋向。

① 恢复原生生态系统　这是最早的一批生态恢复定义所强调的内容。实践表明，这一定义过于追求理想主义。其理由如下：(a)恢复的目标具有不确定性；(b)自然界是动态的，“恢复”一词有静态的含意；(c)由于气候变化，关键种的缺乏或新种的入侵，完全回归最初状态是不可能的。

② 生态系统修复　当恢复原生生态系统的定义遭到批判后，关于生态系统修复的定义如改良、改进、修补和再植陆续出现。改良，强调改良立地条件，以使原有的生物生存；改进，强调对原有受损系统的结构和功能的提高；修补，是修复部分受损的结构；再植，除包括恢复生态系统的部分结构和功能外，还包括恢复当地先前的土地利用方式。

③ 生态系统重建　生态重建也叫生态更新。生态恢复就是再造一个自然群落，或再造一个自我维持、并保持后代可持续发展的群落；生态重建强调根据生态改造者的意愿和目标来对生态系统进行重新设计；生态恢复，强调了适当的时间和空间参考点，它是一个动态的过程，包括结构、功能和干扰体系随时间的变化、生物的物理属性和乡土文化的繁荣。

1985 年国际恢复生态学会宣告成立，而后每年召开一次国际性研讨会，该学会 3 次变换生态恢复定义，而第 3 个定义被认为是该学会的最终定义。即生态恢复是研究生态整合性的恢复和管理过程的科学，生态整合性包括生物多样性、生态过程和结构、区域及历史情况、可持续的社会实践等广泛的范围。

生态恢复定义经历了上述几个阶段，从自然科学延伸到与社会科学的交融，从理想主义到按生态系统规律进行的实践，从生态静止的观点转向动态地看生态恢复，这说明人类对生态恢复概念认识的日益加深。尽管目前对生态恢复的定义尚有争议，仍需完善，但恢复已被用作一个概括性的术语，包含重建、改建、改造、再植等含义，一般泛指改良和重建退化的生态系统，使其重新有益于利用，并恢复其生物学潜力。

(2) 生态恢复原则

恢复受损生态系统应该遵循 3 大原则。

①自然法则　即依据自然规律，依靠自然的力量，适当参与人为活动，恢复受损生态系统；自然法则又分为地理、生态和系统 3 个类别。地理学原则强调区域性、差异性和地带性；生态学原则分生态演替、生物多样性、生态位与生物互补、物能循环与转化、物种相互作用、食物链网和景观结构等方面；系统原则包括整体、协同、耗散结构与开放性以及可控性等内容。自然法则是生态恢复的基本原则，只有按自然规律的生态恢复才是真正意义上的生态恢复，否则只

能是背道而驰、事倍功半。

在生态恢复的建设过程中尤为重要的是保护现有的自然资源。这也是一个善待自然的原则，生物资源更应该优先保护，并促进生态恢复，加速生态建设的进程。生态恢复应坚持以生物措施为主的原则，重视工程与生物相结合的综合措施，应该强调林草植被恢复与建设，严格遵循宜林则林、宜草则草、宜荒则荒、宜封育则封育的原则。一定要善待自然，过分强调和显示人的作用则会事与愿违，也许会遭受大自然更严厉的报复，人类应该追求一种与大自然和谐相处的关系。不宜在石质山地、浅土层坡地提倡规模造林，大肆挖沟、掏坑，应大力倡导空间随机造林法。

② 社会经济技术原则　即所采取的恢复生态系统的措施在技术上科学、经济上可行，且被公众所接受或公众参与；社会经济技术原则包括经济可行性与可承受性、技术可操作性、无害化、最小风险、生物生态与工程技术相结合、效益和可持续发展等。社会经济技术原则是生态恢复的后盾和支柱，在一定程度上制约着生态恢复的可能性、恢复水平和深度。

生态的恢复涵盖的地域、类型极其复杂，涉及土地约占国土面积的50%以上，想找到统一的生态建设模式，然后以文件形式下达，这是不现实的形式主义。因此，必须强调因地制宜，因害设防，制定各自适宜的生态恢复、重建的措施。制定各自的生态建设方案中，应该优先考虑生态效益，充分利用生态恢复方法进行封育、保护管理，决速达到生态恢复目的。在条件允许情况下，要与社会发展紧密结合，为区域的可持续发展奠定良好的基础。

③ 美学原则即恢复近自然生态系统，给人与自然和谐美好的享受。美学原则包括最大绿色、健康和精神文化娱乐等内容。在生态恢复的建设中，要进行全面规划，坚持综合治理，从宏观到具体区域要有统一规划，要以科技支撑为先导，引入正轨。但这还远远不够，还必须有稳定的优惠政策和大的投入作为保障，已被破坏的生态环境，欲对其恢复和重建，确需相当大的投入，这也许是善待大自然的一种补偿。生态建设要靠领导重视、优惠政策、加大投入、群众参与、科技支撑等有利条件，只有全国人民共同行动起来，才会迅速改善人类的生存和发展的生态环境。

(3) 生态恢复目标

生态恢复被认为是以人类的干预恢复自然的完整性。明显地，生态恢复包括恢复过程和管理过程，需要人们主动的干预使其进行自然的修复，但它并不能及时地产生直接的修复结果，它只是帮助启动生态系统的自修复过程，从而完成从立地恢复到整个景观的恢复。

① 恢复目标　演替是干扰诱发的非平衡态的、随机的、非连续性的、不能逆转的过程。很多恢复是寻求返回到一些预先存在的、确定的生态系统，实际上，这种恢复是不现实的。恢复目标不能基于静态的属性或以那些过去的特征为转移，而应该关注未来生态系统的特征，恢复曾经存在过的，更多的是创建与以前存在过的生态系统有相同物种组成、功能和特性的相似生态系统。众多研究者提倡以目标种群或目标种来评估恢复是否成功，但历史背景能增加我们对景观的动态格局和过程的理解，并提供参考的框架。

广义的恢复目标是通过修复生态系统功能并补充生物组分使受损的生态系统回到一个更自然条件下，理想的恢复应同时满足区域和地方的目标(NRC，1992)。Hobbs和Norton认为恢复退化生态系统的目标包括：建立合理的内容组成(种类丰富度及多度)、结构(植被和土壤的垂直结构)、格局(生态系统成分的水平安排)、异质性(各组分由多个变量组成)、功能(诸如水、能量、物质流动等基本生态过程的表现)。事实上，进行生态恢复工程的目标不外乎4个：(a)恢复诸如废弃矿地这样极度退化的生境；(b)提高退化土地上的生产力；(c)在被保护的景

观内去除干扰以加强保护；(d)对现有生态系统进行合理利用和保护，维持其服务功能。如果按短期与长期目标分还可将上述目标分得更细。

由于生态系统复杂性和动态性，虽然恢复生态学强调对受损生态系统进行恢复，但恢复生态学的首要目标仍是保护自然的生态系统，因为保护在生态系统恢复中具有重要的参考作用；第2个目标是恢复现有的退化生态系统，尤其是与人类关系密切的生态系统；第3个目标是对现有的生态系统进行合理管理，避免退化；第4个目标是保持区域文化的可持续发展；其他的目标包括实现景观层次的整合性，保持生物多样性及保持良好的生态环境。Parker认为，恢复的长期目标应是生态系统自身可持续性的恢复，但由于这个目标的时间尺度太大，加上生态系统是开放的，可能会导致恢复后的系统状态与原状态不同。

② 恢复层次　条件的多样性要求更为复杂的恢复目标的设定：种的恢复、整个生态系统或景观恢复和生态系统服务的恢复。每一类别都有其优点和局限性，每个主体目标恢复亦有不同层次的水平，即所谓的改良(reclamation)、修复(rehabilitation)和恢复(restoration)，分别侧重于增加高度干扰生境的生物多样性、确定生态系统功能的再引入和生态系统的重建。一致的意见认为：选择应用适度的中间目标来扭转生境的退化。在高人口密度区域，需要公众对恢复目标的认可，恢复目标必须是必要的、现实的和适当的。

③ 技术途径　适当的技术途径对理解问题和实际的恢复工作起了重要的作用。农艺途径：在土壤和气候适宜的地方，传统农艺方法对于那些环境修复是有效的。在恶劣的环境，如干旱和半干旱地区，仅靠农艺方法进行植被重建很少获得成功，原因在于环境的营养保持与利用效率低、有限的生物种类和依赖于不断增加的管理投入。

④ 生态途径　生态途径是寻求建立可持续发展的群落和景观，是利用适合于现存条件的植被或有能力改善土壤和微环境条件的植被，增加和维持有利的生态相互关系，通过自然的过程来改善和提高土壤和微环境的条件。生态途径需要较低的初始投资，但需要相当长的时间达到管理目标。

(4) 生态恢复的内容与方法

① 生物生境重建　主要是乡土植物生境恢复的程序与方法。

② 土壤恢复、地表固定、表土储藏、重金属污染土地生物修补等。

③ 植物自然重新定植过程(recolonization)及其调控技术　包括种子库动态及种子库自然条件下萌发机理，杂草的生物控制，生物侵入控制，植物对环境的适应，植物存活、生长与竞争。

④ 微生物在恢复生态中的作用。

⑤ 植被动态，重建生态系统植被动态，外来植物与乡土植物竞争关系。

⑥ 生态系统功能(生产力、养分循环)恢复理论与技术。

⑦ 干扰生态系统恢复的生态原理。

⑧ 各类生态系统恢复技术　如干旱、沙漠、湿地、水生、矿区生态系统的重建。

⑨ 恢复区管理与建立技术。

恢复概念认识的3种观点：(a)被公众社会感觉到的并被确认恢复到可用程度；(b)恢复到初始的结构和功能条件，但是组成这个结构的元素的种类与初始状态明显不同；(c)恢复到具有初始元素(种类)存在的结构和功能的初始状态。

不同类型(如森林、草地、农田、湿地、湖泊、河流、海洋的生态系统)，其恢复方法亦不同。从生态系统的组成成分角度看，主要包括非生物和生物系统的恢复。无机环境的恢复技术包括水体恢复技术(如控制污染、去除富营养化、换水、积水、排涝和灌溉技术)、土壤恢复技术(如耕作制度和方式的改变、施肥、土壤改良、表土稳定、控制水土侵蚀、换土及分解污染物等)、空气恢复技术(如烟尘吸附、生物和化学吸附等)。生物系统的恢复技术包括植被(物种的引入、品种改良、植物快速繁殖、植物的搭配、植物的种植、林分改造等)、消费者(捕食者的引进、病虫害的控制)和分解者(微生物的引种及控制)的重建技术和生态规划技术(RS、GIS、GPS)的应用。总之,生态恢复中最重要的还是综合考虑实际情况,充分利用各种技术,通过研究与实践,尽快地恢复生态系统的结构,进而恢复其功能,实现生态效益、经济效益、社会效益和美学效益的统一。

生态恢复,即通过人工的方法,参照自然规律创造良好的环境,恢复天然的生态系统,主要是重新创造、引导或加速自然演化过程。生态恢复方法又包括物种框架法和最大生物多样性方法。所谓物种框架法是指在距离天然林不远的地方,建立一个或一群物种,作为恢复生态系统的基本框架,这些物种通常是植物群落中的演替早期阶段物种或演替中期阶段物种。这个方法的优点是只涉及一个(或少数几个)物种的种植,生态系统的演替和维持依赖于当地的种源(或称"基因池")来增加物种和生命,并实现生物多样性。因此这种方法最好是在距离现存天然生态系统不远的地方使用,例如保护区的局部退化地区恢复,或在现存天然斑块之间建立联系和通道时采用。

应用物种框架方法的物种选择标准如下所述。

① 抗逆性强　这些物种能够适应退化环境的恶劣条件。

② 能够吸引野生动物　这些物种的叶、花或种子能够吸引多种无脊椎动物(传粉者、分解者)和脊椎动物(消费者、传播者)。

③ 再生能力强　这些物种具有"强大"的繁殖能力,能够帮助生态系统通过动物(特别是鸟类)的传播,扩展到更大的区域。

④ 能够提供快速和稳定的野生动物食物　这些物种能够在生长早期(2～5 年)为野生动物提供花或果实作为食物,而且这种食物资源是比较稳定的和经常性的。

最大生物多样性方法指尽可能地按照该生态系统退化前的物种组成及多样性水平种植进行恢复,需要大量种植演替成熟阶段的物种,忽略先锋物种。这种方法适合于小区域高强度人工管理的地区,例如城市地区和农业区的人口聚集区。这种方法要求高强度的人工管理和维护,因为很多演替成熟阶段的物种生长慢,而且经常需要补植大量植物,因此需要的人工比较多。采用最大生物多样性方法,一般生长快的物种会形成树冠层,生长慢的耐阴物种则会等待树冠层出现缺口,有大量光线透射时,迅速生长达到树冠层。因此可以配种 10%左右的先锋树种,这些树种会很快生长,为怕光直射的物种遮挡过强的阳光,等到成熟阶段的物种开始成长,需要阳光的时候,选择性地砍掉一些先锋树,砍掉的这些树需要保留在原地,为地表提供另一种覆盖。留出来的空间,下层的树木会很快补充上去,过大的空地还可以补种一些成熟阶段的物种。

无论哪种方法,在这些过程中要对恢复地点进行准备,注意种子采集和种苗培育、种植和抚育,加强利用自然力,控制杂草,加强利用乡土种进行生态恢复的教育和研究。

(5) 恢复成功的标准

由于生态系统的复杂性及动态性使得生态恢复的评价标准极其复杂,通常将恢复后的生态系统与未受干扰的生态系统进行比较,其内容包括关键种的表现、重要生态过程的再建立、诸如水文过程等非生物特征的恢复。一般对生态恢复系统与参照系统的生物多样性、群落结构、生态系统功能、干扰体系以及非生物的生态服务功能进行比较。Bradsaw 提出可用如下 5

个标准判断生态恢复:(a)可持续性(可自然更新),(b)不可入侵性(像自然群落一样能抵制人侵),(c)生产力(与自然群落一样高),(d)营养保持力,(e)具生物间相互作用(植物、动物、微生物)。

Lamd(1994)认为恢复的指标体系应包括造林产量指标(幼苗成活率,幼苗的高度、基径和蓄材生长,种植密度,病虫害受控情况)、生态指标(期望出现物种的出现情况,适当的植物和动物多样性,自然更新能否发生,有适量的固氮树种,目标种是否出现,适当的植物覆盖率,土壤表面稳定性,土壤有机质含量高,地面水和地下水保持)和社会经济指标(当地人口稳定,商品价格稳定,食物和能源供应充足,农林业平衡,从恢复中得到经济效益与支出平衡,对肥料和除草剂的需求)。Davis 和 Margaret 等认为,恢复指系统的结构和功能恢复到接近其受干扰以前的结构与功能,结构恢复指标是乡土种的丰富度,而功能恢复的指标包括初级生产力和次级生产力、食物网结构。在物种组成与生态系统过程中存在反馈,即恢复所期望的物种丰富度,管理群落结构的发展,确认群落结构与功能间的联结已形成。任海和彭少麟根据热带人工林恢复定位研究提出,森林恢复的标准包括结构(物种的数量及密度、生物量)、功能(植物、动物和微生物间形成食物网、生产力和土壤肥力)和动态(可自然更新和演替)。

Careher 和 Knapp 提出采用记分卡的方法,假设生态系统有 5 个重要参数(例如种类、空间层次、生产力、传粉或播种者、种子产量及种子库的时空动态),每个参数有一定的波动幅度,比较退化生态系统恢复过程中相应的 5 个参数,看每个参数是否已达到正常波动范围或与该范围还有多大的差距。Costanza 等在评价生态系统健康状况时提出了一些指标(如活力、组织、恢复力等),这些指标也可用于生态系统恢复评估。在生态系统恢复过程中,还可应用景观生态学中的预测模型为成功恢复提供参考。除了考虑上述因素外,判断成功恢复还要在一定的尺度下,用动态的观点分阶段检验。

参考文献

[1] 孙维生,化学事故应急救援 [M]. 北京: 化学工业出版社,2008.

[2] 盛连喜,环境生态学导论 [M]. 北京: 高等教育出版社,2009.

[3] 任引津,张寿林. 急性化学物中毒救援手册 [M]. 上海:上海医科大学出版社,1994.

[4] 匡永泰,高维民. 石油化工安全评价技术 [M]. 北京:中国石化出版社,2005.

[5] 任海,彭少麟. 恢复生态学导论 [M]. 北京:科学出版社,2001.

[6] 张欣,王体健,蒋自强,等. 突发性大气污染事件数字化动态应急预案系统及其应用 [J]. 安全与环境学报,2012(1):254-260.

[7] 毕天平,金成洙,钟圣俊,等. 基于 GIS 的环境污染扩散模型 [J],东北大学学报:自然科学版,2008,29(2):273-276.

[8] 辛琰,魏振钢,巩丽丽,等. 基于 GIS 的环境污染事故预警与应急指挥系统 [J]. 计算机应用,2008,28:393-395.

8 水环境突发污染事故应急处理及典型案例分析

随着社会经济的迅猛发展，突发水污染事故逐年增加，如2005年的松花江流域水污染事故、广东北江流域镉污染事故，2008年云南阳宗海砷污染事故、河南商丘大沙河砷污染事故等一系列突发重特大水污染事件。面对形式多样、爆发突然、危害严重、影响期长的水环境突发污染事故，快速地对污染物质可能的危害做出判断，为污染事故及时、正确地进行处理、处置和制定恢复措施提供科学决策依据，其重要性是不言而喻的。

8.1 水环境污染概述

水环境指自然界中水的形成、分布和转化所处空间的环境、即围绕人群空间及可直接或间接影响人类生活和发展的水体，其正常功能的各种自然因素和有关的社会因素的总体。陆地水所占水总量比例很小，且所处空间的环境十分复杂。

水污染原因主要有自然因素和人为因素两种。由于雨水对各种矿石的溶解作用，火山爆发和干旱地区的风蚀作用所产生的大量灰尘落入水体而引起的水污染属于自然污染。向水体排放大量未经处理的工业废水、生活污水和各种废弃物，造成水质恶化，属于人为污染，而人们通常所说的水污染主要是指后一种。污染物进入河流、湖泊、海洋或地下水中，使水质和底泥的物理、化学性质或生物群落组成发生变化，降低了水体的使用价值和功能的现象称为水污染。水污染在不同的学科领域有不同的定义。地理学、环境地理学认为水污染是水体因某种物质的介入，导致水体化学、物理、生物或者放射性等方面特征的改变，从而影响水的有效利用，危害人体健康或者破坏生态环境，造成水质恶化的现象。

8.1.1 水环境污染源分类

日趋加剧的水污染，已对人类的生存安全构成重大威胁，成为人类健康、经济和社会可持续发展的重大障碍。水污染包括工业污染源、农业污染源和生活污染源三大部分。

8.1.1.1 工业污染源

在人类生产活动造成的水体污染中，工业引起的水体污染最严重。如工业废水，它含污染物多，成分复杂，不仅在水中不易净化，而且处理也比较困难。工业废水，是工业污染引起水体污染的最重要的原因。它占工业排出的污染物的大部分。工业废水所含的污染物因工厂种类不同而千差万别，即使是同类工厂，生产过程不同，其所含污染物的质和量也不一样。工业除了排出的废水直接注入水体引起污染外，固体废物和废气也会污染水体。

8.1.1.2 农业污染源

农业污染首先是由于耕作或开荒使土地表面疏松，在土壤和地形还未稳定时降雨，大量泥沙流入水中，增加水中的悬浮物。还有一个重要原因是近年来农药、化肥的使用量日益增多，而使用的农药和化肥只有少量附着或被吸收，其余绝大部分残留在土壤和飘浮在大气中，通过降雨，经过地表径流的冲刷进入地表水和渗入地表水形成污染。农药污水中，有机质、植物营养物及病原微生物含量高，其次是农药、化肥含量。中国目前没有开展农业方面的监测，据有关资料显示，在中国 1 亿公顷（1 公顷＝10000m^2，下同）耕地和 220 万公顷草原上，每年使用农药 1.104×10^{6}t。中国是世界上水土流失最严重的国家之一，每年表土流失量约 5×10^{9}t，致使大量农药、化肥随表土流入江、河、湖、库，随之流失的氮、磷、钾营养元素，使 2/3 的湖泊受到不同程度富营养化污染的危害，造成藻类以及其他生物异常繁殖，引起水体透明度和溶解氧的变化，从而致使水质恶化。

8.1.1.3 生活污染源

城市污染源是因城市人口集中，城市生活污水、垃圾和废气引起水体污染造成的。城市污染源对水体的污染主要是生活污水，它是人们日常生活中产生的各种污水的混合液，其中包括厨房、洗涤房、浴室和厕所排出的污水。世界上仅城市地区一年排出的工业和生活废水就多达 500km^3，而每一滴污水将污染数倍乃至数十倍的水体。城市生活中使用的各种洗涤剂和污水、垃圾、粪便等，多为无毒的无机盐类，生活污水中含氮、磷、硫多，致病细菌多。中国每年约有 90％以上的生活污水未经处理直接排入水域，全国有监测的 1200 多条河流中，目前 850 多条受到污染，90％以上的城市水域也遭到污染，致使许多河段鱼虾绝迹，符合国家一级和二级水质标准的河流仅占 32.2％。污染正由浅层向深层发展，地下水和近海域海水也正在受到污染，能够饮用和使用的水正在不知不觉地减少。

8.1.2 水环境污染的危害

水体污染影响工业生产、增大设备腐蚀、影响产品质量，甚至使生产不能进行下去。水的污染，又影响人民生活，破坏生态，直接危害人的健康，影响很大。

8.1.2.1 危害人类健康

水污染后，通过饮水或食物链，污染物进入人体，使人急性或慢性中毒。砷、铬、铵类等还可诱发癌症。被寄生虫、病毒或其他致病菌污染的水，会引起多种传染病和寄生虫病。重金属污染的水，对人的健康均有危害。被镉污染的水、食物，人饮食后，会造成肾、骨骼病变，摄入硫酸镉 20mg，就会造成死亡。铅造成的中毒会引起贫血，神经错乱。六价铬有很大毒性，引起皮肤溃疡，还有致癌作用。饮用含砷的水，会发生急性或慢性中毒，砷使许多酶受到抑制或失去活性，造成机体代谢障碍，皮肤角质化，引发皮肤癌。有机磷农药会造成神经中毒，有机氯农药会在脂肪中蓄积，对人和动物的内分泌、免疫功能、生殖机能均造成危害。氰化物也是剧毒物质，进入血液后，与细胞的色素氧化酶结合，使呼吸中断，造成呼吸衰竭窒息死亡。世界上 80%的疾病与水有关，伤寒、霍乱、胃肠炎、痢疾、传染性肝炎是人类五大疾病，均由水的不洁引起。

我国有 82%的人饮用浅井和江河水，其中水质污染严重、细菌超过卫生标准的占 75%，受到有机物污染的饮用水人口约 1.6 亿。长期以来，人们一直认为自来水是安全卫生的。但是，因为水污染，如今的自来水已不能算是卫生的了。一项调查显示，在全世界自来水中，测出的化学污染物有 2221 种之多，其中有些确认为致癌物或促癌物。从自来水的饮用标准看，中国尚处于较低水平，自来水目前仅能采用沉淀、过滤、加氯消毒等方法，将江河水或地下水简单加工成可饮用水。自来水加氯可有效杀除病菌，同时也会产生较多的卤代烃化合物，这些含氯有机物的含量成倍增加，是引起人类患各种胃肠癌的最大根源。目前，城市污染的成分十分复杂，受污染的水域中除重金属外，还含有许多农药、化肥、洗涤剂等有害残留物，即使是把自来水煮沸了，上述残留物仍驱之不去，而煮沸的水增加了有害物的浓度，降低了有益于人体健康的溶解氧的含量，而且也使亚硝酸盐与三氯甲烷等致癌物增加，因此，饮用开水的安全系数也是不高的。

8.1.2.2 危害工农业生产

水质污染后，工业用水必须投入更多的处理费用，造成资源和能源的浪费，食品工业用水要求更为严格，水质不合格，会使生产停顿。这也是工业企业效益不高，质量不好的因素。农业使用污水，使作物减产，品质降低，甚至使人畜受害，大片农田遭受污染，降低土壤质量。

8.1.2.3 危害水生生物

在正常情况下，氧在水中有一定溶解度。溶解氧不仅是水生生物得以生存的条件，而且氧参加水中的各种氧化-还原反应，促进污染物转化降解，是天然水体具有自净能力的重要原因。含有大量氮、磷、钾的生活污水的排放，大量有机物在水中降解放出营养元素，促进水中藻类丛生，植物疯长，使水体通气不良，溶解氧下降，甚至出现无氧层，致使水生植物大量死亡，水面发黑，水体发臭形成“死湖”“死河”“死海”，进而变成沼泽，这种现象称为水的富营养化。富营养化的水臭味大、颜色深、细菌多，这种水的水质差，不能直接利用，水中的鱼大量死亡。海洋污染的后果也十分严重，如石油污染，造成海鸟和海洋生物死亡。

8.2 水环境污染事故特点及分类

8.2.1 水环境污染事故特点

湖泊、水库以水面宽阔、流速缓慢、沉淀作用强、稀释混合能力较差、水交换缓慢为显

著特点。污染物进入水体后不易稀释混合而易沉入水体底质，难以通过水流的搬运作用向外输送。此外，湖泊、水库的缓流水面使水的复氧作用降低，从而使水体对有机物的自净能力减弱。当湖泊、水库水接纳过多含磷、氮的污水时，会使藻类等浮游生物大量繁殖，形成水体富营养化。

河流的污染程度取决于河流的径污比（径流量与排入河流中污水量的比值），径污比大，河流的稀释能力强，受污染的程度小。河流上游受污染可很快影响到下游，一段河流受污染，可影响到该河段以下的河道环境。中小河流由于水量相对较小，污染物可沿纵向、横向、垂直方向扩散，污染不仅发生在排污口，甚至可影响到下游数公里至数十公里。流量大的江河，污水不易在全断面混合，只在岸边形成浓度较高的污染带，影响下游局部水域的水质。

污染物在地表水下渗过程中不断被沿途的各种阻碍物阻挡、截留、吸附、分解，进入地下水的污染物显著减少，通过的地层越厚，截留量越大，因此地下水污染过程是缓慢的。但长年累月的持续作用仍可使地下水遭受污染，一旦地下水受到明显污染，即使查明了污染原因并消除了污染来源，地下水水质仍需较长时间才能恢复。这是因为被地层阻留的污染物还会不断释放到地下水中，且地下水流动极其缓慢，溶解氧含量低，微生物含量较少，自净能力较差。受工业废水和生活污水污染的地下水，其有毒污染物主要有酚、氰、汞、铬、砷、石油及其他有机化合物。

8.2.2 水环境污染事故分类

按照污染物类型分类，水环境污染事故可分为7类，包含病原微生物污染，需氧有机物污染，富营养化污染，感官性污染，酸、碱、盐污染，毒污染和油污染。

8.2.2.1 病原微生物污染

病原微生物污染主要指的是含有各种细菌、病毒等各类病原菌的工业废水和生活污水所造成的污染，如生物制品、洗毛、制革、屠宰等工厂和医院排出的工业废水和粪便污水。传染病病原体在水中存活的时间一般可以达1～200天，少数病原体甚至在水中可以存活几十年。病原微生物污染特点是数量大、分布广、存活时间长、繁殖速度快、易产生抗药性而很难灭绝。即使经二级生化污水处理及加氯消毒，某些病原微生物及病毒仍能存活。传统的给水处理能去除99%以上的病原微生物，但如果水的浑浊度比较大，水中悬浮物可以包藏细菌及病毒，使其不易被杀灭。

病原微生物的主要危害是致病，而且易暴发性地流行。患者多为饮用同一水源的人，例如1955年印度新德里自来水厂的水源被肝炎病毒污染，3个月内共发病29000多人。19世纪中叶，英国伦敦先后2次霍乱大流行，死亡共20000多人。1988年在我国上海市流行的甲肝，就是人们大量食用被病原微生物污染的毛蚶后引发的。

8.2.2.2 需氧有机物污染

某些工业废水和生活污水中往往含有大量的有机物质，如蛋白质、脂肪、糖、木质素等，它们在排入水体后，在有溶解氧的情况下，经水中需氧微生物的生化氧化，最后分解成二氧化碳和硝酸盐等，或者是有些还原性的无机化合物如亚硫酸盐、硫化物、亚铁盐和氨等，在水中经化学氧化反应变成高价离子存在。在上述这些过程中，均会大量消耗水中的溶解氧，给鱼类等水生生物带来危害，并可使水发生恶臭现象。因此，这些有机物和无机物统称为需氧污染物。在20℃、101kPa下，水中的溶解氧仅为8.32mg/L。由于有机污染物过多，必然使溶解氧耗尽，使水中生物缺氧而死亡。因此需氧有机污染物是水体中存在最多最复杂的污染物的集合体。

由于水中需氧污染物组成复杂，且难以准确地分别测定出其组成和含量，加之其主要污染特征就是耗氧，因此采用如下一些需氧指标来表示水中需氧污染物的含量。

① 溶解氧（简称DO） 溶解于水中的氧气称为“溶解氧”。

② 生化需氧量（BOD） 水中微生物摄取有机物使之氧化分解时所消耗的氧量。

③ 化学需氧量（COD） 用化学氧化剂（如重铬酸钾或高锰酸钾）氧化水中有机物芳香族化合物，在反应中不能被完全氧化应除去，以及某些还原性离子所消耗的氧化剂的氧量，用COD_{Mn}（称为高锰酸盐指数）表示。化学需氧量越高，说明水中耗氧物质含量越高。如果废水中有机质的组成相对稳定，那么化学需氧量和生化需氧量之间应有一定的比例关系。

④ 总有机碳（TOC）和总需氧量（TOD） 采用BOD_5测试方法不能准确反映水体被需氧有机质污染的程度，而用总有机碳和总需氧量测定方法比较准确快速。

⑤ 理论需氧量（ThOD） 根据化学方程式计算的有机物完全氧化时所需要氧的量。这是一个对废水作全化学分析以后的理论计算值。废水中氧参数间关系：ThOD＝100％，TOD＝92％，COD_{Cr}＝83％，BOD_{20}＝65％，BOD_5＝58％。

8.2.2.3 富营养化污染

天然水中过量的植物营养物主要来自于农田施肥、农业废弃物、城市生活污水、雨雪对大气的淋洗和径流对地表物质的淋溶与冲刷。目前，我国禽畜养殖业所排废水的COD已经接近全国工业废水COD排放总量。养殖业已经成为我国新的污染大户。据估计，1头猪每天排放的废水量相当于7个人生活产生的废水，1头牛每天排放的废水量更超过22人生活产生的废水。

富营养化指水流缓慢和更新期长的地表水由于接纳大量的生物所需要的氮、磷等营养物引起藻类等浮游生物迅速繁殖，最终可能导致鱼类和其他生物大量死亡的水体污染现象。例如天然湖泊，由于雨雪对大气的淋洗和径流对地表物质的溶淋和冲刷，总有一定量的营养物质被汇入地表水中。因此，天然湖泊也可以实现由贫营养湖向富营养湖的转化。但是，天然存在的富营养化是经过数千年乃至数百万年的地质年代而发生的现象，其速度十分缓慢。所以，一般的富营养化现象，不是指天然存在的富营养化过程，而是由于人类活动引起的。

对湖泊、水库、内海、河口等地区的水体，水流缓慢，停留时间长，既适于植物营养元素的增加，又适于水生植物的繁殖，在有机物质分解过程中大量消耗水中的溶解氧，水的透明度降低，促使某些藻类大量繁殖，甚至覆盖整个水面，可使水体缺氧，以致使大多数水生动、植物不能生存而死亡。这种由有机物质的分解释放出养分而使藻类及浮游植物大量生长的现象，就是水体的“富营养化”。一般地，总磷和无机氮分别超过20mg/m^{3}和300mg/m^{3}就认为水体处于富营养化状态。

水体的富营养化可使致死的动植物遗骸在水底腐烂沉积，同时在还原的条件下，厌气菌作用产生硫化氢等难闻的臭毒气，使水质不断恶化，最后可能会使某些湖泊衰老死亡，变成

沼泽，甚至干枯成旱地。另外，由于大量的动植物有机体的产生和它们自身的遗体被分解，要消耗水中的溶解氧，致使水体达到完全缺氧状态。分布于水体表层及上层的藻类浮游植物种类逐渐减少，而数量却急剧增加，由以硅藻和绿藻为主转变为以蓝藻为主（蓝藻不是鱼类的好饵料），水体底层由于缺氧进行厌氧分解，产生各种有毒的、恶臭的代谢产物，这种因藻类繁殖引起水色改变就是所谓藻华（水华）现象或称赤潮现象。

1971 年春夏季节，在美国佛罗里达州中西部沿岸水域发生过一次短裸甲藻赤潮，使 $1500km^2$ 海域内的生物几乎全部灭绝。这种短裸甲藻含有神经性贝毒，人们若食用含有这种毒素的软体动物，可在 3h 内出现中毒症状。在有毒赤潮细胞中有一种西加鱼毒，目前，全球因误食西加鱼毒而中毒的患者每年达万人。此类病情一般在食用有毒鱼类后 1～6h 内发作，也有些人因呼吸衰竭或血液循环破坏而急性死亡。

8.2.2.4 感官性污染物（含恶臭污染）

感官性污染物主要指感官反应，例如水的颜色、臭味（含恶臭）、透明度、异味、烧水有水垢等。人们饮用水中如果含有酚类，则可以与水中的消毒剂氯气反应生成氯酚，它具有一种令人难以忍受的气味，在《生活饮用水卫生标准》(GB 5749—2006)中，对于剧毒物 CN—标准为小于 0.05mg/L，而对于挥发酚类的要求则是小于 0.002mg/L，就是考虑到感官感觉的因素。恶臭是一种普遍的污染危害，指引起多数人不愉快感觉的气味，它是典型的公害之一。人能嗅到的恶臭物多达 4000 多种，危害大的有几十种。恶臭产生的原因是由于发臭物质都具有“发臭团”的分子结构，例如硫代（═S)、巯基（—SH)、硫氰基(—SCN)等。因发臭团的不同，臭气也各有不同，包括腐败的鱼臭（胺类)、臭腐类（硫化氢)、刺激臭（氨、醛类）等。

8.2.2.5 酸、碱、盐污染

污染水体的酸主要来自于矿山排水及人造纤维、酸法造纸、酸洗废液等工业废水，雨水淋洗含酸性氧化物的空气后，汇入地表水体也能造成酸污染。矿石排水中酸由硫化矿物的氧化作用而产生，无论是在地下还是露天开采中，酸形成的机制是相同的。

矿区排水更准确地说是一种混合盐类（主要是硫酸盐的混合物）的溶液，所以矿区排水携至河流中的酸实质上是强酸弱碱盐类的水解产物。污染水体中碱的主要来源是碱法造纸、化学纤维、制碱、制革、炼油等工业废水。酸性废水与碱性废水中和，可产生各种一般盐类，酸、碱性废水与地表物质相互反应也可生成一般无机盐类，因此酸、碱的污染必然伴随着无机盐类的污染。但与此同时，天然水体中的一些固相矿物能与酸、碱废水进行复分解反应，减弱酸、碱的腐蚀作用，对于保护天然水体和缓冲天然水 pH 值变化范围起到主要的作用。

水体遭到酸、碱污染后，会使水中酸碱度发生变化，即 pH 发生变化。当 pH 值小于 6.5 及 pH 值大于 8.5 时，水的自然缓冲作用遭到破坏，使水体的自净能力受到阻碍，消灭和抑制细菌及微生物的生长，对水中生态系统产生不良影响，使水生生物的种群发生变化，鱼类减产，甚至绝迹。酸、碱性水质还可以腐蚀水中各种设备及船舶。

酸碱污染物不仅能改变水体的 pH，而且还大大增加了氯化物和其他各种无机盐类在水中的溶解度，从而造成水体含盐量增高，硬度变大，水的渗透压增大。采用这种水灌溉时，会使农田盐渍化，对淡水生物和植物生长有不良影响。化学工业地区水硬度逐年增高，农作

物逐年减产，即与大量无机盐的流失有关。再加上排入水体中的酸和碱发生中和反应，提高了水中的含盐量，使水处理费用提高，降低水的使用价值。

8.2.2.6 毒污染

毒污染是水污染中特别重要的一大类，种类繁多。但其共同特点是对生物有机体的毒性危害。造成水体毒污染的污染物可以分为4种类型。

（1）非金属无机毒物

氰化物在工业上用途广泛，如可用于电镀、矿石浮选等，同时，也是多种化工产品的原料，因而很容易对水体造成污染。氰化物是剧毒物质，大多数氰的衍生物毒性更强，人一次口服0.1g左右（敏感类人只需0.06g）的氰化钠（钾）就会致死。氰化物对人和动物的急性中毒主要是通过消化道吸入后，分解成氰化氢，迅速进入血液，立即与红细胞中细胞色素氧化酶结合，造成细胞缺氧。中枢神经系统对缺氧特别敏感，故由呼吸中枢的缺氧引起的呼吸衰竭乃是氰化物急性中毒致死的主要原因。水中氰化物对鱼类有很大毒性，常常在很低的浓度，便可引起鱼的死亡。

氟是地壳中分布较广的一种元素，天然水中含氟为0.4～0.95mg/L。少量氟对人体是有益的，一般如果水中含氟量大于1.5mg/L，就会造成毒污染。如果人体每日摄入量超过4mg，即可在体内蓄积而导致慢性中毒。氟有以下几方面的毒作用：破坏钙、磷代谢；斑釉齿；抑制酶的活性。

（2）重金属与类金属无机毒物

一般把密度大于$5g/cm^3$，在周期表中原子序数大于20的金属元素称为重金属。目前最引起人们注意的是Hg、Cd、Pb、Cr、As[1]五种元素的污染。重金属进入水体后，只会发生价态和存在形式的变化，而不会被微生物降解而生成其他的新物质。它通过食物链可以在生物体内逐步富集，或被水中悬浮物吸附后沉入水底，积存在底泥中，所以水体底泥中含有重金属量会高于上面的水层。此外，有些重金属如无机汞还能通过微生物作用转化为毒性更大的有机汞（甲基汞）。

镉是一种银白色、有光泽的金属，具有质软、耐磨、耐腐蚀的特性。在自然界中存在含镉的矿石，因此，环境中存在镉的自然污染源。镉不但可以通过水污染使人中毒，而且可以通过含镉的烟尘向外扩散，如含镉的烟尘降落到牧场上，会让牛羊中毒，人再通过饮用中毒的牛奶或食用中毒的牛羊肉而传染上“镉”病。镉对人体的危害是潜在的，它不容易被人们发现。当人们食用了被镉污染的食物或水后，镉便会潜入人体，并在肝脏、肾脏和骨骼中一点点沉淀下来，当人体中镉的含量达到一定程度时，就会导致骨痛病。骨痛病发作时，哪怕是一点儿轻微的动作，如咳嗽或打喷嚏，都会使病人的骨骼折断甚至弯曲变形，就连一呼一吸，也会使病人痛苦不堪，有些病人就是因为无法忍受病痛折磨而自杀身亡的。

（3）易分解有机毒物

水中易分解有机毒物主要有挥发性酚、醛、苯等。

酚及其化合物属于一种原生质毒物，在体内与细胞原浆中的蛋白质发生化学反应，形成

---

[1] As为类金属。

变性蛋白质，使细胞失去活性。低浓度时能使细胞变性，并可深入内部组织，侵犯神经中枢，刺激骨髓，最终导致全身中毒；高浓度时能使蛋白质凝固，引起急性中毒，甚至造成昏迷和死亡。对含酚饮水进行氯化消毒时可形成氯酚，它有特异的臭味而使人拒饮。氯酚的嗅觉阈值只有 0.001mg/L。被酚类化合物污染的水对鱼类和水生生物有很大危害，并会影响水生物产品的产量和质量。

（4）难分解有机毒物

难分解有机毒物主要有有机氯农药、有机磷农药和有机汞农药。

有机氯农药性质比较稳定，在环境中不易被分解、破坏，它们可以长期残留于水体、土地和生物体中，通过食物链可以富集而进入人体，在脂肪中蓄积。有机氯农药的特点是毒性较缓慢但残留时间长，是神经及实质脏器的毒物。可以在肝、肾、甲状腺、脂肪等组织和部位逐步蓄积，引起肝肿大、肝细胞变性或坏死。

有机磷农药的特点是毒性较强但可以分解，残留时间短。短期大量摄入可引起急性中毒，其毒理作用是抑制体内胆碱酯酶，使其失去分解乙酰胆碱的作用，造成乙酰胆碱的蓄积，导致神经功能紊乱，出现恶心、呕吐、呼吸困难、肌肉痉挛、神志不清等。

有机汞农药性质稳定、毒性大、残留时间长，降解产物仍有较强的毒性。多氯联苯（简称 PCBs）是一种有机氯的化合物，用作电容器、变压器的绝缘油，化学工业上用作加热载体，作为塑料和橡胶的软化剂，涂料和油墨的添加剂。多氯联苯的性质十分稳定，在水体中不易分解，可以通过生物富集和食物链进入人体中，造成对人体健康的影响。

8.2.2.7 油污染

随着石油工业发展，油类物质对水体污染越来越严重，在各类水体中以海洋受到油污染最严重。目前通过不同途径排入海洋的石油数量每年为几百万吨至 1000 万吨。

石油进入海洋后造成的危害是非常明显的，主要有以下几方面。

① 破坏优美的滨海风景，降低其作为疗养、旅游等的使用价值。

② 严重危害水生生物，尤其是海洋生物。石油对海洋生物的物理影响包括覆盖生物体表，油块堵塞动物呼吸及进水系统，致使生物窒息、闷死；海鸟的体表被油污粘着后，就会丧失飞行、游泳能力；污油沉降于潮间带、浅水海底，使动物幼虫、海藻孢子失去合适的固着基质等。

③ 组成成分中含有毒物质，特别是其中沸点在 300～400℃间的稠环芳烃，大多是致癌物，如苯并芘、苯并蒽等。

④ 油膜厚 4～10cm 就会阻碍水的蒸发和氧气进入，鱼类难以生存。

⑤ 引起河面火灾，危及桥梁、船舶等。例如，1991 年海湾战争结束后，它留给人们的唯一战利品就是：正在变成死海的波斯湾。战争流入大海 $3.5\times10^8\sim7\times10^8$kg 原油，像黑色的糨糊一样沾在海面上。1L 石油的扩展面积可达 $1000m^2$，一条长约 56km、宽约 16km 的浮油带像一张黑色的大网，四处捕捉猎物，它飘到哪里，就把死亡带到哪里。据初步统计，有 200 万只海鸟在这次战争中丧生，鱼类和其他动植物所受的损失更是难以数计，波斯湾的一些特产鱼种将永远消失。由于波斯湾是一个近乎封闭的生态系统，水域极浅，海水流动十分缓慢，所以至少需要 200 年时间，湾内海水才能全部更新一次，从这个意义上说，海湾的石油污染问题才刚刚开始。正如著名核物理学家富兰克·巴纳所说：“即使不使用大面

积毁灭性武器，海湾地区的环境也会遭到毁灭性破坏。”

8.3 水环境突发污染事故应急处理案例分析

尽管政府采取了多种政策措施加强污染防治，但水污染在总体上并没有得到有效遏制，水污染问题依然很严重。2005 年，中国七大河流约 59%属于 4 类、5 类或劣 5 类水质。日趋严重的水污染及频繁发生的水污染事件已经成为中国最突出的环境问题。

8.3.1 2005年松花江水源污染事件

8.3.1.1 案例简述

2005 年 11 月 13 日 13 时 36 分，位于松花江第二干流，吉林省吉林市城区内的中国石油吉林石化公司双苯厂苯胺装置硝化单元发生爆炸事故，造成大量苯类污染物进入松花江水体，引发重大水污染事件。随着污染物逐渐向下游移动，这次污染事件的严重后果开始显现。特别是哈尔滨市，饮用水多年以来直接取自松花江，为避免污染的江水被市民饮用、造成重大的公共卫生问题，市政府决定自 2005 年 11 月 23 日起在全市停止供应自来水，这在该市的历史上从未发生过。形成的 100 多公里长的污染带流经吉林、黑龙江两省，在我国境内历时 42 天，行程 1200km，于 12 月 25 日进入俄罗斯境内。《地表水环境质量标准》(GB 8383—2002) 中硝基苯的限值为 0.017mg/L，在此次污染事件中，松花江污染团中硝基苯的浓度极高，到达吉林省松原市时硝基苯浓度超标约 100 倍。根据当时预测，污染团到达哈尔滨市时的硝基苯浓度最大超标约为 30 倍，造成了松花江流域重大水污染事件，哈尔滨市制水三厂、绍和水厂、制水四厂全面停产，给流域沿岸的居民生活、工业和农业生产带来了严重的影响。此次污染不仅影响了黑龙江省，随着水污染团流向松花江的下游——黑龙江，这次污染更成为一次国际事件。

8.3.1.2 事故原因

爆炸事故的直接原因是，硝基苯精制岗位外操人员违反操作规程，在停止粗硝基苯进料后，未关闭预热器蒸气阀门，导致预热器内物料气化；恢复硝基苯精制单元生产时，再次违反操作规程，先打开了预热器蒸气阀门加热，后启动粗硝基苯进料泵进料，引起进入预热器的物料突沸并发生剧烈振动，使预热器及管线的法兰松动、密封失效，空气吸入系统，由于摩擦、静电等原因，导致硝基苯精馏塔发生爆炸，并引发其他装置、设施连续爆炸。

污染事件的直接原因是，爆炸事故发生后，未能及时采取有效施，防止泄漏出来的部分物料和循环水及抢救事故现场消防水与残余物料的混合物流入松花江。

8.3.1.3 应急处理措施

在此次突发性硝基苯污染松花江水源事件中，城市给水厂的常规处理工艺对硝基苯基本无去除作用，混凝沉淀对硝基苯的去除率在 2%～5%，增大混凝剂的投加量对硝基苯的去除无改善作用。硝基苯的化学稳定性强，水处理常用的氧化剂，如高锰酸钾、臭氧等不能将其氧化。硝基苯的生物分解速度较慢，特别是在当时的低温条件下。但是，硝基苯容易被活

性炭吸附，采用活性炭吸附是城市供水应对硝基苯污染的首选应急处理技术。

11月23日建设部组成专家组，当晚赶赴哈尔滨市，协助当地工作。建设部专家组到达后，根据哈尔滨市取水口与净水厂的布局情况，制定了由粉末活性炭和粒状活性炭构成双重安全屏障的应急处理工艺。

(1) 在取水口处投加粉末活性炭的应急处理措施

哈尔滨市供排水集团的各净水厂（制水三厂、绍和水厂、制水四厂）以松花江为水源，取水口集中设置（制水二厂、制水一厂），从取水口到各净水厂有约6km的输水管道，原水在输水管道中的流经时间为1～2h，可以满足粉末活性炭对吸附时间的要求。经过紧急试验，确定了在对水源水硝基苯超标数倍条件下粉末活性炭的投加量应为40mg/L，吸附后硝基苯浓度满足水质标准，并留有充分的安全余量。11月24日中午形成了实施方案，方案包括：25日在取水口处紧急建立粉末活性炭的投加设施和继续进行投加参数试验，26日起率先在哈尔滨制水四厂进行生产性验证运行，27日按时全面恢复城市供水。由此，在松花江水污染事件城市供水应急处理中，形成了由粉末活性炭和粒状活性炭构成双重安全屏障的应急处理工艺，并在实际应用中取得了成功。哈尔滨市制水四厂的净水设施分为两个系统，应急净水工艺生产性验证运行在其中的87系统进行，处理规模为$3\times10^4m^3/d$，净水工艺为网格絮凝池、斜管沉淀池、无阀滤池、清水池。受无阀滤池的构造条件所限，制水四厂的石英砂滤料无阀滤池未做炭砂滤池改造。11月26日12时，在水源水硝基苯尚超标5.3倍的条件下，应急净水工艺生产性验证运行开始启动。经过按处理流程的逐级分步调试（在前面的处理构筑物出水稳定达标之后，水再进入下一构筑物，以防止构筑物被污染），从26日22时起，87系统进入了全流程满负荷运行阶段。27日凌晨2时由当地卫生监测部门对水厂滤后水取样进行水质全面检验，早8时得出检测结果，所有检测项目都达到《生活饮用水水质标准》。其中硝基苯的情况是：在水源水硝基苯浓度尚超标2.61倍的情况下（0.061mg/L），在取水口处投加粉末活性炭40mg/L，经过5.3km原水输水管道，到哈尔滨市制水四厂进水处的硝基苯浓度已降至0.0034mg/L，再经水厂内混凝沉淀过滤的常规处理，滤池出水硝基苯浓度降至0.00081mg/L。27日早4时以后，制水四厂进厂水中硝基苯已基本上检测不出。经市政府批准，哈尔滨市制水四厂于27日11时30分恢复向市政管网供水。根据制水四厂的运行验证，哈尔滨市的其他净水厂（哈尔滨市制水四厂另一系统、制水三厂和绍和水厂）也采取了相同措施，于27日中午开始恢复生产，晚上陆续恢复供水。哈尔滨市各水厂取水口处粉末活性炭的投加量情况如下：在水源水中硝基苯浓度严重超标的情况下，粉末活性炭的投加量为40mg/L（11月26日12时～27日11时）；在少量超标和基本达标的条件下，粉末活性炭的投加量降为20mg/L（约1周后）；在污染事件过后，为防止后续水中可能存在的少量污染物（来自底泥和冰中），确保供水水质安全，粉末活性炭的投加量保持在5～7mg/L。其中，制水三厂和绍和水厂因厂内已改造有炭砂滤池，取水口处粉末活性炭投加量为5mg/L；制水四厂因未做炭砂滤池改造，取水口处粉末活性炭投加量为7mg/L。

粉末活性炭的投加方法有湿投法和干投法两种。干投加时粉尘很大，必须采取防尘措施。使用时应注意以下技术要点。

① 粉末活性炭吸附所需时间和投加点　粉末活性炭吸附过程可为快速吸附、基本平衡和完全平衡3个阶段。粉活性炭对硝基苯吸附过程的试验表明，快速吸附阶段大约需要

30min，可以达到70%～80%的吸附容量；2h可以基本达到吸附平衡，达到最大吸附容量的95%以上；再继续延长吸附时间，吸附容量的增加很少。

对于取水口与净水厂有一定距离的水厂，粉末活性炭应在取水口处提前投加，利用从取水口到净水厂的管道输送时间完成吸附过程，在水源水到达净水厂前实现对污染物的主要去除。

对于取水口与净水厂距离很近，只能在水厂内混凝前投加粉末活性炭的情况，由于吸附时间短，并且与混凝剂形成矾花絮体影响了粉末活性炭与水中污染物的接触，造成粉末活性炭的吸附能力发挥不足，因此在净水厂内投加时必须加大粉末活性炭的投加量。

② 粉末活性炭的投加量　应急事故中粉末活性炭的投加量可以用烧杯试验确定。试验用水样应采用实际河水再配上目标污染物进行，由于水源水中含有多种有机物质，存在相互间的竞争吸附现象，对实际水样所需的粉末活性炭投加量要大于纯水配水所得的试验果。根据所得活性炭平衡吸附容量公式数据，可以计算出各种去除要求下粉末活性炭的理论用量。

活性炭平衡吸附容量公式：

$$q_0=\frac{V\ (c_0-c_i)}{w} \tag{8-1}$$

从而得到：

$$\frac{w}{V}=\frac{(c_0-c_i)}{q_0} \tag{8-2}$$

式中　q_0——平衡吸附容量，mg污染物/g活性炭；

V——达到平衡时的积累通水体积，L；

c_0——吸附开始时水中污染物的浓度，mg/L；

c_i——吸附达到平衡时水中污染物的浓度，mg/L；

w——活性炭用量，g。

由于受后续的沉淀过滤对粉末活性炭去除能力的影响，粉末活性炭的投加量也不能无限大，实际最大投加量不宜大于80mg/L。对应于此投加量，可以计算出在进水硝基苯浓度超标40倍的条件下，吸附后的平衡浓度为0.01mg/L，距离水质标准尚有一定的安全余量。对于超标倍数再高的原水，单纯投加粉末活性炭的方法将无法应对。对试验得到的粉末活性炭投加量，在实际应用中还要考虑其他因素，包括吸附时间长短、水处理设备（沉淀池、滤池）对粉末活性炭的分离效率、投炭设备的计量与运行的稳定性、水源水质波动、处理后水质的安全余量等，因此必须采用足够的安全系数。根据后期补充试验结果，在松花江水污染事件的城市供水应急处理中，哈尔滨净水厂当时所采用的粉末活性炭投加量留有了充分的余量，安全系数很大，在紧急条件下确保了应急处理的成功运行。

（2）增加粒状活性炭过滤吸附的水厂改造应急措施

在松花江水污染事件中，沿江城市供水企业迅速采取应急措施，初步确定了增加粒状活性炭过滤吸附的水厂改造应对方案，并紧急组织实施。该方案要求对现有水厂中的砂滤池进行应急改造，挖出部分砂滤料，新增粒状活性炭滤层。为了保持滤池去除浊度的过滤功能，要求滤池中剩余砂层厚度不小于0.4m，受滤池现有结构限制，新增的粒状活性炭层的厚度

为0.4～0.5m。当时哈尔滨市紧急调入大量粒状活性炭，从24日起在制水三厂和绍和水厂突击进行炭砂滤池改造，至26日基本完成，实际共使用粒状活性炭800余吨。

8.3.1.4 事件后续处理措施

加强环境监测，确保沿江人民饮用水安全：(a) 加强松花江、黑龙江水环境监测工作，在松花江干流事故发生点下游至黑龙江抚远段共设16个监测断面监测地表水；(b) 加强沿江城镇集中式饮用水源和地下水饮用水源水质监测；(c) 继续开展松花江底泥、冰及水生生物监测工作；(d) 继续开展中俄界河联合监测。

组织实施松花江水污染防治中长期规划。以促进松花江流域社会经济与生态环境协调发展为出发点，优先保护大中城市集中式生活饮用水水源地，重点改善流域内对生产生活及生态环境影响大的水域水质，通过进行产业结构调整、开展清洁生产、实施污染物总量控制等减少污染物的产生和排放，进一步改善松花江水环境质量。

组织吉林和黑龙江两省环保部门严密监控沿江污染源情况，加强城市供水安全管理，特别是保证沿江取水口取水安全。密切关注水质对鱼类的影响，加强水产品安全监测工作。做好爆炸现场残余物的处置工作，防止新的环境污染。

建立健全环境应急长效机制。加大投入，切实加强环境应急工作。用2～3年时间基本建成环境安全应急防控体系，从组织机构、应急专业队伍建设、装备配置、法制建设、技术标准、科技进步、应急信息平台和应急综合指挥协调系统等各方面入手，充分发挥各职能部门在环保方面的主要作用，全面加强应急能力建设，构建国家、省、市和县四级环境预警监控网络、环境监测网络和环境监察执法网络，提高环境应急工作预警预测、监测、处置、后期评估和修复等方面能力与水平。

8.3.1.5 启示

松花江水污染事件给我们敲响了警钟，我们必须重视水污染整治的问题，因为这关系着我们的日常生活。在发展经济的同时，也要考虑到怎样保护水资源，减少对水的污染。可以采取以下的几点措施：科学规划流域内的重点产业布局，要协调上下游、左右岸在产业布局的关系，充分考虑重点污染企业对污染排放的处理；在饮用水水源地和大江大河的上游地区，要慎重布局重污染型企业，以免对中下游地区的用水造成不利的影响。

加强区域、跨流域的综合管理与协调。跨区域、跨流域的综合治理是从流域的生态承载力出发，突破地区和部门之间的障碍，综合考虑流域内自然资源的合理开发与保护。同时，要根据生态系统的承载能力、河流流量的季节变化等因素，科学核算流域的纳污能力，在此基础上，确定流域的污染物排放总量、各企业的排放定额和排放标准。

加入市场机制，以经济手段推动水污染治理。首先，要建立环境资源价格体系，推行排污权有偿交易，运用价格杠杆激励企业加强污水治理，让“治污者赚钱”。其次，要完善污水处理付费制度，积极落实污水处理收费政策，所有城镇都要开征污水处理费，并逐步提高收费标准。第三，要吸引社会资金投入污水处理厂和管网建设，提高城市污水处理的技术水平。

增强应对突发性事件的敏锐性和责任感。各地要制定并完善环境应急预案，健全环境应急指挥系统，配备应急装备和监测仪器；一旦发现苗头性问题，要尽快研究解决问题的方案和对策措施；事故发生后，应保持沉着冷静，及时科学决策，并立即启动应急预案，最大限

度地减轻事故造成的环境危害。

加强防范污染事故的宣传工作。加强对各级政府的宣传，提高政府应对能力；加强对重点污染企业的技术指导和培训，提高企业防范和处置污染事件的能力；对污染源周围居民进行有针对性的科普宣传，增强群众自我防护、自救互救意识，减轻事故危害；加强对环保部门的培训，使其了解和掌握应对重大污染事故的要求，增强危机感和应对意识；及时公开信息，做好社会舆论的引导。

及时做好重特大环境污染事件的报告工作。发生重、特大污染事件后，当地环保部门必须按照规定程序，及时、如实向环境保护部报告污染状况，绝不能隐瞒真实情况，更不能拖延不报，延误处理事故时机；要建立信息报送责任制，对不及时报送情况或隐瞒信息不报的，环境保护部一定要会同有关部门追究单位负责人的责任，绝不手软；加强环境监测，严密监控环境质量变化情况，随时报送准确信息及调查处理的进展情况，对存在问题及时采取措施。

8.3.2 广东北江镉污染事件

8.3.2.1 总体情况

广东省境内的北江由北向南汇入珠江口。2005 年 12 月 15 日，环境监测人员在北江孟洲坝断面进行日常监测时，发现镉浓度严重超标，最高时约为 0.06mg/L，超标 11 倍。北江上中游的韶关、英德及下游多个城市的水源均受到了严重影响。22 日 8 时，镉污染带峰值移至英德市上游的白石窑水电站，离大坝仅 4.3km，镉浓度最高值为 0.042mg/L，当时北江水流速度为 4.5km/d，预计经 6d 时间，长约 70km 的污染带将全部流过白石窑水电站，如果这种情况出现，那么除调水冲污外，再无法实施其他除镉措施。

8.3.2.2 应急处理情况分析

(1) 全面开展排查，切断污染源头

2005 年 12 月 20 日，广东省政府做出了韶关冶炼厂立即停止排放含镉废水的决定，督促该厂当晚 7 时 30 分停止排污。为彻底切断污染源，原广东省环境保护局对北江韶关段排污企业进行地毯式排查，重点加强对小冶炼厂等小型企业的监管，共出动 2500 多人次，排查企业 300 多家，关停企业 43 家。与此同时，周边各市深入开展北江沿岸地区排放含镉废水企业的排查工作，共出动 860 多人次，排查企业 312 家，发现排放含镉废水的企业 10 家，责令其中超标排放的 9 家停止排污。

(2) 实施联合防控，确保水质达标

经过专家的反复研究论证，认为可以在白石窑水电站投加铝盐或者铁盐混凝剂，利用水电站大坝水轮机的混合作用，搅拌形成反流。江水加药后，形成的絮体在相对开阔平缓的江面上逐渐沉淀至江底。pH 值是化学沉淀法去除重金属离子的关键因素。调整水的 pH 为弱碱性后，去除率大大提高。水中的镉离子在弱碱性条件下生成碳酸镉（重碳酸根有一部分转化为碳酸根）和氢氧化镉沉淀，再通过混凝沉淀去除。北江水呈弱碱性，在此过程中，镉可以通过凝聚吸附、网捕沉淀等机理被部分去除。采取这个措施的目的就是要把镉污染范围控制在白石窑水域上游，减少随水迁移的镉通量，实现在飞来峡水库将出水镉浓度降至

0.01mg/L 的控制目标。

发生污染事故期间，北江水流量高达 $200m^3/s$，确定迅速采用液体药剂和固体药剂的现场投加方案。通过六联混凝搅拌仪的现场混凝试验，确定不同混凝剂的最佳投加量。例如将固体聚合硫酸铁投加量由 36t/h 降低为 30t/h，将液体聚合硫酸铁投加量由 7.2t/h 提高到 20t/h。检测过程中发现，上游水 pH 值在 7.87 左右，坝下水 pH 值在 7.62 左右，此时对镉的削减效果最佳。在北江韶关冶炼厂排污口上游至英德飞来峡共设置 12 个监测断面，每 2h 进行一次镉浓度的同步监测。监测结果表明，白石窑投药除镉工程的实施，使白石窑下游云山水厂断面的镉浓度明显降低。从 23 日 8 时药剂开始投放算起，7d 共投放药剂约 3000t。同时，联合流域水利调度工程从 23 日晚上 8 时至 30 日晚上 8 时向污染河段补充新鲜水 $4.7\times10^7m^3$。两项工程的实施，削减镉浓度峰值 27%。削污降镉工程停止后，继续实施联合流域水利调度工程，将污染水团分隔在白石窑和飞来峡两个库区进一步稀释，到 2006 年 1 月 10 日上午 8 时省防总第 10 号调度令结束，累计从水库和飞来峡以上未受污染的天然河道向受污染的河道补充新鲜水量 $3.33\times10^8m^3$，有效降低了被污染河段的镉浓度，确保了飞来峡出水水质镉浓度总体达标。

(3) 改造供水系统，确保用水安全

及时组织沿江各市启动了饮用水源应急预案，确保城镇用水安全。英德市于 12 月 21 日晚上 10 时紧急接通了全长 1.4km 的备用水源输水管道，启用长湖水库备用水源，及时解决了 16 万人的饮水问题。南华水泥厂所属水厂应急除镉净水示范工程 12 月 25 日完成，在进水镉浓度为 0.027mg/L 的情况下，出厂水镉含量降至 0.0022mg/L，优于生活饮用水检验规范要求，经冲洗供水管网和全面检验合格后，2006 年 1 月 1 日晚上 11 时全面恢复了供水。英德云山水厂、清远七星岗水厂先后于 2005 年 12 月 30 日和 2006 年 1 月 3 日完成了应急除镉净水系统。清远市 2006 年 1 月 3 日完成了市区供水管网并接工程，保证了居民生活正常供水。广州、佛山、肇庆等市均按照省的部署抓紧完成了北江沿线水厂的应急除镉系统或供水管网改造等工程。2005 年 12 月 23 日，紧急对沿北江两岸陆域纵深 1km 以内的 3968 口水井进行了认真排查，通过对其中 53 口水井的随机抽样检测，水质全部达标。农业部门对北江两岸种植业、畜禽养殖业进行排查，采取措施停用北江水灌溉农田和畜禽养殖。海洋渔业部门组织开展渔业资源应急监测，发出警报停止食用受污染的水产品。通过组织工作组进村，利用广播、电视宣传等手段，通知群众不要直接饮用受污染的江水，确保无一人饮用受污染的水、吃受污染的食品。

(4) 启动应急监测，监控水质变化

事故发生后，原广东省环境保护局立即启动了应急监测方案，在北江流域共设立 21 个监测断面，每 2h 监测一次，并根据水质变化，及时调整监测方案，增加监测断面，加大监测频率。从全省环保系统抽调人员和车辆，确保参与应急监测的人员达到 350 人/d，专用监测车辆 50 台/d，共分析样品 1 万多个。

8.3.2.3 启示

(1) 高度重果断决策是事故处置的根本保证

在事故处置工作中，所有人员始终高度重视，果断采取措施，切实解决事故处置过程中可能发生的问题，研究处置对策，迅速调动各方面力量，采取强有力措施，将污染事故影响降至最低，使这次污染事故的处置取得良好的成效。

（2）依靠科学、依靠技术是事故处置的重要基础

事故发生后，16 名国家专家和 12 名省内专家组成事故处置联合专家组，依靠大量的监测数据，经过科学分析、准确预测，提出了实施白石窑水电站降镉削污工程、联合流域水利调度工程和南华水厂除镉净水示范工程等方案。相关方案及时实施，成功降低了污染水体镉浓度和镉含量，确保了沿江居民饮水安全。环境监测作为本次事故处置工作的重中之重，通过科学布点、规范监测，昼夜连续监控，及时、准确地掌握水质变化情况，充分发挥了环境监测是科学决策的“眼睛”作用，不仅为科学决策和专家预测提供了重要依据，更重要的是为下游提前做好应急工作提供了有力的技术支持。

（3）快捷应对、措施得力是事故处置的关键所在

对事故的早发现、早报告、早处理，为处置工作赢得了时间。责令韶关冶炼厂立即停止向北江排放含镉污水，迅速开展沿江各地污染源全面排查，彻底切断污染源，保证了不再增加北江流域镉污染负荷。果断采取白石窑水电站降镉消污和联合流域水利调度等工程措施，有效地降低了污染水体镉浓度峰值和镉通量，确保了飞来峡出水水质达标。实施南华水厂除镉净水示范工程不仅解决了南华水厂供水问题，更重要的是为下游清远和佛山等市的供水设施改造提供示范经验，保证了沿岸群众的饮水安全。坚决果断采取了一系列强有力措施，促使北江镉污染迅速得到有效控制。

8.3.2.4 建议

（1）树立科学发展观，保障环境安全

环境安全是国家公共安全的重要组成部分，是保障人民群众健康、维护社会稳定的重要条件。当前，部分地区在经济发展过程中存在着不顾环境承载能力，饥不择食，盲目上项目的现象，对环境安全造成巨大隐患。

（2）保护饮用水源，确保饮水安全

饮用水安全关系到广大人民群众的身体健康，必须要采取最严格的措施保护饮用水源。多年来，临江建设了不少化工、电镀、印染等重污染和排放有毒有害污染物的项目，其中部分企业不能稳定达标排放，一旦发生污染事故，必将严重影响饮用水源安全。为切实解决以上问题，必须严厉打击危害饮用水源安全的环境违法行为，坚决拆除一级饮用水源保护区内的排污口；严禁规划和建设向饮用水源保护区排放污染物、威胁饮用水源安全的项目，要全流域严格控制排放有毒有害污染物的项目。要加强城市备用水源的规划和建设，开辟多水源，做到有备无患。

（3）建立应急机制，提高应对能力

环境污染事故具有隐蔽性较强、影响范围广、消除难度大等特点，目前我国处于环境污染事故的高发期，各级政府必须增强对环境突发事故的敏锐性和责任感，对处置污染事故保持高度警惕性。要建立健全环境污染事故预警体系和应急机制，健全应急机构，完善应急制度，明确各方职责，加强培训和预案演练，确保一旦发生事故，能够做到有效组织、快速反应、高效运转，迅速采取有效措施，最大限度地减少事故造成的损害。

（4）加强环境监管，建立长效机制

环境污染事故的发生一般是由企业违法排污造成。要加大对企业的监管力度，对重点污

染源尤其是排放有毒有害污染物的企业要进行全面排查，登记造册，逐一落实责任，切实加强监管。要严肃查处环境违法行为，以铁的手腕查处一切违法排污企业。要建立和完善企业环境行为自我约束机制，通过实施企业环境管理信用制度、创建环境友好企业和清洁生产企业、加强企业环保宣传和教育等措施，提高企业环保意识和守法意识，促使企业自觉遵守环保法律法规，落实环保责任，防范污染事故的发生。

（5）切实加强领导，严格落实责任

各级政府必须要增强环境忧患意识和做好环保工作的责任意识，切实履行环保法律、法规规定的政府对本辖区环境质量负责的职责，做到认识到位、责任到位、措施到位、投入到位，切实防范重大环境污染事故。要强化环保责任考核，将环境保护作为领导班子和领导干部考核的重要内容，并将考核结果作为干部选拔、任用和奖惩的重要依据。要严格实行环保责任追究制度，对因决策失误造成重大环境污染、严重干预正常环境执法的领导干部和公职人员，以及违反环境保护法律、法规而造成环境污染事故的企事业单位负责人和有关人员，要依法严肃追究责任。

8.3.3 2008年大沙河砷污染事件

8.3.3.1 案例简述

2008年7月以来，河南省民权县某化工有限公司为降低生产成本，未经审批擅自采购含砷量高的硫砷铁矿用于生产硫酸，加之没有采取足够的处理手段，自备污水处理工艺中没有砷处理一项，生产废水中砷含量严重超标并经民生河直接排入大沙河。

大沙河下游与流经安徽省的涡河汇合，又在蚌埠汇入淮河，为淮河的二级支流、涡河的一级支流，河水流向为：民生河→大沙河→涡河→淮河。该公司的化工厂排出的废水致使河水砷污染浓度均值最高时，超过国家地表水三类水质标准的百倍以上，造成下游涡河等水域水质严重污染，对下游100多公里范围内的生活、生产用水安全构成严重的威胁，使河南、安徽两省交界处居民遭遇了国内最大一次水体砷污染事件的磨难。

8.3.3.2 污染物特点

砷是一种类金属的非金属元素，在地壳中含量并不大。单质砷无毒，但任何砷的化合物均有毒，特别是三价砷，有剧毒。它是亲硫元素，在自然界中主要以硫化物矿存在。尽管砷在工业生产中有一定用途，还是药材雄黄、雌黄的主要成分，但这种元素只要离开地壳深处，就可能成为污染环境、危及健康的污染物。天然水环境中的砷主要以砷酸盐、亚砷酸盐等形式存在，溶于水，有剧毒。随着采矿业的发展和人类工业化进程的加快，砷在水体、土壤等环境介质中浓度逐渐升高并累积，直接或间接进入生物体，将可能发生急慢性砷中毒现象。

砷及砷化合物是世界卫生组织（WHO）下属的国际癌症研究所（IARC）等诸多权威机构所公认的人类已确定的致癌物。对于河流水体砷污染治理，国内外更是没有可供借鉴的成功案例。

8.3.3.3 应急处理措施

大沙河发生砷污染事件后，两岸地域迅速建立应急处理机构，制定了应急处理方案，全力以赴处理污染。具体方案如下。

（1）成立指挥部，现场指挥协调污染处理工作

由于是跨地区河流污染，存在流域管理方面信息共享不力等问题，因此迅速成立了由各级政府、国家环保部事故应急处理中心以及省环保厅组成的砷污染防控工作指挥部，在大沙河包公庙闸现场指导污染处理工作，协调上下游有关方面合力解决污染治理、河流涵闸调度、各相关信息共享和污染损失赔偿等问题。同时，环境监测部门第一时间进驻现场，进行沿岸污染状况排查，淮河水利委员会、各级环保及水利部门也积极支持与配合治污工作。

（2）启动河水受污应急预案

为封停污染源、全面治理整顿，河流两岸迅速警戒，并严格执行不准灌溉、不准饮用、不准捕捞（鱼虾）、不准洗衣洗菜、不准放鸭养鱼的“五不准”措施。

（3）采用科学有效的治污技术方案

经多方紧急考查、验证，采用中国科学院的“科学处置含砷污水和含砷底泥技术方案”处理污染水体及底泥。该技术方案是在已有饮用水除砷专利技术的基础上，针对大沙河流域特征和砷污染状况制定的砷污染处理总体工艺。

（4）制定具体的实施方案

对所有受污染水体进行治理，并清除受污染的河床，经过治理的河水监测合格后才能开闸下泄，具体措施如下。

① 按照环境保护部门的部署，有关部门在相关河流上建起3道拦河坝及数道土坝，将污染河水拦截在各段土坝内，并关闭大沙河包公庙闸、惠济河鹿邑东孙营闸和下游涡河大寺枢纽闸，阻止任何已受污染及可能受污染的河水下泄。

② 将大沙河包公庙闸前1.3km范围的受污染严重河段划为沉降区（即治污区间），采用中国科学院的治理技术方案，加入复合除砷吸附剂，被吸附的砷沉入河底，以便集中处置，并在治污区间加密监测，拦河坝上留出水口并设置提水泵，确保出水口处下排的河水水质达标。

③ 逐步将上游及邻近河流被拦截河水抽泵至治污区间，根据治污区间水处理情况，采取阶段性边治理边排放的措施，处理所有相关水体。

④ 下游大沙河出省境处修建溢流坝、吸附坝，对达标下排河水再次加强处理，确保河水水质安全。

8.3.3.4 应急监测方案

接到污染报告后，省级监测站连夜到达现场进行污染状况排查；按照“砷污染事件应急监测方案”及调整方案，各级监测站每日对水质等监测对象进行1～2次采样和砷含量测定，并及时将监测结果形成每日“应急监测快报”报送指挥部。

主要监测对象为地表水，在事故源的河流上游布设背景断面，下游根据现场需求，在干流每5～10km、支流交汇入口、支流每10km处布设应急控制断面；污染状况排查分析时点位、频次加密。通过水质监测，确定污染带总长度、高峰值位置、污染水量等，实时掌握污染物在河道中的分布状况及变化。对底泥脱水固化封存，其他环境载体（地表水、地下水、沿河土壤等）在后期继续监测。

① 地表水　含砷废水流经民生河、大沙河、涡河、支流洮河，而邻近河流小白河、太平沟等与其通过渠、闸等有水流交叉。为保证污染处理工作有效进行，自事故源上游2km处直至下游大沙河入涡河后，按照河流方向，分别在各河流的主要污染区域各河流布设监测点，共59个。同时，由于水位、压力等因素影响，部分受污染河水会溢出到一些小支叉、河沟，也要对其水质进行追踪调查。

② 地下水　为排查受污染的地表水体连续渗漏造成地下水砷污染的可能性，沿大沙河两岸30～1000m范围内布设监测点位49个，以及时掌握地下水水质状况。

③ 土壤　在大沙河两岸500m范围内，采集土壤样品14个，监测土壤受污染状况。

④ 底泥　自事故源上游2km处直至下游大沙河入涡河后，按照河流方向布设点位，在河流中部采集样品16个，监测砷及其化合物（以As计）的含量。

⑤ 作物　作物类型选择当季作物玉米，在大沙河两岸30～500m范围内采集样品6个进行监测。

8.3.3.5 处理结果分析

地表水砷污染状况依据《地表水环境质量标准》（GB 3838—2002）的Ⅲ类标准限值（0.05mg/L）进行评价。

砷污染监测结果如下。

(1) 大沙河

大沙河为主要受污染河流，在民生河入大沙河口及上游进行比对监测，并对污水处理厂入大沙河处至下游的砷污染区域进行连续加密监测。重点监测断面的砷浓度随时间的变化如图8-1所示。包公庙闸后、商丘溢流坝上、出省境（枣集）3个断面为省境内关键监测点位，2008年11月20日前为高浓度不稳定时期，11月28日起砷浓度明显下降，浓度范围在0.002～0.038mg/L之间；其中出省境（枣集）断面的水质自11月28日起砷浓度达标，12月2日后稳定于0.023mg/L以下；入涡河前（洪河桥下）断面位于下游安徽省，12月20日起水质达标，砷浓度稳定于0.011～0.042mg/L之间。

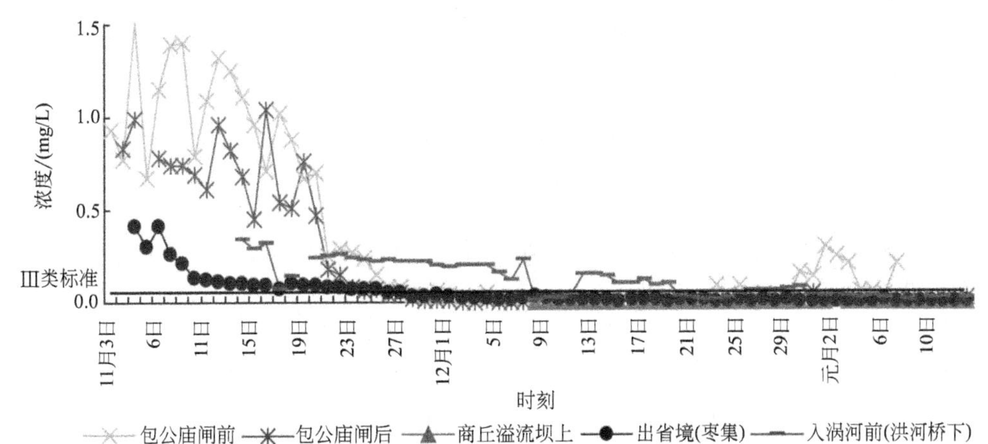

图8-1　大沙河重点监测断面砷浓度随时间的变化

（2）涡河

涡河为下游干流，沿途布设5个监测断面，自2008年11月17日起连续监测，砷浓度随时间的变化见图8-2。入涡河前亳州大桥下、亳州大寺闸2个断面砷浓度范围均在0.050mg/L以下，未超标；入涡河后亳州大桥下（大地桥）、亳州灵津渡大桥、亳州人民桥3个断面仅于11月21～22日、12月13～17日调水时出现个别点次超标，最高超标80%，其余点次均未超标。

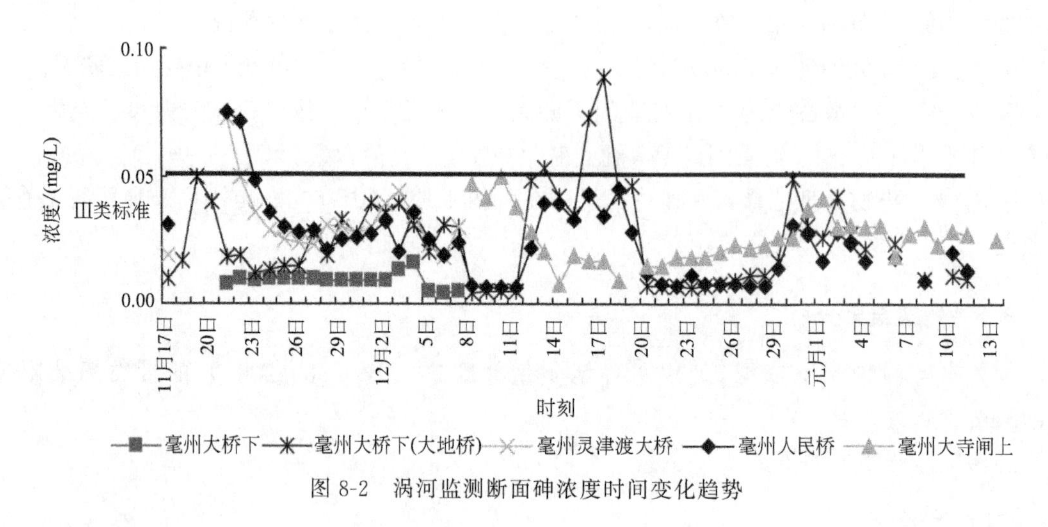

图8-2　涡河监测断面砷浓度时间变化趋势

（3）支流、邻近河流及相关河流

洮河、小白河、太平沟中重点监测断面的砷浓度随时间的变化如图8-3所示。

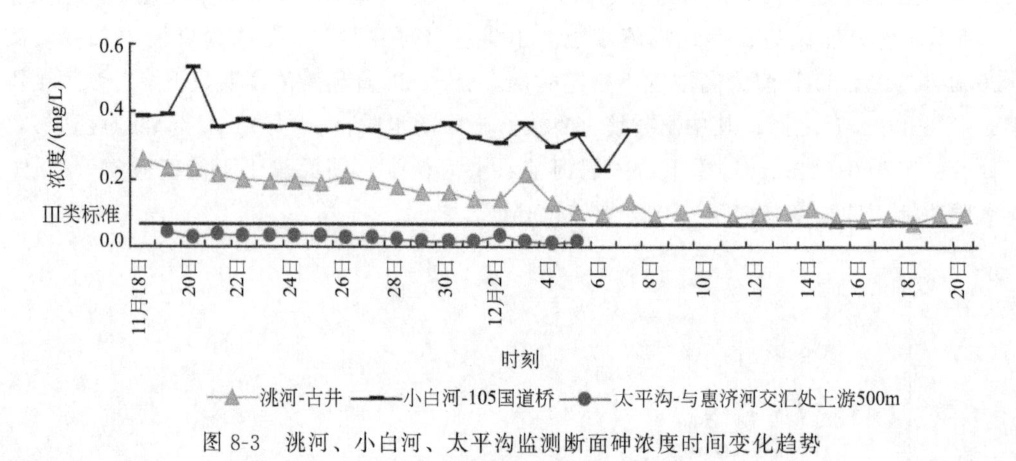

图8-3　洮河、小白河、太平沟监测断面砷浓度时间变化趋势

① 洮河为大沙河支流，沿途布设8个监测断面，其中古井（出省境）断面砷浓度范围在0.072～0.255mg/L之间，超标0.4～4.1倍。2008年12月污水通过抽水泵提至治污区间进行处理，古井断面砷浓度逐步下降，12月20日洮河断流。

② 小白河为邻近河流，沿途布设7个监测断面，其中105国道桥（出省境）断面砷浓度范围在0.224～0.530mg/L之间，超标3.5～9.6倍，基本稳定于0.22～0.40mg/L之间。小白河出境处筑有土坝，12月污水通过抽水泵提至治污区间进行处理，12月7日断流。

③ 太平沟为邻近河流，沿途布设14个监测断面，其中与惠济河交汇处上游500m处断

面砷浓度范围在0.013～0.042mg/L之间，均未超标。

④ 惠济河及相关河流（明净沟等）监测断面砷浓度范围在0.006～0.025mg/L之间。

污染最终处理效果：截至1月10日，大沙河累计处理含砷河水$8.96\times10^6m^3$，向下游排放$7.88\times10^6m^3$；洮河累计处理含砷河水$4\times10^5m^3$；小白河累计处理含砷河水$4.15\times10^5m^3$；民权城市污水处理厂及其附近河道含砷水近$5\times10^4m^3$。其中，上游来水砷浓度在4.5mg/L以上时，系统稳定运行处理能力达到$2.6\times10^5m^3/d$；来水砷浓度在2.5mg/L时，稳定处理能力达到$3.6\times10^5m^3/d$。大沙河、洮河、小白河出省境断面水体中砷含量全部优于地表水三类水质标准；同时监测结果显示，受污染河段沿岸两侧1km内的地下水、土壤及作物目前所含砷未超标，沿岸未发生人畜中毒事件，河道底泥被防渗填埋储存或综合利用，人民群众生产生活秩序正常。

8.3.3.6 启示

此次砷污染事虽然件处置取得突破性进展和阶段性成果，但同时也给人们留下许多启示。有毒性原材料的管理、应用，生产废水的处理等方面存在的问题和事件的惨痛教训应当引起人们的高度重视。为了人民的生产、生活安全，应当认真总结环境监测在污染事件处置中的作用和经验教训。

（1）应急监测快速响应

监测部门必须在日常工作中从难、从严要求，早做部署，勤练内功，做好充分的技术储备，提高监测人员的整体技术水平。各级监测站加强应急监测装备配备，保证装备精良有效，为应急监测拓宽监测领域。确保在事件发生后能够快速赶赴现场，科学布设监测点位，快速有效取得准确的并有代表性的监测数据。提供针对性强、时效性好的监测报告是突发污染事故处理决策的重要技术基础。

（2）做好技术人员培训

鉴于突发污染事故的不可预见性，很可能出现专项技术人员出差在外或其他不在岗情况，应对实验室全体分析人员加强业务培训，做到一专多能，人人均能掌握水气环境中常见污染物（如CO、NH_3、H_2S、Cl_2、HCl、氰化物、芳香烃等）的监测分析方法，熟悉监测仪器的操作，确保一旦事故发生，监测分析人员均能迅速来到现场，即时投入监测分析。

（3）加强应急监测网络建设

目前，在流域管理机制方面尚存在信息共享不力而影响效率的问题。水利部门、环保部门及跨省市之间的区域协调不力，曾一度成为制约污染治理顺利实施的关键因素之一。各地经济能力和技术水平存在差异，不可能要求所有环境监测站均做到装备精良、人员和技术力量超强。因此，有必要在各部门、各区域建立应急监测网络，加强信息共享；结合各地经济发展和工业企业状况，有针对性地选择部分监测站重点扶持，加强其技术装备建设，培训技术人员，定期进行应急监测的实战演习，交流应急监测经验。

（4）加强污染源监控措施

在社会经济生产活动中，突发环境污染事故时有发生，尤其是石油化工及有毒有害危险品的生产、储存、运输过程中均隐含着较大的突发事故风险，一旦疏忽大意，引发污染事故，后果将十分严重。应当加强对所辖区域风险源调查，加强企业生产原料、工艺等污染源头的监控与管理。“防患于未然”是解决环境污染问题的根本。

8.3.4 黄岛输油管线泄漏爆炸水污染事件

8.3.4.1 案例简述

2013年11月22日凌晨2时45分，青岛市黄岛区中石化东黄输油管道在秦皇岛路与斋堂岛街交汇处发生原油泄漏事故，大量原油沿着雨水暗渠流入胶州湾，造成海面、雨水暗渠、附近路面大面积被污染。自泄漏点向南约200m、向北约1000m的暗渠被原油污染，海面过油面积约10000m^2，泄漏点附近路面被污染约1000m^2。相关人员发现后紧急关闭输油阀门并开展处置工作，但未能制止事故发生，原油挥发产生的油气在海风的作用下主要沿着雨水暗渠和涵道向南扩散、聚积，并泄漏到周围环境中。10时30分，在事故处置过程中，充满油气的雨水暗渠和涵道相继发生爆炸，泄漏点附近雨水暗渠和海面的原油起火。现场处置人员、路上行人和附近居民伤亡惨重，周围道路、建筑、市政设施毁损严重，并造成道路沿线天然气管道、供热管道泄漏。事故造成多起伤亡；方圆1km^{2}范围内8条街道总长度约3.5km的道路、5.5km的雨水暗渠和涵道以及供气、供水、供暖、供电和通信等市政设施遭到破坏；周边多个住宅小区的居民楼、多家单位的厂房严重受损。

爆炸发生后，青岛胶州湾沿岸较大范围出现突发性水污染。经海上12处的现场布点检测，发现23日海面有较大范围不均匀分布的油膜，临时搭构的围油栏之中2个布点有着较高的油膜密集度，污染程度较高，经过处理，尽管围油栏外的石油污染物的浓度有了明显下降的趋势，但在检测中发现距离岸边分别50m、100m、300m和600m的海面仍有不同程度的污染，水质情况明显超出国家规定的海水水质标准。24日上午，海面风浪进一步影响了胶州湾海面的油膜分布和浓度，在风浪的顶托下，水域中部的油膜向沿岸靠拢，导致岸边出现片状油膜，距离排放口岸西北方100～3000m的水域出现污染物超标，给水环境带来较为严重的污染问题。

8.3.4.2 事故原因

发生爆炸事故的原因是抢修人员违规使用非防爆电器，引爆了雨水暗渠和涵道中的油气-空气混合气体。输油管道与排水暗渠交汇处管道腐蚀减薄、管道破裂，在输油管道发生泄漏后，泄漏原油沿雨水暗渠向北流入大海，原油挥发产生的油气在海风和潮汐作用下沿雨水暗渠和涵道向南不断扩散，与暗渠和涵道内的空气形成预混合爆炸气体。在事故处置过程中，抢修人员在原油泄漏点违规使用大型机械和非防爆电器，导致暗渠和涵道内的预混合爆炸气体发生猛烈爆炸，造成大面积人员伤亡和财产损失。

8.3.4.3 事故应急处置问题分析

（1）水污染的危害

污染物进入水环境之中不仅直接降低甚至破坏水体质量，还会间接损害人体健康，破坏相关水环境的动植物生态状况，进而对工业生产及农业、渔业等造成不同程度的消极影响。其中，不同的污染物所形成的水污染问题存在差异。黄岛输油管线泄漏爆炸水污染事件中，其主要污染物是石油原油。石油污染物作为污染范围大、危害程度高、处理周期长的工业污染物，对水域环境造成的消极影响较传统污染物更为明显。石油物质成分复杂，其中含有烷

烃、芳香烃等具有毒性的烃类化合物，主要给水环境造成以下危害：(a) 有毒物质直接毒害海洋生物，造成大范围鱼类死亡和水体植物死亡，甚至因长期黏附而造成物种灭绝；(b) 覆盖形成大面积油膜，使得被覆盖范围的海洋生物因缺氧而死，同时给船舶航行带来不利；(c) 石油中难以降解的有毒有害物质，如重金属等，将长期存留在水环境中并进行不断的富集，最终危害生物链。

(2) 水污染突发事件应急处置中存在的问题

在对黄岛输油管线泄漏爆炸水污染突发事件应急处置过程中，发现其应急处置机制不完善，在隐患排查、应急评估以及应急方法等方面存在一些问题。

① 隐患排查不深入　由于对事前监测排查意识及资源支持缺乏高度重视，水污染突发事件的隐患排查工作进行得并不深入，部分人员对监督检查工作不彻底，给事故发生埋下了隐患。从黄岛输油管线泄漏爆炸而造成的水污染突发事件来看，调查报告披露了中石化潍坊输油公司曾于2009年、2011年、2013年对东黄输油管道的防腐情况进行了3次检查，但并没有及时发现部分管道存在的腐蚀问题，导致东黄输油管道的隐患得不到有效的处理。同时，管道维修工作也存在不完善、不彻底的问题。2011年，潍坊输油公司对东黄输油管道的外防腐层进行大规模修理，但由于前期排查不彻底，使得修理工作并没有得到有效的覆盖，导致后来发生泄漏爆炸的15km管线并没有得到维修，外防腐层的情况仍进一步恶化。此外，青岛市经济和信息化委员会、油区工作办公室等政府部门对输油管道的监督检查也不完善，其中于2013年开展的管道保护专项整治，虽前后进行了6次检查，但仍未能及时发现附近道路施工对东黄输油管道安全的影响。

② 应急评估不科学　事故的应急评估是应急方案设计及后续紧急处置工作开展的重要基础，影响到时间、人员及具体处置方法的安排，但从黄岛输油管线泄漏爆炸而造成的水污染突发事件来看，有关部门在应急评估方面仍有待完善。调查报告披露，该输油管道的主要责任单位潍坊输油处以及中石化管道分公司等对原油泄漏数量的判断失准，对原油泄漏爆炸的风险判断也出现了偏差，最终因没有及时启动应急预案而造成大范围的水污染。同时，部分单位出现漏报现象，没有严格按照信息披露要求及时向上级及公众报告黄岛输油管线的泄漏油品及数量，进而导致水污染紧急治理方案缺乏科学性，偏离了实际应急治污工作的需要。一些工作人员缺乏防止水污染意识，盲目使用非防爆设备进行作业，不仅严重违反工作规章，而且延缓了水污染治理。此外，有关单位受信息传递、信息分析等能力的局限，对突发事故的发展趋势判断失误，导致没有及时调整应急处置方案，使得水污染事件没有得到科学的处置。其中，在黄岛输油管线泄漏爆炸这一事件中，油区工作办公室和市经济和信息化委员会等没有准确判断该突发事故的发展趋势，对于原油沿排水暗渠蔓延扩散，以及沿海大范围油膜覆盖等情况没有科学的预判，使得资源调配欠缺，导致胶州湾海域中间及其他区域的水污染紧急治理效果较差。

③ 应急方法不全面　一是缺乏充足的应急处置资源。不少地区的水资源检测专业人员较为缺乏，黄岛爆发输油管线泄漏事件后，在海上布点进行石油类项目监测时，需要由上级政府调配专业监测人员及资金、设备等，才能完成海面油膜浓度的紧急检测，这需要耗费一定的资源周转时间，降低了应急处置的实效。二是缺乏先进的应急处置方法。由于突发水污染事件往往具有难控性、复杂性以及多变性等特点，其应急处理也需具有快速性、准确性和灵活性，才能有效应对污染事态的发展。但目前国内不少地区仍没有建立科学完善的突发水污染处置方法，一旦出现水污染事件，便沿用自身所熟悉的传统处理方法，导致突发水污染

事件应急处理效率较低。

8.3.4.4 事故处置和应急救援情况

2013年11月22日2时45分，东黄输油管道泄漏事故发生后，3时15分黄岛油库工作人员在发现泄漏事故后关闭了输油阀门，同时向单位汇报了事故情况。黄岛油库随后启动应急预案，一线巡线员到现场锁定漏油管位置。5时20分，黄岛油库应急指挥中心派抢修人员处置泄漏管道，并向黄岛区政府和相关部门报告了漏油事故。7时多黄岛区环境保护局向青岛市环境保护局上报了漏油事故。8时30分左右，青岛市环境保护局工作人员在污染的海面建围油栏防止原油扩散。10时30分，斋堂岛街上的排水暗渠、事故处置现场和雨水涵道发生爆炸。

爆炸事故发生后，青岛市和中石化联合成立了“中石化输油管道爆燃事故应急指挥部”启动一级响应，调动公安、武警、消防、安监、环保、医疗和其他企事业单位共计3000多人全面搜救事故现场人员、组织疏散周围群众、救治伤员、扑灭明火、排放、监测雨水管道内的易燃易爆气体、抢修各种线路、管道和道路、拆除、维修受损房屋和建筑，并做好受灾群众的安置和善后工作。

8.3.4.5 建议

（1）建立防控网络，完善隐患排查工作

深入而彻底的隐患排查工作是应对水污染突发事件的事前策略，对避免发生事故有着重要意义。有关部门不仅要提高对突发水污染事件防治的意识和能力，还应充分利用地区资源优势，建立群防群控系统性网络，全面加强水环境的监测管理。相关部门还应提升信息共享和资源共用的程度，提高对突发水污染事件的应对能力，也为制定应急方案提供重要的资源支撑。同时，对防控网络每一个环节的隐患排查及维修等工作进行监督，如水源上游的化工企业的生产、存储安全性、输油管线的防腐保护安全性等。通过对各环节进行定期的、彻底的检测，并采取具有针对性的防控措施，全面优化水污染突发事件的事前预防，减少事故的发生。

（2）合预测资源，强化应急评估工作

突发水污染事件应急评估一般包括污染物时空分布预报与总量核算、事件影响评估、生态风险评估、对人体健康风险评估以及生态经济损失评估等方面，根据各项评估而落实的应急方案则包括事件应急监测、城市安全供水应急净化、污染底质修复以及跨界流域水环境治理等。由于突发水污染事件具有复杂性和难控性，有关部门应加大资金技术投入，按实际需要增添应急执法车辆、现场快速检测仪器设备等基础装备，并对当地水环境情况及应急控制技术进行系统的研究，形成开展预测评估的有力支撑。在此基础上，还应综合水利、建设、环保等相关部门，针对不同的突发水污染事件制定应急预案，开展专业培训、现场指导以及模拟演练等，以切实提高对突发事故的紧急应对能力。

（3）优化处理工艺，提升应急处置水平

水环境污染物的紧急净化和跨流域水环境紧急治理是降低突发水污染事件危害的重要途径，其处理工艺和技术有着十分关键的影响。黄岛输油管线泄漏爆炸而造成的水污染突发事件中，有关部门可选用以下这些工艺治理石油导致的水污染。

① 石墨应急处理工艺　当使用石墨进行石油类水污染的治理时，石墨的吸附率会随着污染物浓度的增加而提高，因而可以在短时间内对高浓度的石油污染物进行有效治理。同时，由于石墨的疏水能力较差，其吸附能力会随着温度的升高而降低，当水环境温度较低时，石墨更能发挥其吸附净化的能力。此外，石墨还受水体振荡速率的影响，振荡速率提高，石墨的吸附净化能力下降；水体振荡速率下降，则石墨吸附净化能力提高。为此，当发生突发石油类水污染的环境石油浓度大、温度低、水体振荡速率小时，可选用石墨应急处理工艺。

② 活性炭应急处理工艺　活性炭呈黑色颗粒状或粉末状，是无定形碳。当采用活性炭浆液进行突发石油类水污染治理时，浓度一定时，活性炭时间越长，其吸附净化的能力则越强，可以长久有效地降低石油类污染物。因而活性炭应急处理工艺具有较为明显的特点。(a) 处理程度高，能有效降低被污染水域的 TOC 及 BOD，使得水质接近国家地表水质量标准。(b) 应用范围大，不仅能处理石油类突发水污染，还能有效降解部分微生物，进一步净化水体环境。(c) 适应能力强，能灵活应对有机物负荷及水量的变动，使得紧急治污效果更为稳定。(d) 利用程度高，活性炭价格低廉且在净化被污染水体后可进行回收，管理技术要求较低。为此，有关部门应深入研究活性炭应急处理工艺，结合当地水环境的实际情况制定具有针对性的活性炭应急处理方案，提高突发水污染处置能力。

8.3.5 陕北原油污染事故

8.3.5.1 事故综述

2007 年 8 月 29 日，由于榆林市靖边县连降暴雨，长庆油田位于靖边县大路沟乡高湾村内的输油管线被洪水冲毁路基，管线悬空，管道焊缝处断裂，从而导致原油泄漏。外泄原油顺河道流入榆林、延安两地，随着洪流顺延河支流——杏子河流经靖边县、志丹县、安塞县，最终进入延安市水源地——王瑶水库，延安市不得不停止从王瑶水库取水，启用备用水源供水。

8 月 29 日 13 时 40 分，延安市所辖的志丹县杏子河发现原油后，延安市有关部门迅速组织当地群众和长庆油田工人拦截油污，当天就建起 16 道拦截坝，拦截原油 20t。8 月 30 日，又打捞原油 8000 多袋，杏子河油污基本打捞完毕，泄漏的原油已得到有效控制。8 月 31 日延安市又派出 1500 人，投入船只 200 多只清理残留油污，至 31 日晚，残留油污也已基本清理完毕。

8.3.5.2 原因分析

(1) 管道设备

从因管道破裂造成原油外泄的粗略统计来看，由于近年来科技进步，新建管道材质、防腐以及施工质量大幅提升，机械失效的概率降低，可占到 5%～10%；新技术的应用和管理水平提高，人为误操作概率也大幅下降，可占到 5%～10%；陕北地区地形复杂，高山滑坡可能性较大，因自然灾害导致管道泄漏的可能性较大，可占到 20%～30%。另一个主要原因是第三方活动导致管道泄漏，占到 50%～70%。此外近年来，一些不法分子由于利益的驱使，通过管道打眼、贩卖原油等非正常途径

“发财致富”。加上油田独特的生产环境、交通不便、井点多、战线长、面积广、井与井之间的距离远、管理难度大，给不法分子实施盗油、囤积原油提供便利，造成了原油管道损害和一定的环境污染。

（2）其他原因

从管理因素来看，各级管道承包人员没有加大管道隐患的排查力度；从技术层面来看，未对管道走向存在的危险性进行有效分析；从教育培训方面来看，基层技能培训还存在着一定差距，岗位应急反应较慢。汛期泄漏点查找不够迅速，错过了抢险最佳时间；在应急抢险过程中，分工不明确，没有达到快速抢险的目的，导致事态扩大；在日常管道寻护中，对油区的河流分布、道路情况掌握不够全面，延误了抢险时间；信息反馈不及时，监管职责未落实。

8.3.5.3 处理措施

在泄漏原油流入到王瑶水库后，延安市立即停止从王瑶水库取水，启用备用水源供水，并且动员当地群众和长庆油田工人拦截和回收油污，防止灾情进一步扩大。

（1）原油的拦截

一旦发生原油泄漏险情，运用切实可行的拦截手段，对于应急抢险是控制险情扩大和争取抢险时间的最有效手段。长庆油田结合陕北地区湿陷性黄土特质及生产实际，通过多次演练针对不同的河道及抢险的地质、地貌特点，采取了如下的拦截方法。

① 干沟拦截

适用情况：适用于干涸河道。

使用机具：铲车、铁锨。

拦截方式：现场分析大型设备和车辆是否能到达有效拦截位置，如不能到达必须第一时间调集人员进行筑坝。如铲车能到达，用铲车进行筑土坝，围堵住泄漏原油的流向，控制事态，然后组织人员或机械进行清理。

② 小河沟拦截

适用情况：河面较窄、水流较小，河床坚硬的河道或第一道防线干沟拦截失效。

使用机具：铲车、安装好控制阀门的导流管、自制导油设备（该设备主要针对较宽的河面设计的，与拦油坝配合使用，主要原理是在设备内有多级挡板可拆装，可在挡板内加入草袋子等其他过滤物质，根据泄漏原油量提升或降低挡板，油污从上方的收油口流入，通过管道进行回收）。

拦截方式：在小河沟拦截时，选择较宽的地方用铲车筑坝，不同的是小河沟有水流动，关键在于要油水进行分离，将导流管上安装快开阀配合使用，导流管将水放出，改变水流方向，可完全挡住泄漏原油，从而进行回收。

③ 河道拦截

适用情况：在河道水浅较宽，河底较软，水流比较缓慢的河段，两岸易施展抢险作业的河面；在较宽的河道，水比较浅，两岸一侧是悬崖；在春秋时节，天气凉时；第二道小河沟拦截失效。

使用机具：自制栅栏式围油栏、拦油桩、网状围油栏。

拦截方式：在水面上搭起拦油屏障，使原油不能流动，在固定区域进行机械或人力清理。利用王瑶水库及中山川水库上游河道事先建设好的15处46个拦油桩。在这些拦油桩的选址上经过了多次论证及实地探察，满足了车辆通行、大型拦、收油设施能及时到位。用自制围油栏沿水流方向拉一斜线，随着水流将浮油引导到可以作业的岸边进行打捞回收。天气较冷时，泄漏原油容易结块，在河面拉起网状围油栏更能有效挡住泄漏原油，便于清理人员进行清理。

④ 漫水桥或涵洞拦截

适用情况：漫水桥下、涵洞内、第三道河道拦截失效。

适用机具：自制拦油栅栏、吸油毛毡。

拦截方式：在漫水桥或涵洞拦截时，主要是在漫水桥底部或涵洞内放入预制好的拦油栅栏，配合吸油毛毡进行清理。前期对敏感区域的河道所有漫水桥、涵洞的宽度、高度进行测量，分别制作了相对应拦油栅栏，并进行编号管理。一旦发生险情，能迅速地从应急库调取污染河道对应的拦油栅栏，为抢险争取更多时间。

⑤ 水库库尾拦截

适用情况：第四道防线失效后。

使用机具：各类水上拦油设施。

拦截方式：该种拦截方式一般情况不会使用，但也是最有效的拦截方式，在此集中了长庆油田最先进、最全面的拦油设施，包括PVC围油栏、橡胶围油栏配合冲锋舟、橡皮艇等，也被称为长庆油田水上应急抢险中心。

（2）原油的回收

长庆油田绝大部分管道往往处于地理环境复杂且无道路伴行或距公路较远的地方，这就在客观上要求必须拥有一套反应速度快、搬用便捷、效率高和环境恢复效果好的机具，才能应对各种复杂环境状态下的险情抢险与环境保护。长庆油田针对所处河道流域的不同，有针对性地采取以下3种收油方式。

① 综合收油　泄漏原油被有效拦截后，在水沟或小河沟收油时，运用改良后的自制收油工具进行收油，回收后，装入密封袋装袋清理。

自制收油工具：通过反复的演练，在抢险中初步探索出一些简便易行的方法，把一些常用、常见的小工具、物件，通过小改、小革，制作成实用的收油工具。

扎捆玉米秆：用纱网将玉米秆成捆包扎，抢险时能让水从玉米秆中流出，原油被过滤在玉米秆扎捆内。

自制罩滤：常用罩滤目数较粗，在罩滤上包裹一层细网格纱，能将油污打捞得更干净。

自制收油水桶：在水桶底部安装一个小阀门，水可以通过闸门而外排掉，污油落在桶底。

针对油量较大的河道收油时，迅速在河道下游搭建一条拦油坝，将导油设备安放在拦油坝中。当污油随水流下时提高或降低挡板，水从挡板下方的排水口流走，油污从上方的收油口流入，使用自吸车和罐车配合作业进行清理。

② 机械收油　目前，河流或水库的收油设备主要有真空式收油机、披肩式收油机及转盘转刷式收油机，考虑到收油设备需摆放在岸边，要方便搬运、安装，选择了转盘转刷式收油机，它的特点是动力站小，4人就能抬动，同时，收油头可浮于水面，并能将回收原油提升3m以上，便于将回收原油收入储罐内。

应用实例：发生原油泄漏时，将转盘转刷式收油机及储油罐摆放到坝体上方，待水位上升，原油聚集时开始收油，回收原油储存在储油罐中用罐车外运。

③ 油量较少的河道收油　在油量较少的河道收油，分为冬季和夏季收油。冬季原油易凝结成块，使用改良罩滤进行打捞，用密封袋装袋清理。夏季在河面上放入凝油剂，使泄漏原油结块，用改良后的扎捆玉米秆与吸油棉将原油捞起，再用改装水桶进行过滤出水，剩下原油用密封袋装清理。

8.3.5.4 启示

此次原油泄漏事故再一次给我们敲响了警钟，如果在施工过程中没有严格要求各项工艺，将会导致不可想象的严重后果。为了防止类似事件的再次发生并减少此类事故所带来的伤害，应该同时做好事前、事后的各项预防工作。

（1）事前预防

在管道设计之初，应该对管道周围环境进行综合考虑，不得设在易塌方、陡峭区域，不得设在排水渠、引水渠等危险区域。如果确需通过，必须有保护设施，并对所有影响管道完整性的因素进行综合的一体化管理，使管道始终处于安全、可靠、受控的工作状态。对管道开展定期或不定期的管道危险源识别活动，尤其是雨雪天气，必须在雨前、雨中、雨后开展风险识别活动，并有针对性地提出解决方案，开展管道隐患治理工作。

大多数管道都在无人看护的偏远地带，一旦发生泄漏，会造成不可估量的后果，建立有奖举报制度，动员全社会的力量，及时发现险情，及时避免事故的发生。此外，还要不断完善管道管理相关制度。长庆油田在工作中逐渐积累了一些管理经验，在实践中起到了一定作用，如天气预警机制，设立“四级”管道承包制度，专人专车巡线制度等。

利用数字化监控技术及时有效地发现污染险情，可以有效防止管道泄漏、应急抢险，如长庆油田建立了原油泄漏防控“三防四责”体系。

① 对水库流域内站点输油泵进行了数字化改造，满足压力、排量的数据传输及紧急停泵三项功能，实现了输油泵运行远程时时监控和异常情况下紧急停泵，准确判断输油过程中的异常情况。

② 在王瑶水库流域重点区域安装了视频监控装置5套，进行24小时分级、节点实时监控，形成了责任层层落实、管理压力有效传递。

③ 在王瑶水库上游杏子河段杨窑管桥处安装了1套自动升降式河流溢油监测报警装置。该装置带有激光原理的水位动态跟踪器，可根据水位的自然变化自动升降，使激光浮油探测器始终与水面保持一定的监测距离（0.5～1.5m），对河道水面出现的浮油进行实时、连续的自动监测，并将监测数据、报警信号远程传送到水上应急中心及生产指挥中心，一旦发现河道水中混有原油，装置就立即报警，给应急抢险提供翔实的数据支撑。

④ 对长输管线安装紧急截断阀，实现准确判断漏点，远程自动截断，减少原油泄漏。由于受各种因素影响，老油田的改造、更新项目较多，一些管道集输系统是长期性的，一些是临时性的，但污染险情不能用时间来衡量，一旦管理、技术手段失效，污染险情就会发生。那么可以采取以下管理措施：有效利用现有资源进行整合，尽量避免管道叉输现象。从泵的选型上必须满足管道设计需求，不得超压运行。能使用变频装置的，可以对排量进行有效调。不能一味地追求设备利用率和效率，各站的储油罐必须有充足的升库空间。不断完善

各站的来油、外输计量系统，保障监控科学、有效。

（2）事后预防

① 经现场察看，在水流较快的区域只能采用设立多道拦油坝的方法，多次降低其势能，从而进行有效拦截。

② 在保障安全的前提下开展抢险工作，现场指挥人员必须综合考虑，统筹安排。

③ 在发生险情后，现场判断必须准确，发生部位及周边环境必须清楚、准确，按照“前堵后截”的方法进行有效处理。

8.3.6 云南阳宗海砷污染事故

8.3.6.1 基本情况

阳宗海是云南省九大高原湖泊之一，明、清时称为明湖，湖水主要来自周围汤泉河及雨水聚积，1960 年因建汤池火电厂，将摆依河改道归入阳宗海。在湖南面的汤地渠为出水口，水流入南盘江，进珠江水系。

2007 年 9 月以前，阳宗海全湖水体砷浓度均值处于正常水平。2007 年 10 月～2008 年 5 月，砷浓度均值在 0.005～0.036mg/L 之间波动。2008 年 6 月，砷浓度均值为 0.055mg/L。2008 年 7 月，砷浓度均值为 0.091mg/L。2008 年 8 月，砷浓度均值为 0.111mg/L，其中 8 月 13 日监测值为 0.121mg/L。2008 年 9 月 10 日，砷浓度值为 0.124mg/L；9 月 16 日，砷浓度值为 0.128mg/L。

由于阳宗海水体中砷浓度升高，2008 年 6 月以来已达不到饮用水安全标准。砷浓度值超过Ⅴ类水质标准，阳宗海 $6.04\times10^8m^3$ 水体水质从二类下降到劣五类，饮用、水产品养殖等功能丧失，致使沿湖居民 2.6 万余人的饮用水源取水中断，造成公私财产直接经济损失 900 余万元、可预算经济损失 1 亿余元。

8.3.6.2 事故原因

云南公安机关于 2008 年 9 月 13 日对此事件立案侦查，并委托鉴定机构组织有关专家，对阳宗海流域入湖河道、16 家重点企业、湖面、地下水进行的排查监测和重点监测监察。并经专家组分析研究，初步查明阳宗海水体砷污染不是通过入湖河流进入，也不似地震等自然突发事件诱发。

经原云南省环境保护局对阳宗海周边及入湖河道沿岸企业进行紧急检查，排查出 8 家企业有环境违法行为，并初步确定，阳宗海水体砷污染的主要来源之一是云南澄江锦业工贸有限公司。该公司位于阳宗海西南端，距湖面约 1.5km。有关资料显示，这家公司始建于 1996 年，最早为乡镇企业，后改制为私营企业，工厂 17km 的半径范围内，富藏高品位风化磷矿区。公司设有硫酸和化肥 2 个生产车间，停产前已建成硫磺制酸 5×10^4t 等生产线多条。

鉴定人对锦业公司进行了重点调查，包括生产工艺、生产设施调查，发现锦业公司有涉砷生产线 3 条。分别是于 2002 年 4 月投产的 2 条 $2.8\times10^4t/a$ 硫化锌精矿制酸生产线和 1 条于 2004 年年底投产的 $8\times10^4t/a$ 磷酸一铵生产线。其中有存在以下隐患：使用砷含量超过国家标准的锌精矿灯原料；未建设规范的生产废水收集、循环系统及工业固体废物堆场；含砷生产废水长期通过明沟、暗管排放到厂区内最低凹处没有经过防渗漏处理的土池内，并抽

取废水至未做任何防渗处理的洗矿循环水池进行磷矿石洗矿作业；将含砷固体废物磷石膏倾倒于厂区外3个未经防渗漏、防流失处理的露天堆场堆放；雨季降水量大时直接将土池内的含砷废水抽排至厂区东北侧邻近阳宗海的磷石膏渣场放任自流。

8.3.6.3 处理措施及结果

（1）应急处理措施

阳宗海水体受到砷污染后，2008年7月8日上午，原云南省环境保护局主持召开阳宗海水体砷污染分析和治理对策专家咨询会；原云南省水利厅于7月8日下午紧急下发了《云南省阳宗海管理处关于停止取用阳宗海水源作生活用水紧急通知》，省级有关部门和昆明、玉溪两市政府积极采取应急措施，立即行动，确保用水安全。

① 停止了阳宗海的饮用水。启用了新的水源点和应急供水方案。在当地政府和有关部门的积极配合下，阳宗海沿湖周边人民群众及相关企业已全部停止从阳宗海取水作为生活饮用水。

② 对污染企业进行停产，截断污染源。7月15日，澄江县人民政府向云南澄江锦业工贸有限责任公司送达了停产整改通知；7月16日玉溪市政府责令云南澄江锦业工贸有限责任公司、澄江县阳宗耐火材料厂、云南澄江阳宗海化工有限公司、澄江县团山磷化工厂4家存在环境违法行为的企业进行停产治理。

③ 对云南澄江锦业工贸有限公司阳宗海取水口以南25m处受污染泉眼进行治理。8月6日，局组织专家组制定了相应的污染应急处置方案，并交由玉溪市和澄江县组织实施。8月18日完成应急处置设施围隔、提水泵安装的施工，并开始对污染泉水进行治理。

（2）后续处理措施

3年的治理目标：争取用3年左右时间完成全面治理，力争使阳宗海水质恢复到砷浓度值≤0.05mg/L，确保阳宗海沿湖周边人民群众及相关企业饮用水安全。

十项主要措施如下。

① 严格采取“三禁”措施。禁止饮用阳宗海的水、禁止在阳宗海内游泳、禁止捕捞阳宗海的水生产品。

② 加强法制建设，严格依法治湖。云南省政府将提请省人大常委会尽快修订现行的《云南省阳宗海保护条例》。省政府立即制定规范性文件，在阳宗海流域内禁止新建化工、冶金、采选和冶炼类项目，禁止新建利用地下水（含热水、冷水）类项目；对现有砷含量超标的排污单位要进行限期治理，治理不达标的予以关闭。

③ 进一步完善《阳宗海砷污染综合治理方案》，采取有效措施，加强砷污染治理，实现治理目标：一是尽快完成《阳宗海砷污染综合治理方案》，由昆明市、玉溪市作为责任主体，负责组织实施；二是切实切断污染源，加快对云南澄江锦业工贸有限责任公司阳宗海取水口以南25m处受污染的泉眼、渣场堆渣及土壤、循环池污染底泥等的治理工作，督促涉砷的昆明柏联房地产开发有限公司昆明柏联温泉旅游分公司切实做好整改工作；三是切实加强渔业养殖用水、农灌水和水生生物、农产品、食品及土壤的污染防治工作。

④ 加强监测，强化监管。加强阳宗海水体，入湖、出湖河流，阳宗海流域地下水、饮用水源、农田灌溉和渔业养殖用水，云南澄江锦业工贸有限责任公司阳宗海取水口及其以南

25m处受污染泉眼的水质监测，以及水生生物、农产品、食品和土壤的检测工作。切实加大阳宗海流域各类污染源、污染治理设施的监管力度，确保达标排放。

⑤ 认真做好阳宗海水质安全保障工作。进一步完善阳宗海沿湖周边人民群众及相关企业的饮水保障方案。在确保当年应急供水安全的基础上，立即制定中长期饮水安全保障规划，采取一切措施，确保周边群众饮水安全；进一步完善阳宗海年度水资源科学调度及水位运行方案，最大限度地稀释、下泄阳宗海的砷污染物，改善水体水质。

⑥ 加快推进阳宗海流域行政区划调整工作。通过科学区划调整，改变两市三县多头管理阳宗海的状况，做到对阳宗海实行统一规划，统一监管。

⑦ 认真做好宣传报道工作。立即制订新闻报道方案，做到准确客观报道；适时向社会发布水质及农产品、水产品监测信息，确保人民群众生产生活安全；安定人心，维护社会稳定。

⑧ 依法追究责任。立即启动司法程序，采取坚决果断措施，依法严肃查处违法企业，严肃追究相关责任人的责任；启动行政问责制，调查追究相关人员责任。决不姑息迁就。

⑨ 认真总结经验教训。举一反三，在全省范围，特别是云南省九大高原湖泊流域，全面开展检查排查活动，整治违法企业，截断湖泊流域污染源，防止类似情况再次发生。

⑩ 将阳宗海水污染治理列为云南省人民政府今后三年重点督办事项。要求昆明市政府、玉溪市政府近期实行阳宗海水污染监测、治理情况每日报告制度；由省政府督察室作为未来三年的工作重点进行跟踪督办。

（3）事故处理结果

通过各方采取积极果断措施，尽最大努力将阳宗海水体砷污染影响控制在最小限度内。经卫生部门核查，截至2008年10月21日，未发现人畜砷中毒现象。据监测，云南澄江锦业工贸有限公司停产后其阳宗海取水口以南25m处受污染泉眼的砷浓度明显下降。

2009年4月1日，云南省环境保护厅在其网站上发布的最新阳宗海水质监测简报显示，阳宗海水面下0.5m处采样监测结果为，砷污染物浓度平均值较最高值时下降了23.13%。锦业公司下方泉涌点砷污染物浓度监测值比最高值时下降了99%。同时，对阳宗海周围10个泉点进行了监测，污染物均未超过饮用水水质标准。

2008年10月22日，云南省监察厅通报阳宗海砷污染事件相关人员的责任追究情况，26人被问责，其中包括2名厅级干部、9名处级干部。2009年8月26日，玉溪市中级人民法院对澄江县阳宗海砷污染事件做出终审裁定：驳回上诉，维持一审原判。即云南澄江锦业工贸有限责任公司犯重大环境污染事故罪，处罚金人民币1600万元；被告李大宏判处有期徒刑四年，处罚金人民币30万元；被告李耀鸿判处有期徒刑三年，处罚金人民币15万元；被告金大东判处有期徒刑三年，处罚金人民币15万元。

8.3.6.4 启示

（1）增强企业的环境责任意识

依传统的观点，企业存在的目的就是盈利，至于消费者、社会公众、环境的利益，都不

在设立公司的关心范围之内，无需加以特别的考虑。企业只要不违反法律的强制性规定，就不需承担特别的社会责任。但是随着社会经济的发展，环境问题越来越严重，而工业又是造成环境污染的主要原因之一。人们渐渐地意识到环境保护的重要性，企业的环境责任也慢慢地得到人们的重视。

所有的企业都应该认识到任何事物之间都是普遍联系的，企业造成了环境污染，那么企业本身也无法发展。让企业承担承担一定的环境责任，不仅是公司不得利用其经济力量损害社会整体利益，也是由于当前环境问题日益严重，人类的生存已经受到严重的威胁，更是从公平、效益和正义的角度出发，贯彻公司法和环境法的基本价值，促进人类可持续发展的必然要求。一个好的企业必须把承担社会责任作为企业的核心价值取向，融入发展战略的经营管理工程中，既要为社会创造丰富的物质财富，又要在建立资源节约型、环境友好型社会中做出表率，否则企业的生存大大受限，更不能获得长远发展。

据《阳宗海水污染综合防治“十二五”规划》，为了让阳宗海水质达到二类水标准，投资达到11.4亿元。另据云南省有关部门的专家预计，彻底治理好阳宗海水质最快也需要3～5年，花费的资金将在40亿～70亿元之间。值得一提的是，2005～2008年6月，锦业公司上缴税金1162.8万元。对该项数据分析容易得知：在企业的发展过程中，如果只片面注重发展而忽视了对环境的保护，那么它对社会的贡献远远不及因其发展而对环境损害的治理成本大。由此可见增强企业的环境责任意识是多么的重要！

（2）加强执法力度，奖惩严明

2002～2008年，导致阳宗海砷污染的锦业公司因环境违法6次被处罚，其中几次都是按最高限10万元来罚的，然而该企业一直没有按要求整改落实。污染企业为何不怕处罚、拒不整改？我们从下面的数字可以看出原因：锦业公司2006年的生产产值为4889万元，2007年为1.5亿元，2008年上半年的产值则达到了1.6亿元。显然，10万元的处罚对企业来说简直就是毛毛雨。违法成本低于守法成本，让污染企业有了不怕的底气。

此外，令人瞠目结舌的是，锦业公司曾6次受到市、县政府表彰奖励。其中，规格最高的是被玉溪市政府评为2003～2004年度玉溪“守信用重合同企业”，被授予澄江县民营企业“重点保护单位”，其产品被评为云南省级优秀产品。2005～2008年6月锦业公司实现工业总产值61764.7万元，利润总额4003万元，上交税金1162.8万元，是玉溪市的“纳税大户”。

综上所述，一方面由于相关部门处罚的力度不够，增长了其违规违纪的势头，变本加厉地做出对环境有害的行为而不收敛；另一方面，未经过翔实的考证就颁发给锦业公司的六次表彰奖励，诱使其更加无所畏惧地追求企业的私利，忽视对环境的保护。因此要尽快改变目前污染企业违法成本过低的现状，加大对污染企业处罚的力度，施以巨额罚款，让污染企业得不偿失，避免出现企业守法成本高、违法成本低的不正常现象。对企业的表彰奖励制度也应该进一步完善，避免错误地引导企业的发展方向。只有从奖与惩两面同时加强，优化相关体系制度，才能够有力保障企业遵纪守法，将保护环境提高到企业自身发展过程中很重的一部分比例，防止再次发生因企业盲目发展导致对环境的巨大破坏的恶性事件。

参考文献

[1] 林盛群，金腊华．水污染事件应急处理技术与决策［M］．北京：化学工业出版社，2009.
[2] 北京市水文总站．突发性水污染事故应急技术手册［M］．北京：中国标准出版社，2013.
[3] 中国环境保护产业协会．突发性水污染事件应急处置技术与装置［M］．北京：中国环境出版社．2013.
[4] 袁建平．突发性水污染事件应急处置技术手册［M］．北京：中国水利水电出版社，2013.

9 固体废弃物突发污染事故应急处理及典型案例分析

近年来，固体废弃物突发污染事故层出不穷，既有尾矿坝的垮塌造成河流污染和人员伤亡，也有城市垃圾填埋场滑坡、自燃及渗滤液污染水体的事件，这些既有事故的发生，大多是安全管理上的漏洞所致。因此，根据固体废弃物突发污染事故的种类特点提高安全管理水平，根据相关应急处理技术措施制定相关预案，是防范应对突发污染事故的重要手段。

9.1 固体废弃物污染概述

固体废弃物也称固体废物，指人们在生产过程中和生活活动中产生的，在一定时间和地点无法利用而被丢弃的污染环境的固体、半固体废弃物质。不能排入水体的液态废物和不能排入大气的置于容器中的气态废物，由于多具有较大的危害性，一般也归入固体废物管理体系。

9.1.1 固体废弃物

固体废物来自人类活动的许多环节，主要包括生产过程和生活过程中的一些环节。按其来源不同，主要分为工业废物、矿业废物、农业废物、城市垃圾、放射性废物和传染性的废物等几大类，表 9-1 列出从各类发生源产生的主要固体废物。

表 9-1　各类发生源产生的主要固体废物

发生源	产生的主要固体废物
矿业	废石、尾矿、金属、废木、砖瓦和水泥、砂石等
冶金、金属结构、交通、机械等工业	金属、渣、砂石、陶瓷、涂料、管道、绝热和绝缘材料、黏结剂、污垢、废木、塑料、橡胶、纸、各种建筑材料、烟尘等
建筑材料工业	金属、水泥、黏土、陶瓷、石膏、石棉、砂、石、纸、纤维等
食品加工业	肉、谷物、蔬菜、硬壳果、水果、烟草等
橡胶、皮革、塑料等工业	橡胶、塑料、皮革、纤维、染料等
石油化工工业	化学药剂、金属、塑料、橡胶、陶瓷、沥青、油毡、石棉、涂料等
电器、仪器仪表等工业	金属、玻璃、木、橡胶、塑料、化学药剂、研磨料、陶瓷、绝缘材料等

续表

发生源	产生的主要固体废物
纺织服装工业	纤维、金属、橡胶、塑料等
造纸、木材、印刷等工业	刨花、锯末、碎木、化学药剂、金属、塑料等
居民生活	食物、纸、木、布、庭院植物修剪物、金属、玻璃、塑料、瓷、燃料灰渣、脏土、碎砖瓦、废器具、粪便等
商业、机关	同上，另有管道、碎砌体、沥青及其他建筑材料，含有易爆、易燃腐蚀性、放射性废物以及废汽车、废电器、废器具等
市政维护、管理部门	碎砖瓦、树叶、死禽畜、金属、锅炉灰渣、污泥等
农业	秸秆、蔬菜、水果、果树枝条、人和禽畜粪便、农药等
核工业和放射性医疗单位	金属、含放射性废渣、粉尘、污泥、器具和建筑材料等

从表 9-1 可以看出，固体废物种类繁多，按其组成可分为有机废物和无机废物；按其形态可分为固态的废物、半固态废物和液态（气态）废物；按其污染特性可分为有害废物和一般废物等。在《固体废物污染环境防治法》中将其分为城市固体废物、工业固体废物和有害废物。

（1）城市固体废物

城市固体废物是指居民生活、商业活动、市政建设与维护、机关办公等过程产生的固体废物，一般分为以下几类。

① 生活垃圾　城市生活垃圾是指在城市居民日常生活中或为城市日常生活提供服务的活动中产生的固体废物，其主要成分如表 9-2 所列。

表 9-2　上海市垃圾成分的变化　　单位：%

年份/年	纸类	塑料	竹木	纤维	厨余	果皮	金属	玻璃	渣土
1994	7.49	9.16	1.37	2.13	59.45	13.87	0.56	4.0	1.89
1998	8.77	13.48	1.27	1.90	53.23	14.10	0.73	5.15	1.37
2005	10.83	13.21	1.93	3.21	62.37	0.83	5.45		1.92
2015	15.44	12.63	2.86	5.28	55.78	0.87	5.36		1.79

我国城市垃圾主要由居民生活垃圾、街道保洁垃圾和集团垃圾三大类组成。居民生活垃圾数量大、性质复杂，其组成受时间和季节影响大。街道保洁垃圾来自街道等路面的清扫，其成分与居民生活垃圾相似，但泥沙、枯枝落叶和商品包装较多，易腐有机物较少，含水量较低。集团垃圾指机关、学校、工厂和第三产业在生产和工作过程中产生的废弃物，它的成分随发生源不同而变化，但对某个发生源则相对稳定。例如，来自农贸市场的垃圾以易腐性有机物占绝大多数；旅游、交通枢纽的垃圾以各类性质的商品包装物及瓜果皮核为主；制衣厂、制鞋厂及电子、塑料厂的垃圾一般以该厂主要产品下脚料为主。这类垃圾与居民生活垃圾相比，具有成分较为单一稳定、平均含水量较低和易燃物（特别是高热值的易燃物）多的特点，它的热值一般为 6000～20000kJ/kg。根据广州市调查，上述三类垃圾分别占垃圾总量的 67.5%、11.0%和 21%。

② 城建渣土　城建渣土包括废砖瓦、碎石、渣土、混凝土碎块（板）等。

③ 商业固体废物　商业固体废物包括废纸、各种废旧的包装材料、丢弃的主（副）食品等。

④ 粪便　工业先进国家城市居民产生的粪便，大都通过下水道输入污水处理场处理。而我国的城市下水处理设施少，粪便需要收集、清运，是城市固体废物的重要组成部分。

（2）工业固体废物

工业固体废物指在工业、交通等生产过程中产生的固体废物。工业固体废物主要包括冶金工业固体废物、能源工业固体废物、石油化学工业固体废物、矿业固体废物、轻工业固体废物、其他工业固体废物。

（3）有害废物

有害废物又称危险废物，泛指除放射性废物以外，具有毒性、易燃性、反应性、腐蚀性、爆炸性、传染性因而可能对人类的生活环境产生危害的废物。

世界上大部分国家根据有害废物的特性，即毒性、易燃性、反应性、腐蚀性、浸出毒性和疾病传染性，均制定了自己的鉴别标准和有害废物名录。联合国环境规划署《控制有害废物越境转移及其处置巴塞尔公约》列出了“应加控制的废物类别”共45类，“须加特别考虑的废物类别”共2类，同时列出了有害废物“危险特性的清单”共13种特性。

根据1998年1月4日由中华人民共和国国家环境保护局、国家经济贸易委员会、对外贸易经济合作部和公安部联合颁布，并于2008年修订的《国家有害废物名录》中，我国有害废物共分为47类，519小类。其中规定，“凡《名录》所列废物类别高于鉴别标准的属有害废物，列入国家有害废物管理范围；低于鉴别标准的，不列入国家有害废物管理。”

固体废物的类别，除以上三者之外，还有来自农业生产、畜禽饲养、农副产品加工以及农村居民生活所产生的废物，如农作物秸秆、人畜禽排泄物等。这些废物多产于城市外，一般多就地加以综合利用，或作沤肥处理，或作燃料焚化。在我国的《固体废物污染环境防治法》中，对此未单独列项做出规定。

9.1.2 固体废弃物特点

（1）资源和废物的相对性

固体废物具有鲜明的时间和空间特征，是在错误时间放在错误地点的资源。从时间方面讲，它仅仅是在目前的科学技术和经济条件下无法加以利用，但随着时间的推移、科学技术的发展以及人们的要求变化，今天的废物可能成为明天的资源。从空间角度看，废物仅仅相对于某一过程或在某一方面没有使用价值，而并非在一切过程或一切方面都没有使用价值。一种过程的废物，往往可以成为另一种过程的原料。固体废物一般具有某些工业原材料所具有的化学、物理特性，且较废水、废气容易收集、运输、加工处理，因而可以回收利用。

（2）富集终态和污染源头的双重作用

固体废物往往是许多污染成分的终极状态。例如，一些有害气体或飘尘，通过治理最终富集成为固体废物；一些有害溶质和悬浮物，通过治理最终被分离出来成为污泥或残渣；一些含重金属的可燃固体废物，通过焚烧处理，有害金属浓集于灰烬中。但是，这些“终态”物质中的有害成分在长期的自然因素作用下，又会转入大气、水体和土壤，故又成为大气、水体和土壤环境的污染“源头”。

（3）危害具有潜在性、长期性和灾难性

固体废物对环境的污染不同于废水、废气和噪声。固体废物呆滞性大、扩散性小，它对环境的影响主要是通过水、气和土壤进行的。其中污染成分的迁移转化，如浸出液在土壤中的迁移，是一个比较缓慢的过程，其危害可能在数年至数十年后才能被发现。从某种意义上

讲，固体废物，特别是有害废物对环境造成的危害可能要比水、气造成的危害严重得多。

9.1.3 固体废弃物污染的危害

（1）对土壤的危害

固体废物长期露天堆放，其有害成分在地表径流和雨水的淋溶、渗透作用下通过土壤孔隙向四周和纵深的土壤迁移。在迁移过程中，有害成分要经受土壤的吸附和其他物理化学作用。通常，由于土壤的吸附能力和吸附容量很大，随着渗滤水的迁移，使有害成分在土壤固相中呈现不同程度的积累，导致土壤成分和结构的改变，植物又是生长在土壤中，间接又对植物产生了污染，有些土地甚至无法耕种。

例如，德国某冶金厂附近的土壤被有色冶炼废渣污染，土壤上生长的植物体内含锌量为一般植物的26～80倍，铅为80～260倍，铜为30～50倍，如果人吃了这样的植物，则会引起许多疾病。

（2）对大气的危害

废物中的细粒、粉末随风扬散；在废物运输及处理过程中缺少相应的防护和净化设施，释放有害气体和粉尘；堆放和填埋的废物以及渗入土壤的废物，经挥发和反应放出有害气体，都会污染大气并使大气质量下降。例如：焚烧炉运行时会排出颗粒物、酸性气体、未燃尽的废物、重金属与微量有机化合物等。石油化工厂油渣露天堆置，则会有一定数量的多环芳烃生成且挥发进入大气中。填埋在地下的有机废物分解会产生二氧化碳、甲烷（填埋场气体）等气体进入大气中．如果任其聚集会发生危险，如引发火灾，甚至发生爆炸。例如，美国旧金山南40英里（1英里≈1.6千米）处的山景市将海岸圆形剧场建在该城旧垃圾掩埋场上。在1986年10月的一次演唱会中，一名观众用打火机点烟，结果一道5英尺（1英尺≈0.3048米）长的火焰冲向天空，烧着了附近一位女士的头发，险些酿成火灾。这正是从掩埋场冒出的甲烷气把打火机的星星火苗转变为熊熊大火。

（3）对水体的危害

如果将有害废物直接排入江、河、湖、海等地，或是露天堆放的废物被地表径流携带进入水体，或是飘入空中的细小颗粒，通过降雨的冲洗沉积和凝雨沉积以及重力沉降和干沉积而落入地表水系，水体都可溶解出有害成分，毒害生物，造成水体严重缺氧，富营养化，导致鱼类死亡等。

有些未经处理的垃圾填埋场，或是垃圾箱，经雨水的淋滤作用，或废物的生化降解产生的沥滤液，含有高浓度悬浮固态物和各种有机与无机成分。如果这种沥滤液进入地下水或浅蓄水层，问题就变得难以控制。其稀释与清除地下水中的沥滤液比地表水要慢许多，它可以使地下水在不久的将来变得不能饮用，而使一个地区变得不能居住。最著名的例子是美国的洛维运河，起初在该地有大量居民居住，后来居住在这一废物处理场附近的居民健康受到了影响，居民纷纷逃离此地，而使此地变得毫无生气。

某些先进国家将工业废物、污泥与挖掘泥沙在海洋进行处置，这对海洋环境造成各种不良影响。有些在海洋倾倒废物的地区已出现了生态体系的破坏，如固定栖息的动物群体数量减少。来自污泥中过量的碳与营养物可能会导致海洋浮游生物大量繁殖、富营养化和缺氧。微生物群落的变化会导致以微生物群落为食的鱼类的数量减少。从污泥中释放出来的病原体、工业废物释放出的有毒物对海洋中的生物有致毒作用，这些有毒物再经生物积累可以转

移到人体中，并最终影响人类健康。

倾入海洋里的塑料对海洋环境危害很大，因为它对海洋生物是最为有害的。海洋哺乳动物、鱼、海鸟以及海龟都会受到撒入海里的废弃渔网缠绕的威胁。有时像幽灵似的捕杀鱼类，如果潜水员被缠住，就会有生命危险。抛弃的渔网也会危害船只，例如缠绕推进器，造成事故。塑料袋与包装袋也能缠住海洋哺乳动物和鱼类，当动物长大后会缠得更紧，限制它们的活动、呼吸与捕食。饮料桶上的塑料圈对鸟类、小鱼会造成同样的危害。海龟、哺乳动物和鸟类也会因吞食塑料盒、塑料膜、包装袋等而窒息死亡。最新研究发现，经检验海鸟食道中，有25%含有塑料微粒。此外，塑料也是一种激素类物质，它破坏了生物的繁殖能力等。

（4） 对人体的危害

生活在环境中的人，以大气、水、土壤为媒介，可以将环境中的有害废物直接由呼吸道、消化道或皮肤摄入人体，使人致病。一个典型例子就是美国的腊芙运河（Love Canal）污染事件。20世纪40年代，美国一家化学公司利用腊芙运河停挖废弃的河谷来填埋生产有机氯农药、塑料等残余有害废物2×10^4t。掩埋10余年后在该地区陆续发生了一些如井水变臭、婴儿畸形、人患怪病等现象。经化验分析研究当地空气、用作水源的地下水和土壤中都含有六六六、三氯苯、三氯乙烯、二氯苯酚等82种有毒化学物质，其中列在美国环保局优先污染清单上的就有27种，被怀疑是人类致癌物质的多达11种。许多住宅的地下室和周围庭院里渗进了有毒化学浸出液，于是迫使总统在1978年8月宣布该地区处于“卫生紧急状态”，先后两次近千户被迫搬迁，造成了极大的社会问题和经济损失。

9.2 固体废弃物污染的应急处置

突发固体废弃物污染主要指在运输、处理或处置过程中，由于意外事故或者自然灾害造成污染物大面积泄漏扩散，从而导致环境污染的事件。这类事故一般具有发生很突然，形式很多样，危害很严重，处置很艰难的几个基本特点。

9.2.1 固体废弃物污染应急处置存在的问题

（1） 固体废弃物随意填埋堆放， 回收利用率低

发达国家的经验和教训表明，将有害固体废物任意丢弃或进行不安全的填埋，很容易造成固体废弃物对环境的突发性污染，由此对环境的污染是极难治理的，多数情况下要花费巨额投资。现在有的城市，特别是近几年刚发展起来的县级市，还没有专门的固体废物处理场所，即使有一定的填埋场，其环保要求、技术操作规范等也达不到国家规定的标准，常常有填埋场滑坡或爆炸类突发性事故。人们对固体废物污染的危害性、固体废物的资源化认识程度不高，致使大量的固体废物随意抛弃、堆积、填埋，综合回收利用率较低。长期以来，在自然环境中囤积数量已达到较高的程度，大量有毒有害物质渗透到自然环境中，已经或正在对生态环境造成极大的破坏。据有关资料反映，我国每年产生的固体废物可利用而没有被利用的资源价值达250多亿元。发达国家再生资源综合利用率达到了50%～80%. 而我国只有30%，并且固体废物无害化处置与发达国家相比相差甚远。其主要原因如下。

① 环境因素　全社会对固体废物的处置与综合利用的重要性，紧迫性认识不足，还没

有形成人人自觉保护环境，积极支持回收利用工作的风气。

② 技术因素　固体废物的处置与利用技术要求高，而我国目前综合利用的科技水平、加工设备、生产工艺等都比较落后，因投入少，科技开发能力弱，制约着固体废物处置与利用产业的发展。如，我国城市固体生活垃圾的直接分类回收设施仍相当落后，甚至是空白的状况，这些垃圾的分类回收几乎全靠拾荒者。

（2）固体废弃物突发应急措施缺乏，针对性不强

尽管近年来，固体废弃物突发性事故不断，但国内对固体废弃物突发污染的认识程度仍然不高，以至于发生 2015 年深圳 12·20 特大人工填埋土垮塌重大安全事故。同时，相关部门没有相应的应急预案和措施方法，或者预案和措施脱离实际较多，导致突发污染发生时贻误处置时机，造成了许多严重的后果。

（3）固体废弃物突发应急处置的相关法律、法规有待加强

目前国家制定的关于固体废物的法律仅有一部《中华人民共和国固体废物污染环境防治法》，且没有相关的实施细则和法律解释，缺乏实际操作性。应对固体废物突发性事故应急处置相关的法律、法规还没有出台。同时，由于对固体废物综合利用缺乏强有力的、长期的激励机制和制约机制，也导致固体废弃物突发事故频繁发生。

9.2.2 固体废物的污染应急处置的原则

（1）应急处置动作要快，效果要好

作为固体废弃物突发事故，无论是废弃物堆体滑坡、坍塌、自燃、污染地表及地下水，都必须突出一个“快”字，从事故现场的勘察分析，到处置措施的出台，再到应急方案的实施，都必须争分夺秒，这就要求应急预案必须提前论证，做到实施方案科学实用，措施针对性、可靠性强，保证在最短的时间内将损失降至最低。从目前的方法措施上看，针对事故的不同类型，可以运用固化、封闭、迁移等物理化学措施，快速合理降低污染的危害程度，以达到应急处置的效果。

（2）后续处置依然实行“三化”原则

“减量化、资源化、无害化”是固体废物污染防治的总原则，在固体废弃物应急处置后续工作中依然要遵循这样的原则。“减量化”是通过适宜的手段减少固体废物的数量和容积。“资源化”是指采用工艺技术，从固体废物中回收有用的物质与资源。“无害化”是将不能回收利用资源化的固体废物，通过物理、化学等手段进行最终处置，使之达到不损害人体健康，不污染周围的自然环境的目的。

9.2.3 突发固废污染应急处理技术

固体废弃物出现的突发事故主要集中在堆体的坍塌、滑坡、爆炸以及堆体中污染物的渗透转移。以下分几种情况进行简要介绍处理方法。

（1）裂缝处理

发现固体废弃物堆场出现裂缝后，应采取临时防护措施，以防雨水或冰冻加剧裂缝的扩大。对于滑动性裂缝的处理，应结合坝坡稳定性分析统一考虑。对于非滑动性裂缝，可采取以下措施进行处理：采用开挖回填是处理裂缝比较彻底的方法，适用于不太深的表层裂缝及

防渗部位的裂缝；对坝内裂缝、非滑动性很深的表面裂缝，由于开挖回填处理工程量过大，可采取灌浆处理，一般采用重力灌浆或压力灌浆方法。灌浆的浆液通常为黏土泥浆；在浸润线以下部位，可掺入一部分水泥，制成黏土水泥浆，以促其硬化。对于中等深度的裂缝，因库水位较高，不宜全部采用开挖回填办法处理的部位或开挖困难的部位，可采用开挖回填与灌浆相结合的方法进行处理。裂缝的上部采用开挖回填法，下部采用灌浆法处理。先沿裂缝开挖至一定深度（一般为 2m 左右）进行回填，在回填时按上述布孔原则，预埋灌浆管，然后对下部裂缝进行灌浆处理。

（2）废弃物坝体及坝基渗漏的处理

废弃物坝体及坝基渗漏有正常渗漏和异常渗漏之分。正常渗漏有利于固体废弃物坝体及底部衬垫土层的固结，可以提高坝体的稳定性。异常渗漏会导致渗流出口处坝体产生流土、冲刷及管涌等各种形式的破坏，严重的可导致垮坝事故，造成下游或深层土体的污染。因此，对固体废弃物堆场的渗流，特别是尾矿坝的渗流必须认真对待，根据情况及时采取措施，其中包括降水、截流、工程土体加固，对于有毒有害污染物的渗漏，要根据具体泄漏毒物的特性处理，其中也包括物理、化学和生物的方法。

（3）滑坡的预防及处理

预防滑坡，首先应随时做好经常性的维护工作，防止或减轻外界因素对固体废弃物坝坡稳定性的影响。当发现有滑坡征兆或有滑动趋势但尚未坍塌时，应及时采取有效措施进行抢护，防止险情恶化。一旦发生滑坡，应采取可靠的处理措施，恢复并补强坝坡，提高抗滑能力。抢护中应特别注意安全，抢护的基本原则是：上部减载，下部压重，即在主裂缝部位进行削坡，在坝脚部位进行压坡。若地下水位较高，还必须同时对堆场进行降水，提高坝体的抗滑稳定性。

（4）管涌处理

管涌是尾矿坝坝基在较大渗透压力作用下产生的险情。管涌的处理可采用降低内外水头差，减少渗透压力或用滤料导渗等措施进行处理。

（5）堆体自燃

作对于填埋场的自燃，一般先扑灭表层的明火，然而大部分填埋场的自燃都是从内部开始，应次还需要打孔注水，同时要特别注意注水的收集，防止污染周边土壤和水体。

9.2.4 突发固体废弃物污染防治的建议与对策

（1）加大宣传力度，提高公众的环境意识

要通过新闻舆论的监督力、宣传力，加强对全社会的环保宣传教育，提高公众的环保意识、对固体废物突发事故危害的认识，最终促使每个单位、个人能自觉地减少固废污染及合法合乎国家规范地处理处置固体废弃物。

（2）制定固体废物处置与利用的整体规划

遵循距固体废物产生源点较近且交通便利，远离人口密集居住区、历史文物保护区、自然保护区、风景区和水源保护区的原则，确定固体废物处理处置设施的建设规划，向区域型集中化方向发展。在规划建设方面，避免设施重复建设，应集中资金建设技术设备较全面、处理处置水平高的大型固体废物处理场。

（3）加强固体废物处置与利用技术的研究及引进

目前我国固体废物处置与利用的科技水平、加工设备、生产工艺等都比较落后，为此经常出现污染物泄漏等紧急事故。目前我国正规的大型垃圾综合处理场还比较少，这与我们这个垃圾大国很不相称，同时这也为各类垃圾填埋场事故不断发生埋下了很大的隐患。因此，政府应加大这方面的投入，积极引进国外的先进技术。科研单位要努力开发研究，使我国的固体废物处置与综合利用技术提高到一个新水平。

（4）建立完整的废旧物资回收系统

发达国家一般都建有完整的废旧物资回收系统。日本、德国等国家对生活固体垃圾都实施分类回收制。法国采用最先进的电脑控制垃圾回收系统。法国还征收家庭垃圾税，以确保收集系统所需的经费。美国各个州都有关于生活垃圾处理的法律，这些法律详细规定居民在处理生活垃圾时必须将可回收的纸、玻璃制品、塑料制品和其他无法直接回收利用的生活垃圾分开。

（5）建立完善的固体废弃物污染应急预案

针对各类垃圾填埋场以及各类固体废物在运输处置过程中可能出现的问题，要有相应的处置预案；每个预案的可操作性、有效性都要经过专家论证讨论，做到预防有措施，处置有方法。

总之，随着我国经济的发展，人们环境意识的不断提高，环境法律、法规的不断完善，固体废物污染应急处置应当纳入各级政府及有关部门的议事日程。只有各级各部门高度重视，在全社会形成一种“齐抓共管”的局面，固体废物的污染防治工作才能取得良好成效。

9.3 固体废弃物污染的应急处置案例分析

我国目前固体废物污染的突发事故主要集中在尾矿库和垃圾填埋场，由于没有前期规划，没有卫生填埋措施，废弃物乱填乱埋，不仅引起大量污染物的泄漏，导致水体和土壤的污染，对人民群众的生活生产造成严重威胁，而且堆积如山的固体废弃物还能引起滑坡和爆炸等更为严重的突发事故。

9.3.1 吉林晨鸣纸业自备电厂储灰库坍塌污染事件

（1）案例简述

2006 年 6 月 5 日 7 时和 16 时，吉林省延边晨鸣纸业有限公司自备电厂储灰库 2 号立井发生 2 次坍塌事故（图 9-1），累计泄漏的粉煤灰约为 8×10^4t，致使约 12km^2 的农田受到污染。部分粉煤灰经自然沟流入怀庆河进入图们江。由于储灰库无法使用，该厂每天约 200t 粉煤灰直接排入图们江。事故地点距图们江入海口 200km，所幸图们江没有居民饮用水源取水口。6 月 11 日上午，图们江污染源汇入下游 500m 和图们游船码头处水质监测数据均显示超标。

（2）事故原因

客观方面的原因在于储灰场倒灰过程中，灰浆水分太大、积水太多而造成的坝体渗漏，形成了滑动剪切面，最终造成了堆体坍塌。主观方面原因在于相关人员对储灰库管理重视不够，环境应急管理基础薄弱，作业人员专业水平不高，倒灰方法不妥以及对事故预判能力不强等因素。

（3）应急处理措施

事故发生后，原国家环保总局高度重视，按照指示，由环监局副局长及原吉林省环境保护局环境监察、监测等人员组成了工作组，连夜赶赴事发现场，召开防控工作会议，向当地政府和有关部门提供污染防控的应急措施，协助当地政府部署污染防控工作，确保水质安全。

6月7日，晨鸣纸业被责令全面停产，当地政府用填充泥土的麻袋填入自然沟，组成几道拦截坝，使雨水中的粉煤灰沉淀，将污染降低到最低限度，并连夜在大坝外侧应急储灰池，防止大量粉煤灰进入图们江。6月7日、8日，晨鸣纸业有限公司组织3台挖掘机，昼夜施工，在库坝底部溢流管道明渠下方筑起2道堤坝，形成了2个临时性应急沉降池，并在堤坝下游筑垒了10道拦水坝，提高了悬浮物沉降数量，彻底切断了污染源。6月10日晨鸣纸业公司已采取措施，修复拦灰坝，为防止拦灰坝再次被冲毁，在坝体上安装了直径0.7m的涵管，同时使用挖掘机24小时清理坝内粉煤灰。

图9-1　事故中堆积的粉煤灰有1m多厚

为了防止降雨导致污染扩大，地方政府启动应急预案，疏散了大坝下游附件村庄的20户60个村民。针对存在的环境安全隐患的情况，原国家环保总局要求企业在雨季来临前拿出切实可行的措施，尽快启动立井的修复工程；要求当地政府督促落实应急预案措施，采取一切措施，坚决防止发生次生污染；并要求环保部门要继续加强监测，及时掌握污染动态。

在应急专家的指导下，在储灰库2号立井和3号立井之间筑起一条拦水坝的基础上，采取敷设木板的方法，6月20日封堵储灰库2号立井的浮桥已搭建完毕，6月21日直径5m用于封堵储灰库2号立井的护筒也已制作完毕。经现场工作组观察，储灰库2号立井和3号立井之间筑起的拦水坝发挥了很大的作用（图9-2），大量雨水被拦水坝挡住，从3号立井排

出，只有极少量储灰库冰层融化水通过坍塌的 2 号立井排出。

图 9-2　2 号立井和 3 号立井之间筑起的拦水坝

事件发生后，当地环保部门立即开展应急监测，采集了 1106 个水样，取得了 1346 个数据。6 月 5 日 19 时，储灰坝下游 100m 处泄漏冲灰水悬浮物浓度严重超标。粉煤灰如图们江下游 500m 处，中朝铁路桥上游 2km、图们江游船码头、河东水文站 4 个断面处悬浮物也存在超标现象。6 月 8 日 21 时，工作组认真分析事件发生以来各监测断面的监测数据，认定悬浮物在低于国家地面水水质标准的情况下，可以安全出境。6 月 11 日，环保部门在图们江游船码头处再次监测到悬浮物浓度超标严重，据分析，疑为当时暴雨冲刷导致附件朝鲜支流汇入图们江携带大量尾矿粉所致。18 日，图们江污染源汇入口下游 500m 处出现异常峰值，20 日该监测断面悬浮物浓度下降。经分析，18 日数据偏高主要原因如下：一是 2 号立井坍塌事故泄漏粉煤灰仍有部分沉积在沿江农田和河道，随暴雨进入图们江；二是图们江沿岸植被稀疏，水土流失严重，汛期期间，地表径流携带泥沙卷入图们江中，加之图们江干流和支流两侧的带有的大量泥砂进入图们江；三是在清理封堵储灰库 2 号立井作业面冲洗过程中携带少量的粉煤灰流入图们江中。

7 月 25 日 23 时，经过环保部门近 50 天的调查处理、监管、监测和抢修各方的不懈努力，已完全封堵了储灰库 2 号立井，彻底切断了污染源，储灰库溢流管道已无污染物下泄。事故图们江下游水质已恢复到事故发生前的水平，出境悬浮物浓度远远低于国家地表水暂定标准。

（4） *启示*

这起事故引起的污染事件，也暴露了个别企业在储灰库的管理上还存在死角漏洞，为此企业要依托有资质的单位开展储灰库环境安全评价工作，对评价为危库的，环保部门应责令立即停产整改，对险库应限期消除险情，对病库要按正常库标准进行整治，消除环境安全隐患。新建、改建和扩建的储灰库建设项目，要严格执行“三同时”制度，对未通过环保验收而投入运行的储灰库，环保部门要依法严肃查处；同时企业要认真研究制定储灰库泄漏事故的环境应急预案，组织储灰库泄漏事故应急处置方法的培训，并与地方政府有关部门协同组织好储灰库泄漏事故环境应急救援预案的演练，提高应对突发环境事件的处理、应变能力和应急响应水平。

此次储灰库坍塌事故的应急处置工作涉及工作面广，并可能涉及国际问题，及时进行信息公开报道，既使群众及时了解真实情况，避免无故的慌乱，也为应急处置工作创造了有利的舆论条件和社会环境。

9.3.2 陕西省商洛市镇安县米粮金矿尾矿垮坝事故

(1) 案例简述

陕西省镇安县黄金矿业有限责任公司始建于1992年，1993年10月建成投产，是集采、选、冶于一体的黄金企业，每天处理矿石500t。该公司位于镇安县城东60km的米粮镇光明村，十多年来，镇安金矿累计生产黄金2100kg。

2006年4月30日下午，镇安县黄金矿业有限责任公司组织1台推土机和1台自卸汽车及4名作业人员在尾矿库进行坝体加高施工作业。18时24分左右，在第四期坝体外坡，坝面出现蠕动变形，并向坝外移动，随后产生剪切破坏，沿剪切口有泥浆喷出，瞬间发生溃坝，形成泥石流，冲向坝下游的左山坡，然后转向右侧，约$1.2\times10^5m^3$尾矿渣下泄到距坝脚约200米处，其中绝大部分尾矿渣滞留在坝脚下方的$200m\times70m$范围内，少部分尾矿渣及污水流入米粮河。正在施工的1台推土机和1台自卸汽车及4名作业人员随溃坝尾矿渣滑下。尾矿浆所进入的米粮河经10km流入商洛市山阳县唐河，再流入金钱河，金钱河流经湖北省郧西县2个镇后又进入山西白河县，从白河县汇入汉江。同唐河的米粮河入河口到金钱河出省界断面约有80km。造成直接经济损失490余万元。

(2) 事故原因

镇安金矿在建矿初期，为了堆积污水车间排放的矿渣和泥浆，建设了一个尾矿库，尾矿库容共有$5\times10^5m^3$。建设初期的尾矿库设计程序符合国家规定，安全上没有问题。但是，没过多长时间，这个尾矿库就堆满了矿渣和泥浆。在这种情况下，镇安金矿为了维持和继续扩大生产，十多年来先后多次违反国家有关规定，没有经过正规设计单位设计和论证，便自行设计、自行施工，对金矿尾库进行扩坝增容。而在多次违规扩容过程中，建筑大坝的材料都是泥土，没有水泥和钢筋，坝体十分脆弱，这便给这次溃坝事故的发生埋下了巨大隐患。其直接原因主要如下。

① 多次违规加高扩容，尾矿库坝体超高并形成高陡边坡。1997年7月、2000年5月和2002年7月，镇安黄金矿业公司在没有勘探资料、没有进行安全条件论证、没有正规设计的情况下擅自实施了三期坝、四期坝和五期坝加高扩容工程；使得尾矿库实际坝顶标高达到+750m，实际坝高达50m，均超过原设计16m；下游坡比实为1∶1.5，低于安全稳定的坡比，形成高陡边坡，造成尾矿库坝体处于临界危险状（图9-3）。

② 不按规程规定排放尾矿，尾矿库最小干滩长度和最小安全超高不符合安全规定。该矿山矿石属氧化矿，经选矿后，尾矿渣颗粒较细，在排放的尾矿渣粒度发生变化后，镇安黄金矿业公司没有采取相应的筑坝和放矿方式，并且超量排放尾矿渣，造成库内尾矿渣升高过快，尾矿渣固结时间缩短，坝体稳定性变差。

③ 擅自组织尾矿库坝体加高增容工程。由于尾矿库坝体稳定性处于临界危险状态，

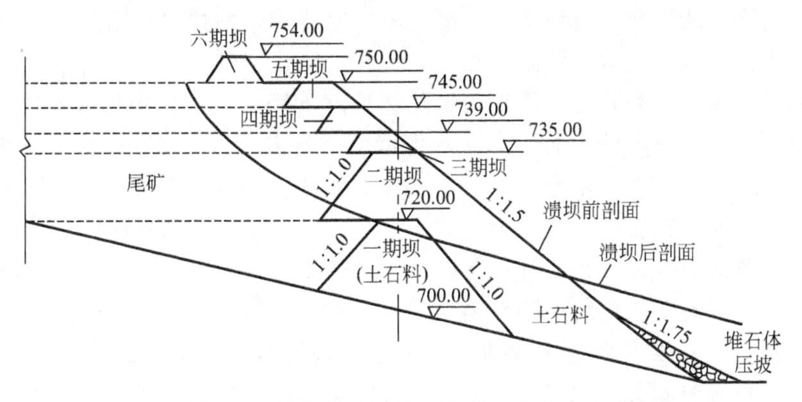

图 9-3 镇安金矿尾矿坝示意（单位：m）

2006 年 4 月，镇安黄金矿业公司又在未报经安监部门审查批准的情况下进行六期坝加高扩容施工，将 1 台推土机和 1 台自卸汽车开上坝顶作业，使总坝顶标高达到＋754m，实际坝高达 54m，加大了坝体承受的动静载荷，加大了高陡边坡的坝体滑动力，加速了坝体失稳。

④ 当坝体下滑力大于极限抗滑强度，导致圆弧形滑坡破坏。与溃坝事故现场目测的滑坡现状吻合。同时由于垂直高度达 50～54m，势能较大，滑坡体本身呈饱和状态，加上库内水体的迅速下泄补给，滑坡体迅速转变为黏性泥石流，形成冲击力，导致尾矿库溃坝。

（3） 应急处理措施

事故发生后，党中央、国务院高度重视，做出重要批示，时任国家环境保护总局局长周生贤立即部署了应急防控工作，原环境监察局卢新元局长带领应急人员立即赶赴事故现场加强指导、协调，主要负责人到岗负责事故信息调度工作。地方政府反应迅速，省委省政府相关领导连夜赶赴事故现场，召开市、县领导参加的紧急会议，商讨应急处置方案。鉴于坝体当时在继续垮塌，工作组要求加强现场秩序维护，防止造成新的伤害，继续做好下落不明人员的搜寻工作，搞好监测，改造河道，减少水质污染，做好群众思想稳定工作。

原环境保护总局第一时间与环境应急专家取得联系，对原陕西省环境保护局现场事故处理工作提出四点意见：一是采取有效堵截措施，阻止污染范围扩大；二是用漂白粉氧化处理尾矿浆主要污染物——氰化物；三是防止急性中毒事件，通知沿岸群众停止饮用河水；四是密切跟踪水头，确定水头位置。截至 4 月 30 日 24 时，已疏散、妥善安置受威胁群众 130 余名，对河道沿途设立禁止取水标志，防止中毒事件发生。

5 月 1 日晚，为保证尾矿坝体不发生更大范围的溃塌，按有关专家意见，打开了尾矿库内导流洞，有 $1\times10^4\sim3\times10^4m^3$ 储存在尾矿库的泥浆下泄。尽管处置现场采取了相应措施，但由于泥浆量大，围堵困难，致使 5 月 1 日下午原设置在米粮河中的两道拦截坝被淹没，污水下泄 3km。当地政府立即组织力量控制污染源：一是加固米粮河内围堰，防止再次下泄的尾矿浆进入下游河道；二是在尾矿坝上游临时修建一子堰，保证降雨从排水洞排出，同时在坝体内修建水泥排桩，稳定坝体。除加固现有的第一、第二道拦截坝之外，当地政府在下游修建了 10 道围堰，用于拦截可能下泄的尾矿浆，并对渗入河中的尾矿液抛撒漂白粉和石灰进行处理；在镇安县境内和下游的山阳县境内分别修筑了 10 道过滤净化坝，防止含氰化物尾矿液流入米粮河，污染下游水体；将米粮河的河水拦截，用导水渠将其导流到下游。5 月 3 日，长 660m，宽 15m 的引流渠已经贯通，下泄的尾矿浆被 1 号、2 号围堰和新建的引流渠大堤包围，断绝了其与米粮河的直接联系。

环保部门用漂白粉氧化处理尾矿浆主要污染物氰化物，并按照专家意见，现场调整了加药方式，将抛撒固体漂白粉改为溶解后加入，提高了氰化物的去除率。5月3日最新监测数据显示，投加漂白粉效果明显，各围堰内氰化物浓度下降明显。但由于3日中午12时引水渠贯通后尚有积水量快速下泄，导致3号围堰漫坝，事发点下游5km处自13时开始超标，至15时达到最大，17时呈回落趋势。自13时事发点下游10km处监测点位开始检出，指挥部组织人员加大下游漂白粉投入量，控制住了下游污染物浓度升高的趋势。

为了密切监测应急处置效果，环保部门适当加密了监测频次，以便准确把握氰化物下泄的动态情况，来指导现场氰化物的降解消毒工作，在陕西省境内布置9个监测点位，向下游加大监测布点范围，并根据水流速度捕捉水头位置进行监测，确定是否对下游水质产生影响；要求陕西省环境监测站组织对尾矿浆渗水进行全分析，主要针对其中可能存在的各种重金属。同时，总站组织人员和仪器设备在两省的省界断面设置了监测点位。5月4日，原陕西省环境保护局对污水中重金属等项目进行了全分析，监测结果显示，距坝址900m和5km处水体中的汞浓度超标，其他监测断面汞不超标；其他重金属铅、铜、锌等均不超标。距坝址900m处水体中砷浓度超标数十倍，其他监测断面均不超标。说明投加石灰等药剂对砷的去除效果明显。经过采取一系列措施，商洛市环境监测站7月19日监测报告显示，国控点和省控2号点位的水质监测结果均在地表水Ⅱ类水质标准范围内。

（4）启示

① 面对尾矿坍塌类突发事故，首先要立即上报，争取援助；切断污染源，阻止污染扩散；实时监测水质，开展饮水安全应急；做好信息发布和群众安抚工作。

② 企业要严格尾矿库安全管理制度，落实环境安全主体责任，健全环境安全管理机构，加强现场管理，提高尾矿库环境安全管理水平。

③ 加强应急预案工作，要认真研究制定尾矿库泄漏事故的环境应急预案，组织尾矿库泄漏事故环境应急方法的培训，做好平时应急预案的演练，提高应对突发环境事件的处理，应变能力和应急响应水平。

④ 明确安全管理责任，尾矿库闭库工作及闭库后的环境安全管理由原生产经营单位负责；解散或关闭破产企业尾矿库的管理工作，由生产经营单位出资人或者其他上级单位主管部门负责；无上级主管部门或者出资人不明确的，由县级以上人民政府指定管理单位进行管理。

9.3.3 贵州省贵阳市浪风关垃圾填埋场自燃事故

（1）案例简述

2014年1月24日，位于贵阳市花溪区浪风关的一个面积上百亩的简易垃圾填埋场突然自燃起火，经花溪区相关部门组织人员进行灭火后，火情得到有效控制；1月30日～2月3日，浪风关垃圾场再次发生自燃，火势更为凶猛，过火面积达近千平方米（图9-4）。夹杂着各种垃圾的臭味，严重影响了附近上万居民的生活。部分居民称，一公里外都可见垃圾场火势弥漫，恶臭刺激眼鼻，现场目测至少有20多处冒着烟，初估燃烧面积近千平方米。

（2）事故原因

浪风关垃圾填埋场是一个典型的简易城市生活垃圾填埋场，始建于20世纪80年代，如今已使用30多年，堆放的垃圾没有经过任何处理，全部露天堆放，填埋场没有任何的防渗

图 9-4 浪风关垃圾填埋场自燃事故现场

防漏设施，也没有专门的填埋气体收集系统。深层填埋垃圾厌氧发酵产生大量易燃气体，通过填埋场内的各种缝隙向地表扩散，厌氧发酵过程同时释放热量，导致填埋场内部温度急剧升高，很容易达到易燃气体及部分易燃垃圾的燃点。加上自燃事故发生前几天，贵阳当地连续多日的晴天，气候比较干燥，也为填埋场深层垃圾自燃提供了有利条件。

（3）应急处理措施

1 月 30 日 9 时 30 分，贵阳市环境突发事件应急中心领导率领中心工作人员赶赴现场开展环境应急处置工作，花溪区也成立专项工作领导小组，春节期间共投入消防官兵 60 余人，消防车辆 10 余台次，各部门共组织百余人次，环卫供水车辆达 18 台次，运送消防水 2400 余吨，确保灭火用水；同时，中心组织环境应急专家赴现场指导应急处置，在仔细勘查了事故现场和周边环境之后，贵阳市环境突发事件应急中心、花溪区人民政府、花溪区生态局、花溪区消防大队、花溪区城管局、花溪区筑建局等部门及环境应急专家召开了环境应急处置紧急会议，对此次事故提出了以下环境应急处置措施。

① 在垃圾填埋场内打孔，加插导气管，引出垃圾填埋堆体底部易燃气体，打孔的同时向孔内注水灭火。

② 为防止打孔注水灭火过程中产生的大量消防废液造成的周边生态环境的污染，必须在垃圾场下侧临时修建事故应急池（容积在 500m^3 以上）。

③ 消防废液可能污染到思丫河和青岩河的水质，要对以上两条河流进行加密监测，一旦水质不达标，立即跟自来水公司对接，保证九八五五场和花溪机械场的生活用水。

④ 在思丫河和青岩河的断面设点监测，并就近储备应急物资，确保不发生跨界污染。

为了防止自燃事故再次发生，在完成了填埋场表面灭火工作后，将填埋场治理处置列为花溪区重点工作，为此，花溪区特成立了由书记和区长担任组长，分管副区长张朝洲、禄竹，区政协副主席邹吉鸿为副组长的事件处置领导小组，区政府统筹指挥，邀请北京环卫集团环境研究发展有限公司（以下称北京环卫集团）参与后续处置工作。

北京环卫集团自2014年4月25日进场施工以来，通过2天的现场施工测试阶段，表明“堆体削坡＋压实密闭与整形”的治理技术路线科学合理，效果显著，并在此基础上制定了详细的自燃治理工程工作计划。在施工过程中北京环卫集团加强与有关部门的沟通协调，在区住建局、区城管局、区生态局、清溪社区、贵筑社区、区城南公司等单位的积极配合下，截至5月3日（削坡作业阶段第7天），已完成90％的削坡作业工程，垃圾堆体坡度达到预定的1∶3，堆体安全稳定，全场已无明火及烟雾现象。整个治理方案计划21天完成，分别为现场测试期2天、削坡期8天、覆土密闭期8天和堆体整形期3天。

同时，根据北京环卫集团对垃圾渗滤液处置的方案要求，区生态局牵头，区水利局配合对渗滤液进行清运，清运方式采用水泵将渗滤液抽至罐车，再用罐车运至比利坝垃圾填埋场进行处理。从4月29日开始清运，目前，共计清运10车次，约100m³。

至此，在北京环卫集团和区相关部门的共同努力下，应急及后续处置方法合理，措施明确，组织有力，浪风关垃圾场自燃事故在2014年5月3日完成了该垃圾填埋场自燃污染环境的应急处置任务。

（4）启示

目前，我国还有大量始建于20世纪的老旧简易城市垃圾填埋场，对于这类填埋场的安全防护措施很少，一旦发生突发事故，给当地居民生活带来很大的影响，为此，针对此类垃圾填埋场突发事故的发生条件和应对措施的研究要进一步加强，能进行改造的尽量往卫生填埋场的标准改进，不能改造并且留有较多安全隐患的，要坚决关停封场，决不能带病继续使用。针对城市垃圾填埋场常发生的滑坡、自燃、污染地下水和空气的各类隐患，要有切实可行的应急处置预案，防止发生事故时手忙脚乱，不但不能及时处置好当前突发事故，还可能引发更严重的其他后果。

参考文献

[1] 奚旦立，陈季华，徐淑红，等．突发污染事件应急处置工程［M］．北京：化学工业出版社，2009.

[2] 张力军，田为勇，张志敏，等．突发环境事件典型案例选编［M］．北京：中国环境科学出版社，2011.

[3] 周立强．固体废弃物处置与资源化［M］．北京：中国农业出版社，2007.

[4] 刘海燕，韦新东．我国城市生活固体废弃物处理现状及措施［J］．吉林建筑工程学报，2009，26(3)：71-73.

[5] Michael D L. Philip LB. Hazardous Waste Management［M］. 2nd edtion, New York: Mcgraw-Hill, 2001.

10 大气环境突发污染事故应急处理及典型案例分析

18 世纪兴起的工业革命使人类文明又达到了一个前所未有的高度，当人类还陶醉于工业革命的伟大胜利时，生态破坏和污染问题已加速发展，特别是大气污染问题。近年来，我国重大环境污染事件频发，据统计，每年环境污染与破坏事故次数及其影响呈现上升趋势，造成的直接经济损失高达数百亿元人民币，其中大气污染事故占 31%～40%，成为第二大事故类型。科学、合理、快速地进行大气环境突发污染事故的应急处理是提升我国环境保护管理水平，推进环境友好型社会建设的迫切要求。

10.1 大气环境污染概述

随着工业化的不断深入和急剧蔓延，终于形成了大面积乃至全球性公害，最先享受到工业革命带来的繁荣的国家，同时也最先品尝到工业革命带来的苦果。20 世纪 30～60 年代，在工业发达的国家频繁发生了震惊世界的环境污染事件，使众多人群短时期内非正常死亡、残疾、患病的公害事件层出不穷，其中最严重的有 8 起污染事件，被人们称为“八大公害事件”。其中，有 5 起都是由大气污染引起的。

（1）马斯河谷烟雾事件

发生时间与地点：1930 年 12 月 1～5 日，比利时马斯河谷工作区。

发生原因：炼焦、炼钢、电力、玻璃、硫酸、化肥等工厂排出的有害气体，在 12 月 1～5日发生逆温的条件下，于狭窄盆地的工业区近地层积累，SO_2、SO_3 等几种有害气体和粉尘，对人体起到综合性的毒害作用。

主要后果：3 天后有人发病，症状表现为胸痛、咳嗽、呼吸困难等。一周内有 60 多人死亡，以心脏病、肺炎病患者死亡率最高，数千人患呼吸道疾病。同时还导致许多家畜死亡。

（2）多诺拉事件

发生时间与地点：1948 年 10 月 26～31 日，美国宾夕法尼亚州匹兹堡市南边的一个小城镇——多诺拉镇。

发生原因：该镇地处河谷，工厂林立，大部分地区受反气旋和逆温控制，常年有雾。10 月 26～31 日持续有雾，大气污染物在近地层积累，SO_2 及其氧化物与大气尘粒结合是致害因素。

主要后果：4 天内发病者高达 5911 人，占全镇总人口的 43%，其中，轻度患者占 15%，症状是眼痛、喉痛、流鼻涕、干咳、头痛、肢体酸乏；中度患者占 17%，症状是痰咳、胸闷、呕吐、腹泻；重度患者占 11%，症状是综合性的，死亡 17 人，为平时周期的 8.5倍。

（3）洛杉矶光化学烟雾事件

发生时间与地点：20 世纪 40 年代初期，发生在美国洛杉矶市。

发生原因：该市三面环山一面临海，处于 50km 长的盆地中，一年约有 300 天出现逆温层，市内高速公路纵横交错，占全市面积的 30%。全市 250 多万辆汽车每天消耗汽油约 1.6×10^7L。由于汽车漏油、汽油挥发、不完全燃烧和汽车尾气排放，向市上空排放近千吨烃类化合物、CO、氮氧化物和铅烟，5～10 月阳光强烈，汽车排出的废气在日光作用下形成淡蓝色的光化学烟雾，其中含有臭氧、氧化氮、乙醛和其他氧化剂，长期滞留市区。

主要后果：光化学烟雾主要刺激眼、喉、鼻，往往引起眼睛红肿、流泪、喉痛、喘息、咳嗽、呼吸困难、头痛、胸痛、疲劳感、皮肤潮红、心脏障碍和肺功能衰竭等，还可使大面积的植物受到损害，严重时致死。其后 1952 年 12 月的一次烟雾中，65 岁以上的老人死亡 400 多人。

（4）伦敦烟雾事件

发生时间与地点：1952 年 12 月 5～8 日，发生在英国伦敦市。

发生原因：英国几乎全境被浓雾覆盖，温度逆增，逆温层在 40～150m 低空，使燃爆产生的烟雾不断积累。尘粒浓度最高达 1.46mg/m^3，为平时的 10 倍；SO_2 最高达 1.34g/t，为平时的 6 倍。加上 Fe_2O_3 粉尘的作用，生成了相当量的 SO_3，凝结在烟尘或细小的水珠上形成硫酸烟雾，进入人的呼吸系统。

主要后果：市民胸闷气促，咳嗽喉痛。4 天中死亡人数较常年同期约多 4000 人，尤以 45 岁以上的人群最多，约为平时的 3 倍；1 岁以下死亡的，约为平时的 2 倍。事件发生的 1 周内因支气管炎、冠心病、肺结核和心脏衰弱者死亡分别为事件前一周同类死亡人数的 9.3 倍、1.4 倍、5.5 倍和 2.8 倍。肺炎、肺癌、流感及其他呼吸道病患者死亡率均有成倍增加。事件后 2 个月内又有 8000 多人死亡。

（5）四日市哮喘事件

发生时间与地点：1961 年，发生在日本四日市。

发生原因：1955 年以来，该市发展了 100 多个中小企业，石油冶炼和工作燃油（高硫重油）产生的废气，严重污染城市空气，整个城市终年黄烟弥漫。全市工厂粉尘和 SO_2 排放量达 1.3×10^5t。大气中 SO_2 浓度超过标准 5～6 倍。500m 厚的烟雾中悬浮着多种有毒气体和有毒的铅、锰、钴等重金属微粒与 SO_2 形成硫酸烟雾。

主要后果：重金属微粒与 SO_2 形成了“硫酸烟雾”，人吸入肺，能导致癌症和逐步削弱肺部排除污染物的能力，形成支气管炎、支气管哮喘以及肺气肿等许多呼吸道疾病，统称为“四日气喘病”。1961 年，四日市市民气喘病大作，患者中慢性支气管炎占 25%，支气管哮喘占 30%，哮喘支气管炎占 10%，肺气肿和其他呼吸道病占 5%。1964 年连续 3 天烟雾不散，气喘病患者开始死亡。1967 年一些患者不堪忍受痛苦而自杀。1970 年气喘病患者高达 300 多人，实际超过 2000 人，其中 10 多人在痛苦中死亡。1972 年全市共确认哮喘病患者达

817人，死亡10多人，直至1979年10月月底，确认患有大气污染性疾病的患者人数为775491人。

公害事件均系人为所致，虽然已经过去并成为历史，但后续影响仍在发酵。从上述5起震惊全球的公害事件我们可以看到大气污染问题的突发性、严重性和危害性。只有认识、了解、研究大气污染问题，才能从根本上解决大气污染引起的各种影响。本节主要介绍大气污染和污染物扩散的相关知识。

10.1.1 大气组成与结构

（1）大气的组分

大气由多种气体及悬浮物混合而成，主要分为干洁空气、水蒸气和各种杂质3部分。干洁空气的主要成分是氮气、氧气、氩和二氧化碳，其体积分数占全部干洁空气的99.996%；氦、氖、氪、甲烷、二氧化氮和臭氧等次要成分，其体积分数只占0.004%左右。表10-1列出了乡村或远离大陆的海洋上空典型的干洁空气的化学组成。

表10-1 干洁空气的各种组分

气体组成		相对分子量	体积分数/%
主要组分	氮(N_2)	28.01	78.084±0.004
	氧(O_2)	32.00	20.946±0.002
次要组分	氩(Ar)	39.94	0.934±0.001
	二氧化碳(CO_2)	44.01	0.033±0.001
微量组分	氖(Ne)	20.18	1.8×10^{-3}
	氦(He)	4.003	5.2×10^{-4}
	氪(Kr)	83.80	0.5×10^{-4}
	甲烷(CH_4)	16.04	1.2×10^{-4}
	二氧化氮(NO_2)	46.05	0.2×10^{-5}
	氢(H_2)	2.016	0.5×10^{-4}
	氙(Xe)	131.30	0.8×10^{-5}
	臭氧(O_3)	48.00	$(0.1\sim0.4)\times10^{-5}$

从地面到90km的高空，干洁空气的组成基本保持不变。也就是说，在人类经常活动的范围内，地球上任何地方的干洁空气物理性质是基本相同的。干洁空气的平均相对分子质量为28.966，在273.15K和101325Pa标准状态下，密度为1.293kg/m³。

大气中水蒸气的变化范围可达0.01%～4%，含量虽少，但直接产生了各种复杂的天气现象：云、雾、雨、雪、霜、露等。水的三态变化伴随着吸热放热，这些气象变化不仅引起大气中湿度变化，还导致大气中热能的输送和交换。水蒸气吸收太阳辐射短波的能力较弱，但吸收地面长波辐射的能力较强，对地面有一定保温作用。

大气中含有一些由自然过程和人类活动排放产生的固态和液态杂质，其浓度为10～100mg/m³，它们主要来源于土壤、植物花粉、岩石风化和火山爆发。此外，大气中还存在云、雾、冰晶等悬浮物和少量的带电离子。大气中各种气态物质也是由自然过程和人类活动产生的，主要有硫氧化物、氮氧化物、一氧化碳、二氧化碳、硫化氢、甲烷、甲醛、氨、烃蒸气等。大气中的这些杂质和气体的存在，对辐射的吸收和散射，对云、雾和降水的形成，对大气中各种光化学现象都有重要影响，因而对大气污染也有重要影响。

（2）大气垂直结构

大气层位于地球的最外层，介于地表和外层空间之间，它受宇宙因素（主要是太阳）作

用和地表过程影响，形成了特有的垂直结构和特性。大气的垂直分布主要由分子扩散和湍流运动决定。根据大气层垂直方向上温度和垂直运动的特征，一般把大气层划分为对流层、平流层、中间层、热层和散逸层5个层次。

① 对流层　对流层是深厚大气的最低层，厚度只有十几千米，是各层中最薄的一层。对流运动的强度和高度随纬度、季节而变化，平均来说，对流层的高度在低纬地区为16～17km，中纬度地区为10～12km，高纬地区仅有8～9km，一般夏季高、冬季低。

对流层集中了大气3/4的质量和几乎全部的水蒸气，主要的天气现象都集中在这一层，是天气变化最复杂、对人类活动影响最大的一层。对流层受地表各种过程影响，其物理特性和水平结构的变化都比其他层次复杂。对流层的温度随高度升高而递减，平均每上升100m，气温下降0.65℃，到对流层顶部气温减至－53℃（极地）和－83℃（赤道）。

对流层的下层，厚度为1～2km，气流受地面阻滞和摩擦影响很大，称为大气边界层。其中，从地面到50～100m的一层又称为近地层。在大气边界层中，大气对流和湍流运动都很盛行，直接影响大气污染物的传输、扩散和转化。

② 平流层　从对流层顶到50～55km高度的气层称为平流层。从对流层顶到25～35km左右的气层，气温几乎不随高度变化，为－55℃，故称为同温层。从同温层顶到平流层顶，气温随高度增高而不断增加，至平流层顶约达－3℃，称逆温层。平流层集中了大气中大部分臭氧，并在20～25km高度上达最大值，形成臭氧层。臭氧层能强烈吸收波长为200～300nm的太阳紫外线，保护地球上生命免受紫外线伤害。

在平流层中，几乎没有大气对流运动，大气垂直混合微弱、气流平稳、能见度好，是良好的飞行层次。但进入平流层中的大气污染物的停留时间很长，特别是进入平流层的氟氯烃等大气污染物，能与臭氧发生光化学反应，致使臭氧层的臭氧逐渐减少。

③ 中间层　自平流层顶到85km间气层称为中间层。这一层已经没有臭氧，而且紫外辐射中$<0.175\mu m$的波段由于上层吸收已大为减弱，以致吸收的辐射能明显减小，并随高度递减，因而这层的气温随高度升高迅速下降，到顶部可达－83℃以下，几乎成为整个大气层中的最低温。这种温度垂直分布有利于垂直运动发展，因而垂直运动明显，又称“上对流层”或“高空对流层”。

④ 热层　中间层顶到800km高度间气层称为热层。该层空气密度甚小，其质量只占整个大气层的0.5%。虽然这些辐射只占太阳总辐射中的很小比例，但被质量极小的气层吸收，相当于单位质量大气吸收了非常巨大的能量，产生高温。因此，热层气温随高度迅速升高。热层中的气体成分在强烈太阳紫外辐射和宇宙射线作用下，处于高度电离状态，故又称电离层。电离层具有吸收和反射无线电波的能力，能使无线电波在地面和电离层间经过多次反射，传播到远方。

⑤ 散逸层　暖层以上的大气层统称散逸层。这一层的空气极为稀薄，气温很高。高温使这层上部的大气质点运动速度很快，而地球引力却大大减少，因而大气质点中某些高速运动分子可脱离地球引力场而进入太空。这一层也可称为大气层向太空的过渡层。

10.1.2　大气污染

大气污染指由于人类活动或自然过程引起某些物质进入大气中，呈现出足够的浓度，达到足够的时间，并因此危害了人体的舒适、健康和福利或环境的现象。

人类活动不仅包括生产活动，也包括生活活动；自然过程包括火山活动、森林火灾、海

啸、岩石和土壤风化及大气圈的空气运动等。一般来说，自然环境的自净作用可使自然过程造成的大气污染，经过一定时间后自动消除。因此，大气污染主要是人类活动造成的。

大气污染按照范围可划分为局部地区污染、地区性污染、广域污染和全球性污染 4 类；按照空间位置可划分为点源污染、线源污染和面源污染 3 类。

10.1.3 大气污染物

大气污染物是指由于人类活动或自然过程排入大气的，并对人和环境产生有害影响的物质。

大气污染物种类很多，按其存在状态可概括分为气溶胶状态污染物和气体状态污染物 2 大类。

气溶胶粒子指沉降速度可以忽略的小固体粒子、液体粒子或固液混合粒子。按照气溶胶粒子的来源和物理性质，可将其大致分为粉尘、烟、飞灰、黑烟、霾（灰霾）、雾等。在我国环境空气质量标准中，还可根据粉尘颗粒的大小，将其分为总悬浮颗粒物（TSP）和可吸入颗粒物（PM_{10}）。

气体状态污染物（气态污染物）是以分子状态存在的污染物。气态污染物的种类很多，大体可以分为 5 大类：主要有以 SO_2 和 H_2S 为主的含硫化合物、以 NO 和 NO_2 为主的含氮化合物、以 CO_2 为主的碳氧化合物、有机化合物和卤素化合物等。气态污染物又可分为一次污染物和二次污染物。一次污染物指直接从污染源排到大气中的原始污染物质；二次污染物指由一次污染物与大气中已有组分或几种一次污染物之间经过一系列化学或光化学反应而生成的与一次污染物性质不同的新污染物质。

随着人类不断开发和创造新物质，大气污染物的种类和数量也在不断变化。人类面临的环境污染物体日趋复杂和严峻。

10.1.4 大气污染危害

大气污染物对人体健康、植物、器物和材料，以及能见度和气候都有重要的影响。

（1） 对人体健康的危害

大气污染物侵入人体主要有表面接触、食入含污染物的物质和吸入被污染空气 3 条途径。人需要呼吸空气以维持生命。一个成年人每天呼吸大约 2 万多次，吸入空气达 15～20m^3。因此，吸入被污染的空气对人体健康影响最直接。

大气污染物对人体的危害是多方面的，主要表现为引起呼吸道疾病。大气中污染物的浓度很高时，会造成急性中毒，或使病状恶化，甚至在短时间内死亡；长期接触低浓度污染物，会引起支气管炎、支气管哮喘、肺气肿和肺癌等病症。近年来，还发现一些尚未查明的可能与大气污染有关的疑难杂症。下面简单介绍几种主要大气污染物对人体健康的危害。

① 颗粒物　颗粒物对人体健康的影响主要取决于颗粒物的浓度和在其中暴露的时间。医学研究表明，呼吸道疾病患病人数增加与大气中颗粒物浓度增加相关。颗粒的粒径大小是危害人体健康的另一个重要因素，粒径越小，越不易在人体沉积，颗粒的比表面积也越大，物理、化学活性也随之增高，从而加剧生理效应的发生与发展。此外，颗粒物的表面可成为吸附空气中各种有害物质的载体，如强致癌物质苯并［*a*］芘和细菌等。

② 硫氧化物　一般认为，空气中 SO_2 浓度超过 0.5×10^{-6}时，对人体健康即有潜在性

影响，达到$(1\sim3)\times10^{-6}$时，多数人开始感受到刺激，达到10^{-5}时刺激加剧，个别人还会出现严重的支气管痉挛。与颗粒物和水结合的硫氧化物是对人体健康影响非常严重的公害。当大气中的SO_2氧化形成硫酸和硫酸烟雾时，即使其浓度只有SO_2的1/10，其刺激和危害也会更显著。

③ 一氧化碳　高浓度的CO能引起人体生理和病理上的变化，甚至死亡。CO是一种能夺去人体组织所需氧的有毒吸入物。CO与血红蛋白结合生成碳氧血红蛋白（COHb），氧与血红蛋白结合生成氧合血红蛋白（O_2Hb），血红蛋白对CO的亲和力约为对氧的亲和力的210倍，COHb能直接降低血液的载氧能力，阻碍其余血红蛋白释放所载的氧，进一步降低血液的输氧能力。一般认为，CO浓度为100×10^{-6}是一定年龄范围内健康人群暴露8h的工业安全上限，此浓度下多数人会感觉眩晕、头痛和倦息；人体暴露于高浓度（$>750\times10^{-6}$）的CO中即会死亡。

④ 氮氧化物　NO对生物的影响尚不清楚，但研究表明，其毒性仅为NO_2的1/5。NO_2是棕红色气体，对呼吸器官有强烈刺激，其浓度与NO相同时，其伤害更大。氮氧化物与烃类化物混合时，在光照作用下发生光化学反应生成光化学烟雾，其主要成分是光化学氧化剂，危害更大。

⑤ 光化学氧化剂　氧化剂、臭氧、过氧乙酰硝酸酯（PAN）、过氧苯酰硝酸酯（PBN）和其他能使碘化钾的碘离子氧化的痕量物质，都称为光化学氧化剂。

⑥ 有机化合物　城市大气中有很多有机化合物是致变物和致癌物，包括卤代甲烷、卤代乙烷、卤代丙烷、氯烯烃、氯芳烃、芳烃、氧化产物和氮化产物等。特别是多环芳烃(PAHs)类大气污染物，大多数有致癌作用。苯并［*a*］芘即是一种强致癌物质，城市中的苯并［*a*］芘主要来自煤的不完全燃烧和汽车尾气排放。

(2) 对植物的危害

大气污染对植物的伤害主要发生在叶子结构中。毒害植物的常见气体有二氧化硫、臭氧、PAN、氟化氢、乙烯、氯、氨、硫化氢和氯化氢等。其中，二氧化硫和氟化物等对植物的危害较大。

大气中二氧化硫含量过高时，对叶子首先危害的是对叶肉的海绵状软组织部分，其次是栅栏细胞部分。侵蚀开始时，叶子出现水浸透现象，干燥后受影响的叶面部分呈漂白色或乳白色。

氟化氢对植物是一种累积性毒物。即使暴露于极低的浓度下，植物也会最终把氟化物累积到足以损害其叶子组织的程度。最早出现的影响表现为叶尖和叶边呈烧焦状，当细胞被破坏变干时，受害部分就由深棕色变成棕褐色。

目前，颗粒物对植物的影响科学家了解甚少，有待进一步研究。

(3) 对器物和材料的影响

大气污染对金属制品、涂料、皮革制品、纸制品、纺织品、橡胶和建筑物等会产生严重损害。这种损害包括玷污性损害和化学性损害两方面。玷污性损害主要是粉尘、烟等颗粒物落在器物表面或材料中造成的，一般可以通过清扫除去；化学性损害指由于污染物的化学作用，使器物和材料腐蚀或损坏。

(4) 对大气能见度和气候的影响

① 对大气能见度的影响　大气能见度下降是大气污染最常见的直接后果之一，但长期

影响相对较小。一般说来，对大气能见度有影响的污染物，主要是气溶胶粒子、能通过大气反应生成气溶胶粒子的气体或有色气体。具体有总悬浮颗粒物（TSP）、SO_2 和其他气态含硫化合物、NO 和 NO_2、光化学烟雾等。

② 对气候的影响　大气污染对气候产生大规模的影响，其结果肯定是极为严重的。CO_2 等温室气体引起的温室效应，以及 SO_2、NO_x 排放产生的酸雨等均已被证实对全球气候产生影响。具体表现有以下几个方面。

a. 减少到达地面的太阳辐射量。从工厂、发电站、汽车、家庭取暖设备向大气中排放的大量烟尘微粒，使空气变得非常浑浊，遮挡了阳光，使到达地面的太阳辐射量减少。据统计，在大工业城市烟雾不散的日子，太阳光直接照射到地面的量比没有烟雾的时候减少近40%。大气污染严重的城市如果长期持续阳光被遮挡，会导致人和动植物因缺乏阳光而生长发育不良。

b. 增加大气降水量。从大工业城市排出来的微粒，很多能成为水蒸气的“凝结核”，当大气中有其他一些降水条件与之配合时，就会出现降水天气。在大工业城市的下风地区，降水量更多。

c. 酸雨。因化石燃料燃烧和汽车尾气排放的 SO_x 和 NO_x，在大气中形成硫酸、硝酸及其盐类，又以雨、雪、雾等形式返回地面，形成“酸沉降”。pH<5.6 的雨、雪或其他形式大气降水称为酸雨。酸雨会破坏森林生态系统和水生态系统，改变土壤性质和结构，腐蚀器物和材料，损害人体呼吸道系统和皮肤等。例如：建在渥太华的美国国会大厦一直被大气中过量的 SO_2 瓦解；1967 年俄亥俄河上的桥倒塌，造成 46 人死亡。目前，全球有 3 大酸雨区：欧洲（斯堪的纳维亚半岛）、北美（美国、加拿大）、东亚（中国、日本）。

d. 城市热岛效应。在大工业城市上空，城市人口密集、工业集中、能耗高。城市覆盖物热容大，白天吸收太阳辐射热，夜间放热缓慢，低层空气放热缓慢。城市上空笼罩着烟雾和 CO_2，使地面有效辐射减弱。因此，城市温度常常比乡村高，气压比乡村低，可以形成从周围乡村吹向城市的特殊的局地风，称为城市热岛效应。若城市周围有较多排放的大气污染物，在夜间就会向市中心输送，造成严重的城市大气污染，特别是有逆温存在时，污染更严重。

e. 温室效应。大气中 CO_2 和其他一些微量气体，如甲烷、N_2O、O_3、氟氯烃（CFCs）、水蒸气等，可以使太阳短波辐射无衰减地通过，从而使地面温度升高并向外辐射长波，这些气体吸收长波辐射，致使全球气温升高。在过去 100 年中，全球地面平均温度上升了 0.3～0.6℃，地球大部分冰川后退，海平面上升了 14～25cm。如果全球气温升高超过3.5℃，全球 40%～70%的物种将面临灭绝。

10.2　突发大气环境污染事故应急处置

10.2.1　突发大气环境污染特点

大气环境污染突发事故的发生具有耦合性、不确定性、快速扩散性以及易受外界因素影响等特征，故大气环境污染突发事故与一般的水环境污染等突发事故的解决方法有很大差异。

大气环境污染突发性事故的演化具有阶段性和跃迁性。

(1) 事故演化的阶段性

阶段性指当一起事故或其他原因导致大气污染后，受污染大气与各种自然因素或者社会因素耦合，逐步演化为公共安全事故和重大公共安全事故。首先，由各种原因引起的突发事故会导致大气环境污染，这是第1阶段；而后，大气环境污染会危害周边居民的身体健康以及生活安全，演化为公共安全事故，这是第2阶段；当大气环境污染公共安全事故的影响范围继续扩大，会引起国家、地区，乃至全球的关注，最终演化为重大公共安全事故，这是第3阶段。

假设大气环境污染突发事故演化只具有阶段性，则事故的演化阶段如图10-1所示。

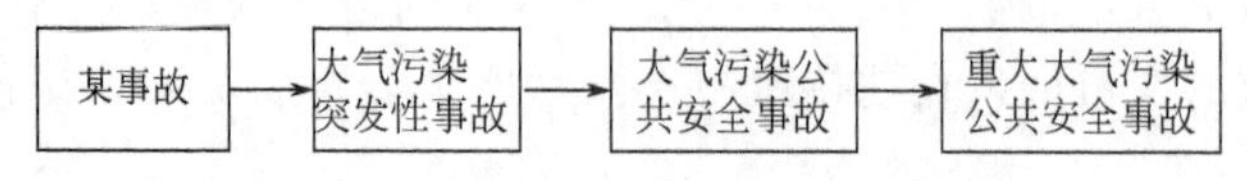

图10-1　大气污染突发事故的演化阶段

图10-1中，某事故主要指由化工企业事故（如爆炸、泄漏等）、化学品运输事故（如泄漏等）等引起的大气环境污染事故。某事故的发生是导致大气环境污染突发性事故的诱因，从某事故到大气环境污染突发事故有一个演变过程，包括渐变性、无序性和突变性等。某事故的发生可能是单一自然因素、人为因素或者几个因素综合作用的结果，事故本身的发生及由此引起的大气环境污染突发事故的演化都具有其自身的诱因耦合与演化机制。

按某事故演化的阶段性划分，其诱因耦合与演化机制分3种情况。

① 某事故向大气环境污染突发事故演化阶段　根据假设，在某事故发生并演化到大气环境污染突发事故这一阶段，源诱因与自然诱因、技术诱因相互作用，发生耦合，主要可表现为以下3种方式：(a) 固定式污染，比较典型的情况是某化工企业发生爆炸导致有毒物质泄漏，引发大气污染；(b) 移动式污染，例如在危险化学品运输过程中，因为各种自然的或人为的因素，引起危险化学品泄漏而进入大气中，从而造成严重的大气环境污染突发事故；(c) 面源污染，面源污染的形成与其他许多因素（如气候、土壤结构、地质、地貌、农作物类型等）密切相关。因此，当某事故发生时，技术诱因和自然诱因可能会与源诱因产生各种形式的耦合，从而导致大气环境污染突发事故发生。

② 大气环境污染突发事故向大气环境污染公共安全事故演化阶段　当大气环境污染突发事故已经开始对一个区域居民的生命、财产和生态环境造成损害时，就演化成为大气环境污染公共安全事故。在此阶段，受污染大气将与多种诱因相互耦合并发生作用。如在2005年的伦敦油库爆炸事故中，受污染大气与3种非源诱因在该阶段耦合。

③ 大气环境污染公共安全事故向重大大气环境污染公共安全事故演化阶段　由大气环境污染公共安全事故演化为重大大气环境污染公共安全事故，是大气环境污染突发事故对人群和社会的危害程度进一步加深的结果。在2005年的伦敦油库爆炸事故中，大气污染物在此阶段扩散到英国东南部，加之大西洋西风带的影响，受污染大气被带到了位于对面的法国、西班牙等国家，此时受污染大气主要与自然诱因和社会诱因发生耦合，技术诱因的作用很微弱。

(2) 事故演化的跃迁性

事故的跃迁主要包括3种情况。

① 某事故直接演化为大气环境污染公共安全事故。

② 某事故直接演化为重大大气环境污染公共安全事故。

③ 大气环境污染突发事故直接演化为重大大气环境污染公共安全事故。

事故跃迁性的诱因耦合与演化机制与事故阶段性表现有所不同。在事故的跃迁过程中，大气环境污染的源诱因会与自然诱因、技术诱因、社会诱因中的一种或几种发生耦合，从而使得事故的演化表现出不同的跃迁状态。

10.2.2 突发大气环境污染应急处理技术

突发大气环境污染应急处理主要集中在污染风险源识别、应急监测、风险源控制与应急管理等方面。

（1）突发大气环境污染风险源识别技术

突发大气环境污染风险源识别及分类是大气环境污染事件预防和正确处置的基础。国际上对于突发大气环境污染风险源的识别进行了系列研究，早在20世纪80年代世界银行和亚洲开发银行就分别提出了一套针对其资助工业项目的污染事故风险评价技术。近年来，我国对于突发大气环境污染风险源的研究也取得了系列成果，这些方法包括定性评价方法，如专家评价法、安全检查法等；定量评价方法，如风险矩阵法、可接受风险值法；概率评价方法，如事故树、逻辑树、马尔可夫模型法等。目前，我国针对重大危险源分类已制定了《危险化学品重大危险源辨识》（GB 18218—2009）、《生产过程危险和有害因素分类与代码》（GB/T 13861—2009）、《化学品分类和危险性公示　通则》（GB 13690—2009）等标准，并形成了《建设项目环境风险评价技术导则》（HJ/T 169—2004），这些标准为涉及易燃、易爆，有毒有害物质的生产、使用、储运等的新建、改建和扩建项目进行环境风险评价与管理提供了行动指南。但是，这些方法都以建设项目或某一具体的生产、运输活动为主体，而基于区域性、行业性的突发大气环境污染事件的风险识别及分类技术亟待深入。

（2）突发大气环境污染事故应急监测技术

大气环境污染事故一旦发生，较水质污染物而言，大气污染物的扩散速度更快，扩散范围更广，对人体健康的影响和伤害更大。因此，大气环境污染应急监测力求快速、及时、准确、简便、经济并适合我国国情。水污染应急监测可以便携式监测仪为主，而大气污染应急监测则应选快速法，及时满足为当地政府环保部门及领导做出正确的决策和采取有效的应急措施提供科学的数字依据。快速法包括仪器法、检气管法、试纸比色法和溶液快速法等。

① 仪器法　仪器法是利用有害物质的热学、光学、电学等特性进行测定。其优点是灵敏度高，测定准确，浓度直读，可自动记录或与微机连接。近年来，我国已有一些能满足应急监测需要的环境监测仪器，如便携式多参数有毒气体分析仪、微电脑污染源监测仪等。

② 检气管法　该法具有现场使用简便、快速，便于携带和灵敏的优点。其抽气装置除可用电动抽气泵外，还可采用注射器或手抽气筒，在没有电源的情况下也可以使用。目前，几百种有害物质均可用检气管测定，但检气管的标定制作较繁琐。近年来，国外对快速检测法也有报道，如德国研制的显色反应管FRR能快速发现环境中的有害物质，其原理与检气管相似，但除了监测空气以外还可通过气相萃取测定废水中的有毒物质，监测指标除硫化氢、氢氰酸等无机物外，还可测定某些烃类及其衍生物、挥发性液体燃料等。虽然检气管只是半定量测定环境中的有害物，但已能满足应急监测的需要，是一种较为经济且易于普及的方法。

③ 试纸比色法　试纸法是用纸条浸渍试剂，在现场放置或置于试纸夹内抽取被测空气，

显色后比色定量。其优点足操作简便、快速，测定范围广，但准确度较差。许多常见有害物质如硫化氢、汞、铅等都可用试纸法测定。

④ 溶液快速法　溶液快速法是将吸收液本身作为显色液，采样显色后与标准管比色定量。该法灵敏度、准确度都比试纸法高。

（3） 突发大气环境污染事故风险源控制与应急管理技术

突发大气环境污染事件风险源处于技术环境、自然环境、社会环境所构成的复杂体系中，该体系中许多动态变化的因素决定了风险源危险性的动态变化。目前国内外在风险源监控预警技术主要集中于构建风险源监控预警指标体系，通过各指标状态的评价，确定预警级别。特别地，我国在危险化学品管理方面，针对生产过程控制、储存过程控制、运输过程控制及使用过程控制，制定了一系列的法规及技术规范。但从整体上看，目前针对各类突发大气污染事件的预案及应急指挥系统方面的研究仍处于起步阶段，还未形成系统可行的技术规范。

10.3 大气环境突发污染事故应急处理案例分析

10.3.1 “5·25” 北京丰台不明气体钢瓶引爆

（1） 事故概况

2006 年 5 月 10 日，北京市丰台区五间楼某施工工地发现 11 支废旧钢瓶。由于钢瓶内气体成分不明，经北京市应急办、北京卫戍区等部门共同研究，决定 5 月 25 日于永定河河滩予以安全引爆。

（2） 应急处理

1）启动应急预案

北京市环境保护监测中心应急领导小组接到报警后立即启动突发环境污染事件应急预案，相关领导率先抵达事故现场勘查情况，其他人员火速就位。

2）应急监测方案

① 监测项目　此批钢瓶中部分表面残存有“环氧乙烷专用”字样，其余无任何明显标识。

根据已掌握的污染物信息，初步确定环氧乙烷为主要检测对象，同时利用现场监测仪器监测其他有害物质。

具体监测项目包括如下几项。

a. 使用便携式检测仪快速检测爆破现场环境空气中 CO、TVOC、Cl_2、H_2S、NH_3、HF 等可能存在的危险气体。

b. 现场检测人员进入爆破点采集气体样品，使用便携式傅里叶气体分析仪定性分析。

c. 现场检测人员采集爆破点土壤样品和爆破残留物，使用便携式傅里叶气体分析仪定性分析。

d. 根据定性分析结果及时调整分析项目。

② 监测布点设置　本次应急监测的目的是保障现场人员和周边环境安全。爆破后爆破点周围污染物浓度最高，环境中污染物浓度会随空气流动迅速减弱并恢复正常。

根据以上特点，确定监测点位置如图 10-2 所示。

③ 人员配备　北京市环保监测中心应急人员分为：现场勘察组、监测采样组监测分析组、技术支持组、应急保障组、专家组。

④ 应急仪器

a. 应急检测车（配气象参数测定装置）。

b. 定性分析：Gasmet DX-4020 便携式傅里叶气体分析仪。

c. 快速检测仪器。

d. 其他采样仪器有气体采样气袋、土壤（固体）采样器。

e. 安全防护装备。

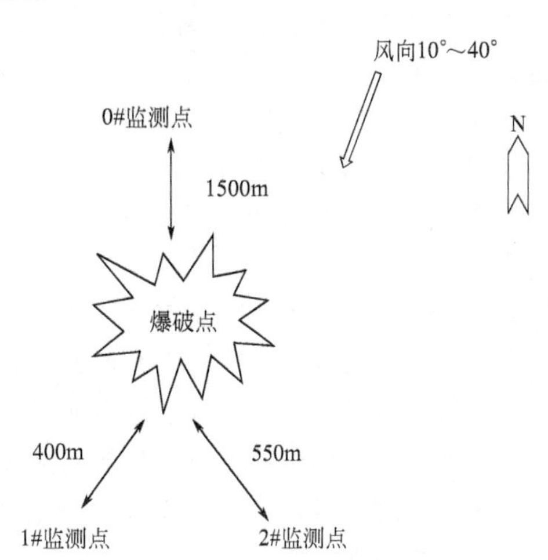

图 10-2　确定监测点位置示意

（3） 检测过程及结果

① 现场检测　参加本次应急任务人员在安全距离警戒线外进行采样准备和个人防护工作，接到现场指挥命令后即刻进行监测。主要监测项目有：(a) 环境空气监测；(b) 土壤监测。

② 监测结果　通过对环境空气对照点、环境空气监控点以及爆破点上采集气体的定性分析，其中环氧乙烷、二噁烷、氨、一氧化氮均未检出。

爆破点土壤的挥发气体中环氧乙烷浓度$>212mg/m^3$。

通过使用快速仪器对爆破现场的监测，环境空气对照点、环境空气监控点以及爆破点上，CO、NH_3、H_2S、Cl_2、HF 等监测项目均未检出。

③ 结论　爆破点土壤挥发气体检出环氧乙烷，其浓度$>212mg/m^3$，基本确定钢瓶内主要气体为环氧乙烷。

钢瓶内残留液体和钢瓶残留物的挥发气体检出二噁烷、氨、一氧化氮以及高分子有机化合物，判断为钢瓶内物质由于长期存放形成了聚合物和杂质。

由于爆破点土壤中含有高浓度环氧乙烷，钢瓶残留物含有害物质，故将其送北京红树林环保技术工程有限责任公司消纳。

通过对现场监测数据的分析，钢瓶爆破后气体快速扩散，个监测项目浓度均未检出，爆破未对周围大气环境产生影响，故本次不明气体钢瓶爆破应急监测是成功的。

10.3.2 天原化工总厂氯气泄漏爆炸事故

（1） 事故概况

2004 年 4 月 16 日，重庆天原化工总厂发生氯气泄漏爆炸事故，造成 9 人死亡，3 人受伤，罐区 100m 范围内，部分建筑物损坏，周围 15 余万人紧急疏散。“4·16”氯气泄漏爆炸事故是我国近年来少有的严重化学灾害事故，引起了党中央、国务院、公安部和消防局对

事故处置工作的高度重视和社会各界的广泛关注。消防指战员经过60多个小时的英勇奋战，成功地处置了事故，排除了险情。

① 工厂基本情况　重庆天原化工总厂是国有大型氯碱化工企业，建于1938年，位于重庆市江北区腹心地带，占地面积$4.2\times10^5m^2$，南临嘉陵江，距厂500m范围内，东、西、北面有居民约5万人，1000m范围内有居民约10万人。该厂主要生产烧碱、液氯、盐酸、四氯化碳、氢气等20多种产品，是重庆市重大危险源之一。

② 事故工段生产工艺流程

a. 事故工段是氯碱生产的后续工段，主要是将电解食盐水生产的氯气干燥脱水后冷凝液化、储存。

b. 在液化区内，氯气经过冷凝器内冷冻盐水（成分为浓度28%的$CaCl_2$溶液，冷凝器管内走氯气，壳层内走冷冻盐水）的冷凝，由气态变为液态（温度约为−34℃）。

(c) 液氯直接进入储罐区，每个液氯储罐与各个蒸发器相通，通过蒸发器夹套加热液氯以升高压力，将储罐中的液氯压出进行罐装。

③ 液氯储罐情况　液氯库区共有液氯储槽8个，每个容积$12m^3$，事故发生时，1#、2#、3#、8#槽为空槽，有少许残液，4#、7#槽约有0.2～0.3t液氯，5#、6#槽分别有6t和2t液氯，相邻的1#蒸发器未装液氯，2#、3#蒸发器内分别储有液氯2t和3t。

④ 气象情况　4月16日，天气晴朗，气温12.6～19.8℃，平均气温15℃，东北风向，风速0.91m/s，相对湿度75%。

⑤ 氯气的理化性质及毒性　氯气在常态下为黄绿色气体，液化后为黄绿色透明液体，有强烈的刺激性，具有腐蚀性和氧化性。氯气本身不燃，但有助燃性，易溶于水和碱溶液。氯气还是一种具有强烈刺激性的剧毒气体，对眼睛和呼吸系统的黏膜有极强的刺激性，人吸入后可迅速附着于呼吸道黏膜和肺中，导致人体支气管痉挛、支气管炎、支气管周围及肺部淤血和水肿。当空气中氯气浓度达到3.5×10^{-6}时可感到氯气味；15×10^{-6}时对呼吸道和眼睛有刺激作用，并有疼痛、咳嗽、窒息感及胸部紧束感；50×10^{-6}可引起严重损害，有胸痛、吐黏痰及咯血；100×10^{-6}时，瞬间就可引起呼吸困难，脉搏减少而致死亡。人吸入氯气的浓度为$2.5mg/m^3$时，即导致死亡。因此，氯气在第一次世界大战中曾作为化学毒剂使用。

(2) 事故经过及爆炸原因

2004年4月15日19时，操作工发现2#氯冷凝器液化过程异常，立即将液氯转到5#储罐。21时，发现有氯气从氨蒸发器盐水箱中溢出，技术人员判定2#氯冷凝器穿孔。21时20分，冷冻系统停车，断开2#氯冷凝器，处理残余氯气，将氯冷凝器管内剩余氯气排到排污罐。16日凌晨0时48分，排污罐发生爆炸，全厂于1时33分停止生产。

爆炸的原因是冷凝器内氯气管破裂，造成氯气泄漏，冷凝盐水进入氯输送管道，氯与含有氨的冷凝液混合，反应生成大量三氯化氮，三氯化氮通过分配管流入5#、6#、7#液氯罐。

三氯化氮是一种极为敏感且爆炸力非常强的含氮化合物，常温下为黄色黏稠的油状液体，相对密度为1.653，−27℃以下固化，沸点71℃，自燃爆炸点95℃。纯液态的三氯化氮不稳定，遇到声、热、电、光振动、火花而诱发爆炸，并能同普通有机物如橡胶、油类等发生强烈的反应，如果在日光照射或碰撞下，更易发生爆炸。当体积分数为5%～6%时，在90℃时能自燃爆炸，60℃时受震动或在超声波条件下，可分解爆炸。理论计算表明，纯

液态三氯化氮所产生的爆炸压力可达550～570MPa，液氯中高浓度的三氯化氮发生爆炸所释放的能量相当于TNT爆炸的30%～40%。爆炸方程式为：

$$NCl_3 \longrightarrow N_2 + 3Cl_2 + 459.9kJ$$

现场处置人员在未经指挥部同意的情况下，擅自启动事故泵抽取气相氯，加速了罐内液氯汽化，造成气体流动和压力变化，使罐内液氯和三氯化氮的比例和压力失去平衡，三氯化氮蒸气随着氯气进入输转管道，并在管内高速流动，当进入水封池时发生爆炸，爆炸冲击波通过输转管道传人罐内，引起5#罐内大量三氯化氮爆炸，造成大量氯气泄漏。

（3） 应急处理

2004年4月16日7时6分，重庆市公安消防总队119火警调度指挥中心接到报警后，立即调集了移动通信指挥车、防化车、洗消车、抢险救援车、重型水罐消防车、气瓶车、超高压车、器材车等14辆消防车和150余名消防官兵前往现场处置险情。

7时25分，总队特勤大队和责任区中队到达现场，按照危险化学品事故处置程序要求，立即采取应急救援措施。

① 进行侦察　使用化学救援车上的装备，检测空气中的有毒气体浓度和气象条件。经检测在冷凝器5m范围内，空气中氯的含量为10×10^{-6}，10m以外为$5\times10^{-6}\sim8\times10^{-6}$，30m以外为$5\times10^{-6}\sim2\times10^{-6}$，50m以外为$2\times10^{-6}$以下，检测证明当时氯的泄漏量不大。并且迅速组织一支小分队，佩戴空气呼吸器，进入事故核心区进行侦察。

② 设置警戒区域　距事故点150m半径范围，禁止无关人员进入危险区，疏散事故核心区域内的无关人员。

③ 对进入危险区的人员进行防火、防静电和个人防护的检查登记工作，确保进入现场人员的安全。

④ 布置4支喷雾水枪对泄漏点及车间外围进行稀释。

7时40分，总队领导相继赶到现场，成立消防救援指挥部。消防救援指挥部根据侦察结果和现场周围的情况及对事故处置的分析，向“4·16”事故救援总指挥部和专家组提出了切实可行的处置措施和建议。

① 立即将警戒区域扩大到1000m，做好疏散警戒区域内所有居民的准备工作。

② 采取措施，严格控制进入核心区域的人员，并对进入人员进行登记。

③ 立即调集公安、武警、驻军防化分队、交通、市政、燃气、电力、通信、供水、卫生医疗、环保、街道、港监等部门参加抢险。

④ 对1000m范围内的出入口进行封堵，控制人员进入事故区域。

⑤ 请专家组尽快提出科学、安全可靠的处置方案，消防予以积极配合。

⑥严格按操作规程处置，严防中毒和爆炸事故发生。

并且，消防指挥部对消防力量进行了重新部署。

① 在现场前沿部署2辆重型水罐消防车，水槽中加入浓度为10%的碱液，增设4支水幕水枪，出水中和、稀释泄漏的氯气。

② 组成2个突击队（每个队由5名官兵组成），做好紧急情况的战斗准备。

③ 严禁无关人员进入事故点，进入事故点的人员必须在做好个人防护的前提下，快进快出，不许在现场触摸任何设施设备，不许在现场讨论处置办法等，以确保进入现场人员的绝对安全。

④ 调集足够的空气呼吸器以及气瓶和必备的器材装备到现场。

⑤ 积极配合专家组进入现场侦察、了解掌握情况。针对险情，现场的专家提出了输转液氯的处置方案。采用自然排压的方式，尽快输转残存的液氯，降低液氯槽体的压力，并注入氮气置换液氯。将事故储槽残存的液氯通过4根导管引至碱水池，利用碱水将液氯中和后回收。

14时，液氯输转工作正式开始，在输转的同时，一边剥开液氯罐的保温层，一边向液氯罐壁淋水，加快液氯的自然汽化速度。17时50分，由于现场处置人员违规启动事故泵，在57分时，造成5号储罐突然发生大爆炸，罐体被炸得粉碎，并且引起其他罐爆炸，造成大量氯气泄漏，9名工厂领导和工程技术人员死亡，3人受伤。爆炸引起的强烈冲击波将敷设在地上的屏障水枪打弯近90°，一块长约2m、宽1.2m的碎片飞至距爆炸点300m外的嘉陵江边，一块长约4m、宽约1.7m的罐体飞到100多米外，将一座6层的楼顶砸出了一大洞。

爆炸发生后，造成瞬间大量氯气泄漏，在爆炸点上空形成了一个高30m，直径70m的黄色氯气雾团，整个工厂上空完全被非常浓的黄色烟雾笼罩。此时现场周围救援人员纷纷外撤，而消防官兵却迅速从不同方向汇集过来，冒着弥漫的氯气和再次爆炸的危险立即冲入事故核心区，用高压水幕水枪和喷雾水枪（含碱溶液）对爆发的氯气雾团进行封堵、稀释中和。侦察小组迅速进入爆炸现场抢救伤员，并进行侦察现场情况，及时向指挥部报告；经侦察发现，5＃罐发生爆炸，泄漏出的氯气大约有1t。爆炸后的几分钟内，核心区的空气中氯气含量超过环境二级质量标准110多倍。在现场消防官兵高压水幕和喷雾水枪连续高空碱液稀释下，约0.5h后，扩散的氯气得到了控制。根据专家组的意见，继续用6支水幕水枪不间断地向现场喷水（碱溶液）稀释、中和氯气，通宵对事故现场进行监控，并不定时地进行侦检。

由于是在事先没有任何预兆的情况下，5＃罐发生了大爆炸，而剩下的3个储气罐的泄压装置已经被炸坏，故通过正常的泄压排放已经不可能。这就如同3枚拆掉保险的炸弹，随时都有爆炸的可能。为了避免再次爆炸后大量氯气随空气蔓延，对周围群众产生毒害和造成伤亡，指挥部决定，采用军事装备引爆的方式尽快排除险情。根据指挥部的分析，500m以内都是危险区。因此，引爆时划定了3个区域。第一区域距离核心区域150m，这个区域只有53名消防官兵、少数厂里的技术工人和专家。在300m以外是前线指挥部，500m以外是周围群众。根据指挥部的决定，消防救援指挥部部署战斗任务。

① 组成53人的突击队（2个突击小组，2个预备小组），负责引爆时造成伤亡人员的抢救工作。

② 在引爆现场设立消防前沿侦察哨，负责引爆过程中现场侦察工作。

③ 在引爆现场布置喷雾水枪和水幕水枪封堵稀释、中和泄漏的氯气，防止引爆后高浓度氯气的大面积扩散。

18日12时30分，引爆排险开始，机枪射击后，现场并没有升腾起黄色的烟雾，1＃、2＃、3＃3个罐体都没有被击穿。紧接着又改用平射炮对罐体进行轰击，1＃罐被炸破，2＃、3＃罐依然横卧在旁。随后调来坦克进行射击，1＃、2＃罐被击穿了一个大洞，3＃罐仍然没破。17时35分，为了确保万无一失，指挥部迅速调来了爆破小组，在消防队员的掩护下，对3＃罐实施了人工爆破。经过5h的紧张战斗，于17时30分引爆全部成功。19时，厂区外警戒解除。

警戒解除后，2个战斗班2辆水罐消防车对现场继续监护，用碱水继续稀释残余氯气。

18日的23时和19日1时、3时、5时、7时40分分别发生了5次爆炸。2#氯冷凝器、2#汽化器、7#液氯储罐和液氯中转槽为尚存的4个危险源。中午12时，消防突击队在指挥部的统一指挥下，采取向容器内灌入碱溶液的方法，中和并置换氯气、三氯化氮。而后，用载重汽车远距离强行拉断储槽和冷凝器底座管，排空容器内的事故物料。同时，使用碱溶液用固定水幕水枪封堵、中和氯气，于19日17时16分将最后4个危险源清理完毕，彻底消除隐患。至此，整个抢险救援工作全部圆满结束。

(4) 事故结果

在4月16日的氯气罐爆炸过程中，重庆市江北区该化工总厂死亡的9人中，有该化工总厂子公司总经理等在现场的厂领导干部，另外，还有3人受伤。事故调查组确认这是一起责任事故，并对相关责任人进行了处理，给予对事故发生负有重要领导责任的某控股集团公司董事长、党委书记党内警告处分，给予对事故发生负有主要领导责任的该化工总厂厂长撤销厂长、党委委员职务处分，其他相关责任人也分别受到查处。

此次氯气泄漏事故的主要原因是氯罐及相关设备陈旧，处置时爆炸的原因是工作人员违规操作所致。原来的事故处理方案是让氯气在自然压力下通过铁管排放，但专家组初步判断，当专家组成员离开现场回指挥部研讨方案时，该化工总厂违规操作，让工人用机器从氯罐向外抽氯气，以加快排放速度，结果导致罐内温度升高，引发爆炸。

这起事故是近年来化工事故引起人员疏散较多的一起事故，影响较大，在处理过程中造成了人员伤亡，值得反思。这起事故再一次给每一个城市敲响了警钟，在城市的中心区，不应有具有潜在重大安全隐患的企业。尤其是化工企业，应当远离市区，并且与居民区保持一定的安全距离。

据悉，此次事故已是该厂自2003年以来第3次发生氯气泄漏事故。重庆市已经计划把这个化工厂从城区迁出。

(5) 启示

① 政府在处理有重大安全隐患企业的态度　天原化工总厂建于1938年，设备陈旧老化，事故隐患多，且位于人口稠密区，因此消防部门一直把它列为重点单位。事故发生前，辖区消防处曾就该厂安全隐患问题专门向市政府写了报告。市政府考虑该厂即将搬迁，对该厂存在的问题未做出相应处理，从而发生这次严重的特大氯气泄漏爆炸事故。当前，重庆乃至全国类似天原化工总厂这样的企业还为数不少，各地政府要引以为戒。

② 动用重军事装备　在事故处置中动用重军事装备，先后发射21发枪、坦克炮（枪）弹消除危险源。动用军事武器在政治上和国际上影响很大，值得商榷。消防部队应研制与配备强力破障破拆装备，实施更加科学合理的破障破拆手段。

③ 人员疏散的范围和数量　突发事件干预的最优化原则指出：干预的形式、规模和持续时间应最优化，使避免人员产生严重确定性健康效应而获得的净利益，在社会经济情况下从总体上考虑应达到最大。“4·16”事故中紧急疏散15.6万人，涉及江北区、渝中区和沙坪坝区3个区。疏散人员的安置成本极大，一个区一天就需100万元人民币，且对政府造成了很大的压力和社会影响。这15.6万人中哪些是必

须疏散、哪些可以通过隐蔽（即紧闭门窗，政府发放食物）的方式、哪些可通过政府发放防毒口罩的方式就可避免氯气对健康的危害，都值得深入研究，为以后突发事件的处理提供依据。因此，在处置类似事故时，应充分利用化学灾害事故处置决策辅助系统，咨询专家，听取高层次专家意见，必要时在现场召开专家论证会，科学划定泄漏物扩散范围，采取最优化的干预方式。

④ 构建突发事故应急处置联动机制　突发事故应急处置和救援需要各级政府统一领导和指挥，以及社会各救援队伍分工合作、组织协同，充分发挥各专业队伍的专业技术和装备的优势，形成合力，将事故造成的人员伤亡、损失和影响控制到最低限度。因此，建立突发事故应急处置和救援联动机制，提高整个社会应对突发事故的能力是急需解决的课题。“4·16”事故的抢险救援涉及政府、公安、武警、驻军防化部队、交通、市政、燃气、电力、通信、供水、卫生医疗、环卫、街道、航监等多个部门。“4·16”事故的成功处置为如何构建突发事故应急处置联动机制的研究提供了丰富素材和经验。

10.3.3　京沪高速淮安段“3·29”液氯泄漏特大事故处置

2005年3月29日18时50分，京沪高速江苏淮安段103km处发生一起重大交通事故，导致肇事车辆槽罐内大量液氯泄漏。淮安市消防支队接到报警后迅速调集8个中队的29辆消防车和150名官兵到场救援。江苏省消防总队接报后，先后调集5个支队的10辆消防车和90名官兵到场增援。经过近65h的艰苦奋战，成功处置了这起液氯槽罐泄漏事故。此次事故波及淮安市淮阴、涟水2个县区的3个乡镇、11个行政村，处置中疏散15000余人。事故造成28名村民中毒死亡，350人住院治疗，270人留院观察。

（1）　事件概况

① 京沪高速情况　京沪高速公路为双向4车道，全长1262km，江苏境内长465km，其中淮安段70km。日平均车流量16000辆，29日车流量为18665辆。

② 车辆情况　液氯槽罐车长12m，罐体直径2.4m，额定吨位为15t，实际载有约40.44t液氯，超载25.44t。事故发生后，有关部门对车辆进行检测发现，车辆半年未经安全部门检测，左前轮胎已报废，达不到危险化学品运输车辆的性能要求。其挂卡车长13m，装载液化气空钢瓶约800只（5kg/只）。

③ 现场情况　事发点下风及侧下风方向主要有淮阴区王兴乡的高荡、张小圩、圆南，涟水县蒋庵乡的小陈庄、悦来集、张官荡、石桥等行政村，其中邻近的有高荡村3个组200户约550人，离事发点最近住户的直线距离仅约60m。

事发现场无可利用水源，最近的取水点有3处，都是口径为150mm、流量18L/s的室外消火栓。取水点分别位于事发点北面的淮安北出口处（8km），事发点南面的淮连高速公路服务区（12km），事发点南面的淮连高速公路收费站（16km）。

④ 气象情况　3月29日18时，晴到多云，东到东南风，风力3级左右，风速3.8m/s，气温12℃；30日晴，东南到南风，风力1～2级，风速0.8～3.2m/s，气温6～20℃；31日晴，南到东南风，风力1～2级，风速0.8～3.2m/s，气温6～21℃。

（2） 应急处理

事故救援工作共分 4 个阶段。

1）第一阶段：快速堵漏，疏散救人

① 接警出动 2005 年 3 月 29 日 18 时 55 分，淮安市消防支队接到淮阴区公安 110 指挥中心转警，京沪高速淮安段上行线 103km＋300m 处发生交通事故，大量的液化气钢瓶散落地面，并发生泄漏。支队长、副支队长立即率领 3 个中队 11 辆消防车（2 辆抢险救援车、6 辆水罐车、3 辆泡沫车）和 90 名官兵迅速出动。考虑到高速公路事故可能会造成交通堵塞，为把握有利时机，消防官兵分别从（京沪高速）淮安北入口和淮安南入口进入，分别于 20 时 10 分、20 时 12 分相继到达事发现场。

② 成立抢险指挥部 到场后，立即在距事故点侧上风方向 200m 处成立以支队长为总指挥的抢险指挥部，下设侦检、搜救、疏散、堵漏、稀释和安检 6 个战斗小组，同时命令侦检小组进行侦检。

③ 侦察检测 20 时 25 分左右，侦检小组查明泄漏源来自侧翻的槽罐车，车上无人，确定泄漏物质为氯气，泄漏口为 2 个比较规则的圆形孔洞，泄漏量很大（尚剩 1/2 左右）。另一辆卡车运载的液化气钢瓶为空瓶，司机已死亡。查明情况后，指挥部迅速采取了以下措施。

a. 全体官兵必须穿防护服、佩戴空气呼吸器，加强个人防护，确保自身安全。

b. 立即疏散高速公路两头滞留的驾乘人员，并设立警戒线。

c. 从南北两侧的侧上风方向各出 2 支喷雾水枪对泄漏气体稀释驱散。

d. 安检组对进入现场的官兵严格记录，强调进出时间，检查个人防护装备。

e. 组织搜救小组，迅速进入村庄进行疏散救人。

f. 迅速调集支队机关和城西、城南、涟水、淮城、洪泽中队赶赴现场增援。

g. 立即将现场情况向市公安局、市政府和总队报告：现场液氯有大量泄漏，严重威胁高速公路滞留车辆驾乘人员和周围村庄群众的生命安全，请求市政府启动社会应急联动机制，调集公安、武警、交通、安监、医疗和环保等相关部门到场，加强警戒，监测环境，播报灾情，迅速疏散群众。

④ 设立警戒 根据侦察情况，指挥部运用化学灾害事故辅助决策系统，计算出事故区域的范围。其中，重危区约 0.64km^2，轻危区约为 9.8km^2，警戒区为 15km^2。并在离事故点上风 1km 和下风 1.5km 处设立警戒线。

⑤ 疏散救人 组成 5 个搜救小组，每组 4 人，由 1 名组长负责，迅速进入村庄进行疏散救人。对疏散、搜救出的人员应往上侧风方向即指挥部方向撤离。

在整个救援过程中，消防队员共引导疏散遇险群众 3000 余人，营救 84 名中毒群众，其中 79 人生还。

⑥ 快速堵漏 20 时 25 分，根据侦检组查明泄漏点的情况，指挥员命令堵漏人员穿着全密封防化服，携带堵漏木塞，在水枪掩护下迅速实施堵漏。经过密切配合，21 时许成功地封堵 2 个泄漏孔，同时，稀释小组对泄漏区保持不间断的稀释驱散。

⑦安全检查 为了确保参战官兵的安全，明确专人负责个人防护装备检查，记录人员进

出情况，规定战斗小组进入毒区的行动时间和返回时间，密切注视进入毒区人员特别是搜救人员空气呼吸器使用的时间。

⑧ 战勤保障　启动战勤应急保障预案，及时调集器材装备、油料、食品、御寒物资等到场，保障供给。

至此，淮安支队通过迅速启动应急救援预案，立即组织侦检、设立警戒、疏散救人、向上级报告灾情迅速启动社会应急联动机制，快速实施堵漏。有效地控制了灾情，取得了抢险救援的初战告捷。

2）第二阶段：研究方案，排除险情

① 成立现场指挥部　22时55分，总队领导到达现场，由总队政委接任总指挥，副总队长、淮安市副市长和淮安支队支队长任副总指挥，并由支队长负责前沿指挥。现场指挥部决定继续加大搜救力度，按照乡村干部提供的有关情况，对氯气重危区范围内的村庄再一次进行全面搜寻。

② 确定中和方案，消除毒源　经过参战官兵共同努力，现场情况稳定。指挥部考虑到堵漏木塞在不断被腐蚀，液氯随时都有大量泄漏的危险，如果液氯槽罐不及时转移，毒源不彻底消除，危险就随时会存在，京沪高速也无法恢复通车，指挥部积极研究制定排险方案。最终确定在事发点侧上风方向约300m的高速公路桥下，构筑中和池，将泄漏槽罐置入池中，加入氢氧化钠溶液进行中和。

③ 起吊、输转准备　现场指挥部决定调集吊车、清障车和平板车到场；调集武警官兵构筑人工水池；落实氢氧化钠溶液送达现场。确定移运路线、监护方案。30日2时20分，清障车将车头拖出现场。

④ 跨区域力量调集　2时30分，现场指挥部考虑到处置时间长、任务重，现场防护装备消耗量大，官兵体能消耗大，决定跨区域调集力量。先后调集了徐州、连云港、南京、盐城、苏州5个支队，10辆消防车、90名官兵、120套空气呼吸器、20套防化服、1台移动充气设备到场增援。

⑤ 起吊槽罐　3时30分，第一次使用50t吊车起吊没有成功（因为超载，对重量估计不足），指挥部研究决定，再调集1辆50t吊车到达现场，采取2辆吊车同时起吊的方法起吊。11时许，液氯槽罐被成功吊起，移至大型平板车上。

⑥ 安全转移　12时40分，在消防官兵的监护下，液氯槽罐安全转移到中和池边。由于受场地和吊车起吊重量的制约，无法将槽罐准确放入池中，指挥部又紧急从连云港港务局调来1辆150t的大型吊车。15时30分，液氯槽罐被准确放入池中。抢险救援工作取得初步成效。

3）第三阶段：中和反应、消除毒源

指挥部共调集300t浓度为30%的氢氧化钠溶液到达现场，进行中和。

19时15分，由于东侧堤坝泥土松动，出现渗漏，致使堤坝坍塌，液面下降，液氯槽罐2个泄漏口暴露在空气中（碱水池旁的监测浓度为33.3mg/m^3），使加固堤坝的工作遇到了较大困难，指挥部决定调用2台大功率挖掘机加固堤坝。

22时10分左右，堤坝加固完毕。此时，又调集200t氢氧化钠溶液到场，使中和继续进行。中和池旁的监测浓度为2.1mg/m^3。

31日9时许，为加快中和速度，指挥部决定用水带直接将氢氧化钠溶液引至泄漏口进行中和。19时15分左右，槽罐内液氯中和完毕。中和池旁的监测浓度为0.1mg/m^3。

4）第四阶段：罐体移运、洗消降毒

① 罐体移运　4月1日11时许，槽罐被成功吊放并固定在大型平车上，在警车开道和消防车的监护下，驶离事故现场。12时08分，液氯槽罐被安全运送至江苏科圣化工机械有限公司。

② 洗消降毒

a. 人员、装备洗消：处置过程中及时对官兵、装备进行洗消。

b. 环境洗消：根据液氯的理化性质和受污染的情况，对污染区进行监测洗消。环保部门对污染现场进行不间断环境监测，直至毒气全部消除。

调集100台喷雾机械和10台大型喷雾车对污染区喷洒氢氧化钠溶液。调集10部消防水罐车，利用雾状水对污染区进行稀释。对中和池周围进行封闭，专人看护，确保中和后的液体自然降解。

至此，消防官兵经过65小时的连续奋战，液氯泄漏事故成功处置结束。

（3） *启示*

① 深入调查研究，加强熟悉演练，提高复杂情况下的作战能力　这起事故发生在苏北农村的夜间，距离市区约30km，农村没有照明，一片漆黑，救援官兵地形不熟；高速公路车流量大、流动性大，事故发生突然，致使现场滞留车辆多，交通严重堵塞；现场氯气浓度高、范围大，环境险恶，使救援工作十分困难。针对这种情况，使消防部队意识到在加强“六熟悉”的同时，还必须加强主要道路沿线情况的熟悉，要经常组织官兵进行夜间、险恶环境下的训练，提高官兵在此环境下的适应能力和作战能力，加强对高速公路应急救援预案，特别是在交通堵塞情况下的演练。

② 开展协同演练，加强组织指挥，提高整体作战能力　这次事故的参战力量包括消防、公安、武警、医疗、环境、交通、化工、工程运输等多个部门和单位1000余人，作战范围近20km^2。针对这种大规模、大范围、多种力量参战的大型救援活动，地方各级政府要在建立联动救援机制，制定救援预案的基础上，经常组织协同演练，以提高整体实战能力。

③ 建立长效联动机制，完善救援体系，提高应急救援快速反应能力　高速公路情况特殊，灭火救援往往离不开大型起吊和运输设备。这次事故共调用吊车3辆，大型平板车1辆。由于肇事槽罐车超载严重，先后调集50t吊车（淮安现有最大吨位）2辆、150t吊车1辆。由于大型起吊、运输设备都为企业所有，没有列入联动单位，导致调集时间长，同时受路途和行驶速度的影响，到场缓慢，从而严重阻碍了救援工作的进行。为此，江苏省消防总队专门对全省的大型起吊、运输和输转设备进行了统计，建立了数据库，并建议各地政府将其列为应急救援联动单位。

④ 建立救援物资储备库，加强器材装备配备，提高大规模、长时间救援现场的保障能力　这次事故范围大、参战人员多、防护要求高，进入毒区的所有救援人员（消防官兵、地方党政领导、工程技术人员等）都要佩戴防护装备，消耗量非常大，而现场远离市区且受充灌设备的限制，补给困难，难以满足现场需要。为此，省消防总队积极提请省政府拨专款，以1.5h的行驶时间为半径，在全省建立了5个抢险救援物资储备库。

⑤ 加强化学品危险学习宣传，增强防护意识，提高自防自救能力　液氯泄漏，扩散速度快，受风速和温度影响大，易在沟渠、低洼处沉积，能渗透普通衣物，危害人体。这次抢险救援事故时间长达65h，一线官兵由于任务重、参战时间长、体能消耗大，造成抵抗力下

降，加之受条件限制（不能人人得到全封闭的防护），以至有8人轻微中毒。当地村民因缺乏自救意识和常识（应逆风或侧风逃生），贻误了最佳时机，造成28人死亡。为此，在处置类似救援战斗中，要强化个人防护，必须穿着有效的防护装备，同时加强宣传力度，普及自救常识和方法，提高群众的自我保护能力。

⑥ 抢险救援现场的战勤保障需要进一步完善　这起事故时间长，对通信、装备、油料、生活等各类物资消耗多、需求量大、保障要求高，且离市区远，以至通信保障跟不上，导致现场联络不畅，油料、生活保障是分别在石化公司和高速公路管理处的积极协助下才得以保障到位。因此，建议地方政府将各相关单位和部门列入联动单位，在处置类似大规模、长时间救援战斗中，确保各类战勤保障的实施。

10.3.4　江苏省盐城市射阳县氟源化工厂“7·28”爆炸事故

7月28日上午8时45分，江苏省射阳县临海镇镜内的盐城氟源化工有限公司氟化反应釜发生猛烈爆炸，继而发生连续爆炸，造成硝化和氯化2个生产车间完全倒塌。在场的公司董事长、总经理、分管副总经理和生产技术人员多人伤亡。这起爆炸事故造成22人死亡，29人住院接受治疗，其中5人重伤。

（1）事件概况

7月28日上午，天气闷热，气温高达37℃，地处江苏东部沿海的盐城市射阳县临海镇化工企业集中地内，几家化工企业机声隆隆，马达轰鸣。上午8时45分，盐城市氟源化工有限公司总经理助理于某某，正在车间外检查工人的上班情况，突然听到有一丝不同寻常的声音，好象是什么地方在“嗤嗤”的冒气。一开始他并没有注意，后来声音变得越来越大，当他意识到有情况发生，即刻向背离车间的方向跑，可没跑多远，就被一股气浪重重地推倒在地……

此时，恰逢射阳县安监局局长等一行人在这个化工集中地检查工作。他们刚经过氟源化工有限公司大门，猛听身后一声轰响，眼前的情景把他们吓坏了：不远处的氟源化工腾起了可怕的黄色蘑菇云。他们立即赶往事故现场，并向上级有关部门通报了险情。

在爆炸现场，2幢生产厂房全部倒塌，杂乱的废墟里冒出浓烈的黑烟、白烟和黄烟。后经调查，当时这家公司正在试生产二氯氟苯，在生产过程中卤化反应器突然发生爆炸，继而发生连续爆炸，造成硝化和卤化2个车间厂房全部倒塌。这次爆炸造成56人伤亡的严重后果。

（2）应急处理

① 迅速及时救援　8时50分，临海镇副镇长兼派出所所长王某某带领全所20多名民警、保安、联防队员赶赴现场。随后，射阳县公安局政委带领100多名公安干警和消防官兵到达现场，划定警戒区域，紧急抢救伤员，疏散周围群众，消防官兵协同作战，明火很快得到控制。

此时，现场有刺激性气味传出。射阳县公安局纪检组组长、治安大队等6人组成第一批突击队，戴着口罩和塑胶手套，毫不犹豫地冲进爆炸中心区搜救伤员，很快救出7名伤者。十几分钟后，他们全部出现恶心、呕吐等症状；负责现场指挥的戴元峰立即指令第二批、第三批突击队进场搜救。在短短20分钟内，共救出16名伤员，运出十

几具遇难者遗体。由于救护车来不及运送，他们就用警车运送伤员，从死神手中夺回了一个个伤者的生命。

事故发生后，射阳县卫生局迅速调集全县的16辆救护车赶奔现场，并迅速成立抢救领导小组，组织精干医护人员救治伤员。第一批伤员在9时30分被送到了县人民医院，该院待命的医护人员立即开始救治。

面对突发事件，各级领导和有关部门负责人迅速奔赴一线，立即启动相关应急预案，全力组织抢救伤员和排除险情，针对事故现场有氯气、硝酸、硫酸、氟苯等化学物质泄漏现象，根据专家意见，及时疏散周边的7000多名群众，堵住了企业内的下水道，防止有毒物质通过雨水管道外泄，并垒起了3道围堰，封堵了工业集中区通往外河的排水沟，同时派专人看守，严防消防水污染河流。

② 科学处置现场　事故发生后，射阳县委县政府4套班子立即赶到现场，并迅速成立了现场指挥部，设立了现场救援组、医疗救护组、环境保护组、安全保卫组、技术咨询组、后勤保障组和善后处理组。当天，射阳县环境监测站就开始对现场和下风向空气及周围水质进行连续的布点监测，监测范围从爆炸点上游100m到下游1300m左右，监测内容包括pH值、氯化物、苯胺、高锰酸钾指数。

及时赶到现场的环境监测部门，在检测中发现有毒气体的浓度在迅速上升。据了解，在已经坍塌的废墟下面有4个液氯罐，个别罐体可能已经发生泄漏。这些液氯罐一旦发生爆炸，后果将不堪设想！盐城市消防支队的同志身着防化服，在喷雾水枪的掩护下冒着生命危险冲进废墟，用布条裹着木塞封堵住泄漏的洞口，排除了险情，防止了有害气体的蔓延。

化工企业发生爆炸，最容易造成大气和水体污染。射阳“7·28”事故发生后，县、市、省环保部门立即启动应急机制。江苏省环保厅也于当天下午调来一辆环境应急监测车，对事故周围的大气环境进行24小时全天候检测，环保部门每2小时对围堰外的水体进行检测。对于围堵起来的污水他们采取了两个处理方法：一是把雨水管网的水弄到污水处理厂进行处理，再通过污水管道排出；二是将厂区内的残水通过石灰石简单中和一下，再送到污水处理厂处理。

(3) *启示*

据了解，氟源化工有限公司成立于1958年，1998年改制，是一家中等规模的化工生产企业，主要生产无机氟和有机氟等30多种产品。这家企业原来地处射阳县城的小洋河边，前几年曾经发生过一次爆炸。由于近几年整顿县城环境，去年新厂刚搬迁到化工集中区。

国家安全生产监督管理总局副局长孙华山在看完盐城氟源化工有限公司“7·28”爆炸事故现场后，要求对这起事故彻查。他说，江苏在继续做好善后处置工作的同时，必须严肃事故的查处工作；目前管理上还有些问题没弄清楚，企业在建设过程中存在着很多不合法的地方。

在这次爆炸的当天，江苏省环保厅向全省各市发出了《关于开展化工企业环境安全隐患排查，严防突发环境事件发生的紧急通知》。通知要求：立即组织县（市、区）环保部门对辖区所有化工企业开展环境安全隐患排查，查找企业在防范可能发生的危险化学品事故污染环境方面存在的问题和隐患，督促企业加大隐患整改力度，制定整改措施，落实整改责任，确保整改工作落实到位。对检查中发现的重大隐患，责令企业立即停产整改，尤其对安全生产和环境保护基础差、存在重大安全隐患、

生产和储存设施构成重大危险源以及临江、临河、临湖、临海等有可能因危险化学品事故造成水源污染的化工企业要集中力量、重点检查。督促企业建立完善环境污染事故应急预案，落实防范环境污染的各项措施。对未建立应急预案的企业，责令限期制定预案并报环保部门备案；对已建立应急预案的企业，要督促、指导企业进一步完善预案，使预案更加科学、合理，具有可操作性；对未落实预案要求的企业要责令限期落实。一旦发生突发环境污染事件要严格执行突发环境事件报告制度，第一时间报告事故发生情况和处置最新进展，并按照预案要求进行调查处理，防止造成污染破坏。

射阳“7·28”爆炸事故的发生，给江苏乃至全国的化工企业敲响了警钟。很多环保人士认为：江苏已经成为一个化工大省，在全国的60多个化工园区中，江苏的沿江和沿海近20家，今后必须进一步加强对这些化工企业的监管，防止此类事故再次发生。

10.3.5 重庆开县井喷事故

2003年12月23日，地处重庆市开县高桥镇的川东北气矿一气矿于22时左右发生天然气“井喷”事故。

（1） 事件概况

中石油川东钻探公司“罗家16H”井位于重庆市开县西北方向离开县县城约80km的高桥镇晓阳村境内。该井为中石油作为水平井开采新工艺而设计的钻井，设计井斜深4322m，垂深3410m，水平移位1586.5m，水平段长700m，2003年5月23日开钻。设计日产10^6m^3。

2003年12月23日，钻至4049.68m气层，钻井开始起钻。按照操作规程，起钻过程每起钻50m即3柱钻杆必须灌满钻井液1次，以保持井下液柱压力，防止溢流发生，确保井控作业安全。但操作工违反操作规程，在起出6柱钻杆后才灌注钻井液1次，井压无法保持平衡，产生溢流，继而失控，于21时55分发生井喷，随后钻杆被井内压力上顶撞击在顶驱上撞出火花，天然气着火。22时03分，井口实行全关闭，火焰熄灭，井口失控，大量富含有毒气体H_2S的天然气喷涌而出，并迅速在井口附近低洼处聚集成极高的H_2S浓度，引发大量的人员中毒，未能及时转移的井口附近居民及畜禽基本全部死亡。

23日22时30分左右。钻井队在组织井控无效的情况下，组织撤离井口周围居民；22时45分，井队向高桥镇政府通报情况，要求协助紧急疏散井场周围3～5km的居民。23时左右，经四川、重庆安监部门辗转通报，重庆市政府获知井喷信息，责成开县政府立即组织抢险救灾。24日16时，井口抢险套压成功后，实行放喷管线放喷点火，喷出的天然气及其所含H_2S被燃烧，不再产生毒作用，事态得到控制。经过周详准备后，27日上午11时，压井成功，随后组织居民返家。

（2） 应急处理

1） 人员疏散与安置

① 人员疏散　以气井为中心、半径5km范围内的群众全部转移，在井口5km外呈放射状设置15个集中救助安置点安置转移群众。共疏散转移人员65632名，其中开县安置点安置32526人，转移到四川省宣汉县10228人，其余以投亲靠友和群众互帮互助方式进行

安置。

② 搜救失踪人员　24 日 16 时点火成功后，经市疾控中心连夜从井口下风向，沿公路两侧，选择低洼地点监测，逐渐推进至离井喷口数十米，确认空气中 H_2S 浓度已不会造成抢险救灾人员中毒。12 月 25 日，组建 20 个搜救队，26 日组建 102 个搜救组，对以井口为中心、半径为 5km 的区域，实施拉网式搜救，共搜救出 900 多名滞留危险区的群众，为压井做准备。

③ 生活安置　紧急调运和发动群众捐赠棉被 4.5 万床、85363 件衣服、152t 大米、45.5t 面条、30.5t 食用油等救灾物资，保证了安置灾民“有饭吃、有衣穿、不挨饿、不受冻”。

④ 社会治安保障　出动警力 2000 多人，组成流动治安巡逻队 8 支，设置 54 个警戒，对临时救助点加强安全警戒，对群众转移灾区后的“空场”、“空街”和“空房”进行巡逻，防止不法分子趁火打劫。启动突发事件舆论引导机制，发挥主流媒体舆论引导作用，最大限度地突出新闻宣传的正面性、有效性和针对性。先后有 59 家媒体的 217 名新闻记者参与采访报道，新闻宣传强调大局意识、正面报道、群众宣传、社会效果，为抢险救灾和善后工作提供了强有力的舆论保障。

2）卫生应急现场处理

① 卫生应急管理　组成卫生应急指挥机构，制定了包括医疗抢救、卫生监测、现场消毒、健康教育和卫生监督的综合预案和各项工作实施方案。抽调市级专家 160 余名，组成综合协调、医疗救治、疾病控制、卫生监测与监督 4 类若干个现场工作指导组，在安置点巡回指导应急防病工作。

② 医疗救治　井喷初期，在救灾前沿设立急救医疗站，紧急处置中毒病人，抢救转移重度中毒病人；随着应急处理进程，设立 18 个临时医疗救治站，10 个巡回诊疗队，分类处置中毒人员，门诊诊治转移轻伤病群众；开县人民医院和中医院作为危重病人收治医院，重点救治危重病人，并由市级急救专家负责指导。医疗救援的重点，一是重危病人的抢救与对症治疗，二是对 H_2S 眼损伤的对症治疗。后者采取眼科医生巡检，对所有眼部有角膜、结膜炎者，先使用 2%碳酸氢钠溶液冲洗，再使用 4%硼酸溶液冲洗后，醋酸可的松眼液与氯霉素眼液，每 2 小时交替点眼，眼部疼痛剧烈者加利多卡因眼液点眼镇痛；病人多在 2 轮用药后眼部症状得到控制。

③ 灾后防病　重点为加强食品饮水卫生、安置点环境卫生、疾病监测和健康教育工作。疏散早期灾民饮用政府调运的方便食品、饮水，保证饮食卫生，后期加强安置点食品采购、加工、餐具消毒的监控和街头食品、饮食摊点的卫生监督；安置点定期通风换气，进行环境预防性消毒和生活垃圾无害化处理；医疗点在每日报告疾病诊治情况，密切监控传染病疫情；健康教育重点告知灾民真实灾情、中毒预防和及时就诊、返家后注意事项等。

④ 健康教育　编写健康教育资料，动员各级政府、广电宣传、卫生、安置点、村民委员会参与；利用电视、广播、报纸、板报、传单、会议等一切形式，向灾民以及全县人民进行宣传，真实地告知灾情、灾害因素的预防、识别、控制措施和一般卫生常识和灾民返家注意事项。

3）灾民返家

① 卫生安全保障　压井成功后，采取五条措施确保灾民返家后的安全：一是清理、深埋或焚烧灾区内毒死的各类畜禽 6899 头（只），防止灾民食用可能腐败的毒死畜禽引起食物

中毒；二是对重灾区5个村、1302户及所有发生人、畜死亡的环境和高桥场镇及3所学校进行了消毒，累计消毒面积$2.68\times10^6 m^2$；三是对灾区环境、大气、地表水进行采集监测，确保事故区内空气质量及环境符合安全标准；四是对事故点周围和居民安置点水厂的水源水、出厂水、末梢水，以及灾民家庭存放的粮食和农副产品进行抽样检测，确保饮食安全；五是印发《灾民返乡须知》，详细告知灾民返家后生产生活注意事项，共发放6万余份，避免了灾民返乡后意外中毒事故发生。

② 分批返家　在"五条措施"全面实施，大气、饮水、食品等安全性评估达标的基础上，分两步组织灾民返家。28日组织离事故中心区外围灾民2.6万名灾民返家；29日组织事故重灾区内3.9万名灾民返家。到30日，6.5万多名灾民全部返家安度元旦。

（3） 灾害损失及其相关影响

① 人员伤亡及畜禽死亡　截至2004年1月4日统计，死亡人员243例，诊治因灾伤病人员达到32584人次，其中住院治疗及观察2139人。另外，井口附近的家畜、家禽以及野生动物、飞禽全部死亡。

② 财产损失　重庆市政府在"12·23"井喷事故抢险救灾工作的总结中，提及的直接经济损失为8200余万元，未包括应急救援间接开支。

③ 灾害的其他影响　开县井喷是我国有石油开采以来最大的安全生产事故，不仅造成上述严重的人员伤亡和经济损失，还打乱了灾区正常的生产和生活秩序，给灾区人民带来严重的心理创伤。

（4） 事故及其造成严重灾害的原因分析

① 直接原因　事后国务院成立的调查领导小组对事故认定为一起重大责任事故。其直接原因为：(a) 有关人员对"罗家16H"井的特高出气量估计不足；(b) 高含硫高产天然气水平井的钻井工艺不成熟；(c) 在起钻前，钻井液循环时间严重不够；(d) 在起钻过程中，违章操作，钻井液灌注不符合规定；(e) 未能及时发现溢流征兆，这些都是导致井喷的主要因素；(f) 有关人员违章卸掉钻柱上的回压阀，是导致井喷失控的直接原因；(g) 没有及时采取放喷管线点火措施，大量含有高浓度H_2S的天然气喷出扩散；(h) 周围群众疏散不及时，导致大量人员中毒伤亡。

② 气象因素　查阅开县气象部门资料，当日该地气温为4.6～8.0℃，相对湿度为94%～99%，风力为静风（平均风速为0.13m/s，最大风速0.7m/s），风向为西北偏西。事件是在气温低、空气湿度大、风力弱、能见度差、气层极为稳定、垂直混合高度极低，平时极为少见的不利于污染气体对流和扩散的气象条件下发生的。

③ 气体理化与地理因素　据石油部门材料，该气井天然气中H_2S含量达$151mg/m^3$以上，为高含硫气井。当地地形为深丘，村民多居住在低畦避风带，H_2S相对密度大于空气，而不利于气体对流和扩散的气象条件使H_2S迅速向周边低洼地带扩散聚集形成高浓度。据井队监测资料，井喷初井口附近300米处浓度为50×10^{-6}（约$75mg/m^3$以上，为高含硫气井）。1小时后为200×10^{-6}，5小时后距井口1000m处达300×10^{-6}。人畜短期大量吸入高浓度H_2S，造成死亡和不同程度的中毒。

④ 居民安全知识缺乏，早期撤离转移缺乏有效组织　当地居民缺乏安全防范常识，不知道天然气开采可能产生的H_2S危害，事故发生后未能选择正确的逃生、自

救和相互救援措施。对事件危害严重性估计不足，事件早期对居民的紧急疏散转移缺乏有效的组织，使未能得到及时通知和未选择正确转移逃生路线的居民发生严重中毒而死亡。

井喷在石油天然气开采过程中十分常见，如处理得当，不会造成严重的伤亡事故。井喷事件造成如此重大灾害，除上述几个因素外，该气井钻探过程中若干应急机制不完善也是其重要原因。

10.3.6 沈阳某化工厂四氯化硅气体泄漏中毒事故

1998年10月23日13时40分左右，沈阳某化工厂四氯化硅蒸馏岗位在处理生产工艺的故障时，参加处理的人员因违反工艺及安全规定、缺乏自我防护意识，造成了2人死亡、6人轻伤的生产责任事故。

（1）事件概述

1998年10月23日12时30分，四氯化硅蒸馏岗位所在白炭黑工段副工段长刘某带领当班班长李某、操作工高某、侯某处理22日夜班发生堵塞故障的四氯化硅粗储罐，由戴着防毒面具的李某、高某打开其中一个截止阀门，看到无物料、无压力泻出后便用钢筋疏通在粗储罐下部堵塞的主管道，约10分钟后未戴防毒面具的刘某接替李、高二人继续疏通管路，约13时40分，含氯化氢、二氧化硅、四氯化硅的固、液、气态的混合物料突然从阀门下端泻出，瞬间白色烟雾向室内空间弥散并从敞开的窗户、门和楼板设备安装孔向该四氯化硅粗储罐所在二楼楼下及楼外扩散。在距泄漏点东南侧的李某、高某见出事后立即从东南侧楼梯间跑离现场，草草洗脸后跑回现场一楼外北侧。刘某在事故发生当时面部受伤，挣扎着跑到一楼外，倒在地上，在泄漏地点西南侧不远的操作工侯某在跑出楼下后也倒在地面上。

（2）应急处理

事故发生后该工段长沈某见到厂房外有烟雾，立即安排他人向上级报告事故并联系救援人员，并急忙找来防毒面具戴好后冒着浓烟雾进到事故发生地找到管道阀门将其关闭。并与他人将倒在地上的刘某和侯某拖离现场，安排送医院。另有在现场一楼进行电气作业的电工陈某等4人受泄漏物料侵害面部疼痛，同时气短或呼吸困难，但均自行跑到楼外安全处，急救车赶到后停在距现场约150m的上风处对电工陈某等4人及李某、高某采用大量清水冲洗面部、眼部等暴露部位，并予吸氧后送往沈化医院。现场经该厂内消防员喷洒泡沫剂及水雾稀释烟雾后未再有其他人受伤。

（3）后续治疗情况

副工段长刘某被送到医院时即出现严重呼吸困难，明显肺部湿性罗音等急性肺水肿征象，被诊断有急性呼吸窘迫综合征，予以机械通气及肾上腺皮质激素等治疗仍然无效于当日即死亡。侯某也出现类似临床表现转至沈阳市九院（市中毒救治中心）继续救治也无效，于10月24日死亡。其余6人于沈化医院经吸氧、防治感染、糖皮质激素等治疗1～2月后治越出院。

（4）事故原因

事后分析事故原因，主要有两个方面：一是工作人员对故障处理时未按章作业，野蛮操作，造成毒物泄漏；二是工作人员缺乏个人防护意识，未按安全规定佩戴防护用具致使中毒

较深导致死亡。

10.3.7 山东济南硫化氢泄漏

2004 年 11 月 14 日，山东省济南市某公司 3-巯基丙酸车间发生硫化氢泄漏、扩散，引起人员中毒。事故共造成 3 人死亡，5 人中毒。

（1） 事件概况

2004 年 11 月 13 日，该公司 3-巯基丙酸车间连续生产，13 日 20 时，车间作业人员接班后，按工艺程序继续生产。14 日凌晨 3 时 20 分，该公司负责设备维护的生产部主任到 3-巯基丙酸车间巡查，约 2 分钟后，在巡查到车间内二层平台设备时，闻到车间空气气味异常，察觉到有毒气体泄漏，随即命令在场作业人员赶快撤离。当时车间内有 3 名作业人员，1 人在一楼，2 人在二层平台。一楼作业人员听到生产部主任的指令，刚走到车间门外即倒地，生产部主任跑出车间大门扶她时，失去知觉；二楼 2 名作业人员往车间边往外跑的过程边呼救，也失去知觉。呼救声惊动了隔壁车间的值班人员，值班人员随即打 120 求救。在等待 120 急救车的过程中，该公司部分职工在没有采取任何防护措施的情况下进入现场抢救中毒人员，在抢救过程中，又造成了多人中毒。本次事故共造成 3 人死亡，5 人中毒，直接经济损失约 200 万元。

（2） 事故原因

该起事故的原因是由于 3-巯基丙酸生产过程中，因系统内压力升高引起硫化氢大量泄漏，造成硫化氢有毒气体在车间扩散引起人员中毒，现场作业人员违反工艺操作规程操作，是导致这次中毒事故的主要原因。

（3） 事故教训与预防对策措施

① 危险化学品企业应认真落实安全生产主体责任，强化安全基础管理，完善并严格执行安全生产责任制和安全生产规章制度。要加强对重大危险源的安全监控，建立和实施隐患排查治理工作制度，消除隐患，防范事故。

② 要加强危险化学品企业基层管理人员和从业人员的安全教育。增强从业人员的安全意识，促进从业人员牢固树立安全生产观念，付诸于日常工作的每一个行动中。提高从业人员的安全生产和应急救援能力，在异常条件下能采取有效的应急救护措施，避免事故损失扩大。此次事故中，该公司部分职工在未采取任何防护措施的情况下，盲目进入现场进行施救，导致伤亡扩大。

③ 危险化学品企业应加强应急救援预案管理。对危险化学品企业生产过程中可能出现的泄漏、爆炸、火灾、中毒等重大险情或事故，要制定切实有效的应急救援预案。必须按照应急救援编织导则的有关要求，明确应急组织机构、报名程序、应急联络方式、应急处置方案和应急物质储备等具体内容，保证应急情况下的隔离、疏散、抢险、救援等工作的顺利开展。要加强应急救援预案的培训和演练，定期开展实战演习，确保应急状态下各项应急处置工作有序开展。要结合生产具体实际，定期对预案进行补充和完善，确保预案的实效性。

10.3.8 成都温江化工厂有毒混合气体泄漏事故

（1） 事件概述

2011 年 4 月 16 日上午 11 时 16 分，四川省成都市温江区消防指挥中心接到群众报警

称，位于永盛镇三渡水大桥附近一工厂发生有毒气体泄漏事故。温江县消防大队指挥中心立即调出十中队、二十一中队和温江政府专职队，9台消防车、50名消防官兵赶赴现场进行处置。同时，立即启动《温江区综合应急救援大队应急救援预案》和《化学灾害事故应急处置救援预案》，并成立了由成都支队以及温江区政府、公安、应急、消防、环保、安监等部门领导组成的现场指挥部。在指挥部的科学指挥下，参战官兵们连续奋战7h，终于成功处置此次毒气泄漏事故，紧急安全疏散3100人，抢救财产价值15万元，无人员伤亡。

（2）应急处理

① 迅速出动，紧急增援　温江消防指挥中心接到群众报警后，先后调出所属十中队、二十一中队、航天路政府专职队共9辆消防车、50名官兵（队员）赶赴事发现场。到达现场后，发现该工厂厂区内发生泄漏的7号罐体不停地冒出大量黄色有毒浓烟，高度达40余米，现场半径5km内均能闻到刺鼻性味道，情况十分危急。中队指挥员立即向大队长谭某某汇报了现场情况。11时40分，谭大队长率大队全勤指挥部达到现场指挥抢险作战，随即向支队指挥中心请求增援，并向区公安分局、区应急办等部门报告了现场情况。

② 严密布控，紧急排险　11时29分，参战中队达到现场并成立侦查组。通过对现场情况的详细侦查，得知该厂厂区内的8个卧式储罐紧密排放，各罐体内存放硝基苯、油料、氯化物等各类混合物达20余吨，发生泄漏点位于进门处第7个罐体。由于各种混合物发生剧烈反应，罐体温度不断上升，随时有爆炸的危险，一旦发生爆炸引燃其余罐体，后果将不堪设想，现场情况十分危急。为确保人员安全，参战官兵立即对现场周围群众进行疏散，组织精干人员穿着防化服、佩戴空气呼吸器冒着高温、毒烟以及随时发生爆炸的危险进入泄漏罐体附近区域，利用水枪对高温罐体进行冷却，稀释有毒烟气。但由于罐体内储存的大量液化物剧烈反应，外冲压力大，中队官兵采用压制稀释方法进行抢险的难度相当大。

③ 靠前指挥，科学处置　12时10分，成都市消防支队指挥中心调出特勤二中队、特勤三中队共4辆消防车、30名官兵等增援力量到达现场。成立了由副支队长、司令部参谋长、温江区副区长、副参谋长、区应急办主任、温江大队大队长以及安监、环保等部门领导组成的现场临时指挥部，及时调整作战力量，严密部署抢险措施。通过对该厂负责人的详细询问，得知厂区内储存了大量从外面收来的硝基苯和氯丁橡胶的废料，2种均为液体。区应急办立即安排环保监测人员对现场空气进行采样，检测出泄漏物为含有苯和氯成分的有毒气体。现场指挥部根据检测结果，立即下达扩大警戒范围的命令，要求疏散1km内的全部群众。同时，支队化学灾害事故处置组对现场情况进行了全面分析，发现泄漏罐体内部高温高压，仍在发生着剧烈的化学反应，不具备堵漏条件，要求官兵持续进行冷却稀释，利用棉被对泄漏罐口实施柔性覆盖，并紧急疏散2km范围内的群众。

17时46分许，经过现场指挥人员的科学指挥，参战官兵连续不间断的稀释冷却，有毒气体被大量稀释，罐体温度被成功冷却，灾情得到有效控制。

10.3.9 英国伦敦邦斯菲尔德油库爆炸事故

2005年12月11日，英国伦敦北郊的邦斯菲尔德发生油库由于充装过量发生泄漏，最终引发爆炸和持续60多个小时的大火，事故摧毁了20个储罐，造成43人受伤和高达8.94亿英镑的经济损失，是英国和欧洲迄今为止遭遇的最大火灾。英伦三岛位于欧亚大陆的最西端，属于温带海洋气候，常年盛行西风，这就造成了发生在英国的大气污染很容易被来自大西洋的西风带到英国对面的欧洲大陆上，这是此次事故最主要的自然诱因。在爆炸发生的第2天，原本可以很快被扑灭的大火，却因为人为原因未得到及时扑救，这是技术诱因。由自然诱因和技术诱因导致油库爆炸形成的毒云在伦敦上空和英国东南部蔓延，引起英国东南部居住区大气污染物密度急剧上升，造成当地民众的恐慌，这是社会诱因。

2005年英国发生的伦敦油库爆炸事故，突出反映了人类对大气污染突发事故预警预控的不足。该事故原本只是发生在伦敦的一个污染事故，尽管没有造成重大人员伤亡，但油库爆炸形成的毒云在空中扩散，最后却演变为欧洲和平年代最严重的生态灾难，转而引发伦敦乃至英国全境的生态环境重大公共安全事故，对伦敦乃至英国全境的生态环境、交通能源业、商务保险业造成了沉重的打击，还因污染大气扩散至法国、西班牙等国家，从而导致了周边国家民众的恐慌。这个事故引起的一连串连锁反应，主要原因在于事故本身与社会反应、外界自然条件等因素不断地耦合，以及事故发生后的人工干预与事故本身的多重耦合，最终导致事故在更大自然和社会区域内的不断传播与扩散。

2006年1月成立独立事故调查委员会，自2006年2月21日发布第一份调查报告以来，一共公布了9份调查报告，直到2008年7月才宣布调查结束。委员会进行了深入而全面的调查，事故的完整过程和深层原因被逐步揭示，整个工业界都在反思调查结果，从中吸取教训。

（1） 事件概述

1）邦斯菲尔德地区概况

① 区域布置　邦斯菲尔德地区是一个大型的油料储存区，位于伦敦东北部，某种意义上具备战略油库的功能。该地区存在有多家储油公司，是依据原有的英国健康安全署土地规划法发展起来的，这部方案按照已建设危险源为起点向外延伸安全距离，并规定在不同的安全距离内允许被规划的土地使用。因为工厂只被允许在最小的安全距离内发展，这使得先后发展的多家储油公司基本上毗邻建设，甚至相互渗透，形成今天邦斯菲尔德地区独特的油库地区现状。

整个油库地区夹在樱桃树路和邦斯菲尔德路之间，北部、东部和南部均为农田，在西部和班得瑞大道之间分布有大量的公司和民房（在事故中遭到严重破坏），距离西部的外围墙在120m左右（英国健康安全署规定的可以规划民房的最近距离）。图10-3为该地区周边情况。

② 平面布置　哈福德郡储油有限公司（HOSL）是道达尔英国公司和德士古石油公司合资经营的。HOSL分为东区和西区两部分，西区是此次事故的发源地及大火中心，它分布有A、B、C、D4个罐区。HOSL被批准的最大储存量是34000t车用燃料和15000t煤油。依据重大危险源控制法案（COMAH）要求的安全评估报告在事故发生时仍在进行中，尚未完成。

英国管道运行公司（BPA）是由壳牌和英国石油公司（BP）负责运营的管道公司，但它所管理的资产属于英国石油管道公司（UKOP）。BPA在邦斯菲尔德地区的油库被一条小路（樱桃树路）分割成2部分，分别是路北边的北区和南边的主区，都几乎被大火摧毁。BPA被批准储存70000t车用燃料和其他油品。COMAH要求的安全评估报告已经完成。

英国石油公司（BP）的储罐位于整个邦斯菲尔德库区的南部，由于距离HOSL西区最远得以在这场大火中幸免。BP被允许储存75000t车用燃料和来自BPA的所有油品。COMAH要求的安全评估报告已经完成。

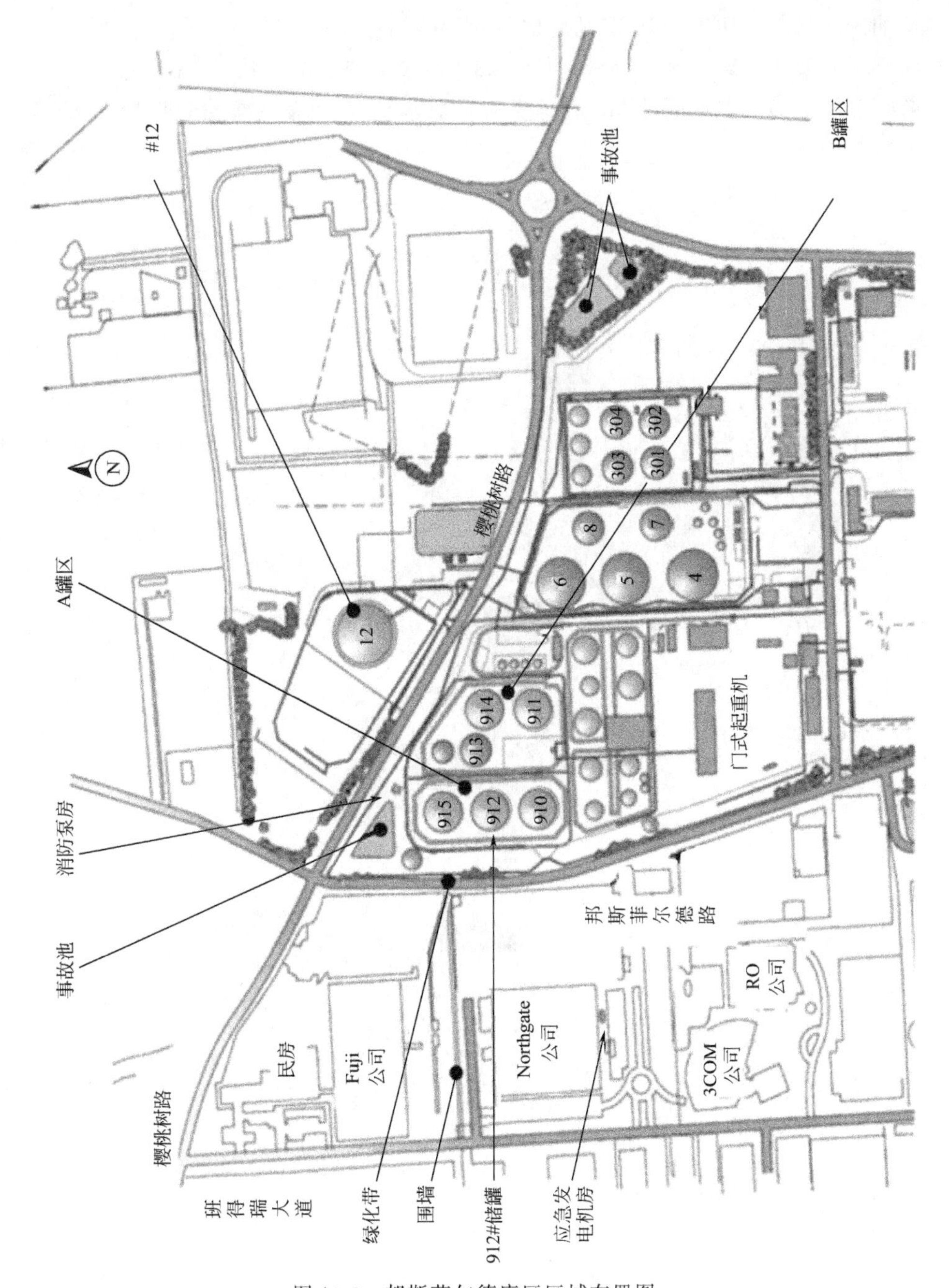

图 10-3 邦斯菲尔德库区区域布置图

整个邦斯菲尔德库区通过 3 条独立的输油管线输送油料，分别如下。

a. 10 英寸（1 英寸＝2.54cm，下同）的 Finalline，首站设在道达尔的 Lindsey 炼油厂，末站设在 HOSL 西区。

b. 10 英寸的 M/B 管线，首站设在壳牌的 Stanlow 炼油厂，末站设在 BPA 北区。

c. 14 英寸的 T/K 管线，首站设在壳牌的码头和 Coryton 炼油厂，末站设在 BPA 主区。

3 条管线均采用分批次顺序输送的方式进行输送，混油返回炼油厂重新炼制或者直接混

入低品位油罐。油料到达 HOSL 库区后按不同种类储存在相应的储罐中。

车用燃料主要用油罐车从 HOSL 西区、BP 和很少的一部分从 BPA 运输出邦斯菲尔德库区，航空煤油依靠一条 6 英寸和一条 8 英寸的管道从 BPA 输送至伦敦机场。图 10-4 为各个管线的相互关系。

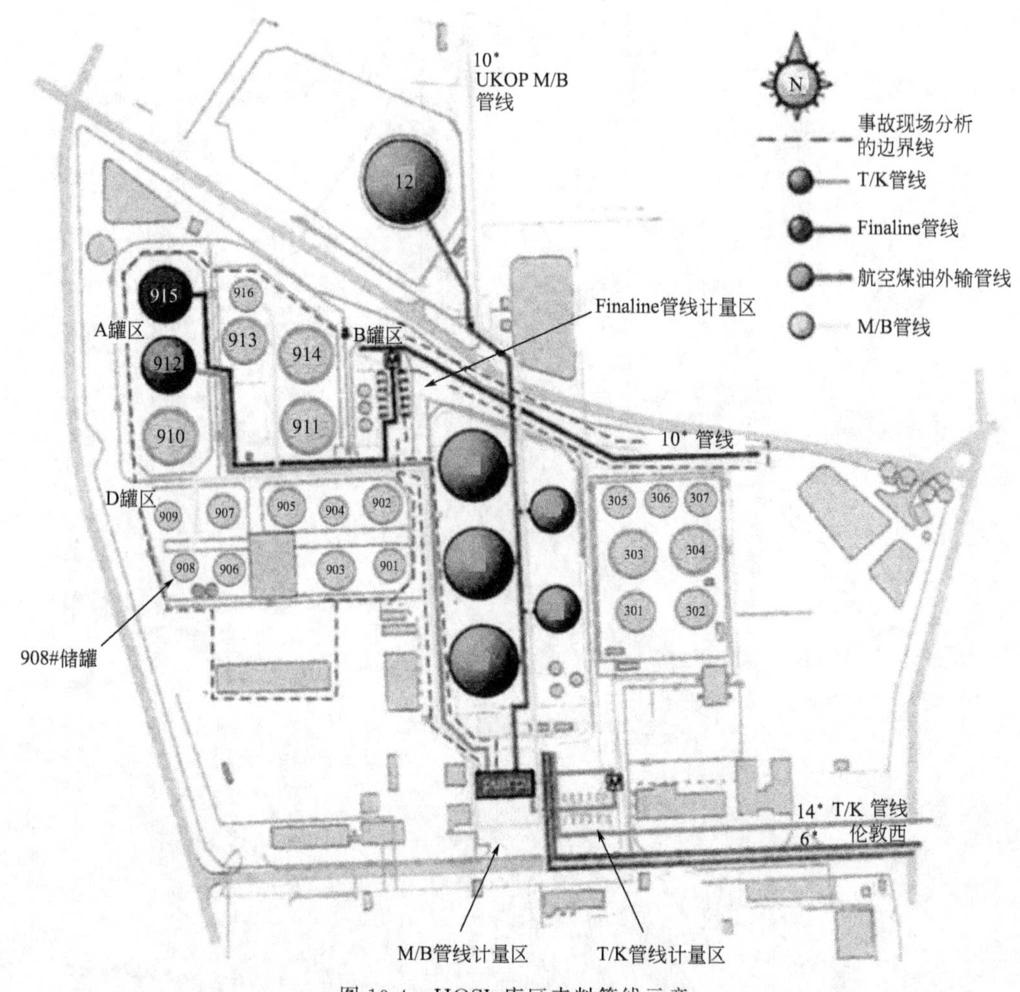

图 10-4　HOSL 库区来料管线示意

③ 主要安全设施和事故相关设施

a. 储罐测量监控系统（Automatic Tank Gauging，ATG）。912＃储罐安装有 ATG 系统，这是一个储罐的监测和控制系统。ATG 可以监控储罐液位、温度和阀门状态，并可以实现远程控制。同时，ATG 系统还可以接受来自系统外部的报警信号并进行相应的处理。对于所监控的数据，包括异常事件和阀门状态均会被保存数月。

ATG 系统前端包括一个安装在罐顶的伺服液位计和安装在底部的热电偶温度计，测量数据被传送至 ATG，HOSL 所有的储罐液位和温度数据均接入 ATG，由操作人员在控制室通过 ATG 进行日常作业。912＃储罐结构示意见图 10-5。

b. 液位超限报警装置。912＃储罐在顶部安装有一个独立的液位超限报警装置（安全仪表系统），当储罐液位达到极限位置（事先设定）后，该装置将向控制室发出声光报警并同时自动关闭储罐的进料阀门，同时报警信号还会传向上游的 BPA 控制室，这是 BPA 将关闭

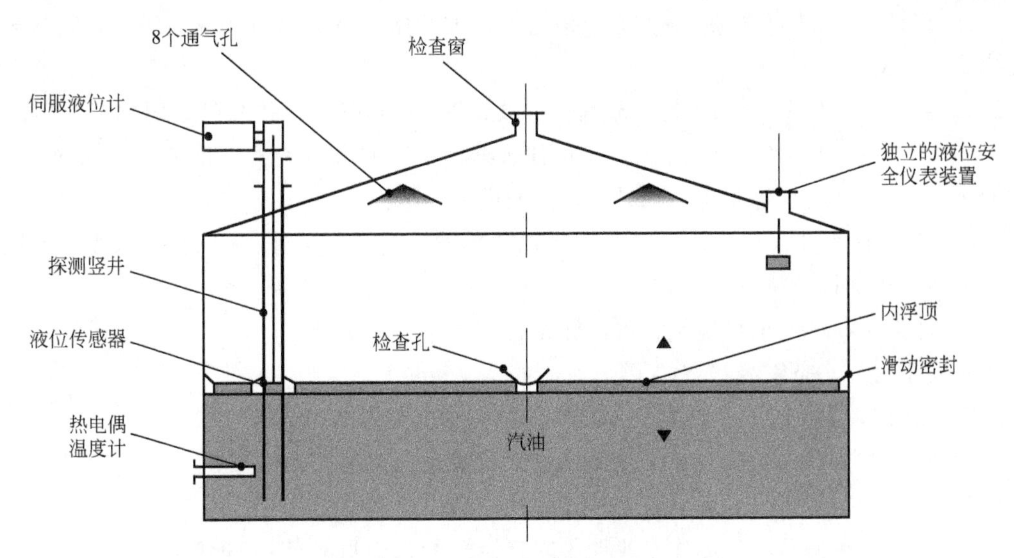

图 10-5　912＃储罐结构示意

通向西区的进油主管线。

西区控制室还有一个优先选择开关可以阻止西区的关断信号传向 BPA，当优先选择开关被确定为阻止时，会在控制面板上亮起一个红色的警示灯。

c. 通气孔。912＃储罐在顶部设置有 8 个 0.07m^2 的三角形通气孔，一是为浮盘上方的油气提供足够的与外界大气流通的面积；二是在事故状态下起到油品溢流作用。

d. 消防水折流板。912＃储罐灌顶的外延设计有一圈消防水折流板，其设计目的是为了使灌顶的消防喷淋装置喷出的消防水可以呈瀑布状流下，最大程度地覆盖罐体；同时也可在高温天气用来冷却罐体温度。

e. 防风梁。912＃储罐的罐体中部有一个防风梁的结构设计，其设计目的是为了抵御在罐体侧面的风载荷，但它会在罐体的外部形成一个突出。

f. 防火堤。912＃储罐所在的 A 罐区（类似于其他罐区）设计有防火堤，其设计容量是罐区内最大容量储罐的 110%，同时，防火堤设计有雨水排出口。防火堤上存在管道的穿越现象。

2）事件经过

2005 年 12 月 10 日 19 时，HOSL 西区 A 罐区的 912＃储罐按照生产计划开始接受来自于 T/K 管线的无铅汽油，输送速度为 550m^3/h。

2005 年 12 月 11 日 0 时，该批次输送结束，并开始进行例行的液位检查。

2005 年 12 月 11 日 1 时 30 分，例行检查结束，一切正常，继续向 912＃储罐输送。

2005 年 12 月 11 日 3 时左右，ATG 液位数据停止变化，至事故发生时一直显示储液位在大约 2/3 处。由于 ATG 的数据一直没有发生变化，因此和 ATG 相联的警报系统一直没有反应，致使充装一直继续。

2005 年 12 月 11 日 5 时 20 分左右，按照当时的充装速度和 912＃储罐容量，储罐已经完全充满，但此时 912＃储罐上安装的独立液位超限报警装置没有反应，充装继续，导致汽油开始从罐顶的通气孔向外溢出。

2005 年 12 月 11 日 5 时 38 分左右，溢出的汽油开始在 A 罐区内由 912＃储罐位置向西蔓延，从视频和目击者反映的证据显示，当时的蒸汽云厚度已经达到了约 1m。

2005年12月11日5时46分左右，液态的汽油开始从A罐区的围堰内溢出，蒸汽云的厚度达到了2m。

2005年12月11日5时50分，蒸汽云扩散到Northgate公司和Fuji公司的停车场。

2005年12月11日5时54分，由于通往金斯顿地区的阀门关闭，T/K管线输向912#储罐的流量由550m^3/h增加到890m^3/h，溢油进一步扩大。

2005年12月11日6时01分32秒，当地的地震记录仪记录到了最大的一次爆炸，随后又发生了多次爆炸以及持续的火灾。

3）爆炸发生时的安全设施及相关设施状态

事故发生时的3条管线状态如下。

a. Finaline管线以220m^3/h向A罐区的915#储罐输送汽油。

b. M/B管线以400m^3/h向D罐区的918#储罐输送柴油。

c. T/K管线以890m^3/h向A罐区的912#储罐输送汽油。

ATG系统的数据显示，爆炸发生时912#储罐的进口阀处于打开状态，液位处于2/3处，温度数据3时开始一直处于上升状态。

液位超限报警装置未发出任何报警信号，BPA的控制室SCADA系统未接到来自该系统的报警信号。

4）事故后果

① 爆炸　最大的爆炸发生在西库区、Fuji公司和Northgate公司之间的范围内。在第一次爆炸发生时，蒸汽云向西已经扩散到了班得瑞路，向西北已经达到居民房屋的东南角，向北超过了英国管道公司的12#储罐，向南越过了整个罐区但还未达到HOSL西区的装油平台，向东达到了英国管道公司的办公室。在Fuji公司和Northgate公司的停车场处产生的超压达到7～10MPa，在2km的地方衰减到70～100kPa。

第一次爆炸产生的闪火范围约有8000m^3。随后的多次爆炸后来被证明是空罐或浮顶罐上部空隙发生的。此外，消防泵房内和备用发电机房均发生过一次爆炸。

在爆炸的第2天，由于当地石油公司和消防部门判断失误，救火不力，导致火势反扑，同时又因为消防设备储备不足，严重阻碍了扑救工作。当天油库爆炸形成的毒云在伦敦上空和英国东南部蔓延，造成当地民众的恐慌。至此，大气污染突发事故演化为公共安全事故，对伦敦和英国东南部地区产生了危害。

② 火灾　持续的大火燃烧了60多个小时，烧毁了20余座储罐，烟尘和大火形成了高达60m的火柱，大火烧毁了防火堤的密封剂和防水剂，穿越防火堤的管线与防火堤之间的密封也被破坏，导致大量的油料溢出，加剧了火势的蔓延。

这次爆炸事故不仅给英国带来巨大影响，还给整个欧洲带来一场生态危机。据美联社报道，大火产生的有毒烟雾迅速越过英国东南部，飘到法国西北部上空，并在48h内蔓延到了西班牙，而油库爆炸形成的毒云及黑雨也可能影响到欧洲大陆，破坏法国、西班牙等地的生态环境。到此，大气污染公共安全事故又演化为了重大大气污染公共安全事故。

（2）　事故原因

① 溢油的发生　从ATG系统记录数据来看，自11日3时912#储罐的液位数据不再发生变化，大概在储罐2/3液位处停止，这直接导致控制室对912#储罐液位失去有效的检

测并获取了错误数据，使ATG系统一直允许向912#储罐充装直至开始溢油，甚至只要不发生爆炸，系统允许一直充装西区。

BPA的SCADA系统显示事故发生时并没有接到来自西区的液位超限报警信号，通过模拟一个超限报警信号，证明通向BPA的线路以及系统均为正常，但是启动优先选择开关时发现并不引发声光报警，但可以阻止信号向BPA控制室传送。

由于超限报警器以及系统的供电电缆已被毁坏，无法判断究竟是哪一部分发生了故障，但可以肯定液位超限报警装置（安全仪表系统）在912#储罐达到警戒液位后，未进行报警，导致912#储罐在已经开始溢油后，控制室仍然继续向储罐充装直到爆炸发生。

据管理资料显示，超限报警器在事故发生前不久才被安装完毕，可能并没有被调试正确，而且通过事后对同类产品的调研，该报警装置的正确运行完全取决于储罐内一个核心传感器是否被正确安装。

② 蒸汽云的形成　912#储罐的内浮顶有多处只需要很小的背压就可以穿透的潜在泄漏点，例如伺服液位计探测竖井的环形密封、检查孔的密封等，使得汽油从这些地方溢出储罐并通过罐顶通气孔开始向外泄漏。

在汽油开始从罐顶向外溢流后，有3个主要原因加剧了蒸汽云的形成：①罐顶外延的折流板阻碍了汽油的向下流动，从而形成一个瀑布状的流动状态；②罐顶中部的防风梁第二次阻碍了汽油的向下流动从而再次形成一个瀑布；③罐底底部的防火堤内形成一个大面积的液池，而溢流出防火堤的汽油形成更大面积的以为液池。

以上原因均导致了汽油的充分挥发并与空气混合。

③ 点火源　事故后证明是HOSL西区西门外的一位员工违规发动了汽车发动机，排气孔产生的火星点燃了可燃蒸汽云，同时应急发电机房和消防泵房内的爆炸可能是由于非防爆电器引起的。

④ 防火堤的失效　在发生大面积长时间的池火后，导致防火堤本身的多处结构耐火等级不够，包括防火堤的密封剂、防火堤排水口启闭设施、防火堤上穿管的密封剂等，甚至防火堤本身不能抵御长时间的大火。防火堤的失效导致燃烧的油料四处蔓延，将火势进一步扩大。

同时，防火堤本身的容积不能容纳大量溢油，在着火前汽油已经满溢出了防火堤并随地形向低处聚集，这导致第一次爆炸发生时产生了更大面积的可燃蒸汽云和引燃范围。

⑤ 区域布置与平面布置不足　邦斯菲尔德地区的区域布置使用以往的距离防范体系，在该体系下建立了3个不同风险等级区域。在最外层的低风险区域（距离外墙185m）之外，允许任意使用土地；在高风险区只被允许建设工厂；在中风险区将被允许发展第三方的非生产性建筑以及民宅。

但在这次事故中，按照该体系建立的中风险区域的建筑物遭到严重破坏，说明以往的分析方法是存在潜在风险的，这也直接导致此次事故的波及范围扩大。

事故中备用的发电机房和消防泵房几乎在爆炸发生后马上遭到破坏，同时，HOSL西区和BPA的大部分储罐全部被破坏，这反映出平面布置的不足，导致设计的事故抑制手段发生效用，同时更易发生多米诺效应，造成事故的不断扩大。

⑥ 应急准备方面不足　库区以及当地的消费和其他应急组织在准备应急计划时，只设

计了储罐泄漏后形成池火事故和装油区泄漏形成的小范围可燃蒸汽云爆炸事故，这导致事故发生时虽然有及时的应急响应，却没有能执行的对应的应急计划，也没有针对性的应急资源。消防部门基本没有进行有效的扑救，而只是等待大火自行消灭并只对可能波及的范围进行疏散。

⑦ 排水系统缺陷　排水系统的设计并没有考虑到如此大面积的泄漏，因此不但灭火后的消防废液处理未达到控制标准，同时溢出防火堤的汽油也通过排水系统而扩散。

（3） 启示

通过以上分析可知，邦斯菲尔德地区的 HOSL 油库其实并不缺乏完善的安全保护措施，图 10-6 为该地区采用的各种保护措施。

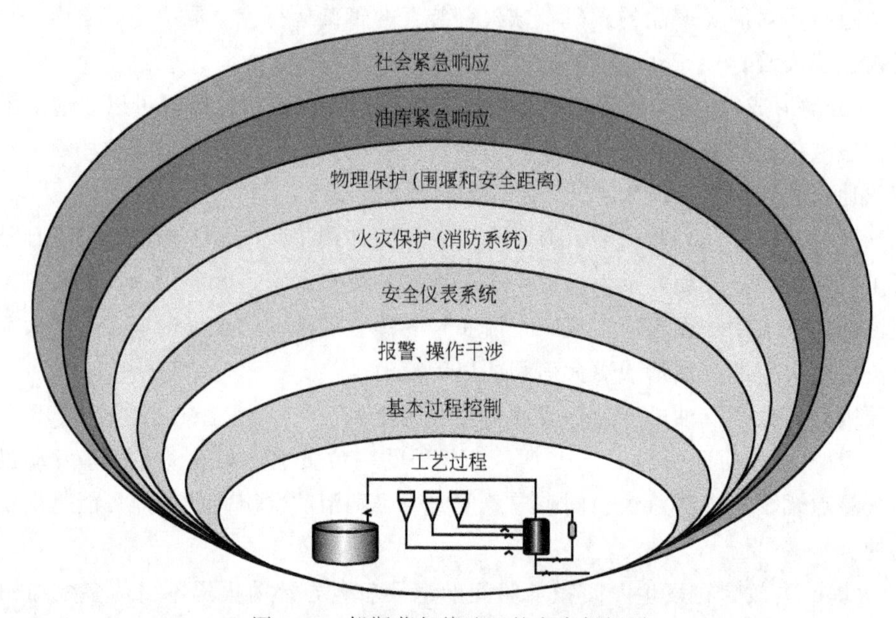

图 10-6　邦斯菲尔德地区的安全保护层

但在第 1 层的预防性保护措施——液位计量系统和独立的液位安全仪表系统（SIS）发生故障，导致事故发生后，其余的多层保护措施均无法应对或失效，这使事故发展到无法预计的严重程度。因此，事故调查委员会认为加强第 1 层保护手段，尤其是 SIS 的安全完整性等级（SIL）是应该被优先考虑的，应该提高该系统的可靠性，并提供有效的方法去分析和评价其可靠性等级，以及如何在设计、安装、调试和运行中保持其需求的 SIL 等级。同时，事故调查委员会也对其他保护层提出了全面的建议。

1）安全完整性等级（SIL）分析评价

此次事故反映的一个重要问题是用于保证事故不会发生的液位安全仪表系统（SIS）一旦发生故障，将产生无法遏制的风险，并最终产生严重后果。对此，事故调查委员会在设计和操作方面提出了最重要的风险管理手段——安全完整性等级（Safety Integrity Level，SIL）分析和评价。具体如下。

① 第 2 层以及第 3 层保护手段均是设计用来限制泄漏油品的溢流范围，显而易见，它们对可燃蒸汽云爆炸是毫无作用的，同时，它们还有设计的容量限制，不能应付超量泄漏。因此，应主要关注第 1 层保护手段，防止出现大范围的油品泄漏及气云扩散，也即是要提高

液位安全仪表系统的可靠性。

② 主管当局和邦斯菲尔德地区的业主应该为涉及油库的溢油保护系统的所有 SIS 进行 SIL 分析和评价，且对评价应确定指导性的方法和标准，评价中应考虑以下几个方面：在油库周边的敏感设施和人员的分布；油库的操作强度以及运行方式；油库监测系统可靠性的期望值；人员监控的范围和周期。

③ 对于 HOSL 油库和其他所有油库（包括储存其他闪点更高的液体），应设置安全完整性等级高的自动溢油保护系统，该保护系统必须完全独立于储罐液位监测系统。该系统的 SIL 等级应满足响应的等级要求（该要求来自于 SIL 定级评价的结果）。

④ 为了保证一级保护层中设备和系统的持续完整性，邦斯菲尔德地区的业主在必要时应该审查和修订维护管理体系，审查应考虑以下方面：对于 1 级保护层 SIS 的定期检验的安排和程序是否合适，任何被确定的关于此项工作的修订应立刻被执行；任何关于 1 级保护层的设备或系统改动都应被优先确定不会影响 1 级保护层的运行效果。

⑤ SIS 的（包括液位检测、逻辑电路、控制设备和独立的流量控制设备）设计、运行和维护都应达到相应的 SIL 等级的要求。

⑥ SIS 的各个元件应进行周期性测试，以满足处于相应 SIL 等级的安全仪表系统的要求。

⑦ 确保 SIS 处于不断的技术更新中，并与设备制造商和供货商保持及时沟通。其技术更新包括：非传统的液位超限检测手段，它将不依赖于系统中元件的安装位置，以及摆脱传统仪表系统的例行检查、测试、可靠性和维护状态；增加可靠性的液位检测系统，并以精度更高的传感器实现故障自检报警。

⑧ SIS 的原始数据记录应较好保存，并定期检查以确保系统的运行达到设计要求，检查重点有：记录应可以被第三方顺利取得而不需要特别授权；记录应有多个备份，至少包括现场和其他地方；主管当局和运行管理单位应定期对记录进行检查，以确保系统处于完好状态并对其中的各种触发事件进行原因分析，形成闭环反馈；记录的保留期限至少为 1 年。

2）设计和操作方面的问题

此次事故揭示出以往的设计思路、标准和操作方法存在一些问题，对此，事故调查委员会在设计和操作方面提出了一些建议。

① 一个类似于 912＃储罐罐顶的满溢相较于一个低处的泄漏而形成的油池更易引发爆炸，同时，912＃储罐罐体本身的多处设计也可利用油品挥发进而与空气混合形成可燃气云，因此，建议所有有利于罐顶满溢时油品挥发的设计都需改进。

② 对于储罐和管道应设置有效的视频监控系统，对于异常情况应进行报警；在储罐和管道的附近应设置可燃气体探测报警装置；对于储罐的异常情况报警应有自动反馈，例如关闭储罐入口阀门或来料管线阀门；对于监控系统、气体探测系统、报警系统等均应由业主和管理当局进行定期的检查，确保处于正确的工作状态，并对任何的异常情况进行全面的调查分析。

③ 对于库区的上游接收站在应对紧急事件时，为确保安全应具有独立的权利去启动或停止向油库输油，而不需要额外的许可或者沟通，这项计划需要全盘考虑管网和上游炼油厂的联动。

④ 应对所有的工作区域进行防爆分区划分的重新识别，确定可能存在可燃性气体场所的电气设备的防爆类别是否正确。

⑤ 油罐的防火堤是否可以用来抵御任何形式的泄漏与消防废液，是否需要在任何情况下都阻止它们流出防火堤。

⑥ 需要对规范及标准进行讨论和修订，如防火堤的设计容量应该是罐区内最大储罐容量的110%，还是罐区内所有储罐总容量的25%。

⑦ 防火堤对于罐区内其他储罐的消防水和冷却水是否有必要截留？防火堤的耐火等级是否可以抵御长时间的池火？防火堤的密封剂或防水材料是否有足够的耐火强度？管线穿过防火堤是否有可燃的密封材料，或者没有足够的耐火材料？

⑧ 当由于爆炸或火灾导致电力中断，所有油泵和电动阀失效时，库区内由于重力作用而溢流出的油品是否可以被阻挡在防火堤内？是否可以被控制而不流出库区？

⑨ 对于库区排水系统的排水能力、最终流向、可能被混入的来自其他地区的废水是否进行了有效评估？

⑩ 应建立在1级保护层失效后危险物质逸散到外部空间后的探测系统，不仅包括液态的，还包括可燃性气体，业主应立即着手寻找并评估各种方法以确保最有效的抑制，如：有可能出现大量高闪点可燃液体或可燃气体的罐区围堰内设置可燃气体探测系统；在溢油保护系统与气体探测系统之间建立联动，例如当检测到大范围的可燃气云团时可以判定1级设防已经失效，这时通过联动再启动溢油保护系统可以阻止更大面积的泄漏；视频监视系统可以协助操作者对一些早期的异常工况进行判断，可将异常工况作为触发事件，提醒操作者转到相应的画面来做进一步的判断。

⑪ 当局和行业联合会应对以往关于第2、第3级保护层设防的要求进行检查，针对这次事故提出新的设计导则：确定设计2级设防的最低要求（尤其是对于防火堤的容积）；确定新的风险评估方法来适应新要求；发表正式的标准修订说明，以确保可以得到落实；改进已有的消防水管理和排水能力，确保在2级设防失效时将废水排向预先设好的无环境风险的场所；提供一个更宽泛的3级设防，确保从库区逸散的废液不会形成新的环境污染事故。

⑫ 应从设计、运行、维护以及检测各个角度着手，重点按照提高人员和各个管理要素的可靠性来制定新的标准和要求，例如对人员任职能力的考察，持续的培训等。

⑬ 行业联合应与其他高危行业的从业者建立信息共享机制，确保各种经验可以在这种机制下顺利交流。

⑭ 主管当局应确保按照COMAH要求提交的安全评价报告中，应能反映在设计、运行、维护以及检修各个环节中的人员和管理要素得到充分的分析和评价，以证明可靠性达到了其他安全、控制和环境保护系统的相关要求。

⑮ 行业联合会应该针对一些典型的事故或者潜在的风险，例如过量充装、典型设备失效。可燃气体检测系统、溢油等建立一个统一的事故汇报和学习系统，确保每个事故或者危险因素得到充分的调查分析，包括起因、经过、应急手段等。同时应将一线员工纳入这个系统，不仅是使他们掌握这些共享的信息，也使他们有责任和义务去发现并更新这些内容，形成良好的学习氛围，可以共享好的经验和教训。

3）区域布置和平面布置问题

此次事故反映的另一个问题是传统对于区域布置及平面布置只是从距离防范的角度考虑，而没有对危险源的风险进行有效的识别，这直接导致此次事故的影响范围扩大。事故调

查委员会建议在土地规划及内部布置设计时采用一种风险管理手段——量化风险评价(Quantitative Risk Assessment，QRA)。

① 委员会建议在重大危险源周边或重点保护建筑物周边的主体规划中应明确需要提供正式的风险评估报告，并在可能情况下优先采用 QRA，同时，英国健康安全署和行业协会应不断更新用于 QRA 分析的各种资源，例如故障率的统计。

② 委员会成员针对该事故采用 QRA 进行了分析，结果表明该方法可以很好地印证此次事故，如果通过该结果进行优化将可以有效抑制事故的波及范围。

③ 事故后果评估应全面估计可能发生的所有事故，并考虑周围的危险源是否会加剧事故后果，如果会还应进行全面评估。

④ 在风险评估方法中应考虑 SIS 可靠性问题，也就是 SIL 等级的影响，同时应考虑周围环境中特殊的敏感人群、需要特别保护的人群或其他设施（如急救资源）。

⑤ 在风险方面应考虑社会风险和个体风险，并依据其结果对局域布置和平面布置进行优化。

⑥ 对于事故后果的判断准则优先采用个人死亡风险 IRPA（基于风险），而不是采用传统的伤害后果（基于后果）。

4）应急能力

① 应对应急能力进行评估，确保灭火系统、事故池、手动报警开关等设备的应急能力是否满足要求。

② 对于来自外部的应急救援资源应该进行有效评估，以确保外部的应急计划满足现实的各种事故状况。

③ 应对所有的事故场景进行设计，并综合考虑事故发生的可能性，对事故后果进行准确模拟，为应急准备计划作支撑。

10.3.10 印度博帕尔农药厂甲基异氰酸酯泄漏事故

印度博帕尔农药厂发生的“12·3”事故是世界上最大的一次化工毒气泄漏事故。其死伤损失惨重，震惊全世界，30 多年后的今天依旧令人触目惊心。

（1）事件概述

1984 年 12 月 3 日凌晨，印度的中央联邦首府博帕尔的美国联合炭化公司农药厂发生毒气泄漏事故。有近 40t 剧毒的甲基异氰酸酯（MIC）及其反应物在 2h 内冲向天空，顺着 7.4km/h 的西北风，向东南方向飘散，顷刻间毒气迷漫，覆盖市区面积约 64.7km^2。

温度高且密度大于空气的 MIC 蒸气，在当时 17℃的大气中，迅速凝结成毒雾，贴近地面层飘移，许多人在睡梦中离开了人世。而有更多的人被毒气熏呛后惊醒，纷纷涌上街头，人们被这骤然降临的灾难弄得晕头转向，不知所措。博帕尔市顿时变成了一座恐怖之城，一座座房屋完好无损，满街到处是人、畜和飞鸟的尸体，惨不忍睹。在短短几天内 2500 余人死亡，20 多万人受伤。一星期后，每天仍有约 5 人死于这场灾难。半年后的 1985 年 5 月，还有 10 人因事故受伤而死亡，据统计，事故共死亡 3500 多人。

受害者需要治疗，孕妇流产、胎儿畸形、肺功能受损者更是不计其数。这次事故造成的经济损失高达近百亿美元，震惊全世界。各国化工部门纷纷进行安全检查，清除隐患，吸取

此次悲惨事故的教训，借前车之鉴，防止类似事故发生。

（2）事故原因

造成这次深重灾难事故的原因主要有以下几个方面。

① 厂址选择不当　建厂时未严格按照工业企业设计卫生标准要求执行，未设计足够的卫生隔离带。该厂初建时，像磁石般地吸引着失业者和贫穷者来这里。他们先后在工厂周围搭起棚房安家，最后竟与工厂一街之隔，形成了霍拉和贾拉卡什两个贫民聚居的小镇。当地政府考虑到饥民的生计而容忍了这种危险的聚居模式。不幸的是，两个小镇在这次悲剧中恰好处于工厂下风侧，从而导致两个镇的居民死伤最多，受害最重。

② 政府当局和工厂对 MIC 的毒害作用缺乏认识　发生大的泄漏事故后，根本没有应急救援和疏散计划。事故当夜，市长（原系外科医生）打电话询问工厂毒气的性质，得到的回答是没有什么毒性的气体，仅仅会使人流眼泪。一些市民打电话给当局询问发生了什么事，回答是搞不清楚，当局还劝说居民对任何事故最好的处理办法是待在家里不要动，结果导致不少人在家中活活被毒气熏死。在整个事故过程中，通信系统对维持秩序和组织疏散方面没有发挥积极作用。农药厂的阿瓦伊亚医生说："公司想努力发出一个及时的劝告，但被糟糕的印度通信部阻断。在发生泄漏事故的当日早晨，我花了 2 小时试图通过电话通知博帕尔的市民，但得不到有关部门的回应。"

③ 工厂的防护检测设施差　仅有一套安全装置，由于管理不善，一直未进入应急状态中，导致事故发生后仍不能启动。该厂不像美国工厂那样有早期报警系统，也没有自动监测安全仪表。该厂员工缺乏必要的安全卫生教育，缺乏必要的自救、互救知识，灾难来临时又缺乏必要的安全防护保障，因此雇员在事故中束手无策，只能四散逃命。

④ 管理混乱　工艺要求 MIC 储存温度应保持在 0℃左右，而该厂 610＃储罐的温度指标已拆除，据估计储罐长期处于 20℃左右。因随意拆除温度指示和报警装置，当 12 月 2 日 23 时 610＃储罐开始泄漏时，未能起报警作用，错失抢救良机。安全装置无人检查和维修，致使在事故中，燃烧塔完全丧失作用，淋洗器不能充分发挥作用。交接班不严格，常规的监护和化验记录漏记。该厂 1978～1983 年先后发生过 6 起中毒事故，造成 1 人死亡，48 人中毒。这些事故均未引起该厂领导重视，更没有认真吸取教训，终于酿成大祸。

⑤ 人员技术素质差　2 日 23 时 610＃储罐突然升压，工人向工长报告时，却被告知情况正常，可见技术人员对可能发生的异常情况缺乏必要的认识。公司管理人员对 MIC 和光气的急性毒性知之甚少，甚至认为：当光气泄漏时，用湿布将脸和嘴盖上，就没有什么危险了。他们常向市长汇报："工厂一切情况都很正常，没有什么值得操心的，工厂非常安全"。甚至印度劳动部长也说："博帕尔工厂根本没有什么危险，永远不会发生什么"。操作规程要求，MIC 装置应配置专职安全员、3 名监督员、2 名检修员和 12 名操作员，且关键岗位操作员要求大学毕业。而在 1984 年 12 月该装置无专职安全员，只有 1 名负责装置安全责任者、1 名监督员、1 名检修者，操作员无一是大学毕业生，最高学历是高中。MIC 装置的负责人刚从其他部门调入，也没有处理 MIC 紧急事故的经验。操作人员注意到 MIC 储罐的压力突然上升，但没有找到压力上升的原因，为防止压力上升，设置了一个空储罐，但操作人员却没有打开该储罐的阀门。清洗管道时，阀门附近没有插盲板，操作员不懂水流入 MIC 储罐后可能发生的后果。整个过程存在违章作业：MIC 储罐按规定实际储量不得超过溶剂

的 50%，而 610#储罐实际储量超过 70%。

⑥ 对 MIC 的急性中毒的抢救无知　MIC 可与水发生剧烈反应，因此，用水可较容易地破坏其危害性，如用湿毛巾可吸收 MIC 并使其失去活性，这一信息若向居民及时发布可免受双目失明，甚至死亡，而医疗当局和医务人员都不知道其抢救方法。当 12 月 5 日美国联合碳化公司打来电话称可用硫代硫酸钠进行抢救时，该厂怕引起恐慌仍没有公开此信息。12 月 7 日，前西德著名毒物专家带了 50000 支硫代硫酸钠来到印度事故现场，证明该药抢救中毒病人非常有效，但州政府持不同意见，要求专家离开博帕尔市。

（3） 启示

从这起震惊全世界的惨重事故中，可以总结出如下几方面的教训。

① 对于产生化学危险物品的工厂，在建厂前选址时，应做风险评价。根据危险程度保留足够的防护带；建厂后，不得临近厂区建居民区。

② 对于生产和加工有毒化学品的装置，应装配传感器、自动化仪表和计算机控制等设施，提高装置的安全水平。

③ 对剧毒化学品的储存量应以维持正常运转为限，博帕尔农药厂每日使用 MIC 的量为 5t，但该厂却储存了 55t，如此大的储存量无形中增大了事故风险。

④ 健全安全管理规程并严格执行。提高操作人员技术素质，杜绝错误操作和违章作业；严格交接班制度，记录齐全，不得有误，明确责任，赏罚分明。

⑤ 强化安全教育和健康教育，提高职工的自我保护意识和普及事故中的自救、互救知识。坚持持证上岗，不获得安全作业证者不予上岗。

⑥ 对生产和加工剧毒化学品的装置应配置独立的安全处理系统，及时启动处理系统，将毒物全部吸收或破坏。该系统应定期检修，使它处于良好的应急工作状态，一旦发生泄漏事故仍能正常进行生产。

⑦ 对小事故要做详细分析处理，做到“三不放过”。该厂 1978～1983 年期间曾发生过 6 起急性中毒事故，并且中毒死亡 1 人，但仍未引起管理人员对安全的重视。

⑧ 凡生产和加工剧毒化学品的工厂都应制订化学事故应急救援预案。通过预测把可能导致重大灾害的报告在工厂内公开，并定期进行事故演习，把防护、急救、脱险、疏散、抢险、现场处理等信息告知相关人员。总而言之，大事故背后潜在的问题是多方面的，但对于危险大的工厂的安全，如果有比较完备的应急处理方案和措施，且能抓住技术、人、信息和组织管理等 4 个要素，是可以避免重大事故或灾难发生的。

10.3.11 “8・12”天津滨海新区爆炸事故

（1） 事故概况

2015 年 8 月 12 日 23 时 30 分左右，位于天津滨海新区塘沽开发区的天津东疆保税港区瑞海国际物流有限公司所属危险品仓库发生爆炸。

截至 2015 年 9 月 11 日下午 3 时，天津港“8・12”爆炸共发现遇难者总人数升至 165 人，仍有 8 人失联。其中公安消防人员 24 人、天津港消防人员 75 人、民警 11 人、其他人员 55 人。住院治疗人数 233 人，其中危重症 3 人、重症 3 人，累计出院 565 人。

截至2015年9月3日24时，事故受损住宅处置协议共签约9420户。

2015年9月29日，首批赔付款项拨付到位。

(2) 事故经过

2015年8月12日23时30分左右，天津滨海新区第五大街与跃进路交叉口的一处集装箱码头发生爆炸，发生爆炸的是集装箱内的易燃易爆物品。现场火光冲天，在强烈爆炸声后，高数十米的灰白色蘑菇云瞬间腾起。随后爆炸点上空被火光染红，现场附近火焰四溅。

第一次爆炸发生在2015年8月12日23时34分6秒，近震震级ML约2.3级，相当于3t TNT爆炸；第二次爆炸发生在30s后，近震震级ML约2.9级，相当于21t TNT。

国家地震台网官方微博“中国地震台网速报”发布消息称，“综合网友反馈，天津塘沽、滨海等，以及河北河间、肃宁、晋州、藁城等地均有震感。”

2015年8月12日晚22时50分接警后，最先到达现场的是天津港公安局消防支队。

截至2015年8月13日早8点，距离爆炸已经有8个多小时，大火仍未完全扑灭。因为需要砂土掩埋灭火，需要很长时间。相关企业负责人已被控制。

(3) 事故处理

① 消防救援　据消防局指挥中心信息称：2015年8月12日22时50分，天津市滨海新区港务集团瑞海物流危化品堆垛发生火灾。天津消防总队共调集23个消防中队的93辆消防车、600余名官兵在现场全力灭火处置。

2015年8月12日23时40分，天津消防总队全勤指挥部遂行出动，再次调集9个消防中队35辆消防车赶赴增援。

截至2015年8月13日11时，天津消防总队已经先后调派143辆消防车，1000余名消防官兵到场救援。具体爆炸物尚不能确定。

2015年8月15日上午11时许，天津塘沽爆炸现场附近武警消息，要求距离爆炸核心区范围3km内人员全部撤离。环保、交警等现场多个部门工作人员证实撤离消息属实。

② 领导指示　2015年8月13日，事故发生后，党中央、国务院高度重视。中共中央总书记、国家主席、中央军委主席习近平对天津滨海新区危险品仓库爆炸做出重要指示，要求尽快控制消除火情，全力救治伤员，确保人民生命财产安全。

中共中央政治局常委、国务院总理李克强立即做出批示，要求全力组织力量扑灭爆炸火势，并对现场进行深入搜救，注意做好科学施救，防止发生次生事故；抓紧组织精干医护力量全力救治受伤人员，最大限度减少因伤死亡；查明事故原因，及时公开透明向社会发布信息。同时，要督促各地强化责任，切实把各项安全生产措施落到实处。

2015年8月16日，李克强在天津主持召开会议，部署“8·12”火灾爆炸事故救援处置工作。他指出，这起事故涉及的失职渎职和违法违章行为，一定要彻查追责，公布所有调查结果，给死难者家属一个交代，给天津市民一个交代，给全国人民一个交代，给历史一个交代。

③ 现场指挥　事故发生后，天津市委领导第一时间赶到事故现场，现场指挥救援工作，并到医院看望伤员。市委领导提出三点要求：一是全力控制现场，防止次生事故发生；二是全力搜救和救治伤员；三是尽快查清事故原因，做好善后工作。

国务委员、公安部部长郭声琨来津，代表党中央、国务院听取事故情况汇报并指挥救援工作；国家安监总局局长杨栋梁来津指挥救援工作；天津市委领导第一时间赶到现场并到医

院看望伤员。

④ 成立工作组　2015 年 8 月 13 日凌晨 1 时左右，在天津港大楼前广场应急指挥车上正式宣布成立了总指挥部，地点设在区政府指挥中心，由天津市委、区委领导组成指挥部，指挥部下设 5 个工作组，分别是事故现场处置组、伤员救治组、保障维稳群众工作组、信息发布组和事故原因的调查组，全方位开展救援以及善后处理各项工作。

8 月 13 日，交通运输部部长杨传堂率工作组赶到天津滨海新区危险品仓库爆炸事故现场。

⑤ 成立调查组　2015 年 8 月 18 日，依据《危险化学品安全管理条例》（国务院令第 591 号）和《生产安全事故报告和调查处理条例》（国务院令第 493 号）有关规定，国务院天津港“8·12”瑞海公司危险品仓库特别重大火灾爆炸事故调查组已成立并全面开展调查工作。

调查组由公安部牵头，有关部门和天津市人民政府参加，并聘请有关专家参加事故调查工作，最高人民检察院派员参加调查组。公安部常务副部长杨焕宁任组长。调查组将在国务院的领导下，依法依规彻查事故原因，查明事故性质和责任，并对事故责任人提出处理意见，一查到底，严肃追责，给党和人民一个负责任的交代。

⑥ 各方支援　国家卫生计生委正从北京等地组织血液药品等医药物资，全面进行支援准备，组织医疗专家赶赴天津协助开展医疗救援工作。

事故发生后，按照公安部消防局要求，8 月 13 日凌晨 3 时 53 分，北京消防调派 2 架无人机，8 名官兵赶赴现场。已利用无人机绘制出 360 度全景图，为现场指挥部决策提供有力依据。

2015 年 8 月 13 日早 7 时 56 分，天津市血液中心还没开门，就有 30 多名市民在排队等候献血。

2015 年 8 月 13 日 3 时 40 分，应接天津军区请求支援，以北京卫戍区某防化团三营为主体的国家级陆上核生化应急救援队 200 余名官兵，抵达天津滨海新区后，就进入瑞海公司危险品仓库爆炸现场展开救援。

2015 年 8 月 13 日下午 5 时，滨海新区政府发布消息，对事故附近的 3 个居民实施小区疏散安置，10 个安置点已经就绪，截至傍晚，事发现场 3000 人安置完毕，剩余 3000 人于 13 日晚安置完成，食物、水、床、棉被等物资充足。与此同时，滨海新区不少酒店亦纷纷伸出援手，在第一时间，自发为受影响者提供免费休息场地和简餐。

⑦ 央企行动　爆炸事故发生后，一批中央企业紧急调拨力量，中石化天津石化消防支队、国家电网天津市电力公司、中国医药集团旗下中生股份、中国移动、中国联通、中国电信、铁塔公司、中航工业旗下中国飞龙通航公司等企业均第一时间参与事故救援与保障行动。其中中航工业旗下中国飞龙通航公司托管执飞的 AC311 直升机在 2015 年 8 月 13 日 8 时 38 分及 12 时，对现场航拍勘测，实时传输爆炸现场情况并详细勘测各隐患起火点，在主要干道拥堵、现场混乱、地面无法全方位掌握实时信息的情况下，直升机航拍对指挥部科学安排救助活动起到至关重要作用。

⑧ 暂停救援　公安部消防局 2015 年 8 月 13 日 10 时消息，天津爆炸现场救援指挥部召开会议决定，现场救援暂停，待现场勘察完毕后决定下一步采取何种措施。

国务院事故调查组确定工作思路：暂缓扑灭，派防化团进场。具体为：(a) 由于危险化学品数量、内容、存储方式不明，暂缓扑灭，确定好具体方案再实施；(b) 密切关注环保监测，派防化团进现场；(c) 伤员的抢救救治，遇难者家属的安抚；(d) 对附近区域进行交

通戒严。

⑨ 保险理赔　天津爆炸事故成为2015年以来保险市场最大的赔案，也有可能成为中国保险业有史以来单次事故损失最大的赔案。

保监会表示，各保险公司应根据特事特办、急事先办的原则，设立专门的理赔绿色通道，对相关分支机构进行特殊授权，简化理赔流程和办理手续，缩短理赔处理时间。要迅速调集并下拨充足资金，做好预付赔款工作。保监会要求，天津市保监局要做好事故现场应急指挥工作，按照天津保险业突发事件应急预案有关要求，指导当地保险业迅速展开事故应急处置工作。

多家保险公司已经接到天津爆炸事件中车辆进口商报案，并组织专业人员和第三方公估机构前往现场统计排查，损失评估。由于现场环境复杂，涉案车辆众多，定损及理赔需要花费一定时间。业内初步预计，在这起爆炸事故中汽车直接经济损失将高达几十亿元。

⑩ 防化处理　2015年8月13日上午，原北京军区某防化团紧急前往天津滨海新区参与救援，第一梯队23人于10时20分出发，出动4台专业车辆，238件专业设备。第二梯队194人，于10时40分出发。

2015年8月15日上午11时20分左右，北京卫戍区防化团首次进入瑞海公司危险品仓库爆炸核心区建筑搜救生命。

2015年8月15日19时，公安部消防局从河北消防总队调集了3个支队的3个化工编队，共计43部车232名官兵到场增援，从北京总队调集2部核生化多动能侦检车到场处置。从辽宁、江苏消防总队调集核生化侦检编队共6辆消防车30名消防官兵到达天津滨海新区爆炸事故现场，配合处置。

2015年8月16日上午，氰化物的位置已确认分布在2个点，初步判断有几百吨。对已炸开外露的将及时清理，用化学品中和；对大面积分散的将采取分围方法，砌墙围起来；对成桶未损坏的将其及时清运，撤离现场。

针对氰化物，事故现场指挥部成立专门处置小组，按照“前面堵、后面封、中间来处理”的原则，紧急采取设置围堰、危险废物集中处置等5项措施，确保事故区域污染不外泄。

截至2015年8月16日上午，北京军区共抽调国家级核生化应急救援力量、工程抢险力量和医疗专业救治力量共计1909人，动用专业装备和指挥保障装备201台，投入搜救。

截至2015年8月16日上午，只有生化部队的士兵被允许进入爆炸现场进行搜救及危化品清理工作。

2015年8月16日，北京防化团进入天津爆炸点，趴在地上取样。

⑪ 最高检介入　2015年8月16日，从最高人民检察院得到消息，最高检已派员介入天津港“8·12”瑞海公司危险品仓库特别重大火灾爆炸事故调查，渎职侵权检察厅第一时间派人赶赴事故现场，与天津市检察机关组成检察调查专案组，一起分析研究检察机关介入事故调查的方案和措施，及时收集有关证据材料，并协助政府部门做好事故抢险救援和应急处置工作。立足于检察职能，依法严查事故所涉渎职等职务犯罪。

⑫ 房屋回购　天津地产企业社会责任联盟由相关房地产企业组成，他们自愿为在事故中利益受损的群众排忧解难，将按照市场原则，依法依规，对居民愿意出售的房屋进行购买，待房屋修缮完成后，再适时进入市场公开出售。

2015 年 9 月 25 日～11 月，事故受损房屋收购和修缮签约工作目前基本结束。截至 10 月 30 日，已有 9545 户受损业主签约，加上已同意签约但不在天津的 300 余户业主，签约进度达到 99.8%。现已完成维修受损房屋 12499 户，占总维修户数的 71.3%。此外，室内财产定损工作也进展顺利，目前已有 13000 多户完成验收，占总数的 95%，进入了收尾阶段。

⑬ 清理工作　2015 年 9 月 5 日，爆炸核心区现场清理工作有序推进，核心区内三堆集装箱已经有两堆清理完毕，天津建工二建公司和天津建工总包的施工队伍正在对跃进路派出所办公大楼进行拆除，爆炸点南侧基本清除完毕，露出大量空地。

参考文献

[1] 郝吉明，马广大，王书肖．大气污染控制工程 [M]．第 3 版， 北京：高等教育出版社，2010.

[2] 邵建章．天原化工总厂氯气泄漏爆炸事故抢险救援分析 [J]．消防技术与产品信息，2006，(3)：44-49.

[3] 周卫华，刘振坤，蔡继红．3.29 京沪高速液氯泄漏事故应急监测方法选择和效果评述 [J]．中国环境监测，2006，22(5)：27-32.

[4] 陈新，张华东，潘仲刚，等．开县特大天然气井喷事件应急处理及评价 [J]．现代预防医学，2007，34(11)：2125-2127.

[5] 代玉杰，伦昌海，蔡亮，等．英国 Buncefield 油库事故对我国石油行业安全的借鉴探讨 [J]．石油和化工设备，2015，18：82-85.

11 突发放射性污染事故应急处理与案例分析

11.1 放射性污染概述

1986年法国科学家贝克勒尔首先发现了某些元素的原子核具有天然的放射性，能自发地放出各种不同的射线。在科学上，把不稳定的原子核自发地放射出一定动能的粒子（包括电磁波），从而转化为较稳定结构状态的现象称为放射性。我们通常所说的放射性是指原子核在衰变过程中放出α、β、γ射线的现象，放射性α粒子是高速运动的氦原子核，在空气中射程只有几厘米，β粒子是高速运动的电子，在空气中射程可达几米，但α、β粒子不能穿透人的皮肤；而γ粒子是一种光子，能量高的可穿透数米厚的水泥混凝土墙，它轻而易举地射入人体内部，作用于人体组织中原子，产生电离辐射。除这3种放射线外，常用的射线还有x射线和中子射线，这些射线各具特定的能量，对物质具有不同的穿透能力和电离能力，从而使物质或机体发生一些物理、化学、生化变化。来自于人类生产活动的放射性，随着放射性物质的大量生产和应用，就不可避免地会给我们的环境造成放射性污染。

11.1.1 放射性污染的概念

（1） 放射性

根据《中华人民共和国放射性污染防治法》的解释，放射性污染是指由于人类活动造成物料、人体、场所、环境介质表面或者内部出现超过国家标准的放射性物质或者射线。

（2） 核设施

放射性污染中的核设施指核动力厂（核电厂、核热电厂、核供汽供热厂等）和其他反应堆（研究堆、实验堆、临界装置等）；核燃料生产、加工、储存和后处理设施；放射性废物的处理、处置设施等。

（3） 核技术利用

核技术利用指密封放射源、非密封放射源和射线装置在医疗、工业、农业、地质调查、科学研究和教学等领域中的使用。

（4） 放射性同位素

放射性同位素指某种发生放射性衰变的元素中具有相同原子序数但质量不同的核素。

(5) 放射源

放射源指除研究堆和动力堆核燃料循环范畴的材料以外，永久密封在容器中或者有严密包层并呈固态的放射性材料。

(6) 放射性废物

放射性废物指含有放射性核素或者被放射性核素污染，其浓度或者比活度大于国家确定的清洁解控水平，预期不再使用的废弃物。

(7) 应急及其类型

应急是一种非常规情况或事件，此时需要迅速采取行动，其主要目的是缓解对人的健康和安全、生活质量、财产或环境的危害或有害影响。应急包括突发环境污染事故应急，也包括诸如火灾、危险化学品泄漏或地震等常规应急。还包括在察觉到危害效应时必须采取行动等其他情况。应急有时也称为紧急状态。按照国际标准、美国国家标准和我国国家标准，应急指一种状态，但在我国国家标准中，应急有时也泛指立即采取超出正常工作程序的行动。

(8) 辐射诱发的健康效应

由放射性污染导致辐射照射，诱发健康效应指电离辐射对人体或人的群体产生的健康效应，国际上通常将辐射的健康效应分为确定性效应和随机性效应两类。

确定性效应是通常存在剂量阈值的一种健康效应，超过阈值时，效应的严重程度随剂量的增加而加大。阈值具有相关性，随器官和效应的不同而变化，当效应是致命的、或威胁生命的、或能导致降低生活质量的永久性伤害时，则被描述为“严重确定性效应”。

随机性效应是发生概率随辐射剂量增加而加大的一种健康效应，发生时，效应的严重程度与剂量无关。一般地，在辐射防护关注的低剂量范围内，这种效应的发生不存在剂量阈值。随机性效应可以是躯体效应，诱发受照者患癌（例如甲状腺癌和白血病），也可以是遗传效应，引起受照者后代患病。

(9) 照射途径

照射途径是指人受到辐射照射的方式，包括：接触或靠近辐射源产生的外照射；食入受污染的食物、水或牛奶，吸入烟云中的或污染地面再悬浮的放射性物质产生的内照射。

11.2.2 放射性污染的来源和危害

(1) 放射性污染的来源

放射性污染主要来自于放射性物质。这些物质可源于自然，如岩石和土壤中含有铀、钍、锕3个放射系；也可来自于人为因素。就人为因素而言，目前放射性污染主要有以下来源。

① 核工业　核工业的废水、废气、废渣的排放是造成环境放射性污染的重要原因。例如铀矿开采过程中的氡和氡的衍生物以及放射性粉尘对周围大气造成的污染，放射性矿井水造成的水质污染，废矿渣和尾矿造成的固体废物污染。

② 核试验　核试验造成的全球性污染要比核工业造成的污染严重得多。1970年以前，全世界大气层核试验进入大气平流层的锶-90达到5.76×10^{17}Gy，其中97%已沉降到地面，这相当于核工业后处理厂排放锶-90的10000倍以上。因此全球严禁一切核试验和核战争的呼声也越来越高。

③ 核电站　目前全球正在运行的核电站有400多座，还有几百座正在建设之中。核电站排入环境中的废水、废气、废渣等均具有较强的放射性，会造成对环境的严重污染。1986年4月26日，苏联的切尔诺贝利核电站4号机组由于操作人员严重违反操作规程，引起爆炸和大火，火焰高达30m，温度高达1400℃，造成大量的放射性物质外逸，使31人急性死亡，237人受到严重辐射性伤害，造成了严重的后遗症，部分放射性物质随大气一直飘到欧洲西北部。

④ 核燃料的后处理　核燃料后处理厂是将反应堆废料进行化学处理，提取钚和铀再度使用，但后处理厂排出的废料依然含有大量的放射性核素，如锶-90、钚-239仍会对环境造成污染。目前世界上公认的最安全可行的方法就是深地质处置方法，将高放射性废料保存在地下深处的特殊仓库中永久保存。

⑤ 伴生放射性矿物资源开发利用　在稀土金属和其他共生金属矿开采、提炼过程中，其“三废”排放物中含有铀、钍、氡等放射性核素，放射性全是天然的，活度水平不高，但其数量往往较大。

⑥ 人工放射性核素的应用　人工放射性核素的应用非常广泛。在医疗上，常用“放射治疗”以杀死癌细胞；有时也采用各种方式有控制地注入人体，作为临床上诊断或治疗的手段；工业上可用于金属探伤；农业上用于育种、保鲜等。但如果使用不当或保管不善，也会造成对人体的危害和对环境的污染。

（2）*放射性污染的危害*

对于放射性的危害，人们既熟悉又陌生。在常人的印象里，它是与威力无比的原子弹、氢弹的爆炸联系在一起的，随着全世界和平利用核能呼声的高涨，核武器的禁止使用，核试验已大大减少，人们似乎已经远离放射性危害。然而近年来，随着放射性同位素及射线装置在工农业、医疗、科研等各个领域的广泛应用，放射性危害的可能性却在增大。

放射性废物的危害包括物理毒性、化学毒性和生物毒性，通常主要是物理毒性。有些核素，如铀还具有化学毒性。此外，由于混合废物含有有毒有害化学污染物，其危害性也不可小看。至于生物毒性，仅来自医院的个别废物才可能拥有。物理毒性指的是辐射作用，辐射作用人类已研究了100年，效应已经清楚；大剂量照射可出现确定性效应，小剂量照射会出现随机性效应。

① 产生危害的原理、途径及程度　放射性引起的生物效应，主要是使机体分子产生电离和激发，破坏生物机体的正常机能。这种作用可以是直接的，即射线直接作用于机体的蛋白质、碳水化合物、酵素等而引起电离和激发，并使这些物质的原子结构发生变化，引起人体生命过程的改变；也可以是间接的，即射线与机体内的水分子起作用，产生强氧化剂和强还原剂，破坏有机体的正常物质代谢，引起机体系列反应，造成生物效应。由于水占人体重量的70%左右，所以射线间接作用对人体健康的影响比直接作用更大。应指出的是，射线对机体作用是综合性的（直接作用加间接作用），在同等条件下，内照射（例如氡的吸入）要比外照射（例如γ射线）危害更大。大气和环境中的放射性物质，可经呼吸道、消化道、皮肤、直接照射、遗传等途径进入人体，一部分放射性核素进入生物循环，并经食物链进入人体。

② 来自居室的危害　放射性核素进入人体后，由于它具有不断衰变并放出射线的特性，使体内组织失去正常的生理机能并给组织造成损伤。其中氡的危害最为显著，1998年WTO公布放射性氡为人类癌症的主要致病元凶之一。随着人们对居室美化装修的升温，花岗岩等

石材由于质地坚硬、豪华美观受到大多数人的喜爱，居室污染也在加剧。其原因之一就是石材中含有镭-226、钍-232、钾-40等放射性元素，它们在衰变过程中，不断放出α、β、γ粒子。建材中的放射性衰变产生氡气：钍衰变成镭，镭衰变成氡，即放射性核素在衰变过程中伴随着放出α、β、γ粒子的同时，又产生1种新的放射性核素无色气体氡，它被吸入人体后放出α、β、γ粒子，造成内照射。石材中的钍衰变成镭的半衰期需1.4×10^{10}年（即钍元素有1/2衰变成镭需用140亿年），而镭衰变成氡的半衰期为1602年。氡还来源于住宅基础下岩石（土壤）中析出的氡，室外空气中进入室内的氡，各种天然气、煤气、水、管道等生活用品中释放的氡。

氡的化学性质不活泼，一般不参加化学反应；能溶于水、油类、有机溶剂，在脂肪中的溶解度为在水中的125倍；亦能被固体物质吸附，吸附在固体表面上氡形成难解脱的放射性薄膜。氡及其子体具有α、β、γ 3种衰变形式，3种衰变的特性不同，对人体危害程度各异。α射线穿透能力最弱，用一张厚纸就可以把它挡住；β射线穿透能力强一些，一定厚度的有机玻璃也可以把它挡住；γ射线有着极强的穿透力，需要10cm厚铅板才能挡住。其中以α射线的内照射危害最大，因为它的射程短，可集中在人体小范围内进行强烈的内照射，使小范围的肌体组织承受高度集中的辐射能而造成损伤。如在呼吸道器官中的α粒子的射程正好可以轰击到支气管上皮基底细胞核上，造成严重的呼吸道疾病，乃至肺癌。近年来还发现氡不仅诱发肺癌，还可能诱发白血病、胃癌、皮肤癌等。

(3) 对人的影响

人和动物因不遵守防护规则而接受大剂量的放射性照射、吸入大气中放射性微尘或摄入含放射性物质的水和食品，都有可能产生放射性疾病。放射病是由于放射性损伤引起的一种全身性疾病，有急性和慢性两种。前者因人体在短期内受到大剂量放射性照射而引起，如核武器爆炸、核电站的泄漏等意外事故，可产生神经系统症状（如头痛、头晕、步态不稳等）、消化系统症状（如呕吐、食欲减退等）、骨髓造血抑制、血细胞明显下降、广泛性出血和感染等，严重患者多数致死。后者因人体长期受到多次小剂量放射性照射引起，有头晕、头痛、乏力、关节疼痛、记忆力减退、失眠、食欲不振、脱发和白细胞减少等症状，甚至有致癌和影响后代的危险。白血球减少是机体对放射性射线照射最为灵敏的反应之一。

放射性辐射可诱发致癌机理目前有两种假说：一是辐射诱发机体细胞突变，从而使正常细胞向恶细胞转变；二是辐射可使细胞的环境发生变化，从而有利于病毒的复制和病毒诱发恶性病变。除致癌效应外，辐射的晚期效应还包括再生障碍性贫血、寿命缩短、白内障和视网膜发育异常。

(4) 对孕妇及胎儿的影响

射线具有能够穿透人体，使组织细胞和体液发生物理与化学变化，引起不同程度的损伤的特性，胚胎或胎儿对X射线及各种射线敏感性更高。根据照射量和照射期的不同，分别会出现以下后果：致死效应、致畸效应、致严重智力低下、致癌效应。根据有关资料介绍，青年妇女在怀孕前受到诊断性照射（0.007～0.005Gy）后其小孩发生Down's综合征的概率增加9倍。低剂量的照射对胎儿是有害的。另一个引人注目的是职业女性，特别是护士和从事放射线诊断的医疗人员，她们在妊娠后由于职业关系胎儿受射线照射而产生影响的问题已成为社会上普遍关注的大问题。受广岛、长崎原子弹辐射的孕妇，有的就生下了弱智的孩子。根据医学界权威人士斯图尔特先生的研究发现，受射线诊断的孕妇生的孩子小时候患癌和白血病的比例增加。

11.2 放射性污染事故特点及防护

引起放射性污染事故的主要因素有管理失职或操作失误等人为因素、设备质量或故障等非人为因素、其他引起放射性污染的因素。放射性污染事故伴随着大量放射性物质的释放，是造成人体过量受照的重要途径，尤其是从事放射性污染防治的工作人员，是辐射照射的直接作用主体。在电离辐射作用下，可引起放射病，短时间内接受一定剂量的照射可引起机体的急性损伤，较长时间内分散接受一定剂量的照射，可引起慢性放射性损伤。另外，辐射还可以致癌和引起胎儿的死亡和畸形。为了免受或少受电离辐射危害，保护从事放射性工作的人员、公众及其后代的健康与安全，保护环境，了解放射性污染事故特点，做好防护准备至关重要。

11.2.1 放射性污染事故的特点

和人类生存环境中的其他污染相比，放射性污染事故有以下特点。

① 一旦产生和扩散到环境中，就不断对周围发出射线，永不停止。只是遵循各种放射性同位素内在固定规律不断减少其活性，其半衰期，即活度减少到1/2所需的时间从几分钟到几千年不等。

② 自然条件的阳光、温度无法改变放射性同位素的放射性活度，人们也无法用任何化学或物理手段使放射性同位素失去放射性。

③ 放射性污染对人类作用有累积性。放射性污染通过发射α、β、γ或中子射线来伤害人，α、β、γ、中子等辐射都属于致电离辐射。经过长期深入研究，已经探明致电离辐射对于人（生物）危害的效果（剂量）具有明显的累积性。尽管人或生物体自身有一定对辐射伤害的修复功能，但作用极其微弱。实验表明，多次长时间较小剂量的辐照所产生的危害近似等于一次辐照该剂量所产生的危害（后者危害稍大些）。这样一来，极少的放射性核同位素污染发出的很少剂量的辐照剂量率如果长期存在于人身边或人体内，就可能长期累积对人体造成严重危害。

④ 放射性污染既不像多数化学污染有气味或颜色，也不像噪声、热、光等污染，公众可以直接感知其存在；放射性污染的辐射，哪怕强到直接致死水平，人类的感官对它都无任何直接感受，只能继续受害。

11.2.2 一般防护措施

射线对生物机体的危害程度与机体吸收的辐射能量密切相关。减少体外照射和防止放射性物质进入体内是核辐射防护的基本原则。使用电离辐射源的一切实践活动，都必须遵从实践正当化、防护最优化和个人剂量限制。

（1）辐射防护的基本方法

① 时间防护　人体受照时间越长，人体接受的照射量越大，这就要求操作准确、敏捷，

以减少受照射时间，达到防护目的；也可以增配工作人员轮换操作，以减少每人的受照时间。

② 距离防护　人距离辐射源越近，受照量越大。因此应在远距离操作，以减轻辐射对人体的影响。

③ 屏蔽防护　在放射源与人体之间放置一种合适的屏蔽材料，利用屏蔽材料对射线的吸收降低外照射剂量。

a. α 射线的防护——由于 α 射线穿透力弱，射程短，因此用几张纸或薄的铝膜，即可将其吸收，或用封闭和手套来避免进入人体体表及体骨，造成辐射。

b. β 射线的防护——β 射线穿透力比 α 射线强，但较易屏蔽，常用原子序数低的材料，如铝、有机玻璃、烯基塑料等。

c. γ 射线的防护——γ 射线穿透力很强，危害极大，常用高密度物质来屏蔽，考虑经济因素，常用铁、铅、钢、水泥和水等材料。

（2） 减少生活中的放射性污染

对于放射性核素通过吸入、食入或皮肤渗透进入人体后所造成的照射，其防护的基本原则是防止或减少放射性物质进入体内。

（3） 防止居室的氡气污染

① 已装修好的用户，如放射性不超标或超标不大严重，通过每天开门窗 3h 以上，可使室内氡气浓度保持在安全水平。许多房间（尤其是 1 楼），即使各种石材、墙砖的放射性检测不超标，门窗关闭 2d 以上，氡气累积的浓度也会升至原来的数倍，对人体造成危害，特别是面积较小的房间更需通风。

② 对于已发现地面或墙体放射性超标较严重，应将超标部分拆除，更换低放射性材料，也可通过在墙体或地面直接覆盖放射性水平很低的石材或其他材料，能全部阻挡 α、β 粒子和部分 γ 粒子，并使氡气无法进入空气。不同建材超标概率也不同：花岗岩＞釉面地板砖＞大理石、黏性土，大理石和黏土砖不用测量，可放心使用。花岗岩不同颜色可能超标的概率由高至低排序：红色＞绿色＞淡红色＞灰色＞白色＞黑色，也就是说红和绿色花岗岩的超标概率可能达到 20%～40%，必须经过检测才能用于家庭，如杜鹃红、杜鹃绿、枫叶红等。白色和黑色花岗岩放射性水平都很低，可不用检测。另外，环保防氡内墙乳胶漆，滚漆后使室内氡气浓度大幅度降低。

（4） 防止意外伤害

医生使用射线装置给病人诊治病症时，要根据病人的实际需要，严格 X 射线检查的适应征，使患者免受不必要的照射。耐心劝导那些主动要求但不需要使用射线装置诊治的病人，引导他们走出误区。同时，要避免让某些无防护意识的陪护者免受照射。尤其对儿童的 X 射线滥用问题更应引起重视。

（5） 孕妇特别注意

孕期应禁止接触 X 射线，即使必需的检查，也应保护非受检部位，使 X 射线的辐射损伤减少到最低程度。由于电脑及其机房有电磁辐射、噪声及光照不适，存在着电子设备的污染，因此经常接触电脑的妇女，怀孕后最好不要上机，以减少电磁波给母婴带来的危害。如

孕中期后，因工作需要仍需使用电脑，应与电脑保持一臂的距离，与他人操作的电脑保持两臂的距离。

11.2.3 放射性污染事故应急工作人员的防护

应急工作人员是在放射性污染区域测量数据的重要工作人员，应对他们提供基本的指导。

所有的应急工作人员都必须遵循下面关于个人防护的总体指导。

① 始终了解所在现场可能遇到的危险，做好防范。

② 当没有合适的安全设备时，不要进行任何现场活动。

③ 所有的活动都应当在确保受照水平保持在合理可行且尽量低的情况下进行。

④ 不要停留在剂量率水平 1mSv/h 或更大的区域，当超过 10mSv/h 时，要加倍小心。

⑤ 未接受命令严禁进入剂量率水平大于 100mSv/h 的区域。

⑥ 巧妙利用时间、距离和屏蔽来保护自己。

⑦ 进入高剂量率区域以前，要与剂量监督员制定防护计划。

⑧ 在放射性污染事故区域内，不得进食、饮水、吸烟等。

⑨ 在没有把握进行行动时，要向上级和专家请示汇报。

⑩ 甲状腺防护　进入含碘放射性污染区域前几个小时内，服用稳定碘片，可避免剂量大于 100mGy，进入后还应采取其他的呼吸道防护措施。

⑪ 撤回指导水平　作为可能受到较大照射的应急工作人员，均应接受应急工作人员撤回指导水平的约束。约束值以自读式剂量计显示的累积外照射剂量给出，它是一种指南，不是限值。

11.3 突发放射性污染事故应急监测

随着社会快速发展，经济日益增长，生活水平不断提高，环境质量问题成为人们关注的热点。福岛核事故发生后，放射性污染问题引起世界各国聚焦，人们十分关心辐射对环境质量的影响，辐射监测工作重要性尤为凸显。世界各主要国家和国际组织全面启动辐射监测工作，在各国的应急监测和预警性监测中发挥了重要作用。从突发放射性污染事故应急监测技术发展的历史规律来看，福岛核事故必将引发新的发展。

11.3.1 应急辐射监测的目的

应急辐射监测的目的是为了尽可能及时提供关于放射性污染事故可能带来的辐射影响方面的测量数据，以便为放射性污染评估和应急行动提供技术依据。由于放射性污染类型、事故阶段以及注意事项不同，应急监测目的各有侧重。

① 为放射性污染事故提供信息。

② 提供放射性污染事故所造成的照射与污染水平、范围、时间等数据，为应急行动指挥和防护行动提供帮助。

③ 为应急工作人员防护提供信息。

④ 验证去污、清除等补救措施的效能，为防止污染扩散提供技术支持。

11.3.2 福岛核事故期间国际辐射监测技术应用

(1) 日本辐射监测活动

日本辐射监测主要内容是空气吸收剂量率和环境样品辐射剂量率。监测手段采用航空监测，车载移动监测，以及对空气、海水、土壤、地下水、沉降灰等取样检测。

事故初期监测内容以空气吸收剂量率为主，辅以环境样品辐射剂量率监测。监测手段以航空监测、车载移动监测为主。航空监测借助美国能源部 RS-500GEPA 航测系统进行，目的是快速掌握环境放射水平和放射性物质扩散情况。

事故后期，主要监测内容为空气吸收剂量率和环境样品辐射剂量。监测手段是固定点位监测为主，辅以移动监测。在重点地区采用大范围、高密度设立固定监测取样点和高频次取样。在其他区域进行海水、土壤、地下水、食物、沉降灰等样品的取样检测。主要目的是确认表面沉积的放射性物质对居民健康的影响以及对环境的影响，将测量数据应用于今后辐射剂量评估、核污染治理等工作。

在高危区，无人机和无人船的应用避免了对监测人员的危害，发挥了重要作用。

(2) 韩国辐射监测活动

作为距离日本最近的国家，韩国在福岛核事故当天成立了辐射监测组，开展辐射监测工作。主要对空气中的γ剂量率和环境样品中（如空气微粒、沉降物、雨水、海水和生物样品等）的放射性核素浓度进行测量。

对收集到的环境样品，采用 HPGe 探测器进行γ光谱分析，通过与 IAEA 给予的参考物质进行测量比对，实施质量保证。钚同位素通过同位素稀释法，用等离子质谱仪测定。

(3) 英国辐射监测活动

英国牛津郡和格拉斯哥的实验室于 2011 年 9 月监测出了来自 6000 英里以外的放射性碘同位素的痕迹，这些放射性元素来自 3 月 11 日遭受破坏性地震和海啸袭击后发生熔毁的核电站。同时，在监测站检测出了极微量来自福岛的放射性物质。

(4) IAEA 辐射监测活动

IAEA 在日本布设了两个监测队，其中一个监测队在福岛区域，另一个监测队在东京及周边地区进行监测。IAEA 在福岛区域的监测队主要进行土壤和大气监测，另一个监测队则加入了生物样品的测量，测量蔬菜中碘-131 和铯-137 以及牛奶中碘-131 的含量。

(5) 全面禁止核试验条约组织（CTBTO）辐射监测活动

CTBTO 通过其覆盖全球的监测系统 IMS 对福岛核事故后放射性物质的扩散情况进行了监测。目前，CTBTO 共有 63 个辐射监测站在使用。据 2011 年 3 月 24 日测量结果显示，福岛第一核电站释放的放射性物质从太平洋上空到达美国、欧洲，并将于其后的 2～3 周内绕地球一周，放射性物质的含量极少，不会对人体造成影响。

11.3.3 福岛核事故期间国内辐射监测技术应用

（1）环境放射性实时监测

2011年3月13日起，全国43个城市的47个辐射环境自动监测站，以及浙江秦山核电、广东大亚湾/岭澳核电、江苏田湾核电3个运行核电基地外围的23个辐射环境自动监测站实时测量环境γ辐射空气吸收剂量率的连续变化值，70个自动站中，北京自动站配备的探测器是正比计数器，其余自动站探测器均为高压电离室。

此外，杭州、广州、大连开展了惰性气体氙同位素连续采样测量，仪器选用瑞典Gammadata公司开发的SAUNA惰性气体氙监测系统。

（2）环境放射性移动监测

2011年3月15日起，在20个沿海城市设置了52个移动监测点，对环境γ辐射空气吸收剂量率实施移动监测。移动监测仪器采用高压电离室、NaI谱仪和X-γ剂量率仪。

（3）环境放射性采样监测

在事故发生期间，由环境保护部牵头制定并实施具体的辐射环境监测方案，以确定和量化空气悬浮微粒中的人工放射性核素以及炭盒中的放射性核素碘，特别是对碘-131的测量，并监测它们对环境和食物链的影响。

其中，29个省会城市、直辖市和7个其他城市，进行气溶胶采样测量，采用大流量气溶胶采样仪采集，测量累积采样样品中的人工放射性γ核素，重点是放射性核素碘和铯。

北京、连云港、上海、广州对空气中碘进行连续采样测量，采样仪器选用HI-Q Environmental Products Company出产的空气采样仪，炭盒由同一公司出产，测量累积采样样品。

同时，各城市根据职能任务，对沉降物、雨水、城市水源地饮用水、临近海（河）域、城市土壤、叶菜监测点、牛奶监测点等进行定期取样测量。

11.3.4 应急辐射监测和取样计划的设计原则

（1）满足应急辐射监测工作的实际需要

主要指监测计划所确定资源需求（应急工作专业人员、设备和实验室设施）能满足应急时的实际需要，而这种需要取决于突发放射性污染事故的类型、序列和规模，主要包括释放源项以及执行任务时所处的特殊环境条件。

在设计应急监测计划时，首先要验证现有的能力和技术经验，对存在问题和不足的方面要加以建设和改进，重要的是确定应急任务执行机构、技术专家的作用和责任、相应的操作程序标准和设施设备等。

由于执行应急任务时时间紧、任务重，并且伴随多种情况不明或突发情况，因此，在设备的响应速度、测量内容、量程、环境条件等方面可能出现与应急计划相悖或不同的情况，甚至在一段时间会出现超负荷情况，设计计划时，应充分考虑。

（2）与常规辐射监测系统积极兼容

应急辐射监测系统针对应急时的辐射监测需要而设定，但由于事故发生概率低，而监测系统的整体成本较高，因此，除了购置特殊需要的专门设备以外，应尽可能利用常规监测系

统，降低成本，节约大量开支，并且可以保证监测系统能经常处于使用和维护的运转状态，防止长期闲置导致设备失常，对于以突发性为基本特征的应急工作尤为重要。但是，兼容必须以满足应急辐射监测工作的实际需求为前提。

11.3.5 应急辐射监测技术

根据突发放射性污染事故的类型及执行任务不同，需要采用相应的监测方法，主要有车载方式烟羽测量、环境剂量测定、地面沉积测量、表面污染测量、食物监测、放射源监测、航空污染测量、航空放射源监测、个人剂量监测等。

11.3.5.1 车载方式烟羽测量

（1）目的

通过对烟羽进行的横向和循迹测量、周围剂量率测量确定烟羽的边界。

（2）方法

采用装载在车辆上的测量设备，基于剂量率进行测定。

（3）主要步骤

① 使用灵敏的仪器和量程观察周围的剂量率，提供测量的最低辐射水平（一般取本底水平）。具体方法：关闭车窗，在车内将测量仪表固定放在膝上，当观测到周围剂量率达到或超过 5 倍本底水平值时，将此刻所在位置和测量数据通报给相关负责技术人员，然后按指令进一步对烟羽进行横向循迹测量。

② 使用合适的仪表在腰部（离地面约 1m）及靠近地表（离地约 3cm，探头取朝向地面的位置）进行开窗（β-γ）测量和闭窗（γ）测量，记录测量结果。

③ 将测量读数与表 11-1 中的数据进行比较，可以确定是在高空，还是在地面，或者已经过去。

表 11-1 不同测量结果与烟羽位置的关系

在腰部高度		和	在地面		结果
WO	WC		WO	WC	
$\beta+\gamma\approx\gamma$		和	$\beta+\gamma\approx\gamma$		烟羽在高空
$\beta+\gamma>\gamma$			$\beta+\gamma>\gamma$		烟羽在地面
$\beta+\gamma\approx\gamma$			$\beta+\gamma>\gamma$		烟羽已过去（地面污染）

注：WO——开窗；WC——关窗。

④ 定期对车辆和人员进行污染测量，记录测量结果。

⑤ 每次完成外派测量任务后，要按程序对测量人员、车辆及设备进行污染检查。

11.3.5.2 环境剂量测定

（1）目的

评估事故释放引起周围区域内辐射水平的升高，以对烟羽轨迹或辐射场进行重建。

（2）方法

选择适于环境监测的热释光剂量计（TLD），布设在怀疑有烟羽沉积的区域内。

（3） 主要步骤

① 按指令到达地点，在开阔的区域内寻找一个合适的位置（尽量用 GPS 定位），标识工作位置，测量并记录该点的环境剂量率。

② 将两个 TLD 放在一个可密封的塑胶袋中，固定在一个构架上，面向烟羽投影区域污染源的中心，离地面大约 1m 的地方，不要将 TLD 放置在裸露岩石上或与地面接触。

③ 记录不同点位 TLD 编码，标明每一个环境监测点的方向，记录放置日期和时间。

④ TLD 放置完毕后，妥善管理记录。

⑤ 根据周围剂量率的测量结果，估计所需放置时间，到点回收放置的 TLD。

⑥ 回收前用污染检测仪测量 TLD 污染状况，若发现被污染，应先进行隔离，记录污染读数，标识 TLD。

⑦ 保证收集的 TLD 与记录的 TLD 一致，记录回收日期和时间。

⑧ 对人员、车辆以及设备进行污染检查。

11.3.5.3 地面沉积测量

（1） 目的

① 测量由地面沉积所产生的环境剂量率。

② 确定热点位置。

（2） 注意

地面沉积测量应当在未受到干扰的，远离建筑、树木、道路、繁忙的交通地带的开阔地区进行。测量应从烟羽释放期间或烟羽经过时会产生最高剂量率的地区开始。特别要对烟羽经过的降水（雨或雪）区优先进行“热点”测量，该点位特指剂量率高于整个地区平均值的区域。

车辆测量（道路监测）或航空测量可有效提高测量覆盖面积。道路测量反映的总体沉积的情况不可靠，要给出有限大小范围内的沉积分布图，采用手持式剂量率仪表来完成，就地γ谱仪可测量出更加详细的沉积放射性核素信息。

（3） 主要步骤

① 沿着通向污染区域的每一条道路行进，初始将仪表调至最低量程，坐在车内进行测量，按计划记录周围剂量率改变的位置，以本底水平为基准，记录 2 倍本底的位置、10 倍本底的位置、100 倍本底的位置，超过 100 倍本底时，则以 100 倍本底为增量，记录其位置，直到达到本底水平 10000 倍时，停止测量。开车通过污染区时，要尽量避免地面污染物的再悬浮。

② 记录测量结果。

③ 定期对人员、车辆以及设备进行污染检测，执行任务后必须进行检测。

11.3.5.4 表面污染测量

（1） 目的

提供地区、物件、工具、设备以及车辆受污染的信息。

（2） 注意

① 表面污染测量通常采用直接测量方法。

② 在混合辐射场中，必须使用合适的仪器区分 α 辐射和 β、γ 辐射的测量。

③ 在本底较高的区域，在探测器与污染表面之间放置一塑料片，可以降低或扣除 β 射线产生的读数，与 γ 射线产生的读数区分。

④ 对于某些情况（本底水平高、仪器灵敏度较低等），可采用擦拭法测量。

1）表面污染直接测量方法

① 针对污染核素的种类，选择合适的污染监测仪，测量并记录本底水平。定期对探测器进行污染检查，保证未受污染。

② 选用具有声响指示的污染监测仪器按计划从怀疑有污染的区域进行通过式测量，当出现声响报警时，等待一段时间，读取并记录平均值。

③ 对于 α 和 β 污染，监测仪要接近被测表面，距离小于 0.5cm；对于潮湿表面，应等待表面干燥后再重新测量，或者进行取样分析。

④ 记录测量数据 α，β-γ，β、γ、测量时间、地点以及其他与读数有关的信息。

注意：测量时尽量避免与受污染表面接触，致使自己受到污染或使污染扩散；注意个人剂量计的数值，及时进行汇报调整；防止探测器窗损坏或受污染。

2）车辆的污染测量

① 对车辆进行全面的 β-γ 测量，优先测量车辆外部易与污染物接触的位置，例如保险杠、车轮、车窗等。如果测量数据高于行动水平，记录读数，并对该车辆进行去污或安全隔离。

注意：监测人员测量时应尽可能避免与受污染的车辆进行表面接触，防止自己受到污染并将污染物传播到车辆内部。当已检查到车辆外部受到污染时，不要对车辆内部进行测量。

② 测量车辆外表面数据高于行动水平时，表面去污后，要进行以下测量。

a. 条件允许，对其空气滤清器的外表面进行总 β 活度测量。

b. 对车箱内表面进行测量，以确定车内污染水平。

注意：在进行适当去污之前，应当隔离车辆，如果空气滤清器受到污染，则发动机内部可能被污染，应当隔离，等待进一步去污后再作评估。

③ 初步去污后，要进行再次测量，检查去污效果。若污染水平降低后仍高于行动水平，进行重复去污，并再次测量。

④ 若对车辆外表去污不能使污染水平降低到行动水平，可推断污染类型为固定污染，可用擦拭方法进行验证。

3）擦拭测量表面污染

① 选择一个有代表性的取样部位，用戴手套的 2 个手指操作擦片，对标注的取样部位进行擦拭。

② 使用便携式污染监测仪对擦片的污染水平进行测量，测量后妥善保存擦拭，记录取样位置、日期、时间、人员。

③ 测量过程中要随时检查剂量计，读数异常时要报告。

④ 测量结束后，对所有的设备、工具、人员进行污染检查，确保人员和设备的安全。

11.3.5.5 航空污染测量

（1）目的

鉴别放射性污染，提供有关大面积污染的信息。

（2）分析

① 航载谱仪测量是一种适用于快速测量大面积污染的方法，多采用高纯锗探测器（HPGe），有时也采用碘化钠探测器 NaI（Tl）。土壤中放射性污染的实际分布与确定效率转换因子时假定的分布存在差异（主要由于地形差异），影响航测 γ 谱仪测量。测量时，必须知道 γ 光子能量及入射角的函数的探测器响应因子，需考虑飞机自身产生的屏蔽。使用前必须进行航测标定，并检查谱仪系统的功能和工作状态。

② 通常应根据被测项目情况选择不同的飞行方案，对于直升机的测量，可以用到以下几种模式。

a. 平行轨迹调查。飞行路线为平行直线轨迹，轨迹长度几公里，轨迹之间间隔 300m，常用于测量平整或有丘陵的地形。

b. 线路调查。飞行路线沿指定路线行进（公路、铁路、河流等），轨迹之间间距 300m，常用于交通路线测量。

c. 等高线调查。飞行路线按不同轨迹上的一个界标到另一个界标飞行，常用于快速测定污染区边界。

③ 绘制沉降分布图时，飞行路线的方向要尽量与风向成直角，沿着气载源开始的顺风方向飞行（指烟羽飘过阶段时的风向）。最初测量可采用较宽的航线间距，而后采用较小的航线间距进行测量。记录重要的工作、测量参数（高度、飞行速度、时间、坐标、测量时间、测量工作人员等）。

（3）注意

① 谱仪系统和飞机类型要固定匹配，平时要做好谱仪系统的标定，以根据测量结果评估土壤的污染。

② 如果怀疑飞机已经飞越过污染空气，那么就要对飞机进行污染检测和去污，同时重新确认对地面的测量结果。

③ 飞行尽量选在白天，在可见的气象条件下进行，能见度应在 1.5km 或更远的距离，云层不低于地面上空 150m。

（4）主要步骤

① 检查固定探测器系统，检查探测器、雷达测高仪、全球定位系统 GPS 以及系统与表盘之间的连接等是否正常。

② 当采用 HPGe 探测仪时，还需检查液氮情况，做好及时补充。

③ 运行系统，检查基本功能是否正常。

④ 设置参数。

⑤ 测量。

飞抵被测区域后，沿着制定飞行路线开始测量。根据情况和国家管理部门的要求，建议的飞行参数如下。

a. 飞行高度：直升机飞行高度典型值为 90～120m，视地形情况而定。飞行时尽量保持高度不变，对结构变化的地形，在保证安全的前提下，直升机努力保持变化。对于固定翼飞机，飞行高度要高一些。

b. 直升机大多数情况下，建议速度在 60～150km/h，其他机型视其特性而定。

测量过程中最重要的是收集好测量参数，如高度、速度、坐标、测量时间以及与之相对

应的辐射测量数据。同时，在测量时要再次检查系统设置参数是否保持一致。

⑥ 着陆后。

a. 再次检查测量系统的基本功能和参数设置，做好相关记录。

b. 检查所有记录的数据，进行复制备份。

c. 对飞机及相关设备进行污染检查，先检查外部污染情况，如出现污染状况，则应先进行外表去污，防止飞机内部受到污染，直到外部检测合格后，再进行内部检查。

⑦ 数据分析。测量数据的分析主要在飞行任务结束后进行，如果测量系统可以在飞行过程中对测到的能谱作某种程度上的评估，那么就可以对造成土壤污染的主导放射性核素作实时判断，当飞行过程中将测量数据进行无线传输，则实现了数据的早期评估。

⑧ 在飞行日志和相关工作记录上记录所有的结果和测量参数。

⑨ 绘制不同放射性核素的沉降图。

11.3.5.6 放射源监测

（1）目的

① 评估放射源附近的周围剂量率。

② 及时为安全状态评估与转换、防护工作实施提供信息。

（2）分析

① 从监测的角度来看，涉及卡源或源裸露的事故最容易处理，由于目标确定，可减少大量寻找工作，但应注意裸露强源的周围剂量率可以大到1Gy/h或更高，十分危险。

② 涉及丢失或被盗放射性物质的事故，其监测最难，目标不确定，可考虑采用航空γ巡测，并且在多数情况下，放射源放置在屏蔽容器中，产生的剂量率很小，不容易被探测到，选取仪器时要考虑充分。

（3）主要步骤

① 在进入可疑放射性污染区域以前，应打开监测仪表，剂量率仪测量范围要合适，在高剂量率情况下，或人员不易接近时，可采用伸缩杆式仪表。

② 测量放射源产生的剂量率，要注明与源之间的距离，如果与源接触，应当在记录中说明。当读数超出量程时，应增加距离，直到读数在量程范围内为止，如果一直超出量程，要考虑测量人员的安全问题。对于β和γ混合辐射场，分别测量打开β窗和关闭β窗情况下的剂量率，如果怀疑另有α放射源，则打开β窗，贴近放射源检测，注意不要污染探头。

③ 如果未知放射源位置，握住仪表，使探头远离测量人员，旋转探测器，当出现最小读数时，则探测器后背指向方向为放射源所在位置，以人体和探测器两点作直线，便可标记方位。

④ 记录所有数据。测量过程中，要保证仪表不被污染或破坏，不用时关闭电源，如果放射源未被移走，应做好标记，即使是一个密封放射源，也要重视其污染的可能性。当放射源被回收后，应按程序再仔细检查，确保没有遗留。

⑤ 对工作人员和仪器设备进行污染检测。

11.3.5.7 航测寻源

（1）目的

在大范围内探测、定位和辨认γ放射源，恢复安全状态。

（2）分析

航测可在大范围内快速搜寻放射源，常用 NaI（Tl）探测器，也可用高压电离室、正比计数管、盖革计数管或其他合适的剂量率仪，但测量时处于移动状态，数据准确性要加强，必须弄清作为光子和入射角（不包括飞机本身的屏蔽）的函数的探测器响应系数，使用前必须针对航测条件对系统进行标定。

（3）考虑因素

① 首先应对怀疑有辐射源的位置进行测量，优先测量居民区。

② 源的活度、数量及监测系统的灵敏度是确定飞行航线的间距、飞行高度的重要条件。

③ 估计飞机的航行能力。

④ 根据不同的被测目标，选择不同的飞行模式（详见 11.3.5.5 部分）。

⑤ 飞行测量的主要步骤与 11.3.5.5 部分基本相同。

11.3.5.8 人员监测

（1）目的

对从放射性污染现场出来的人员在去污前、去污中以及去污后的皮肤和衣服污染进行监测；对人员甲状腺中吸收的放射性碘进行监测。

（2）分析

在放射性污染监测活动中，要采取防护行动减少人员皮肤或衣物的沾染，或者由吸入、食入或通过皮肤吸收、伤口侵入而造成体内的污染。对来自放射性污染地区的任何人员，都必须进行内、外污染检测。对于可能有放射性碘污染的区域，执行任务前几个小时服用稳定性碘，以减少甲状腺剂量，同时要结合使用合适的个人防护器具以及污染控制措施。

1）甲状腺监测——碘监测

① 检测 NaI（Tl）污染监测仪性能。

② 使用塑料薄膜包裹探头，防止污染，放在接近脖颈位置，在喉结与环状软骨之间进行监测。另外，可用铅准直器来抑制本底干扰。

③ 若测量数据高于正常本底计数，则甲状腺可能已吸入放射性碘，观察测量数据，如果数据在统计显著性是正值且人员未服用碘片，那么追服碘片，并送医院做进一步检查，如果显著性为负值，则说明未受到放射性碘污染。

2）人员体表监测

使用污染监测仪时，要注意与所探测的污染特性符合，要能够测量到皮肤和衣物的污染，还应注意量程，防止饱和计数。

① 检查污染监测仪的性能。

② 用薄膜塑料包裹监测仪探头，防止探头被污染，打开声响报警。

③ 定时地测定和记录测量地点的本底辐射水平。

④ 将探头放在接近人体表面处，距离 1cm，不要接触，按头、脖子、衣领、肩、手臂、手腕、手、手臂下部、腋窝、身体外侧、腿部、裤边、鞋顺序沿身体一侧向下移动探头。对腿的内侧及身体的另一侧进行同样的测量。对身体的前面和后面进行测量。对脚部、肘部、腿部、脸部和臀部等接触污染概率较大的部位要重点检查。探头移动速度保持 5cm/s。任何污染部位初部只能靠声响测量。对于 α 污染测量，探测面与体表距离小于 0.5cm。然而，对

于衣服的 α 污染监测一般不可信。

在紧急情况下，应当对受照皮肤进行测量，然后更换衣服，再对其可能污染的衣物进行测量。如果怀疑有严重污染，则应戴上手套，更换衣物，防止污染转移。

⑤ 如果污染被探测到，记录探测器灵敏面积，按程序去污。

⑥ 除了人体，携带进入可疑放射性污染区域的所有物品都应测量。污染物品应当加以包装，并做好标记。

3）人员去污监测

对于被污染的工作人员通常在污染控制点进行去污。去污时应注意，使用的去污器具都有可能被污染，之后必须要经处理，而且要防止扩散，所有监测都必须在一个低本底区域进行，避免不必要的照射。

① 检查监测仪器性能。

② 按照上述“人员体表污染监测”方法再进行检查，表面污染水平大于 $4Bq/cm^2$ 的位置应去污。

③ 去污完成后，应再进行测量，确认污染是否被清除，即 β/γ 污染水平小于 $4Bq/cm^2$，α 污染小于 $0.4Bq/cm^2$，或者小于国家相关规定的水平。

④ 记录相关去污和测量结果。

11.3.6 应急情况下环境样品采集、预处理与管理

常规辐射监测情况下环境样品的采集、预处理和管理要求和方法，部分适用于应急辐射监测情况。由于应急辐射监测对时间要求的紧迫性和后果预估的严重性，应急辐射监测的目的和要求要区别于常规辐射监测。应急辐射监测的目的主要是为了尽快评价事故后果的严重性及其范围，为防护行动决策提供依据。因此，相对于常规辐射监测，应急辐射监测具有以下方面的独特性。

（1）采样顺序

应急辐射监测一般首先选择空气采样，确定烟羽的特性、范围、走向和空气污染程度。然后对近污染源沉积盘、地表土、水体、地下水进行取样，测量污染程度。在事故中后期，还要对具有富集作用的生物“指示体”和食物链进行取样。

（2）布设采样点

采样点的布设主要依据放射性污染事故的特征和当时的气象条件确定，一般地，布设取样点可参考以下几种。

① 沿核设施围墙。

② 预期地面空气浓度（或沉积）达到最大值区域。

③ 半径 10～15km 以内，预期空气浓度（或沉积）达到最大的人员聚集地区。

④ 预期平均地面浓度达到最大的场外位置（或几个位置）。

（3）采样方式

在应急监测情况下，源项区别于正常情况，为了获得更多的数据，在常规采样方式应用以外，还要求采用如航测、陆地巡测、水路巡测、能甄别惰性气体以及碘等采样方式。放射性污染事故过程中，常伴随烟羽释放（可能包含有裂变产物和裂变气体），烟羽会在短时间内消散，要求必须尽快采用多种方式测量烟羽以获得更为详尽的数据，事故时产生的大量的

裂变气体会对碘的监测产生严重干扰，因此应采用大范围快速测定放射性污染水平及其分布的航空、陆地和水路巡测方式，和对裂变气体收集效率很低的银沸石碘取样器具有较好的效果，有条件应尽量使用。

(4) 采样时限

应急辐射监测期间，尤其是放射性污染事故早期，更加强调采样的速度。在应急辐射监测情况下，尽早获得数据，提供紧急防护行动决策是头等重要的因素。其次，放射性污染事故期间的辐射水平高，能够获得较好的统计精确度，相应地可减少采样量和缩短采样时间。最后，辐射水平较高对人体伤害较大，应尽量控制在现场滞留的时间。

(5) 样品管理

应急辐射监测情况下采集的样品活度总体较高，但水平参差不齐，必须管理严格，主要做到以下几点。

① 防止样品对环境、测量设备、实验室、人员造成二次污染，同时要防止样品之间交叉污染。首先，对实验室进行分区，应急样品分析必须在应急监测区内处理、测量和保存。其次，依据样品的活度水平进行分类，做到分类存放、测量和保存。

② 放射性污染事故期间采集样品数量众多、种类繁杂，样品管理必须考虑时间与空间的相关性，精心制定计划和组织，做到有条不紊。

③ 采样和测量的目的与任务随放射性污染事故时间的迁移进行调整。在事故早期，主要目的是为紧急防护行动决策尽早提供测量数据；到后期，应逐渐过渡到以评价剩余放射性水平及其范围，为恢复措施提供依据为主要目的。

11.3.7 应急辐射监测系统与设备

(1) 监测网站

环境辐射监测站用于常规监测，在放射性污染事故期间，对获取数据非常有用。监测站通常设在能够提供更好代表本区域被测情况的位置，该区域地势平坦、远离树木和其他构筑物，减少对辐射场或沉降物的测量干扰。

监测站内，设置能连续监测剂量率或辐射场的探测器，如高压电离室、盖革计数管、碘化钠探测器或热释光剂量仪等。同时，还设有空气取样设备，雨水取样设备，大气沉降盘等样品收集设备。监测站还具备进行风向、风速等气象观察的能力。

一定数量的监测站组成监测网络，通过有线或无线方式传到信息中心，进行汇总分析。

(2) 航空测量系统

利用飞机或直升机可以快速测量较大区域的辐射水平，确定放射性污染事故情况下烟羽或地面污染的位置、范围和扩散趋势，有助于寻找失控放射源或污染物。

航空污染巡测探测器可采用勘探铀矿的航空16～50L的大体积NaI（Tl）探测器，特别是地面污染核素只有少数几种γ发射体，也可选用分辨率较高的半导体谱仪，如HPGe谱仪。

航空γ谱仪测量受多种不确定性因素影响，主要是土壤中的污染实际分布无法确定，可利用地面采样测量结果对航空测量结果进行刻度。测量放射性烟羽时，特别注意仪器设备污染和人员受照，执行任务后，应进行污染监测，对受污染的仪器设备、人员进行去污。

（3） 车载监测系统

辐射监测车是在陆地上进行辐射巡测最有效的工具，在放射性污染事故期间，能随监测分队迅速赶赴事故现场，通过环境监测和取样测量，及时提供事故现场辐射及周围环境辐射污染状况，为推算（或查明）事故源项（或原因）、评价事故影响后果、决定应急防护行动、制定处置方案和采取恢复措施提供技术依据。车载设备主要有：(a) β和γ剂量率仪；(b) α、β、γ表面污染检查仪；(c) 大体积空气样品取样设备；(d) 食物、水、植物和其他环境样品取样设备；(e) GPS和通信设备；(f) 地图、夜间照明、污染标识辅助设备；(g) 个人防护和个人剂量仪。

（4） 分析实验室

分析实验室是各种环境样品进一步分析测量的基地，必须具备完备的测量分析仪器和设备，有良好的准确性，应具备以下功能：(a) 各种环境样品的前处理和保存；(b) 核素的放化分析；(c) 核素的能谱分析；(d) 核素的活度测量；(e) 仪器和设备的维护、保养和检测（有条件可标定）；(f) 一些非放射性元素测量；(g) 实验数据管理。

11.4 放射性污染处理

放射性污染按照其物态，可分为气、液、固三类。放射性污染在自身半衰期内具有辐射特性，向周围释放α、β、γ等辐射，可对生物体的组织细胞甚至遗传基因造成破坏，引起机体损伤和遗传变异。较强的辐射还可直接灼伤表皮组织，造成烧伤。在执行突发放射性污染任务时，不仅要做好防护工作，还应及时对放射性污染进行处理。

11.4.1 放射性污染处理目的

放射性污染处理的目的是及时消除人员、设备和物资的放射性污染，控制高辐射放射性污染大面积扩散，恢复环境安全，协助其他救援工作展开。

① 快速控制放射性污染物质的扩散，尽量减小污染范围，特别是开放空气中的污染物扩散的速度和范围控制较难，要及时处理。

② 对参加放射性污染任务的工作人员和设备等进行隔离和去污，消除污染，减少伤害。

③ 对已受到（或可能受到）放射性污染危害的人员和物资采取必要措施，进行撤离和疏散，要及时进行监测，对受污染的人员和物资进行隔离和去污。

④ 采用专用的放射性污染处理设备，对现场的放射性污染进行清除，集中处置受污染物质，恢复被污染区域环境。

⑤ 执行任务时，工作人员较多，例如医疗、交通运输、气象监测等，放射性污染处理应协助其他单位开展救援工作，尽量减少辐射照射。

11.4.2 放射性污染处理技术应用

美国帕利兹核电厂用高压氟利昂对6000多件工具进行去污，净化的时间取决于物件的大小和复杂程度，大约耗时3周，处理后95%的工具已达到“清洁物”的释放标准。

ENEL公司为意大利的加里亚诺核电厂设计了4个由主槽组成的超声去污装置——超声

换能器，去污效率：长预热管切割下来的长细管1000根，每根长1m，水温60℃，采用该技术处理30min，污染水平从30～50Bq/cm^{2}降低到0.3Bq/cm^2。

德国KRB-A核电厂固体废物库退役时，采用火焰灼烧对混凝土去污的处理技术，使用移动式空气过滤循环系统，推进速度15mm/s，每次操作的深度为1～1.5mm，每次灼烧后，同时采用局部洗尘和机械法去除。

切尔诺贝利核电厂周边区域，根据土壤类型、植被、气候、放射性污染特点及其他情况，采用不同处理方法。对于放射性落下灰的土壤采用耕犁的方法，将放射性核素深埋到地下，使放射性核素无法转移扩散，随着时间不断衰变。在几十万公顷受污染的土地中播散有机化肥、石灰、磷肥、钾肥和多种吸附剂，可吸附放射性核素，减少向农作物的转移，改变对草场和牧场的不利影响。对于长寿命放射性同位素，以化学形式将其固定在土壤表面，然后进行清除。采用措施1年后，农产品中的放射性水平下降1.5～3倍，来自食物对人员的照射得到了根本性的改善。

11.4.3 放射性污染处理技术

11.4.3.1 空气中的放射性污染处理技术

空气中的放射性物质大都以气溶胶和粉尘的形式存在，受气象条件影响较大，时间拖延越久，空气的流动性和人类的活动都会扩大污染范围，增加放射性污染处理难度。空气中放射性物质受重力影响，不断沉降到地面上，增加了地面放射性污染的处理难度。因此突发放射性污染处理应首先从空气放射性污染处理着手，其处理方式分为室内空气污染处理和野外空气污染处理，较为有效的手段有空气置换消除法、降水冲刷消除法、吸附沉降法和高效过滤法4种。

（1）空气置换消除法

空气置换消除法通过使用仪器设备用干净的空气置换室内受放射性污染的气体，是一种十分复杂的过程，都需要专用的设备将受污染的空气排出室内，并输送干净的空气，设备必须具有良好的过滤吸附功能。

空气置换消除法适用于空间密闭性好、体积小的房间，清除迅速，废物量少。缺点是，室内可能仍存在微小的颗粒和放射性气溶胶，容易吸入人体内，造成轻微内照射，如果残留的是毒性极大的放射性核素，虽然量小，但长期的残留危害性不可忽视。

空气置换仪器设备安装、调试过程非常复杂，耗费时间长，如果单独假设仪器设备进行清除处理，相对其他处理方法作业效率是最低的。但是空气置换消除法作业后，能够满足环境标准，对人员的伤害是可以接受的。

（2）降水冲刷消除法

降水冲刷消除法是利用降水，使空气中的放射性微粒或气溶胶被水珠黏附，降落到地面，这是一种加速空气中放射性粒子沉降的方法，可减少空气中的放射性污染。降水冲刷法适用于有水源的地方，简单方便，特别适用于城区室外的空气中的放射性污染处理。降水冲刷法最严重的缺点是处理后大量的放射性废水处置，城市中虽然有完善的排污系统，清除的区域达到了环境安全标准，但放射性废水会污染整个排污系统，加大放射性污染范围。因此该技术在使用过程中受到严格限制，仅适用于重要的、小面积的空气放射性污染处理，并且

在处理后，要对放射性废水进行集中收集，统一处理。

（3）吸附沉降法

吸附沉降法以降水冲刷法技术为基础，利用吸附沉降液的冲刷黏附特性，使溶液分子与放射性气溶胶进行相互作用，加速空气中放射性粒子的沉降速度。吸附沉降法与降水冲刷法区别是，其聚合物分子与放射性粒子结合，形成黏附共同体，且不易流动，不会造成大量的放射性废液而引起污染扩大或是转移到地下，不会造成二次污染，适用于野外大范围空中放射性污染处理。现在的吸附沉降法技术，可以使聚合物材料同时吸附空气中的放射性污染和地面沉积的非固定放射性沉降物，形成可剥离的膜体，清除行动更迅速、彻底，避免行动的相互干扰。其另一优点是废物量少，易于运输和处置。

（4）高效过滤法

高效微粒空气过滤器，适用于有限密闭空间内污染空气的处理。该法效率较高，对 0.3μm 粒子的截留率达到了 99.97%以上，去污系数为 10^4 以上。使用时要注意降低受污染空气湿度以及大直径粒子尘埃的浓度，避免造成损害。

11.4.3.2 地面（介质表面）放射性污染处理技术

地面上的放射性污染主要由突发放射性污染飞溅物和空气中的放射性灰尘沉降形成的沉降物构成，在初期一般为非固定性污染。地面放射性污染处理技术根据去污对象、阶段和场所条件有所不同，一般分城区建筑物和道路污染处理、土地污染处理和林地污染处理 3 种。

（1）城区建筑物和道路污染处理

① 机动清洁车和真空吸尘车　在城市中，清洁车和真空吸尘车主要用来清扫道路，对清理硬质路面和场地的放射性污染具有一定效益。使用这种方法，不需要添加任何助剂即可降低放射性废物的量，但是增加了操作人员的受照剂量，需要做好防护措施，例如加装屏蔽层。单独使用机动清洁车和真空吸尘车，会使污染扩散，造成二次污染，去污的效率较低。可在使用前首先利用压制剂对路面进行预处理，形成吸附放射性物质的凝珠颗粒，然后再用此法进行处理，极大弥补了去污效率和二次污染的缺陷。

② 水法去污　水法去污包含喷水法、水蒸气法和化学添加剂水法去污。喷水法在大多数城市区域都可以应用，在使用过程中会产生大量的放射性废水，应注意饮用水源、地下水和排污系统的污染，收集工作量大，可在小范围内使用。水蒸气去污法通常用于内部受污染的小室去污，也可用于综合去污场内的车辆和设备去污处理，去污时需要使用特殊的装备，因此受到限制。化学添加剂水法去污试剂含有多种络合剂和去污剂，用于对污染的表面进行去污。

③ 泡沫法　喷洒凝胶和泡沫可以减少大量的放射性废水，将压缩空气吹入泡沫稳定剂和去污剂的混合物产生泡沫，对建筑物和设备去污时，泡沫将黏附在天花板和设备底部，然后用真空吸尘法消除。使用泡沫去污，只需将多孔的表面湿润，可以减少液体的消耗量。泡沫可适用于多种复杂形状的表面，在泡沫和凝胶中加入无机酸和络合剂，可消除金属和水泥表面的污染。

④ 剥离型膜体压制法　剥离型膜体压制去污技术是利用机械或人工在空中或介质表面喷洒一种聚合物材料（剥离型压制去污剂），形成一种膜状物质，吸附放射性颗粒。剥离型压制去污剂成膜过程中，将介质表面的放射性沉降物吸附或包埋在膜体中，形成可剥离膜

体，具有一定抗拉和撕裂特性，均匀连续。稳定后将膜体剥离放入放射性废物处置场所进行处置。

（2） 土地污染处理

土地去污方法的选择，不仅要考虑对土地农业生产能力的影响，最大限度减少环境的破坏，还要考虑事故特定因素和放射性污染场区特定因素。选择方法要能够降低β或γ辐射达到可接受水平，有效阻止放射性核素进入食物链。

① 深耕法　深耕法是使用工具将污染的土壤表层翻到一定的程度，将底部干净的土壤翻至上部。但是这种转换不可能彻底，干净的土壤和受污染的土壤会发生混合，深耕的深度要充分考虑土壤的类型和即将种植的农作物。深耕并没有消除放射性核素，只是使其转移，利用土壤的厚度减少对人员的外照射。深耕法一般适用于偏僻且对城市的功能影响不大的地区。

② 农作物铲除法　农作物可以阻留大部分放射性沉降物。试验表明，在干沉降区域，成熟的小麦能够阻留70％的放射性沉降物，成熟的玉米阻留率达到了90％，而草地的阻留率达到了94％。铲除这些植物，是对该区域进行污染处理的有效方法。铲除时应采用专门的仪器设备，减少人员辐照损伤。为了减轻铲除时放射性沉降物的再悬浮，可预先对污染区域进行压制处理，再进行收割，达到更好的效果，适用于城市环境的污染处理。

③ 土壤铲除法　铲除土壤表层是去除放射性污染土壤区域的常用方法，运用大型推土机械推起污染的土壤，进行集中堆放，可直接拉走或掩埋。处理效果取决于地域、土壤性质和使用情况。土壤铲除法适用于平坦开阔地域，如果是砂石地区，污染物可能深入到下一层深度，将会大大降低土壤铲除法效果。

④ 剥离型膜体压制法　剥离型膜体压制法是比较理想的去污手段，适用于无植被或少植被的土壤表层放射性污染清除。选择剥离型压制去污剂，考虑土壤的疏密程度、污染渗透深度，一般情况下要清除3～6cm深的污染土层。

（3） 林地污染处理

放射性沉降物在林区降落造成树木污染，林区的放射性污染特点是树叶污染重于树干，上部污染重于下部。林区的放射性污染属于非固定性污染，会随自然过程发生放射性核素的迁移，风的影响尤为明显。自然因素会使污染物转移，扩大污染范围，加大污染处理工作难度。一般情况，可采取以下几种方法。

① 封闭林区　限制外来人员进入，减少外照射的影响，也可避免放射性污染流动，控制污染范围。

② 固定污染物　采用喷洒车、飞机等向受污染的树林喷洒聚合物，固定放射性核素。

③ 砍伐树木　当林区污染严重，采用聚合物固定困难时，可砍伐树木。砍伐后的树木经表面处理可以使用，也可掩埋掉不用。砍伐树木工作量大，耗时长。

（4） 机械装备的污染处理

执行突发放射性污染处理任务时，需使用大量的机械装备，包括车辆、消防和特殊装备等。使用过程中，污染处理采用的机械设备会受到污染，对机械设备进行污染处理，可减少作业人员的额外剂量。事先在这些机械设备上涂抹防沾染涂料、可剥性覆盖剂等临时性防护手段能提高后期机械设备污染清除的效率。机械装备的污染处理一般包含高压水喷射法、氟里昂喷射法、可剥离膜粘除法。

① 高压水喷射法　高压水喷射法主要利用流体冲击力去除表面放射性污染物，该法已广泛用于各类核设施中的部件、阀门、腔室壁、冷却水池等设备的表面，可去除松散或附着力中等的污染物。采用超高压水喷射法可去除大表面物件结合紧密、附着力高的污染，效果较好。水喷射法产生的放射性废水应收集妥当，避免造成二次污染。

② 氟里昂喷射法　氟里昂喷射法利用氟里昂黏度和表面张力特性，深入裂纹和缝隙，去除污染物。氟里昂不可燃，呈化学惰性，可净化多种类型的机械设备，且不会损伤。大多数放射性污染物不溶于氟里昂，收集后采用过滤和蒸馏法去除氟里昂中的杂质，可循环利用氟里昂。

③ 可剥离膜技术　可剥离放射性去污膜具有多种高分子化合物，加入络合剂、成膜助剂、浸润剂等，可增加去污能力，改善涂料的物理化学性能。成膜前是一种溶液或水性分散乳液，采用喷雾法或抹刷法涂于污染表面，干燥成膜。成膜过程中，高分子链上的官能团及其中的络合剂与受污染的物质发生物理化学作用，放射性核素进入膜中，剥离除膜达到去污目的。

11.4.3.3　液体（水）中放射性污染处理技术

放射性污染液体根据放射性污染量和辐射强度的不同，分为高、中、低三种放射性水平。核电厂、放射性矿物开采等单位已应用了放射性污染液消除方法，这种方法也可应用于突发放射性污染。

（1）低放射性污染液处理方法

① 化学沉淀法　将放射性污染液调节到一定酸度，添加适量的化学试剂，发生絮凝沉淀，把废液中的放射性物质沉淀下来。例如，在碱性条件下用磷酸钠絮凝剂处理混合裂变产物废液，对 α 放射性处理效果高达 99%，β 放射性的去污效果高达 90%。

② 离子交换法　离子交换树脂与放射性污染液接触时，两者之间进行离子相互交换，使废液中的放射性废物转移到离子交换树脂上，达到去污效果。在处理中、低放射性废液时，与蒸发法、沉淀法联合使用可进一步去除污染。

③ 蒸发法　蒸发法通过加热放射性污染液，加速液态成分快速挥发，沉积出放射性物质，主要用于少量高、中放射性污染液，较少用于处理低放射性污染液，经常与离子交换法结合使用。

④ 生化法　生化法利用微生物对放射性同位素进行同化，使其浓集在生化介质中，达到去污目的。其次，在预处理阶段用生化法可有效降低放射性污染液中的有机物。

⑤ 隔膜分离法　隔膜分离法通常运用电渗析方式去污，电渗析装置主要包括离子交换膜、隔板、电极、紧固装置等，核心是离子交换膜。电解液中，阳膜形成负电场，吸附阳离子，排斥阴离子，阴膜形成正电场，吸附阴离子，排斥阳离子，从而达到分离。

（2）高、中放射性污染液的处理方法

① 水泥固化法　放射性污染液与水泥混合，制成混凝土块，然后放置于废物储存场所。水泥固化法采用的设备简单、投资低，自身具有良好的屏蔽性能，但最终产品体积大，遇水渗出率高，适用于处理低水平放射性泥浆，蒸发和离子交换后的残液。

② 沥青固化法　使用专用的沥青固化仪器进行固化，在水中浸出率低。沥青固化法适用于中、低放射性污染液的固化，缺点是固化后沥青的抗辐射性能差，辐射发热作用下导致

产品软化。

③ 玻璃固化法　将污染液和玻璃原料混合在蒸发器中浓缩到黏稠状，然后送到熔融器中，加热除去剩余水分和其他成分，然后再使用高温熔融，流入最后的储存罐中冷却、封存。玻璃固化法形成的产品是一种难容物质，结构稳定，抗辐射性能好，用于固化高放射性污染液处理比较理想。

④ 煅烧固化法　将放射性污染液进行低温蒸发，干燥所得的盐类进行高温煅烧后，形成稳定的氧化物。煅烧常用的方法有罐式煅烧、喷雾煅烧和流化床煅烧。

11.5　突发放射性环境污染事故案例分析

随着国民经济的发展，核科学与核技术的应用迅速发展，得到广泛的应用，在给人类带来巨大利益的同时，也会发生危及人类生命和财产的放射性事故。对放射性事故的总结和研究，是防止类似事故的发生和提高事故处理的水平的重要学习经验。

11.5.1　核燃料加工厂放射性污染事故

（1）事故的基本情况

1999年某月某日，日本茨城县那珂郡东海村铀加工设施JCO东海事业所转换试验楼内发生一起重大核泄漏事故。转换实验楼建筑面积为260m^2，设置了相关的铀加工设施，将浓缩度小于20%的六氟化铀、核废料以及重铀酸盐沉淀物等铀原料进行转换或回收、精制，从而制造氧化铀粉末或硝酸铀酰溶液。

上午10时35分左右，在制造硝酸铀酰过程中，作业人员违反操作规程，为了缩短作业时间，使用不锈钢水桶进行操作，代替了操作规程中正规的操作工序。为了进行均匀混合和精制，又违反操作规程，把不锈钢水桶中浓缩度为18.8%的超过铀临界量的硝酸铀酰溶液加入到沉淀槽中。根据推算，铀的临界量为2.4kg，而加入到沉淀槽中的硝酸铀酰溶液的量竟达到16kg。正是由于加入超过铀临界量的硝酸铀酰溶液，使沉淀槽中的物料很快进入临界状态，立即发生了自持链式反应。这时发现物料发出蓝光，辐射监测报警铃立即鸣响，因此判明发生了临界事故。随后，几名当班的工人又手忙脚乱开错了装置，结果使大量的放射性气体逸入居住有33000人的东海镇上空。

上午10时43分，东海村消防队接到报警，内容是：有急救病人，请派救护车。报警时没有说明发生了核辐射事故，因而，急救队员不知实情，部分急救队员没有穿防护服就进入现场而受到了照射。JCO东海事业所没有监测中子射线的专门仪器，事故发生后对中子射线的测定是在6h以后才实施的。由于对中子射线缺乏有效的防护手段，因而给救援行动带来很大困难，使参加救援的一些急救队不得不在现场外待命。

这次事故中，受到辐射危害的共69人，其中，包括JCO东海事业所员工59人（重伤3人，大约两个半月后死亡1人，七个月后又死亡1人），东海村消防队急救队员3人，附近建筑公司员工7人。事故发生后，在JCO东海事业所周围空气中的辐射剂量是平常值的7～10倍。另外，根据不完全统计，事故当天，向避难场所疏散的120人也受到了照射。

（2）事故原因

该事件按照日本科技厅分析，初步定为4级事故，放射性向外释放超过规定限值，工作

人员受到足以产生急性健康影响剂量。

这是一起由于人为操作错误引起的临界事件，核燃料工厂的错误操作是造成这次事件的主要原因，在操作规程和工人安全文化素养方面也存在着缺陷。工人在操作中违反了操作规则，当班的工人把铀与硝酸进行混合。操作工人把 16kg 的铀投入特制的反应罐中，比规定的临界安全界限整整多出了 13.6kg。几名工人忙中出错，又开错装置，结果使大量的放射性气体逸入居住有 33000 人的东海镇上空。

（3）经验教训

① 铀加工设施必须严格遵守操作规程，应该加强安全文化教育　为了防止发生临界事故，必须严格实施“临界管理”，避免铀的聚集量超过临界量。沉淀槽采取的临界管理方式是质量控制方式，这起临界事故就是因为作业人员没有严格遵守正规的操作规程，向沉淀槽中投入的铀溶液超过了铀的临界量而发生的。通过这起事故可以看出，即使有了完善的设计，还必须加强安全管理，才能保证不发生事故。另外，JCO 东海事业所对员工没有进行有关临界事故的安全教育，并且在该公司内也没有设置发生临界事故时的报警系统，这些教训今后也应该认真吸取。

② 应加强对中子射线的监测　发生临界事故时会发生中子射线，中子射线能够穿透一般的混凝土墙壁。从这次事故中可以看出，JCO 东海事业所事前没有考虑到对中子射线的监测。另外，由于对中子射线缺乏有效的防护手段，因而给救援工作带来很大困难，使参加救援的急救队不得不在现场外待命。

③ 应急救援工作要做好辐射防护准备　在应急救援过程中，由于救援队员不知实情，部分救援队员进入事故现场而受到了照射。今后，事故报警单位和接警的消防、应急等单位都应该吸取这方面的教训，积极准备应急预案，有效地实施灭火救援等活动，减少辐射对现场人员和救援人员的伤害。

11.5.2　新购钴-60 放射源运输途中丢失

（1）事故的基本情况

1989 年 3 月 7 日，原化工部兰州自动化研究所派供销员驾驶东风大货车到四川夹江核工业部第一研究设计院第一研究所拉订购的 32 枚钴-60 放射源，于当日下午从夹江返回。3 月 27 日开箱清点时，发现 2 只木箱内的 3 个源罐翻倒，源罐盖子脱落，4 枚放射源不知去向。验收人员当时从木箱底部和盖上各找到一枚，28 日又在开箱处地上找到一枚。另一枚 6.29×10^{8} Bq 的源，该所自找两天未果，怀疑核一院漏装，派人于 4 月 1 日到核一院通报情况。核一院当即派人查库、查账，对货架、包装编号、交接清单检验签证卡逐一进行了核查，证明源装上了车。核一院便派装有 γ 辐射仪的专车，沿四川至兰州的运源路线寻找，结果未找到。在兰州，事故调查人员对自动化研究所院内、拉源卡车到兰州后所有去过的地方、路段、废品收购站、该所家属区及有关人员家里等可疑处进行了仔细查找。

4 月 3 日核一院将事故电传告核工业总公司，总公司又报时任国务委员邹家华同志，邹家华批示：“一定要找到放射源。”同日，自动化所才将事故向省放射防护部门做了口头汇报。在省卫生厅、公安厅、科委联合召开的事故调查会上决定，组成以专业技术人员为主的事故调查处理小组，并由调查组制定事故处理方案。调查组到自动化所后，现场已不复存在，无法测量和估算个人剂量。调查组立即安排当时的现场人员体检。体检结果：没有发现异常，估计人员的受照剂量小于年限值的1/2。

这起事故使自动化研究所当时在现场的11人受到不同程度的意外照射，造成工作日损失约300天。同时，事故在两个单位群众中造成不良的影响。

（2）事故原因

该事故定性为责任事故，事故级别为2级，丢失的放射性物质属三类放射源。导致事故的主要原因如下。

① 核一院出厂放射源的铅罐包装质量不合格，这批放射源罐的盖子与罐体没有固定加封，且屏蔽厚度不够，表面辐射水平超出运输标准，用增大木包装箱来降低剂量，致使长途运输过程中，木箱破损，源罐翻倒，盖子脱落，造成源丢失。

② 造成事故的另一原因是自动化研究所对放射源的安全运输不重视，运输人员防护知识缺乏，未对包装提出要求，运输过程未对货物进行检查，也不及时向防护部门报告，从源运到该所到发现丢失，历时16天，延误了寻找放射源的有利时机。

③ 同位素和生产单位无视国家有关规定，擅自订货、销售是酿成这起事故的重要原因。

（3）经验教训

这起事故的教训是深刻的，放射源的包装质量，是埋藏事故隐患的关键环节。同位素生产单位在出厂放射性产品时，一定要严格遵守放射性物品的运输包装规定，严把包装质量关，保证运输中的放射源罐即使翻滚、倒置，都不应使源撒出。

事故也暴露出在同位素管理上存在的漏洞，对放射性应用单位，在大批量运输放射源时，应要求自备专用的小集装箱或密闭性好的金属箱，防止丢源事故的发生。

事故单位怕受处罚，不及时报告事故，想自行解决，是这起事故暴露的又一问题。防护部门要加强放射事故报告制度的宣传教育。

11.5.3 铀金属车屑自燃造成污染事件

（1）事故的基本情况

某元件厂天然铀元件芯棒加工产生的车屑，用铁皮桶盛装，放置于厂区前的废物厂内。某年某天，值班警卫发现该处着火，但由于不知道此处存放着铁屑，未引起重视。稍后流动巡逻警卫发现火势加大，用电话报告厂消防队。因电话不通，25min后消防队才出动，此时该处的200多桶车屑绝大部分已着火。当时正刮着5级西风，火势很大，难以扑灭，燃烧一直持续了约6h，事件发生后，铀的氧化物大部分仍留在原场地。估计损失铀金属约1t，总放射性活度为2.48×10^{10}Bq，污染面积3000m^2。

（2）事故原因

① 铀屑容易自燃，遇热或明火发生激烈反应。粉末在空气中能自燃，即使在氮气、二氧化碳和氟中，也能激烈反应而燃烧。铀屑露天存放是不允许的：一是铀屑极易氧化自燃；二是铀屑与温度较高的水也能发生反应，置换出氢，氢有爆炸危险。铀屑最好转化成金属铀锭或稳定铀化物来保存。

② 铀屑着火不能用普通灭火方法灭火。使用普通灭火剂灭火，火势会更旺。干砂、氟化钙可控制火势。铀屑着火形成UO_2（U_3O_8）气溶胶弥散在空气中，会被吸入人体。铀是

α放射性核素，要防止内照射的伤害作用，灭火人员要穿辐射防护衣服，要戴呼吸保护器。事故处理后要对涉及人员作体检，检查尿、便、呼出气体中的放射性，对呼吸系统作检查。对场地上散布的铀氧化物要及时妥善收集，对污染的土壤要进行清污处理与处置。

(3) 经验教训

管理松懈，铀屑是易燃危险物，随意堆放在场地上，没有采取特殊措施和设置警示标志，厂内人员不了解，或没有去重视它；火灾报警系统不畅通，着火后电话报告厂消防队，25min后消防队才闻讯出动，此时200多桶铀屑绝大部分已着火；缺乏应急响应准备，燃烧延续6h，烧掉约1t金属铀，造成大面积污染。

11.5.4 镭-226源破裂后造成的大面积α污染事件

(1) 事故的基本情况

某年，某研究院工作人员在既没有通知安防部门，也没有采取任何防护措施的情况下，徒手将长期私放在其办公室的若干个放射源包装打开，将其中3个镭—226源转移到铅罐内。3日后，在安防部门进行普查时，发现当事人办公室的地面、室内用品和用具、门口走廊地面及当事人和其他在场人员均有不同程度的α放射性污染。同时由于人员的走动，污染已被扩散到其他房间。

事件发生后，封闭了办公室及其走廊以防止污染扩大，将源密封后转移到安全地方储存以切断污染源，成立了事故处理小组负责污染测量、去污等事宜。事件后的测量表明，在将办公室门窗打开，房间自然通风的条件下，放射性气溶胶的总α浓度为$2.1Bq/m^3$，总β浓度为$3.1Bq/m^3$；当事人手部α污染最高达$1.7\times10^2 Bq/cm^2$；整个事件的放射性污染总量约$3.7\times10^7 Bq$，面积达$100m^2$。

(2) 事故原因

本案例是关于放射源的安全管理疏忽造成的α放射性污染，事发单位没有进行放射源的安全储存、保管和使用放射源，确保放射源的安全，工作人员对放射源的使用没有纪律约束，十分随意，这是导致放射性污染的重要原因之一。

当需要进行放射源转移时，操作人员没有进行有效的屏蔽防护，对放射源的转移过程重视程度不够，准备不充分，并且事发后3天，经过安防部门的普查才发现，已经造成了放射性污染的大范围扩散，是制度松散和人员责任心低共同所致。

(3) 经验教训

① 储存、保管放射源应做到要有专用的放射源储存库，实行双人双锁制度，放射源由专人负责，统一管理；制定放射源储存、保管和使用的规章制度，实行放射源使用、退还登记制度，不得私自存放放射源；建立放射源台账，定期清查，做到账务相符。

② 放射源转移时，操作前检查放射源包装的密封性能，确认包装的密封性能良好后，才能进行转移；对不密封的放射源必须在密封室内（手套箱、通风柜或加热室等）进行放射源转移，在放射源转移完成后，对工作场所进行表面污染监测。

③ α放射性污染事故发生后，首先确定污染范围和污染程度，禁止人员进入污染区；将放射源进行密封处理后转移到安全地点储存，以切断污染源；在专业人员和有关辐射防护主管部门指导下进行污染测量、去污和放射性废物处置；对能产生放射性气体的放射源（如

镭-226 源)，将污染房间封闭，防止污染扩散。

11.5.5 废旧过滤器运输放射性物质泄漏污染事件

(1) 事故的基本情况

某乏燃料厂后处理厂每年都要定期更换 1AF 料液过滤器。由于此设备中沉积的混合裂变产物料液比活度一般为 1×10^8 Bq/cm^3 量级，故采用专用检修容器，用专车拉到指定的 728 废物库，卸到专用井内储存。在更换 S-004/2 过滤器后，开始更换 S-004/1 过滤器，更换时采用专用检修容器，底部铺一层塑料布和一层棉被，棉被上撒有碳酸钠。过滤器连同专用检修容器起吊后，由于吊车震动，漏下许多废液，因容器尚未离开过滤器坑，漏下的废液流入坑内。约十几秒后滴漏停止，因而误认为废液已漏完，于是将专用检修容器的底盖合上（底盖不密封）装上废物车后运往 728 废物库。而实际上由于废旧过滤器泥沙堵塞严重，导致吹洗无法彻底清干料液，故仍残存有许多料液。汽车离废物库约 200m 处时，发现废液从容器底部缝隙漏出，离废物库约 10m 处时，废液从车厢内流出，洒落到地面上，汽车被迫停放在废物库附近，迅速开动吊车，将报废的过滤器放入废物坑。

事件导致汽车、专用检修容器和路面严重污染，负责投放过滤器的 2 名工作人员个人剂量笔指示满量程。事件后根据个人佩戴胶片剂量计数据，一人为 3.1×10^{-4}C/kg，另一个人为 2.0×10^{-4}C/kg。事件发生后进行两次去污，所受集体剂量当量为 0.1 人·Sv，最大者为 12.2mSv。由照射量估算各污染区的放射性活度，其总 γ 放射性活度约 4.1×10^{12}Bq。

(2) 事故原因

本案例属于放射性物质运输中的泄漏污染事件。分析的重点在设备、人员和管理方面。

从运输角度看，在 1AF 料液过滤器运输过程中应充分考虑专用检修容器的密封问题。本案例中使用底盖不密封的专用检修容器，从硬件上没有起到防止事故发生或降低事故影响的作用，因而所用设备不符合放射性物质运输操作要求。从人员角度看，在吊装时漏下许多废液，但工作人员错误地认为废液已漏完，以致造成污染，反映出工作人员安全意识不够强。

(3) 经验教训

制度不健全，过滤器检修和更换无正式的规章制度，而是靠一套自然形成的作业习惯，缺乏事件处理的预案。

11.5.6 长春地质学院放射源污染事件

(1) 事故的基本情况

1994 年 12 月 1 日下午 1 时许，长春地质学院家属齐永兰让临时工范润福等 3 人为其在该院内水工楼西南侧挖冬储菜窖。在挖到地面以下 1m 深处发现一口大缸，打破后拖出一“铜桶”(实际上铅罐)，打开桶盖螺丝后，发现桶内有铅和石蜡，石蜡中有一用绳子拴着的“铜棒”(实际上是放射源)。范润福等以为发现了“宝物”，便取出相互传看，有人还用牙齿咬。此时所挖菜窖已聚拢了 6 人。尔后，顾工的主人齐永兰理所当然成了这个“宝贝”的主人，装入上衣口袋里带回了家。下午 3 时，齐永兰将铅罐放在住所楼梯的缓台处。而裸源

（即认为是宝物的“铜棒”）一直同齐永兰一家 5 口人同处一室直至次日 9 时，长达 18 小时之久！12 月 2 日 9 时许，齐永兰到西朝阳废物收购站联系出售铅罐。收购站职工王永祥跟随齐永兰到住所处，看到铅罐以后，王永祥告诉齐永兰说，此物可能是放射源，属剧毒物品，并嘱咐齐永兰：“放好，别扔！”。王永祥立即与学院的一位教授一起向地质学院公安处报告此事。当齐永兰知情后，让人将放射源先扔到楼外，后又扔到居民生活垃圾箱内，将铅罐扔进垃圾箱中便若无其事了。

地质学院公安处接到报告后，于上午 10 时便同地质技术人员赶到现场，用仪器探测寻找，经过 4 个多小时的仔细而艰苦的工作，终于在当日下午 2 时 10 分找到了放射源，并由一名临时工用手拎着无任何防护的放射源送到地物系放射源库，安全存放。但铅罐到后来一直没有找到，估计又被人从垃圾箱中掏走以致下落不明。从发现放射源到将源安全入库，放射源暴露了 24 小时。在整个过程中共有 13 人受到放射性照射，对环境造成局部污染，实属责任事故。但由于报告及时，未造成污染扩大。

（2）事故原因

现已查明，1975 年 4 月 30 日，长春地质学院将放射性物质埋于院内水工楼西南侧地下，共埋两个容器。本次事故发现的是苏制 340M Bq（10MCi）镭-铍中子源，物理半衰期为 1640 年。另一容器中装有 6 个铅罐，内装镭-226、铯-137、钴-60 和放射性粉末源。1993 年全国进行放射性污染源调查时，吉林省环境监测中心站几次到该院调查，但学院曾多次隐瞒不报，以致造成这次事故。更为严重的是，在事故发生后竟一直未按规定向环境保护部门报告。

（3）经验教训

长春地质学院擅自将放射性物质埋入地下的做法严重违反了我国当时和现在处置放射性物质的有关规定。在掩埋后地面未设置放射性标记，又无控制措施，无人负责管理，无检查，无记录造成了这次事故。放射源管理和使用单位应该主动遵守放射源管理的相关法律、法规，加强管理，避免放射源失管失控。

11.5.7 丢失钴-60 造成特大放射性污染事故

（1）事故的基本情况

1992 年 11 月 19 日，山西省忻州市一位农民在忻州地区环境检测站宿舍工地干活，捡到一个亮晶晶的小东西，便放进了上衣口袋里，几小时后，使出现了恶心、呕吐等症状。十几天后，他便不明不白地死去。没过几天，在他生病期间照顾他的父亲和弟弟也得了同样的“病”而相继去世，妻子也病得不轻。后来经过医务工作者的调查，才找到了真正的病因，那个亮晶晶的小东西是废弃的钴-60，其放射性强度高达 10 Ci，足以“照死人”。

（2）事故原因

经过调查，这个废弃的放射源钴-60 属于忻州地区科委。1973 年，忻州地区科委为了培育良种，在上海医疗器械厂的帮助下筹建了钴-60 辐照装置。后来，这几个钴源的克镭当量弱化，钴源装置不再需要。1981 年，忻州科委迁往新址，原址由地区划归忻州地区环境监测站，但是，钴-60 辐照室和两间附属操作室仍归科委占用。1991 年环境监测站急于用地，就打报告请示省环境保护局。原山西省环境保护局便安排省放射环境管理站负责放射源的收

储工作。1991年5月，忻州地区环境监测站白某与省放射环境管理站陈某、李某双方口头商定由省放射环境管理站对钴源进行倒装、储藏和运输。决定之后，省放射环境管理站找到中国辐射防护研究院的专家韩某和卜某，请他们到忻州帮助工作。6月20日，陈某、李某、韩某、卜某4人来到忻州参加忻州地区环境监测站主持召开的“迁源论证会”。环境监测站未通知科委领导，只通知了钴源室的管理人员贺某。会上，当有人问到钴源数量时，贺某回答“4个”。此外，到会专家也没有收集这些钴源的其他相关资料。6月26日，陈某、李某负责现场检测，韩某、卜某负责倒装技术操作，贺某等人协助倒装。操作中，韩某发现，钴源数量与贺某提供的情况有差别，其中之一颜色发暗，便向贺某问原因，贺某的解释是其中有一个是防止核泄漏的“堵头”。陈某和李某也未对钴源进行监测，遂将钴源倒装封存。钴源被拉走，遗失一枚钴-60的危险却留了下来。

（3）经验教训

我国《放射性同位素与射线装置放射防护条例》第5条规定：“国家对放射工作实行许可登记制度，许可登记证由卫生、公安部门办理。”该条例第6条规定：“新建、改建、扩建放射工作场所的放射防护设施，必须与主体工程同时设计审批，同时施工，同时验收投产。”忻州地区科委没有办理钴-60的许可登记，也没有兴建放射防护设施。钴源装置废弃不用时，应当按规定进行妥善处置。

陈某、白某、韩某等在未见到有关资料和辐射防护评价、环境影响报告书的情况下，接受倒装委托；在对倒装过程中出现实有钴-60与贺某事先提供的数量不符时，未引起重视，没有深究原因和采取相应的措施。贺某作为长期从事管理钴-60放射源的工作人员，在储存、运输放射性材料的过程中，违反国家有关申报登记、严格核对数量、严格检查监督等有关放射性材料的处理规定，疏忽大意，从而造成遗失一枚钴-60的特大放射性污染事故。进行放射源处理处置过程中工作人员一定要按照规章制度逐步实施，避免由于疏忽大意造成事故。

11.5.8 山东济宁某辐照厂人员受超剂量照射事故

（1）事故的基本情况

山东省济宁市某辐照厂是一家民营企业，其静态堆码式钴-60辐照装置（设计装源活度3×10^5Ci，事故时活度约3.8×10^4Ci），建于20世纪90年代，用于辐射加工大蒜、洋葱、中药和医疗器具等。辐照室规模较小，主屏蔽材料为石材及土砖等，设备设施十分简陋，后来自行改造加装了货物自动输送系统。2004年10月21日17时，由于该辐照装置的铁网门安全联锁、降源限位开关、踏板降源装置、三道防人误入光电联锁、拉线开关等安全联锁系统全部失灵，放射源未能正常回落到井下安全位置，该辐照厂2名工作人员在未携带辐射监测仪器及个人剂量报警仪的情况下，通过迷道（与货物输送同一通道）进入辐照室，查看装有脱水蔬菜的货架是否到位。2人在辐照室距放射源约0.8～1.7m距离内整理和摆放货物，10min左右感觉有些不舒服，便跑出辐照室，进控制室观察发现放射源在升起位置，随即降源到安全位置，之后不久出现呕吐症状。事故发生后，该单位立即将2人送往县医院就治，于22日6时30分将2人送往山东省疾病预防控制中心，之后转入省立医院诊治，23日下午又将2人送往北京307医院接受治疗，最终治疗无效身亡。10月22日12时40分，原山东省环境保护局接到济宁市环境保护局事故报告后，立即启动辐射事故应急预案，与当地有

关部门展开事故现场调查，在确认放射源已安全归位的前提下，对该厂辐照室进行了查封，责令其停止辐照室的使用。事故发生后，省辐射环境管理站对辐射室外传送轨道附近、控制室内、仓库、辐照室及周围环境进行了γ剂量水平监测，监测结果为本底水平，未对辐照室和周围环境造成辐射污染。

原山东省环境保护局在全省范围内对此次事故责任单位及其负责人进行了通报；责成当地政府对事故责任单位下达停产整顿的决定，并在其停产期间加强放射源管理，防止放射源的转移和丢失。要求事故单位恢复生产时，必须向国家环保总局重新申请许可证；当地环保部门对事故责任单位给予10万元的罚款。国家环境保护总局要求该辐照厂在2007年12月31日前完成辐照装置的退役工作，在放射源送储前不得擅自启动辐照装置。事后，中核清原环境技术工程有限责任公司收储了辐照装置放射源。该辐照厂在监督下排放井水，并对场所进行了退役监测。该辐照厂2名工作人员前后受照时间达10min左右，受照人员距离放射源约0.8～1.7m，受照剂量约8～12Gy，其中受照人员初期全身红肿、口干、腹部疼痛、视物不清，白细胞下降明显。临床分别诊断为轻度肠型放射病和重度骨型放射病。虽经多方抢救，终因受照剂量过大，病情过重，2人分别于2004年11月23日和2005年1月4日医治无效死亡。根据现场的监测结果，厂区周围的γ剂量率在（6～15）$\times 10^{-8}$Gy/h之间，为该地区的自然放射性水平，未造成辐射污染。

（2）事故原因

本起事故的直接原因如下。

① 工作人员违反安全操作规程，在辐照装置未降源、未携带辐射监测仪器和个人剂量报警仪的情况下进入辐照室。

② 辐照室的铁网门安全联锁、降源限位开关、踏板降源装置、三道防人误入光电联锁、拉线开关等安全联锁系统失灵，放射源未能正常回落至井下安全位置，辐照装置处于“带病”工作状态。

本起事故的根本原因如下。

① 该辐照装置建于20世纪90年代初，后又自行改造，设计不规范，设备简陋，没有达到国家标准的相关安全要求。

② 该单位管理混乱，规章制度和操作规程不健全；辐照装置控制室门锁破损，无专人管理，人员可以随意进出；辐照装置安全设施未进行必要的维修维护工作，必要的安全设施失效，致使人员受照。

③ 辐照装置操作人员缺乏必要的防护知识和安全意识，进入辐照室未携带辐射监测仪器及个人剂量报警仪，违规操作。

（3）经验教训

① 辐照装置的设计、建造（包括改造）必须严格遵守国家相关的法规标准要求，确保其固有安全性，并经安全评价及审管机构的审批确认，严禁私自建设和改造。

② 辐照装置运营单位应严格遵守国家有关法规要求，建立健全辐射安全管理制度和安全规程，落实安全责任，加强安全管理，确保辐射工作人员按章操作，做好辐射安全和防护工作。

③ 辐照装置运营单位应对辐照装置及其安全设施进行定期的维修维护，保证各项安全联锁系统和安全设施的有效性。

④ 辐照装置运营单位应加强安全文化建设，做好辐射工作人员安全和防护培训工作，增强安全和防护意识和能力，严禁未经相关培训的无资质人员上岗操作。

11.5.9 河南省杞县某辐照装置卡源事件

（1） 事故的基本情况

河南省杞县某辐照厂有静态堆码式辐照装置 1 座，始建于 1997 年，设计装源量为 3×10^5Ci，卡源事件发生时的放射源活度约 1.4×10^5Ci。该厂主要从事辐射消毒灭菌和辐射加工工作。2009 年 6 月 7 日，该辐照厂在环境保护部华北核与辐射安全监督站要求限期整改的情况下，为追求经济利益，突击作业。因被辐照的货物（辣椒粉）堆放不合理，堆码过高，发生大面积倒塌，造成放射源护源罩倾斜，致使放射源不能降入源井内，发生了卡源故障。6 月 14 日，辐照室内的辣椒粉由于放射源的长时间照射，温度过高，发生冒烟自燃现象。在消防及环保部门采取灌注水等措施后，引燃物于当晚 24 时得到控制。

7 月 10 日以后，国内外一些网站开始传播虚假报道和不实消息，引起当地部分不明真相公众的恐慌。7 月 15 日以后，针对当地部分群众出现恐慌问题，环保部门与当地政府启动了突发公共事件处理程序。环境保护部于 7 月 15 日在多家媒体发布“答记者问”，引导舆论和公众，澄清事实。7 月 17 日，由于谣传钴-60 将于 15：00 爆炸，当地一些群众因缺乏辐射安全知识、听信谣传而恐慌外逃。环保部派出的专家组以及当地党委、政府及时开展多种方式的宣传劝服工作，使外出群众短时间内平安返回。公众恐慌事件发生后，党中央、国务院领导对此高度重视，并对事件处理做出重要批示。为安全稳妥处置卡源事件，时任环境保护部部长周生贤、副部长李干杰直接指挥，并要求科学决策，精心组织，确保社会稳定，务求圆满解决。李干杰副部长亲临现场视察指导，时任核安全司司长刘华多次赴现场指导工作。环境保护部一方面协调、督促“机器人”降源方案加快实施进度，另一方面组织制定了备用方案，力争一次性处置成功。地方政府制定了公共宣传和信息发布计划。环境保护部门定期开展环境辐射监测。8 月 19 日，经周密计划、积极推进，卡源处置工作正式启动。时任核安全司副司长叶民担任卡源处置前方组总指挥，环保部专家组和监管人员驻现场指导督促处置工作。开封市政府成立了由环保部派出的专家参与的公众宣传工作组，开展多种形式的宣传和科普工作，为降源处置工作提供了宽松的社会环境。由西南科技大学、广西柳工机械股份有限公司、中国工程物理研究院组成的“机器人”降源处置组，首先利用“机器人”清理迷道和辐照室内的障碍物，再由“机器人”将迫降钢丝缆绳传入辐照室，将特制挂钩与迫降钢丝缆绳连接在一起，挂至护源罩顶部。8 月 24 日晚，在专家组的指导下，处置组缓慢拉动钢丝绳，逐步减小护源罩倾斜角度，被卡的放射源安全降落至储存井内。至此，历时 79 天的卡源事件得到根本解决。

此次卡源事件具有“非事故级别、次生后果大、舆论影响广、历经时间长”等特点。事件本身没有发生放射性泄漏、没有发生放射性环境污染、没有人员受到超剂量限值照射、更没有人员因辐射受到健康伤害。但卡源事件处理持续时间长，因网络造谣引起的舆论影响很大，涉及人员多，还导致了大批居民逃离迁移的不良后果。

（2） 事故原因

事件的直接原因如下。

① 业主在监管部门要求限期整改的情况下，为片面追求经济利益，不顾安全隐患，突

击进行辐照加工。

② 业主单位违规操作，忽视了安全管理，码放货物过高，且堆放方式不合理、不稳，加之护源罩的固定铆钉已松动，导致货物倒塌后压倒护源罩，致使放射源无法正常回到储源水井中，加上接受辐照的辣椒粉由于放射源的长时间照射，温度过高容易发生自燃现象。

③ 卡源事件导致了一个公众恐慌事件，直接原因是由于一些网络谣言和不实信息的传播，引发了一些不明真相群众的恐慌，导致人员大量外逃。

事件的根本原因如下。

① 该辐照装置是早期业主委托个人设计，装置设计、建造不规范，运行时间较长，设备老化，护源罩固定措施不牢固，检修更新不及时。

② 企业管理人员文化素质较低，安全知识匮乏，安全观念淡漠；企业缺乏专业技术人员，没有能力应对运营中出现的各类技术问题。卡源故障发生后，业主单位束手无策，不知道怎样排除故障，也不知道该找谁来处理。

③ 卡源事件演变成一个公众恐慌事件，直接原因虽是由于一些网站的虚假报道和不实信息传播，引起了一些不明真相群众的恐慌外逃，但根本原因却是我国长期以来缺乏对核与辐射安全文化的培植，公众核与辐射知识匮乏，对核与辐射的极度敏感，导致恐慌情绪蔓延；另外，相关部门早期未能及时公开有关信息，针对网络谣言和媒体的不科学言论没有采取及时的关注和引导，给不实言论的传播和公众恐慌情绪的滋长留下了时间，这也是造成此次公众性事件的原因之一。

（3）经验教训

辐照装置卡源事件本身属于纯技术问题，不存在人员受照和环境污染的问题，算不上辐射事故，但最终演变成公众恐慌的社会问题，这一方面表明了核与辐射安全问题具有高度的社会敏感性；另一方面反映出部分辐照装置在其固有安全性、设计建造、运营管理以及事件处置的信息公开、舆情引导等方面需要进一步加强和改进。

① 辐照装置运营单位必须严格按照法规标准要求，建立健全辐射安全管理制度，加强辐射安全管理，规范操作和运行　从 2009 年全国发生的几起卡源事件来看，固然有装置设计不规范、固有安全性不够的问题，但直接引发故障的，都是违规操作。如杞县辐照厂未按法规标准要求定期对设备进行维修维护，不按监管部门要求限期完成整改，为追求经济利益突击作业，违规码放辐照货物，导致卡源故障发生。

② 需进一步提高辐照装置的固有安全性，规范辐照装置的设计和运营管理工作　鉴于 2009 年全国发生的几起卡源事件，环境保护部先后发布了《关于开展辐照装置卡源故障专项整治工作的通知》（环办函［2009］1277 号）和《辐照装置卡源故障专项整治技术要求（试行）》（环办函［2010］662 号）两份文件，要求各辐照装置运营单位查找安全隐患，开展辐照装置卡源故障专项整治工作，并对其专项整治工作予以检查验收。该项工作成效显著，极大地提升了全国辐照装置在防止卡源方面的固有安全性，同时也提升了卡源事件的后续处理能力，消除或减少了安全隐患。为进一步规范辐照装置的设计及运营管理工作，减少事故隐患，环境保护部还发布了《关于加强 γ 辐照装置设计单位监督管理的通知》（环函［2010］76 号）和《关于加强 γ 辐照装置退役管理工作的通知》（环办函［2011］1150 号）等管理文件，明确辐照装置设计单位的能力、资质和责任，鼓励辐照行业产业升级，督促老旧辐照装置退役，提高行业准入门槛，严格控制小装源量和静态装置的审批。目前，我国已经有 50 座左右的老旧辐照装置完成了废源送储和装置退役验收工作，同时新建了一批采用先进设计技

术、符合新标准规范的 2×10^{6}Ci 以上设计装源容量的大型辐照装置，我国辐照装置的总体安全水平得到明显提升。

③ 信息公开和事件处理能力有待进一步加强　杞县卡源事件处置中未能在第一时间公开信息，致使网络谣言有机可乘，误导了公众，造成公众恐慌，导致了群体事件。后通过电视媒体滚动放映科普宣传片、权威专家现身说法、发布监测数据、公布处置信息等措施，消除了群众的恐慌心理。及时发现并防止核与辐射安全社会群体事件的发生，要充分重视核与辐射安全舆情处置与引导工作。

④ 加强科普知识宣传，科学引导舆论导向　我国虽然很早就开展了核能及核技术利用工作，但长期以来对核与辐射安全文化的宣传和培育不足，公众对于核与辐射极度敏感，一些地方人员和媒体缺乏对相关知识的了解，谈核色变，在事故发生时不仅没能合理地进行舆情引导，反而发布了一些不科学的言论，误导了公众，甚至影响了社会稳定。当然在此次事件处理后期，形式多样公宣工作的开展、针对性的舆情引导对事件的平息起到了至关重要的作用。特别是广州番禺辐照装置卡源事件充分汲取了杞县卡源事件的经验教训，当地政府部门及时向公众通报卡源事件信息和事件处理情况，有效地引导了舆论导向，消除了公众的担忧，为卡源事件处置创造了良好的社会舆论环境，避免了类似杞县的情况发生。

⑤ 事件应急响应　由于辐照装置卡源事件不存在人员受照和环境污染的情况，仅影响辐照装置单位的正常生产，按照我国现行的法规和管理要求，构不成辐射事故的等级，通常不启动地方政府和监管部门的应急响应程序。环境保护主管部门首先要督促事发单位采取安全可靠的措施，在确保排障人员和环境安全的前提下解除装置故障，使放射源返回安全储存位置即可，然后再要求辐照装置运营单位根据事件发生的原因进行设施硬件或安全管理上的整改，防止此类事件再次发生。

11.5.10　重庆市后装治疗放射源引起的放射性污染事件

(1) 事故的基本情况

2005 年 9 月 28 日，重庆市辐射环境监督管理站对巴南区某人民医院进行现场检查、监测时，发现该院放射治疗中心场地存在放射性污染。监测数据表明，后装机室内最大 γ 辐射剂量率为 177μGy/h，其中机房内的一块铅玻璃表面 γ 辐射剂量率为 450μGy/h；放射治疗中心走廊环境 γ 辐射剂量率为 2.4μGy/h，其中地毯表面最大 γ 辐射剂量率为 155μGy/h；该院维修室环境 γ 辐射剂量率为 0.5μGy/h，其中地面最大 γ 辐射剂量率为 428μGy/h；维修人员陈某家中洗衣机内桶和棉被最大 γ 辐射剂量率分别为 49μGy/h、7.3μGy/h。

经检测分析，放射性污染源项来自该医院后装治疗用的-192 放射源，泄漏的放射性物质活度约为 1.11×10^{7}Bq (0.3mCi)。重庆市环境保护局立即组织开展事件调查、污染控制工作。为控制污染的扩散与蔓延，保障群众与环境安全，应急处理小组立即跟医院沟通、研究，决定对污染场所进行污染治理、封闭停用，待至医院相关场地的辐射水平降到本底水平，其相关物料及场地达到清洁解控要求后，医院才能恢复后装治疗工作。现场首先封锁了后装机房及其走廊，将所有被污染的物品（包括陈某家的洗衣机、棉被及被污染的衣物等）放入后装机房内，并将该机房大门进行封闭；对污染较轻的放疗中心走廊、维修室等场所进行清洁去污。应急处理小组及时将此次放射性污染通报了重庆市卫生局，并建议该院委托有资质的卫生部门对受污染人员和可能受污染人员进行剂量监测和体检。在执法人员的现场督

促和重庆市辐射环境监督管理站的技术指导下，该院对除后装机房外的其他污染较轻的场所和物品进行了清洁去污，将所有污染较重的物品及去污物放入后装机房，并用砖墙封闭了后装机房大门。重庆市辐射环境监督管理站于 2005 年 9 月 28 日～10 月 13 日对污染场所及其去污染处理进行了跟踪监测。同时，重庆市疾病预防控制中心对 12 名受污染人员和可能受污染的人员进行了监测，未发现异常。对 12 名受污染人员和可能受污染人员的相关检测，未发现异常。事故造成了一定程度的放射性污染，并造成了一定程度的社会影响，同时给肿瘤病人的治疗带来了不便；后装机报废处理、购置新的后装机，以及污染场所的清污处理等工作，造成医院较大的经济损失；监管部门事故调查、污染治理指导及其监督跟踪与相关监测，耗费人员较多、时间较长，造成较大的行政资源与工作日损失。

（2） 事故原因

经调查，该院放射治疗中心于 2005 年 7 月初购回的一枚铱-192 源安装使用不久，源辫出现故障不能正常使用，即请原天津某公司维修人员白某对后装机进行维修，该院维修人员陈某配合其维修工作。白某违反安全操作规程，在后装机房对后装源源辫进行更换，操作时用铅玻璃遮挡在胸前，使用锉刀等工具强行打开装有铱-192 放射源的源辫后，再取出放射源装入其带来的“新源辫”中。经现场核实分析，维修人员违反安全操作规程更换后装源源辫，是造成此次放射性污染事件的最大可能原因。因在换后装源源辫后医院未对后装机工作场所及周边环境进行相应的辐射监测工作，所以也不排除铱-192 放射源是在后续使用过程中破损而导致放射性污染的可能性。无论什么是原因造成该起放射性污染事件的发生，该起事件都暴露出该医院辐射安全管理不到位、辐射安全防护意识不强、辐射监测制度未落实、维修人员违反设备检修安全操作规程等问题。

（3） 经验教训

① 辐射工作单位应加强辐射安全相关法规标准的学习，提高安全文化素养，强化防护意识和责任意识，建立健全辐射安全管理制度，落实辐射安全与防护措施。

② 辐射工作单位应在设备安装或更换放射源后，对辐射工作场所及周边环境进行辐射监测，确保含源设备及其工作场所符合使用要求及辐射安全相关要求。

③ 含源设备的使用及维修，必须严格遵守相应的操作规程，严禁违规作业，野蛮操作。

参考文献

[1] 施仲齐．核或辐射应急的准备与响应 ［M］．北京： 原子能出版社， 2009.

[2] 国家核事故应急办公室．切尔诺贝利核事故的辐射影响与应急措施．2001 年 3 月．

[3] 国家核事故应急办公室， 中国核应急管理宣传手册， ［M］．北京： 原子能出版社， 2008.

[4] 宋妙发．核环境学基础 ［M］．北京： 原子能出版社， 1999 年．

[5] 任天山．环境与辐射 ［M］．北京： 原子能出版社， 2007 年．

[6] 潘自强．辐射安全手册 ［M］．北京： 科学出版社， 2011 年．

[7] 刘宁．核辐射环境管理 ［M］．北京： 人民出版社， 2014 年．